U0174268

动力电池高效均衡管理技术

Efficient Equalization Management Technology for EVs Battery

冯 飞 著

科 学 出 版 社

北 京

内 容 简 介

电池单体由于电压等级的限制,无法满足电动汽车对高能量和高功率的需求,因此需要将众多电池单体组合成电池组。随着电池单体数量的增加,内外部不一致性导致电池组寿命下降,因此均衡管理成为关键。本书结合作者的研究实践,梳理出电池组均衡管理的关键问题,并形成一套电池组全寿命周期高效均衡策略的理论和方法。首先,概述了新能源汽车、锂离子电池、电池荷电状态估计和均衡管理的现状与重要性。其次,从电池单体角度介绍了实验、特性、建模和状态估计方法。再次,探讨了电池组不一致性、结构模型和状态估计方法。最后,分别讨论了基于被动和主动均衡电路的电池组均衡策略。

本书可作为新能源汽车、储能电池管理领域技术和科研人员的参考用书,也可作为控制科学与工程、储能科学与工程、电气工程、机械工程等专业的高年级本科生和研究生的教学参考书。

图书在版编目(CIP)数据

动力电池高效均衡管理技术 / 冯飞著. —北京:科学出版社,2024.3
ISBN 978-7-03-077216-9

Ⅰ. ①动… Ⅱ. ①冯… Ⅲ. ①电动汽车—电池—管理 Ⅳ. ①TM91

中国国家版本馆 CIP 数据核字(2023)第 244204 号

责任编辑:李明楠 孙静惠 / 责任校对:杜子昂
责任印制:徐晓晨 / 封面设计:图阅盛世

科 学 出 版 社 出版
北京东黄城根北街 16 号
邮政编码:100717
http://www.sciencep.com
北京中石油彩色印刷有限责任公司印刷
科学出版社发行 各地新华书店经销
*
2024 年 3 月第 一 版 开本:720 × 1000 1/16
2024 年 3 月第一次印刷 印张:21 3/4 插页:2
字数:440 000
定价:138.00 元
(如有印装质量问题,我社负责调换)

前　言

　　锂离子动力电池因具有比能量高、循环寿命长、自放电率低和对环境污染小等优点，目前成为主流的新能源汽车动力电池。然而，锂离子电池单体由于电压等级的限制，无法满足电动汽车对高能量和高功率的需求，因此需要将成百上千个单体通过串联并联组合成电池组为电动汽车提供电能。随着电池单体数量的增加，由于内部参数和外部环境的不一致性，在多次充放电后，不一致性会逐渐扩大，导致电池组的循环寿命急剧下降。为了减缓不一致性的扩大，提高电池组容量并延长循环寿命，均衡管理系统成为电池管理系统中不可或缺的组成部分。特别是在当前动力电池成本约占电动汽车成本三分之一甚至更高的情况下，均衡管理对于降低电动汽车使用成本和促进其推广应用具有重要意义。

　　本书作者早在 2008 年就开始从事动力电池均衡管理相关的理论与技术研究。通过对国内外现有研究工作的总结以及作者本人的工程实践经验，为认知电池组不一致的演化机制，提出合理的"均衡策略"，梳理出本书涉及的以下几方面的关键问题：①电池单体多维度耦合建模及状态联合估计；②电池组不一致演化机制及状态估计方法；③电池组全寿命周期多变量、多目标协同高效主被动均衡策略。因此，本书以锂离子动力电池单体和电池组为研究对象，以多维度耦合建模为主线，以状态估计方法为手段，以实现全寿命周期多变量、多目标协同均衡策略为目标，形成一套动力电池组全寿命周期高效均衡策略的理论和方法。本书主体部分包含了作者在上述三个方面的最新研究成果。

　　本书共 4 个部分，12 章。第 1 部分由第 1 章单独组成。这部分概述了从新能源汽车、锂离子电池、电池荷电状态估计到电池组均衡管理策略的研究现状，并且勾画出本书的结构安排和主要内容。第 2 部分由第 2 章～第 7 章组成。这部分从电池单体的角度，介绍了电池实验、电池特性、电池建模及状态估计方法的研究工作。第 3 部分由第 8 章～第 10 章组成。这部分从电池组的角度，介绍了电池组不一致性演化机制、电池组结构模型及状态估计方法的研究工作。第 4 部分由第 11 章和第 12 章组成。这部分分别基于被动均衡电路和主动均衡电路介绍了电池组均衡策略的研究工作。

　　本书研究工作是作者从博士到博士后期间，先后在哈尔滨工业大学朱春波教授、德国科学与工程院院士、亚琛工业大学 Dirk Uwe Sauer 教授，以及重庆大学胡晓松教授、柴毅教授的指导下完成的。本书内容正是作者十余年期间在该领域研究成果的系统总结。在此，由衷感谢几位导师的指导与帮助。从 2017 年开始，在作者与合作导师的团队中先后有 10 余名博士、硕士研究生和本科生开展有关研究，合作发表的论文为本书的完成提供了参考，包括杨瑞、滕桑黎等在电池单体建模和状态估计方面的一些工作；胡凤玲、李阳、车云弘等在电池组不一致性演化机制、建模和状态估计方面的一些工作；刘建飞等在电池组均衡策略方面的一些工作等。另外，在本书整理和写作的过程中，张一兴、罗欢和马文赛等在格式、版面和校对方面参与工作。另外，在本书相关研究过程中，得到了重庆大学谢翌教授的支持和帮助，在我们合作开展项目研究、联合培养研究生的过程中，谢翌教授毫无保留地将研究资料、研究心得与我交流和分享。在此，也由衷感谢以上老师和同学的参与及付出。

本书的研究工作得到了国家自然科学基金青年科学基金项目"动力电池组全寿命周期高效能均衡策略研究"（51807017）、中国博士后科学基金面上项目"动力电池组全寿命周期均衡策略与状态联合估计研究"（2018M643404）、重庆市博士后科项目研特别资助"动力电池组均衡管理的基础理论和关键技术研究"（XmT2018036）的资助，感谢国家自然科学基金、中国博士后科学基金以及重庆市博士后科研基金的支持。最后，感谢我的亲人和朋友给予我的真诚帮助。

由于作者理论水平有限，以及所做研究工作的局限性，书中难免存在不妥之处，恳请广大读者批评指正。

冯 飞

2023 年冬于重庆大学

目　　录

彩图

第1章 绪　　论

1.1　引　　言

面对日益加剧的能源危机和环境污染，各国都把发展新能源汽车、建立绿色交通系统作为一项重要举措，发展电动汽车自然成为我国从汽车大国走向汽车强国的必经之路。2017 年的《中国制造 2025 蓝皮书（2017）》将新能源汽车列为重大战略发展领域和战略性产业[1]；2019 年 6 月发布的《中国工程科技 2035 发展战略——机械与运载领域报告》将超低碳电动汽车列为重点任务和重大工程[2]；2020 年10 月国务院办公厅印发的《新能源汽车产业发展规划（2021—2035 年）》提出，到 2025 年，我国新能源汽车新车销售量达到汽车新车销售总量的 20%左右。

电池及其管理技术成为电动汽车发展的关键技术之一。相比其他电化学电池，锂离子电池具有高能量密度、低自放电率、无记忆性和对环境污染小等诸多的优点。随着锂离子电池技术的成熟、价格逐渐降低，其成为电动汽车主流的储能装置[3]。然而，锂离子电池正、负极材料的电势决定了其单体电压只有 2.4～4.2V，实际使用中无法满足电动汽车高能量和高功率的需求，因此需要成百上千个单体通过串联、并联方式组合形成电池组为电动汽车提供电能[4]。然而，随着电池单体数量的上升，由于电池组内部参数和外部环境存在不一致性，在使用过程中经过多次充放电，不一致性会呈发散趋势，电池组的循环寿命几乎呈指数下降[5, 6]。为了减缓不一致性的发散，提高电池组的容量，延长循环寿命，均衡管理系统（equalization management system，EMS）是电池管理系统（battery management system，BMS）中必不可少的组成部分。特别是在目前动力电池成本约占电动汽车成本三分之一甚至更高的背景下，均衡管理对降低电动汽车成本、促进其推广应用具有重要意义。

1.2　新能源汽车发展概述

20 世纪 90 年代起，人们日益关注空气质量和温室效应所产生的影响，一些国家和地区开始实行更严格的排放法规；另外，汽车工业在推动国家经济发展和保障国家能源安全方面具有重要的作用，各国政府对汽车节能与新能源技术的发展都给予了高度重视，新能源汽车（new energy vehicle，NEV）的发展获得生机[7, 8]。

1.2.1　中国

我国电动汽车的发展要追溯到"八五"时期，电动汽车被列入国家科技攻关计划；"九五"期间，正式列入"电动汽车重大科技产业工程项目"[9]；从"十五"开始，我国在电动汽车的研发上明确了战略规划，制定了详细的技术路线。"十五"期间，"国家高技术研究发展计划"（863 计划）电动汽车重大专项确立了"三纵三横"［三纵：混合动力汽车（hybrid electric vehicle，HEV）、纯电动汽车（battery electric vehicle，BEV）、氢燃料电池汽车（hydrogen fuel cell vehicle，HFCV）；三横：电池、电机、电控］的研发布局，建立了以整车牵头，关键零部件紧密配合的研发体系。"十一五"期间，实施了 863 计划节能与新能源汽车重大项目，延续"三纵三横"的研发布局，而研发重心转向动力系统技术平台和关键零部件。"十二五"期间，根据电动汽车科技发展专项规划，继续坚持"三纵三横"的基本研发布局，推进公共平台技术的攻关与完善，形成"三纵三横三大平台"（三大平台：标准检测、能源供给、集成示范）的战略重点布局[10]。"十三五"期间，我国的电动汽车发展进入了一个新的阶段。政府制定了更加详细的战略规划，以推动电动汽车产业的发展。《汽车产业中长期发展规划》明确提出，要加强新能源汽车储能技术、驱动电机技术、电子控制技术等方面的研发和应用，促进新能源汽车技术的进一步提升和应用。"十四五"期间，根据《新能源汽车产业发展规划（2021—2035 年）》，我国的电动汽车发展战略进一步明确，主要聚焦于提升电动汽车的技术水平、优化电动汽车的产业结构、推动电动汽车的市场化进程。同时，推动电动汽车产业的创新，进一步发展汽车产品三化（电动化、网联化、智能化）。这些措施将有助于推动我国电动汽车产业的高质量发展，使我国在全球电动汽车市场中占据更加重要的地位。除了技术政策之外，国务院连同科学技术部、财政部、工业和信息化部及国家发展改革委（四部委）单独或共同颁布了多项产业政策、财税政策和管理政策，并鼓励政府采购、推动示范工程项目来促进我国电动汽车产业的快速发展[11-14]。图 1-1 汇总了我国 NEV 主要相关政策。

总体来讲，中国新能源汽车发展经历了从政策引导和技术研发的起步阶段，到政策激励和市场推广的快速发展阶段，再到如今持续加大支持力度和产业升级的阶段。中国在新能源汽车领域取得了显著进展，并已成为全球新能源汽车市场的重要参与者和领军者。

1.2.2　美国

1990 年，加利福尼亚州空气资源委员会（California Air Resources Board，CARB）

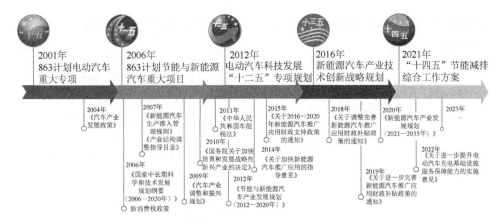

图 1-1 中国 NEV 主要相关政策时间表

颁布了 1990 年《清洁空气法案（修正案）》[15]。1992 年，通用汽车公司、福特汽车公司、克莱斯勒汽车公司组建美国汽车研究委员会（United States Council for Automotive Research，USCAR）。1993 年，USCAR 与克林顿政府达成意向，合作制定了新一代汽车合作伙伴计划（Partnership for a New Generation of Vehicles，PNGV）[16]。

2002 年布什政府执政后，结束了尚未到期的 PNGV 项目，取而代之的是一个新的汽车研究项目，即自由车（FreedomCAR）计划。该项目继续对电动汽车进行专项研究，但重点是发展 HFCV[17, 18]。2006 年，布什总统在国情咨文中提出先进能源计划，表示要大力开发插电式混合动力汽车（plug-in hybrid electric vehicle，PHEV），将该类汽车作为研发重点[15]。

2009 年，奥巴马总统宣布了用 24 亿美元支持企业发展"下一代"电池和电动车计划。"下一代"电池主要以锂离子电池为研究重点。另外，"下一代"电动车主要以 BEV 作为首要发展车种，PHEV 和增程式电动车（extended range electric vehicle，EREV）也同步发展[19]。

2021 年，上任不久的拜登政府出台了《美国就业计划》，该计划指出会拨出 1740 亿美元作为激励计划来支持美国的电动汽车行业。2022 年，拜登总统签署了《通胀削减法案》，旨在发展在岸绿色工业生产和刺激绿色消费，支持和保护本土制造业，扶持新能源汽车等新兴产业[20, 21]。

综上，从 20 世纪 90 年代以来，美国的 NEV 产业发展经历了四个阶段：第一个阶段（1993～2001 年）以克林顿政府的新一代汽车合作伙伴计划为标志，主要发展 HEV；第二个阶段（2002～2008 年）以布什政府的自由车计划为标志，转向发展 HFCV；2006 年提出了先进能源计划，转向发展 PHEV；第三个阶段（2009～2015 年）以奥巴马政府的"下一代"电池和电动车计划为标志，引导美国汽车工业将重心转向 PHEV 和 BEV[22]；第四个阶段（2021 年后）以拜登政府出台的《美国就业计划》为标志，作为激励计划来支持美国的 NEV 和新能源基建行业。图 1-2 为美国 NEV 主要相关政策时间表。

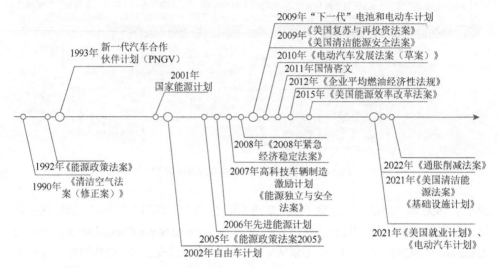

图 1-2　美国 NEV 主要相关政策时间表

总体来讲，美国新能源汽车发展经历了从混合动力、燃料电池到纯电动的技术转变，政府的支持和汽车制造商的投入都为新能源汽车的发展提供了强大的推动力。未来，新能源汽车有望在美国继续蓬勃发展，并成为减少尾气排放、推动可持续出行的重要力量。

1.2.3　日本

1991 年，日本通产省启动了《第三次电动汽车普及计划》，提出"到 2000 年电动汽车的保有量达到 20 万辆"的目标。1993 年，日本政府开始实施了《新阳光计划》[23]。21 世纪初，日本国土交通省、环境省和经济产业省制定了《低公害车开发普及行动计划》。在这一时期，燃料电池汽车的研发开始活跃，日本政府相继出台一系列政策以促进燃料电池汽车的发展。例如，2002 年，日本经济产业省联合日本各大汽车企业、能源公司共同实施了日本氢能与燃料电池示范项目。2003 年，日本启动了"燃料电池汽车启发推进事业"。2004 年，日本在《新产业创新战略》中将燃料电池列为国家重点培养的七大新兴战略产业之首。2005 年，国土交通省召开了"燃料电池巴士技术研讨会"等[23]。

但是由于氢燃料电池车在技术上还存在瓶颈，且短时间内又无法突破，因此日本政府在政策引导方向上进行了调整——促进 HEV 产业发展。2006 年出台的《新国家能源战略》中提出"通过导入和普及混合动力技术等带来的油耗改善来提高燃油经济性"。2010 年 4 月，日本经济产业省发布了《新一代汽车战略 2010》，确定 2020 年新一代汽车销售量占新车销售总量的 50%，其中 HEV 占 30%，BEV（含 PHEV）占 20%[24, 25]。

2014 年 11 月，日本经济产业省发布《汽车产业战略 2014》，未对下一代汽车的发展目标进行调整，但对有关燃料电池汽车及其基础设施加氢站方面的推广措施进行了细化，并将 NEV 国际化作为日本汽车产业国际化的重点[26]。

2016 年 3 月，日本经济产业省发布了经过修订的《氢与燃料电池战略路线图》（以下简称《路线图》），对 HEV 的发展及相关基础设施建设制定了明确的目标。根据《路线图》规划，到 2030 年，燃料电池汽车的推广数量目标将达到 80 万辆，同时，到 2025 年，加氢站的数量也将增至 320 个[27]。

综上，日本政府在 NEV 战略规划上可以粗略地以十年为一个阶段。第一阶段（1990～1999 年）以《第三次电动汽车普及计划》为起点，目标为 2000 年，电动车达到 20 万辆，主要技术选择及研发方向为 BEV。第二阶段（2000～2009 年）以《低公害车开发普及行动计划》为起点，目标为 2010 年，低公害车达到 1000 万辆。21 世纪初期，技术选择偏向燃料电池技术。2006 年之后，转向混合动力技术。第三个阶段（2010 年后）以《新一代机动车战略 2010》为起点，目标 2020 年，新一代汽车销售量占新车销售总量的 50%。技术上主要选择 HEV 和 BEV。图 1-3 为日本 NEV 主要相关政策时间表。

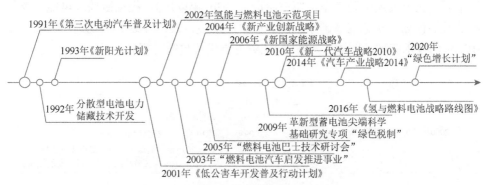

图 1-3　日本 NEV 主要相关政策时间表

总体而言，日本新能源汽车发展历程经历了从早期的混合动力汽车到逐渐推广的 BEV 和 HFCV 的过程。随着技术的不断进步和政府支持的不断加大，新能源汽车在日本的市场份额将继续扩大。

1.2.4　德国

2000 年，德国联邦议院通过了《可再生能源法》，并在 2004 年对这一法案进行了修订和补充。该法案提出的可再生能源利用比例的目标略高于或持平于欧盟目标。在生物燃料应用方面，德国政府鼓励生产和使用生物柴油，并制定了相应的政策法规。在氢燃料电池推进方面，德国同样紧跟欧盟脚步。2006年4月，德国交通部部长宣布联邦政府将另外投资5亿欧元支持氢燃料电池研发。同年5月，联邦经济技术部联同运输、建筑和城市发展部及教育部共同发布了《国家氢能和燃料电池技术发展计划》[28]。

2007年，德国政府制定了《高科技战略》，将锂离子电池作为攻关项目。2008年，德国联邦政府、大众汽车集团及E. ON集团等巨头联合公布了一项混合动力汽车发展计划。2009年，德国发布了《国家电动汽车发展计划》。2010年，德国政府成立了"电动汽车国家平台"。2011年5月，"电动汽车国家平台"正式发布的第二份政策咨询报告，将未来德国电动汽车发展分为三个阶段：①2011～2014年为市场准备阶段，重点是研发和开展示范项目；②2015～2017年为市场推广阶段，重点是电动汽车及其配套基础设施的市场推广；③2018～2020年是规模化市场形成阶段，重点是形成可持续的商业模式[29, 30]。

新世纪以来德国政府在欧盟框架的指引下，NEV战略演变如下：第一阶段（2000～2009年）以欧盟《发展可再生能源指令》和德国《可再生能源法》为指导纲领，主要发展生物燃料，特别是生物柴油汽车；第二阶段（2010～2019年）以欧盟"清洁能源和节能汽车欧洲战略"和德国"国家电动汽车发展计划"为指导纲领，主要发展电动汽车；第三阶段（2020年以后），根据欧盟《氢能与燃料电池发展计划》和德国《国家氢能和燃料电池技术发展计划》的规划，主要实现HFCV的技术突破。图1-4为德国NEV主要相关政策时间表。

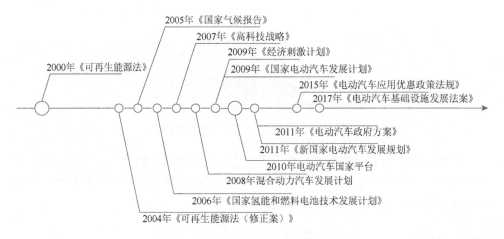

图1-4　德国NEV主要相关政策时间表

2020 年后德国政府也同时积极推动绿色能源供应链的发展，鼓励使用可再生能源来生产电动汽车的电池和零部件，以减少整个生产过程的碳足迹。

总体而言，德国新能源汽车发展历程经历了从初期的概念和实验，到逐步的政府支持和技术进步的阶段。随着政府和汽车制造商的不断努力，德国的新能源汽车市场不断发展壮大，为未来实现更环保、更可持续的交通出行作出贡献。

1.3 锂离子电池概述

随着技术的进步与发展，消费者对于个人交通工具的性能要求越来越高。电动汽车若要在竞争激烈的汽车市场中占有一席之地，其综合表现要不逊于或优于传统内燃机汽车。因此，电动汽车应当具备良好的动力性能，在加速或爬坡阶段能够保证持续的动力输出；长久的续航时间，在市区使用场合中能够减少充电次数，在远途使用场合中能够覆盖完整行程；可靠的安全性能，在车辆出现事故或涉水的情况下，不会因为电池短路而产生爆炸；合理的经济性，在车辆生产过程中降低成本，在车辆使用过程中延长寿命。目前，在电动汽车的三大关键技术中，动力电池的技术瓶颈是制约整车性能的关键所在。针对整车的性能需求，选配合适的动力电池系统是目前各大电动汽车公司采用的折中办法[7, 15, 31-33]。

锂离子电池以能量和功率密度高、安全性好、循环寿命长、价格逐年降低等优点，已经被越来越多的电池生产企业和电动汽车制造企业所研发和应用。根据所采用的正、负极材料不同，锂离子电池可分为钴酸锂电池、锰酸锂电池、三元材料电池、磷酸铁锂电池和钛酸锂电池等类型[34]。每种类型电池的特点描述如下。

（1）钴酸锂电池：标称电压 3.7V，工作电压范围 2.4～4.2V。其理论容量为 $274mA·h/g$，实际容量为 $140～155mA·h/g$。它具有工作电压高、充放电平台平稳、适合大电流放电、体积能量密度高和制备工艺简单等优点。但是其缺点也很明显，钴资源短缺导致价格较高，并且具有剧毒；随着循环次数的增多，电池容量衰减较大；材料热稳定性较差，存在安全问题[35, 36]。

（2）锰酸锂电池：标称电压 3.8V，工作电压范围 2.5～4.2V。其理论容量为 $148mA·h/g$，实际容量为 $90～120mA·h/g$。尖晶石型锰酸锂正极材料具有大电流充放电性能好、安全性高、锰资源丰富价格低、环保无毒和容易制备等诸多优点。其主要缺点是循环过程中容量衰减较快，尤其是在高温条件下[35, 37]。

（3）三元材料电池：标称电压 3.6V，工作电压范围 2.75～4.2V。对镍酸锂进行钴、锰掺杂可以得到镍钴锰三元材料，其综合了镍、钴、锰各自所具有的优点，如能量密度高、循环性能好、热力学稳定性好等。但是，其安全性还有待进一步提高，成本受金属钴的价格波动影响较大[36, 38]。

（4）磷酸铁锂电池：标称电压3.2V，工作电压范围2.5～3.75V。其理论容量为170mA·h/g，实际容量为110～165mA·h/g。正交晶系橄榄石型磷酸铁锂（LiFePO$_4$，LFP）具有较高的能量密度、良好的循环性能、优异的安全性能、价格低廉、资源丰富及对环境友好等优良的特性。但是，其大电流放电能力差，低温性能不好[35, 38, 39]。

（5）钛酸锂电池：钛酸锂（Li$_4$Ti$_5$O$_{12}$，LTO）用作电池的负极材料，标称电压2.2V或3.2V，工作电压范围1.5～2.75V。其理论容量为175mA·h/g，实际容量为150～160mA·h/g。尖晶石型钛酸锂具有安全性能优异、循环性能好、能够快速充放电和工作温度范围宽等优点。但是，其存在对锂电势高，导致能量密度低；相对于其他电极材料，价格较高等缺点[40, 41]。

图1-5为以上5种类型锂离子电池性能的对比。从图中可以看出，LTO电池的温度性能最好，因此为了满足某些严寒地区的使用需求，建议选配LTO材料的锂离子电池。然而，综合以上7项指标进行等权重打分，LFP电池凸显出其优异的综合性能。虽然LFP电池的温度性能略逊于LTO电池，但是其温度适用范围满足绝大部分地区（包括寒冷地区）的使用。综合以上分析，LFP电池综合性能优越，未来将非常有希望作为电动汽车的储能系统进行大规模推广。目前，在世界范围内已经有多家公司进行LFP电池的研发和生产，其中美国A123 Systems公司（2012年被万向集团收购）是先驱者之一。此外，中国的比亚迪股份有限公司、宁德时代新能源科技股份有限公司和天津力神电池股份有限公司等纷纷投入LFP电池的生产制造。世界各大汽车制造商中，有很多采用LFP电池作为电动汽车的储能系统，其中包括：宝马530Le PHEV、比亚迪E6 BEV、比亚迪秦HEV等[34]。

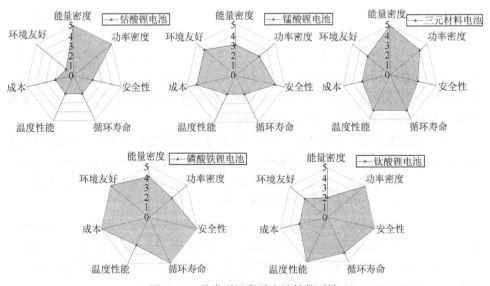

图1-5 5种类型锂离子电池性能对比

1.4　电池荷电状态估计概述

鉴于 1.3 节所述的不同锂离子电池在不同性能方面的差异，为了安全管理和使用锂离子电池，锂离子电池荷电状态（state of charge，SOC）被用以评估电池使用情况，以保证锂离子电池的可靠运行并延长使用寿命。美国先进电池联合会（United States Advanced Battery Consortium，USABC）定义的 SOC 被广泛采用，即电池在经过放电后剩余容量与相同条件下额定容量的比值。目前，国内外很多研究机构在电池管理相关研究领域已经提出了多种 SOC 估计方法，并且很多学者对 SOC 估计方法进行了合理的分类[42-45]。本章根据所选择的电池模型不同将 SOC 估计方法分为以下五类：无模型 SOC 估计方法、基于表面特性映射模型的 SOC 估计方法、基于黑盒模型的 SOC 估计方法、基于电化学模型的 SOC 估计方法和基于等效电路模型的 SOC 估计方法。

1.4.1　无模型 SOC 估计

无模型 SOC 估计方法包括两种最基本的方法，即放电实验法和安时积分法。

1. 放电实验法

放电实验法是在特定的温度环境下，以特定的电流放电，达到制造商技术参数中规定的放电截止电压条件。这个过程可以准确地获得电池的可释放容量，进而计算出电池的 SOC。放电实验法是目前最可靠、精确的 SOC 估计方法，可以作为其他 SOC 估计方法精度的评价标准。但是，这种方法不仅需要很长的实验时间，而且还需要将被测电池从工作回路中断开。因此，这种方法仅适用于实验室条件下，不能够适用于车载动力电池的在线 SOC 估计[42]。

2. 安时积分法

安时积分法是将电池两端的电流（安培）在电池操作时间区间内（小时）进行积分，通过已知的容量和库仑效率便可计算出该时间区间内的 SOC 变化值，再利用初始 SOC 值与 SOC 变化值之差，得到当前 SOC 估计值。

安时积分法是目前最简单、通用的 SOC 估计方法，在工程实际中被广泛地应用在各种电动汽车上。其优点可以归结如下：①计算量小，适用于车载微处理器；②算法自身的积分作用可以有效地抑制传感器的数据采集噪声，具有较好的稳定性；③方便与其他 SOC 估计方法结合以提高估计精度。

然而，安时积分法也存在以下缺点：①初始 SOC 无法自动获得，并且初始 SOC 的精度将会影响算法的精度；②电流传感器的精度，尤其是测量偏差将会导致累计误差，最终影响 SOC 估计的精度；③电池的容量和库仑效率特性将会在不同的实验条件（温度、老化程度和电流倍率等）下受到影响，进而影响 SOC 估计的精度[46, 47]。

1.4.2 基于表面特性映射模型的 SOC 估计

电池的表面特性包括工作电压、开路电压（open-circuit voltage，OCV）、直流内阻和交流阻抗等。通过建立以上电池表面特性与 SOC 的映射关系来估计电池的 SOC。

1. 工作电压法

在电池负载电流为恒流的条件下，可以通过建立电池的工作电压与 SOC 的映射关系来估计电池的 SOC。这种方法的优点是映射关系建立简单、方便；计算量小，只需要将映射关系建立成查询表格并存储在 BMS 中即可进行在线计算。这种方法的缺点也很明显：①车载电池组只有在充电的条件下才能保证负载电流恒定，而在车辆行驶过程中，负载电流通常剧烈波动；②查询表格中的参数仅适用于新电池，老化之后的电池需要重新建立映射关系[48]。

2. OCV 法

电池的 OCV 与 SOC 存在一一对应的关系，通过建立 OCV 与 SOC 的映射关系可以高精度地估计电池的 SOC[49, 50]。但是，OCV 法也存在着一些问题。首先，电池需要长时间的静置以达到平衡状态，而且静置时间的确定取决于 SOC、温度等因素。例如，在低温条件下 LFP 需要静置 3h 以上才能够达到平衡状态。其次，某些类型电池的 OCV 与充放电历史有关，即充电 OCV 与放电 OCV 存在滞回特性。

对于家庭用电动汽车，通常车辆每天只行驶几小时，每天充电一次或每隔几天充电一次。因此，电池组拥有足够的时间在开路条件下，BMS 可以准确测量电池的 OCV。而对于营运用电动汽车（出租车、公交车等），可能只有很短的时间可以测量电池的 OCV。在电流中断后，由于过电势的缓慢下降，所测量的 OCV 将会受到影响。目前，已经出现了一些考虑 OCV 释放过程预测"真实"OCV 的方法[51-53]。此外，基于等效电路模型的模型参数在线估计方法近年来也被广泛研究，主要包括基于卡尔曼滤波[54, 55]和递归最小二乘算法[56-58]等。在室温或高温条件下，OCV 滞回特性通常可以忽略。如果需要，可以另外建立 OCV 滞回特性模型以满足 SOC 估计的需求[59-61]。

考虑以上这些方面和安时积分法的优点,安时积分与 OCV 相结合的方法是一种简单、有效的 SOC 估计方法,工程实践中适用于各种电动汽车[43, 62]。

3. 直流内阻和交流阻抗法

在很短的时间区间上,利用直流激励产生的端电压响应可以得到直流内阻。直流内阻与电池的 SOC 存在对应关系,利用这种关系可以获得电池的 SOC[63]。交流阻抗与直流内阻的测试方法相似,在电池正负极上加载不同频率的正弦交流电流激励,然后测量不同频率下电池的频率响应函数,通过分析复频域内的交流阻抗频谱图可以得到电池的 SOC[64-66]。

然而,无论是直流内阻还是交流阻抗在电动汽车上都很难应用,原因如下:①电池的内阻很小,通常是毫欧量级,精确地测量电池的内阻非常困难;另外,交流阻抗测试还需要信号发生装置,这无疑会增加硬件成本。②直流内阻和交流阻抗与 SOC 存在着复杂的关系,这种对应关系具有非单调、非线性的特性,因此给建立模型带来了困难。③电池的直流内阻和交流阻抗在不同老化程度下变化明显,并且其受环境温度的影响比较敏感[67]。

1.4.3 基于黑盒模型的 SOC 估计

电池的动态特性非常复杂,其 SOC 受电压、电流和温度等因素的影响非常敏感,建立精确的 SOC 估计模型十分困难。黑箱模型通常不考虑系统的内部规律,通过输入和输出关系来建立模型,建模过程简单、快速。通过以上描述,可以利用黑箱模型来描述 SOC 与电压、电流和温度等影响因素之间的非线性关系,进而估计电池的 SOC。一些常用的机器学习方法可以用来建立黑箱模型,包括模糊逻辑法、人工神经网络和支持向量机等[68]。

1. 模糊逻辑法

基于模糊逻辑的 SOC 估计方法通常需要先确定输入、输出变量,输入变量主要分两类:①内阻或阻抗参数[69, 70];②电压、电流和温度。输出变量通常为 SOC[71, 72]。然后确定输入、输出变量的语言值域及其隶属度函数。最后根据大量的历史数据及人工经验建立模糊控制规则,进而进行 SOC 估计。

模糊逻辑法存在以下缺点:①无论是建立 SOC 与内阻或阻抗参数的模型,还是建立 SOC 与电压、电流和温度的模型,都无法弥补这些方法的先天缺陷(见 1.4.2 节中"1. 工作电压法"和"3. 直流内阻和交流阻抗法");②该方法需要对电池有深入的理解及丰富的人工经验。

2. 人工神经网络

基于人工神经网络的 SOC 估计方法可以利用神经网络建立电池特性的非线性映射关系。通过大量的实验数据对神经网络进行训练，可以得到较精确的输入输出映射关系。此外，该方法不需要考虑电池建模的细节，因此对各种类型的电池具有很好的通用性和适应性[73, 74]。

然而，神经网络的训练需要大量实验数据，并且训练的结果受训练数据和训练方法的影响很大。另外，神经网络需要很大的计算量，车载微控制芯片很难在控制成本条件下满足其计算需求[75, 76]。

3. 支持向量机

与基于人工神经网络的 SOC 估计方法相似，支持向量机同样是通过建立电池表面特性参数与 SOC 之间的非线性映射关系来得到较高的估计精度。支持向量机比人工神经网络具有更好的有效性和鲁棒性。支持向量机采用结构化最小准则代替传统的最小准则，保证了其可以收敛到全局最优条件，避免了人工神经网络容易陷入局部最优的问题[77, 78]。然而，支持向量机同样需要大量的训练，其他缺点与人工神经网络相同[79-81]。

1.4.4　基于电化学模型的 SOC 估计

电化学模型的建立是基于传质过程、电化学热力学和电荷转移动力学等特性。该模型的优点是可以精确描述电池反应过程中的活性物质与 SOC 之间的关系。但是，电化学模型通常比较复杂，模型参数较多且很难精确获得。另外，采用电化学模型会产生较大的计算量，这种模型通常用来进行电池特性分析和电池设计[82, 83]。

1.4.5　基于等效电路模型的 SOC 估计

等效电路模型是最常见的一种电池建模方式，该模型通常采用不同电气元件的特性公式来描述电池不同环节的动态特性[84, 85]。通过利用电池 SOC 与 OCV 的映射关系，可以将电池的 SOC 直接包含在等效电路模型中。因此，基于等效电路模型的 SOC 估计方法的核心是通过测量电池的电压、电流和温度等数据估计电池的 OCV。为了提高 SOC 估计的精度，通常采用最优估计方法来实现闭环估计，进而减小模型不精确性和测量误差对估计结果产生的影响。常见的最优估计方法包括：卡尔曼滤波（Kalman filter，KF）、粒子滤波（particle filter，PF）和递归最小二乘法（recursive least-squares，RLS）等[86]。

1. 卡尔曼滤波和粒子滤波算法

KF 是目前应用范围最广的最优估计方法，基本的 KF 仅适用于简单线性的电池模型[87, 88]。随着 KF 技术的发展，其可以适用于更复杂的、强非线性的电池模型，扩展 KF（extended KF，EKF）就是其中之一。EKF 存在各种各样的变形，并且可以适用于不同的电池模型[89-100]。

EKF 通过一阶泰勒级数展开的方式将非线性系统近似线性化，因此其精度不高，而且同样缺乏鲁棒性。采用西格玛点 KF（sigma-point KF，SPKF）可以更好地实现非线性模型线性化过程[101, 102]。该滤波器还存在不同的形式，包括无迹 KF[103-105] 和中心差分 KF[106] 等。

以上所有种类的 KF 都需要预先知道系统噪声和量测噪声协方差信息。如果这些统计量的信息不准确，将会导致较差的收敛性或者较慢的适应性。因此，自适应 KF（adaptive KF，AKF）[55, 107]、自适应 EKF（adaptive EKF，AEKF）[58, 108-110] 和自适应 SPKF（adaptive SPKF，ASPKF）[111] 被用来在线估计系统噪声和量测噪声协方差。

系统噪声和量测噪声的另外一个问题是假设其服从高斯分布。然而，这种假设明显不满足实际的应用情况。虽然在噪声不是严格满足高斯分布的条件下，KF 能够在一定程度上保证稳定性，但是给滤波器的收敛性和准确性带来了负面影响。为了解决这个问题，PF[112-115] 和无迹 PF[116, 117] 被用来估计 SOC。这些滤波器的缺点是需要处理器具有较高的计算能力和较大的存储空间，其性能并没有显著提升。

2. 递归最小二乘法

KF 和 PF 均将输入信号作为随机变量，而 RLS 则将输入信号作为常值变量。采用 RLS 可以降低硬件电路成本，因为廉价的采样电路就能够实现电压和电流数据的低噪声采集。另外，RLS 算法不需要复杂的矩阵运算，可以在微控制器上有效地运行。然而，由于没有使用量测误差的统计信息，RLS 的估计精度不高。当电池模型不能够精确描述电池的动态特性时，RLS 将会产生严重的发散问题。此外，RLS 不能够应用于强非线性的电池模型[85, 118]。

1.5　串联电池组均衡管理策略概述

均衡管理是对电池组使用过程中各外部特性进行监测，并对内部状态和参数进行估计和辨识，通过内外部特征确定各电池单体是否处于一致状态；当出现不一致时，对电池组可释放容量过高或过低的单体进行安时量的重新分配，最终实现电池组整体性能参数的均衡。电池组均衡管理系统主要由硬件均衡电路和软件均衡策略组成[119]。EMS 的总体框架如图 1-6 所示。

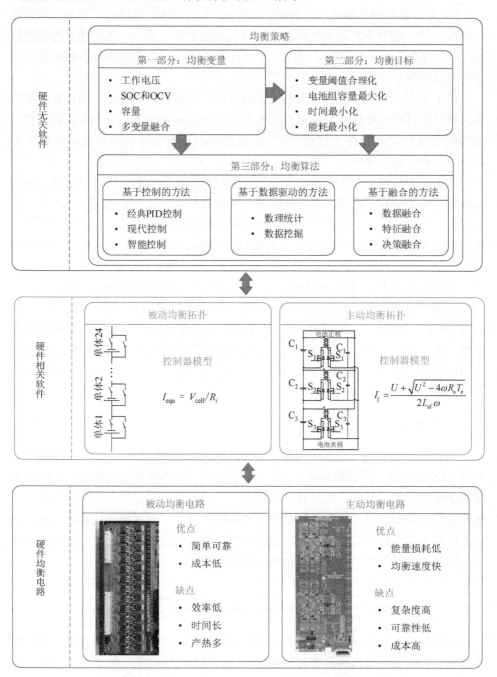

图 1-6　均衡管理系统整体框架（彩图见书后插页）

硬件均衡电路的分类方式有以下两种。

（1）根据电能转移方式，均衡电路被分为被动均衡电路和主动均衡电路[119, 120]。被动均衡电路有固定分流电阻型和开关分流电阻型；主动均衡电路主要有基于电容式、基于电感式、基于变压器式和基于变换器式 4 种[121-123]。

（2）根据电路拓扑结构，均衡电路分为 5 种：电池旁路、单体到单体、单体到电池组、电池组到单体和单体到电池组到单体[120, 124]。

被动均衡也被称为耗散式均衡[125]，是分流电阻通过电路并联到单体两端，以此消耗电能高的电池的多余电能产生热量释放到空气中[126]，从而达到电池组的均衡。被动均衡因简单易行、稳定和成本低，在实车中已经有所应用[127]。然而，被动均衡仅适用于充电工况[128]，并且容易导致反复均衡，存在均衡效率低、均衡时间长及能耗生热等无法解决的问题[129]。主动均衡即非耗散式均衡，利用均衡电路将可释放容量高单体的安时量传递给可释放容量低单体[130]。主动均衡是一种更先进的均衡方案，电能损耗小，近年来引起了越来越多的关注。每种类型的均衡电路在均衡速度、精确性、成本、体积和效率上都有自己的优势与劣势。

相比均衡电路，均衡策略需要解决均衡过程中被控对象的时变性、非线性和不确定性等问题[131]，控制速度、准确度和稳定性已经成为均衡策略的发展瓶颈[132]。另外，电动汽车再生制动和急加速工况会导致电池电流和电压测量值瞬变[133]，状态估计精度和稳定性还有待提高，不同应用场景下的均衡目标需要完善，因此均衡策略的研究极具挑战性。本书对当前存在的均衡策略文献进行总结并展望，期望为不同场景下的均衡策略选型提供依据，为均衡策略研究提供一些思路。

1.5.1　电池组不一致性机制

电池组不一致性的产生机制复杂多样，主要包括内因、外因和内外因相互耦合作用。电芯制造过程中存在的原料、工艺和装配等因素会导致其内阻、容量和自放电率等内部因素的不一致；使用过程中存在的充放电电流、环境温度和放电深度等外部因素不一致则会加剧电池组内部因素的不一致性[134, 135]。随着电池组的使用，内外因相互耦合作用会使成组后的电池不一致性呈发散趋势[133]。首先，由于电池组存在不一致性，放电过程可能发生单体深度放电现象，引起活性物质的损失，导致电池容量损失、循环寿命急剧下降；充电过程中可能发生深度充电现象，导致内部发生化学反应产生 CO_2 等气体增加电池的内压和温度[133, 136]，加速电池老化，产生损坏甚至起火、爆炸等严重后果。其次，由于各单体不一致性和充放电截止电压存在，串联锂离子电池组整体的充放电容量均由最早到达截止电压的单体决定[137, 138]。如图 1-7 所示的四个单体电池串联电池组，充电过程中，当任意一个单体电池达到充电截止电压时必须停止对电池组的充电，此时电池组容量由可充电容量最小的单体决定；放电过程中，当任意一个单体电池达到放电截止电压时必须停止对电池组的放电，此时电池组容量由可释放容量最小的单体决定。因此，在电池组不一致性差异较大的情况下电池组容量利用率降低，总容量严重减少，极大影响使用性能。最后，由于木桶效应，电池组容量由性能最差的单体决定，电池组的循环寿命一般小于寿命最短的单体电池[134]，因此电池组的循环寿命会严重下降。以上现象表明，动力电池成组后的安全性、使用性能和循环寿命问题并未得到根本解决，严重影响整车的安全性、续航里程、动力性能和使用寿命。

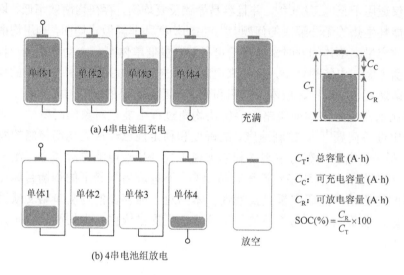

图 1-7　串联电池组的充放电原理及额定容量的定义

1.5.2　均衡策略分类方法

均衡策略的本质是控制方法在均衡系统中的应用。因此，本节按照控制理论主要构成部分控制变量、目标函数和控制算法，将均衡策略分为基于均衡变量、基于均衡目标和基于均衡算法三类。整体均衡策略框架如图 1-6 中红色部分所示。按照控制方法的相互关系，均衡变量是均衡目标的输入，均衡变量和均衡目标是均衡算法的输入。本节首先介绍均衡变量，其次介绍均衡目标，最后介绍利用控制算法实现均衡。

1. 基于均衡变量的分类

均衡变量用来判断电池组是否处于一致状态，并且是均衡算法的输入参数。

目前，均衡变量包括工作电压、SOC、容量[139]，以及权衡不同变量优劣得到的融合变量。均衡变量的选择是制定合理均衡策略的基础，其会影响均衡效果。在本节中，介绍了常用的均衡变量并分析了优缺点。

1）基于工作电压的均衡策略

基于工作电压的均衡策略是以电池运行过程中正、负极两端的电压为均衡变量，通过制定策略实现电池组中各电池单体的工作电压达到一致或者在限定范围内的均衡目标。图 1-8 为初始工作电压不同的三个电池单体，充放电过程中通过以工作电压作为均衡变量进行均衡来实现工作电压值的一致。

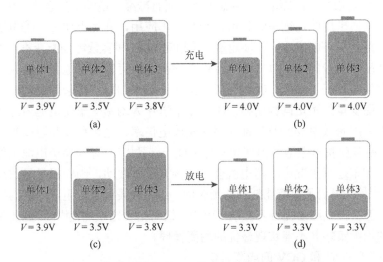

图 1-8 充放电过程基于工作电压的电池组均衡策略

以工作电压作为均衡变量，通过工作电压差值与阈值比较判断均衡系统开启和停止，控制均衡电路实现电能的转移，工作电压高的单体放电，工作电压低的单体充电，从而达到调节工作电压一致的目的[126, 140]。文献[141]以工作电压为均衡变量，通过优先均衡工作电压最低单体，进行工作电压"填谷"，最终消除工作电压的不均衡。文献[137]和[142]将电池组任意两单体电压对比，将电压差超出阈值的单体进行电能转移实现均衡。该方法原理简单，但两两比较方法实现复杂且计算量大。工作电压存在充放电曲线平台期，处于平台期的工作电压值差异小但可能对应较大的电池可释放容量差异，导致过均衡或者欠均衡现象。文献[143]避开工作电压平台期，仅对充、放电初期和末期的电池制定均衡策略，并针对不均衡的三种情形，即个别电压过高、个别电压过低和同时存在过高过低电压，分别制定了单体向电池组转移电能、电池组向单体转移电能和单体向单体转移电能的均衡策略，均衡效果明显。工作电压存在过电势，充放电后静置过程过电势会释放，因此以工作电压为均衡变量在电流中断后可能仍然存在不均衡。文献[144]和[145]考虑到电池过电势的存在，通过滞回控制实现过均衡策略，在一定程度上改进均衡后电压的一致性，同时避免了等待时间。此外，过电势会因充、放电电流不同而改变，因此基于工作电压的均衡策略需要考虑不同充、放电电流下的过电势。文献[146]提出利用一定时间段工作电压差变化的方法得到充、放电速率，根据充、放电速率不同以电压作为均衡变量制定合理的均衡策略。电池组单体老化速率不同，老化程度不同，单体的充、放电曲线也不同，因此电压一致也存在剩余容量的差异性。文献[147]提出适用不同老化程度的充电均衡策略，通过电压差调节均衡电流，不仅实现了电池组总容量最大化，而且减缓了电池组的老化速率。

基于工作电压的均衡策略目前已经在实车应用，其优点如下：①电池性能直接表现就是其工作电压，可直接测量。②相对 SOC 和容量等均衡变量，工作电压的测量精度相对较高。③以工作电压作为均衡变量可以很好地限制过充电、过放电现象发生，保证了安全。④避免了变量估计带来的算法复杂度。然而，以工作电压为均衡变量的不足同样明显：①工作电压作为均衡变量受电池内部参数（容量、内阻和库仑效率等）及外部环境（充放电倍率、老化程度和温度等）因素影响，不能精确反映出电池的内部状态是否处于一致[148]。②锂离子电池工作电压平台期长，实车运行工况中干路电流会导致频繁电压波动，因而极易导致反复均衡和过均衡[149]，增加了均衡能耗和均衡时间。综上，采用工作电压作为均衡变量获取简单，但工作电压易受外界影响[150, 151]，极易出现错误均衡[152]，因此仅考虑电池电压的均衡策略并不能实现最优的均衡管理。

2）基于 SOC 和 OCV 的均衡策略

基于 SOC 的均衡策略是以电池的 SOC 值作为均衡变量，其均衡目标是电池组各单体 SOC 的一致或者在给定的阈值范围内。这里的 SOC 是基于电池容量进行定义的，如式（1-1）所示[153]：

$$SOC = \frac{C_R}{C_T} \tag{1-1}$$

其中几种容量的定义如图 1-7 所示。图 1-9 为基于 SOC 的均衡策略，初始 SOC 不同的三个串联单体，通过充、放电过程均衡实现了 SOC 的一致。

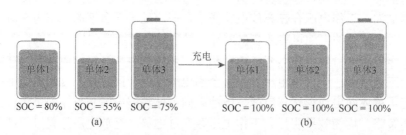

(a)　　　　　　　　　　　　　　　　(b)

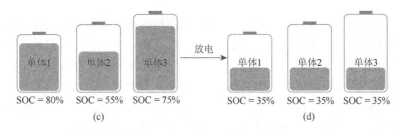

图 1-9 充、放电过程基于 SOC 的电池组均衡策略

以 SOC 为均衡变量的均衡策略需要估计 SOC,有些文献采用 SOC-OCV 关系进行 SOC 值的估计,利用 OCV 估计 SOC 降低了 SOC 估计带来的误差概率和运算器负荷。有学者直接利用 OCV 或者 SOC-OCV 关系进行均衡操作。文献[138]将搁置阶段相邻单体开路电压差值作为均衡依据,充电阶段采取"削峰"优先均衡端电压高的单体;放电阶段采取"填谷",优先均衡工作电压低的单体,从而实现容量最大化利用。文献[154]采用开路电压估计 SOC,并针对电池组能量转移路径进行规划,通过启发式搜索 A*算法对能量转移路径优化,降低了能耗,同时加快了均衡速度。然而,基于 OCV 的均衡策略仅适用于电池搁置阶段。同时,SOC-OCV 曲线存在较长平台期,会导致 SOC 估计不准确。文献[155]通过修正电压平台阶段电池组平均电压值,从而达到电池 SOC 与工作电压一致的目的。然而,此阶段容易受其他因素影响,因此对修正的要求很高,一旦出错会导致不一致性增加。因此,有学者提出只在充放电线性区进行均衡策略制定,从而避免过均衡等均衡错误。文献[156]通过在充电末期建立开路电压、极化电压之和与 SOC 的关系,消除极化电压对 SOC 估计的影响。综上,采用 SOC-OCV 关系得到的 SOC 作为均衡变量不需要对电池组的 SOC 及容量进行估计,方便均衡策略制定。然而,这种方法也存在以下缺点:①开路电压作为均衡变量仅适用于搁置状态,降低了工作效率[120];②由于电池充、放电 OCV 存在滞回特性,均衡过程中一些电池处于充电状态,而另一些电池处于放电状态,因此相同电压的两个电池也可能存在电量的不一致[6];③电池制造技术的差异导致难以形成统一的 SOC-OCV 标准曲线,这也限制了这种方法的普及。

通过单体 SOC 差值与阈值比较判断均衡启停,将电能从 SOC 高单体转移到 SOC 低单体[145, 157]。除了基于 OCV 的 SOC 估计算法外,多种 SOC 估计算法已经被广泛研究,并在均衡策略中得到应用。文献[151]在均衡模块中采用安时积分法估计单体 SOC,然后又利用与平均 SOC 的差值计算充、放电电池的参考均衡电流,实现精确和快速的均衡控制过程。文献[158]利用 OCV 和库仑计数得到精确 SOC 估计值,实现电池电量的有源传输,达到均衡的目的。然而,安时积分法存在初始 SOC 依赖性大及电流累计误差等缺点。文献[159]利用卡尔曼滤波估计

SOC，将 SOC 值排序，计算出不均衡单体需要释放或者补充的安时量，通过控制均衡电流实现均衡。文献[160]提出了一种实时观测 SOC 和剩余容量的主动均衡方法，利用粒子滤波算法有效减少了电流漂移对 SOC 估计的影响。文献[161]将基于 OCV 和安时积分的 SOC 进行统一，建立了电池热力学 SOC 和动力学 SOC 对应关系，针对电池组静置和均衡过程两个场景，分别利用热力学 SOC 和动力学 SOC 作为均衡变量建立均衡控制策略，实现了良好的均衡效果。

SOC 值表征了电池当前可释放容量与总容量的比值，以 SOC 作为均衡变量有以下优点：①可以忽略电池单体总容量的差异，使所有电池同时达到满充和满放状态，使得电池组电能得到充分利用。②SOC 一致意味着放电深度一致，避免了放电深度不同导致电池的老化速率差异[138, 148]，延长了电池寿命。③SOC 可以准确表达电池组内单体的可释放容量，使电池单体间电量差异能够一次性转移完毕，因此以 SOC 为均衡变量可以缩短均衡时间[162]。然而，以 SOC 作为均衡变量也存在不足：①SOC 受电流、温度等因素影响较大，会造成均衡系统频繁切换，难以达到均衡目标。②均衡管理要求 SOC 估计足够准确，但 SOC 受电池老化影响，目前 SOC 实时估计实现相对困难，仍存在误差[163]。③虽然复杂的 SOC 算法能够实现高精度估计，但是增加了计算复杂度带来系统运行负荷，对控制器的计算能力要求较高[150]，目前难以实车应用。

　　3）基于容量的均衡策略

基于电池容量的均衡策略是以总容量、可充电容量或可释放容量作为均衡变量，均衡目标是实现电池组总容量的最大化，提高电池组的容量利用率[164]。被动均衡中，电池组理论最大总容量为最小单体总容量；主动均衡中，当均衡系统实现所有单体同时满充和满放的最佳状态时，电池组总容量达到理论最大值，即各单体总容量的平均值，避免了低容量单体的短板效应。图 1-10 为基于容量的主动均衡策略充、放电过程，单体及串联电池组容量变化。

基于容量的均衡策略就是在充电时将可充电容量、放电时将可释放容量分别作为电池组不一致的表现，之后基于容量进行均衡。文献[165]以容量为均衡变量，通过分流的形式进行电池组的均衡控制，实现各单体之间一致，但是只进行理论仿真并没有进行实验验证。文献[150]提出一种根据串联电池组每一个单体容量控制均衡电流的均衡方法，并通过实验对比分析了容量和电压均衡变量的优劣，得出容量作为均衡变量更能反映电池的状态。文献[166]根据容量不同进行均衡电流调整，可以实现可用容量最大化。文献[167]提出了基于可充电容量估计的能量耗散式均衡，实现了容量最大化的均衡目标。但基于可充电容量估计的均衡结果与电池组理论容量存在微小差异，进一步利用模糊策略有效减小了电池组容量偏差，然而容量作为均衡控制变量难以估计。针对该问题，文献[166]提出了一种考虑电池内阻和容量变化的剩余容量估计方法，通过建立考虑内阻和充、放电电流的可释

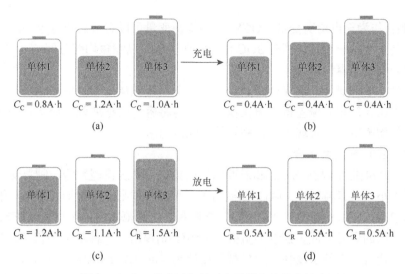

图 1-10　充、放电过程基于容量的主动均衡策略

放容量电池模型，从而控制均衡电流实现电池组可释放容量最大化。文献[167]利用充放电电压曲线对可充电容量进行在线估计，但是充、放电曲线平台期的存在，无法精确实现均衡控制。文献[168]提出基于电池模型参数动态估计的均衡策略，通过非线性最小二乘法预估单体模型参数，从而提高容量估计精度，实现均衡。

以电池容量作为均衡变量优点很多：①电池组的可用容量可以显著提高，理想条件下可以实现电池组容量最大化利用[169]。②避免电池老化过程中出现以电压和 SOC 作为均衡变量的反复均衡问题，不会产生电量往复的过程，均衡时间短，均衡速度快。③从电池全周期考虑，以容量作为均衡变量可以减缓电池组的老化，延长电池组循环寿命[150]。然而，以电池容量为均衡变量也存在不足：①在线容量估计实现较难，且精度也难以保证。②一般容量估计通过准确的 SOC 估计作为前提，加大了系统的运行负荷。③电池组容量最大化的目标，对均衡电路稳定性、可靠性和功率等级也提出更高的要求，极大地增加了使用成本[170]。

4）多变量融合均衡策略

基于多变量融合的均衡策略就是发挥各变量优势，选择合理的均衡变量进行均衡实现最优的均衡效果。本小节对当前文献可见的几种变量融合进行了总结，主要有电压和 SOC 融合、电压和容量融合，以及 SOC 和温度融合。

（1）电压和 SOC 融合。

文献[171]提出一种电池充电均衡策略，先按单体电压降序排列，将过充单体均衡；然后，通过 SOC 与平均 SOC 之差的阈值控制均衡启停，实现电池组的均衡。将电压和 SOC 进行融合，保证电池工作在安全区域的同时提升了均衡的一致性效果，但是其控制逻辑复杂，加大了控制器的负荷。文献[172]将 OCV 和电池

SOC 融合作为充电均衡变量。OCV 作为均衡变量可以有效避免过电势造成的误判,提高了均衡一致性,同时 SOC 作为均衡变量可以缩短均衡时间。

(2)电压和容量融合。

文献[173]设计了一种基于最优路径选择的均衡策略,通过单体电压之和与电池组端电压计算相对偏差得到电压偏差度,再将容量的标准差与设定阈值比较,确定单体均衡组合,实现了快速高效的电池组均衡。

(3)SOC 和温度融合。

文献[174]提出限制 SOC 和温度的均衡策略,通过模型预测控制算法控制负载电流大小,改善温升。文献[175]提出了一种基于规则的比例均衡策略,给出两种均衡模式,即低电流范围内的 SOC 均衡和高电流范围内的热均衡,兼顾 SOC 和温度均衡的同时降低了控制器负荷。文献[176]提出了一种基于热和 SOC 的均衡策略,通过采用基于线性二次模型预测控制(model prediction control,MPC)的方法,控制负载电流,避免了多余电流的产热。但是,限流控制受负载影响较大,负载功率不能够大范围调节,因此只能进行微小调整,均衡速度慢。SOC 和温度的不均衡都会损害电池组的性能,加速电池组老化。因此,SOC 和温度融合的均衡策略可以延长电池组的循环寿命。

2. 基于均衡目标的分类

均衡策略的目标为保证电池组实现均衡过程快速、准确和稳定,最大化电池组电能利用率,延长电池使用寿命。本小节根据均衡目标将均衡策略分为以下几类:变量阈值合理化、电池组容量最大化、均衡时间最小化和均衡能耗最小化。

1)变量阈值合理化

均衡阈值是指均衡开启或结束时均衡变量设定的允许范围。当均衡变量差异超过设定阈值时,均衡开始;当单体均衡变量差异小于阈值时,均衡停止。阈值选择是影响均衡速度和均衡一致性的关键因素之一。

目前,均衡阈值分为单阈值、多阈值和自适应阈值。将均衡变量设定为单阈值,可以缩短均衡时间,提高稳定性。然而由于阈值设定在很大程度上取决于先验经验,设置为固定值可能导致均衡判断失误、均衡电路频繁开启反复均衡、均衡能耗增大等问题,并需要充分考虑均衡时间和均衡效果的权衡[177]。因此,有文献提出将均衡变量设定为多阈值和自适应阈值。文献[178]提出将阈值设置成一次线性关系式。文献[177]采取模糊算法动态计算阈值,实现了均衡阈值自适应求解,兼顾了均衡目标的一致性和均衡时间节约性。

均衡变量阈值可根据电池所处状态动态调整,保证均衡变量的一致性,缩短均衡时间,实现稳定、可靠的均衡效果。然而,均衡变量受充放电电流、工作温度和老化程度等因素影响,需要根据实际应用场景合理设计均衡变量的阈值。

2）电池组容量最大化

电池组容量最大化作为均衡目标，最理想的状态是所有单体实现同时满充和满放状态，避免个别单体提前到达充、放电截止电压使电池组提前停止充放电，从而实现电池组的容量利用率最大化。

以容量为均衡变量的方法在 1.5.2 节已经介绍，本小节仅讨论容量最大化为均衡目标的优缺点。以容量为均衡目标有利于实现电能吞吐量最大化，降低均衡能耗，极大提高均衡系统经济性。然而，为实现电池组容量最大化，在均衡过程中需要不断进行均衡，从而引起电能传递过程的能耗增加。以电池组容量最大化为均衡目标的均衡策略需要实时估计容量，对算法精度、稳定性及系统计算能力要求高，提升了硬件成本。

3）均衡时间最小化

均衡时间是指从均衡开始到均衡结束的时间。均衡时间取决于均衡速度最慢的电池，均衡时间与均衡目标、均衡电路电流能力、不均衡程度和均衡路径有关。需要解决以上不同目标不同变量的优化问题。

均衡时间随着电池不均衡程度的增加而增加[179]，在均衡电流非恒定的电路中，均衡电流与电压差成正比，随着均衡进程而逐渐变为 0[123, 180]，因此，随着电压差减小，均衡时间呈指数形式上升，其效率为均衡电压比[181]。均衡阈值选择也是影响均衡时间的因素[182]，为此采取合理的阈值可以减少均衡时间。在保证能耗基本不变的情况下，采用承受能力强的电路，同时最大化均衡电流，选择合理的均衡阈值，以及利用控制算法进行路径优化减少均衡步骤都可以节约均衡时间，提升均衡速度[179]。以均衡时间最小化为目标的均衡策略有利于缩短均衡时间，实现快速均衡，然而影响均衡时间的因素较多，盲目提高均衡速度会带来能耗的增加。

4）均衡能耗最小化

均衡能耗主要来自电池的能耗和均衡电路的能耗。电池的能耗与电池充、放电能量效率相关，而均衡电路的能耗与电路的工作效率有关。

以均衡能耗最小化为均衡目标可以降低均衡过程的电能消耗。被动均衡通过耗散元件将不均衡电能全部耗散，电能利用率为 0；主动均衡通过均衡电路进行电能转移，能耗主要来自电能转移过程，包括电池充、放电能量效率损失和均衡电路能耗损失。主动均衡策略在小规模电池组中，均衡算法仅仅会增加计算量，所带来的均衡能耗可以忽略不计。但是，随着电池组规模的扩大，均衡能耗不可忽略。因此，考虑电池能量效率和均衡电路工作效率，采用能耗作为目标函数进行优化求解[183]，可以降低均衡能耗，提升电能吞吐量，降低使用成本。然而，均衡能耗难以实车估计，导致计算复杂程度增加，增加硬件负荷及成本。

3. 基于均衡算法的分类

确定均衡变量和均衡目标后，如何利用均衡变量进行过程控制从而实现均衡目标是一个难题。选择合适的均衡算法应用在均衡策略中，可以避免过均衡、反复均衡，极大缩短均衡时间，提高均衡效率，稳定地实现均衡目标。目前，均衡算法有许多种，本小节对当前文献中的均衡算法进行了分类，包括基于控制算法、基于数据驱动和基于融合算法的均衡算法。

1）基于控制算法的均衡策略

本小节按照控制理论的发展历程将目前常见的均衡算法进行整理，从经典控制理论的比例积分微分（proportion integration differentiation，PID）控制，到以状态方程为代表的现代控制理论，包括最优控制（optimum control，OC）、MPC 和滑模控制（sliding mode control，SMC），最后到智能控制理论，包括群智能控制（swarm intelligent control，SIC）、模糊逻辑控制（fuzzy logic control，FLC）、遗传算法（genetic algorithm，GA）及神经网络（neural network，NN）算法等。

（1）经典 PID 控制算法。

PID 控制是经典控制理论的代表之一，因结构简单、闭环稳定、工作可靠和调整方便等优点，广泛应用于工业控制领域。PID 控制器的设计关键是如何选择比例、积分和微分系数[184]。传统 PID 控制参数一经设定不再改变，在干扰较小时，平稳性良好，一旦干扰突变，系统不能迅速恢复稳定。针对传统 PID 控制存在的缺陷，智能 PID 控制通过智能算法优化 PID 控制参数，实现最优控制。

由于智能控制稳定、自动化和实现简单的优势，文献[185]和[186]将其应用于均衡控制领域，利用粒子群优化（particle swarm optimization，PSO）算法优化控制器比例和积分参数。文献[186]将反馈电压与电流比值和参考值的平均绝对误差作为目标函数值计算粒子的适应度，通过 PSO 进行迭代得到优化的控制器参数。文献[185]提出了均衡控制模型，利用单体 SOC 与参考 SOC 平均绝对误差作为目标函数，并得到估计均衡时间和均衡电流的控制模型，利用 PSO 算法优化 PID 控制参数，与 PID 控制进行对比，均衡速度快、设计简单和均衡能耗低。但是，该方法需要不断地对群粒子值进行验证，避免超出搜索空间导致偏离优化目标。

智能 PID 控制能根据系统的运行状况动态改变控制器参数，使控制器在复杂、动态和不确定的系统中取得较好的控制效果，具有设计简单、速度快、效率高和能耗低等优点。然而，基于智能 PID 控制的均衡策略增加了系统控制的计算复杂程度。

（2）现代控制算法。

现代控制理论是建立在状态空间模型基础上的一种控制理论，是自动控制理论的一个主要组成部分。现代控制理论对控制系统的分析和设计主要是通过对系统的状态变量描述来进行的，适用于具有指定性能指标的最优控制算法，因此大量应用于均衡算法。本小节将均衡算法中可见的现代控制算法进行归纳，包括 OC、SMC 及 MPC 等。

a. 最优控制算法。

OC 就是在给定条件下对给定的受控系统确定一种控制规律，使该系统对预先规定的性能指标具有最优值[187]。OC 主要由状态方程、控制变量、约束条件和目标函数组成。其性能指标在很大程度上决定了 OC 性能和形式。其中现代变分理论中最常用的动态规划和极小值原理可以广泛应用在均衡策略中。

由于 OC 求解方便、准确性高，很多学者将 OC 应用于均衡算法。有文献选择不同的目标函数进行最优控制，实现了不同的均衡效果。文献[172]以电池组电压最大化为目标函数，提高了能量传输效率，缩短了电荷均衡器的工作时间。文献[188]提出单体 SOC 与平均 SOC 的差值作为 OC 的目标函数，通过调节均衡电流，降低能量损失，在短时间内实现均衡。还有部分文献既对目标函数进行了改进，又提出了不同的均衡系统最优控制模型。文献[189]利用 OC 提出可以控制每个电池的放电和充电速率的均衡策略，将均衡问题描述为一个有限域非线性最优控制问题，将电池均衡系统作为一个网络进行建模和动态规划，以电能耗散为目标函数，约束为可重构单体数，均衡效率高、时间短、鲁棒性强。文献[153]介绍了一种适用于任意均衡拓扑的非线性平均电流模型，将电池剩余可用容量作为均衡目标，利用最优控制优化均衡电路开关顺序以缩短均衡时间和减少反复均衡带来的能量损失。文献[190]提出了简单离散时间积分器动态均衡模型，将电池组总容量最大化作为目标函数，实现了电池组总容量的最大利用。文献[191]利用 OC 提出了一种基于 SOC 一致的均衡算法，将串联电池组作为多体系统进行建模，将电池作为节点，连接电池拓扑电路作为边界条件，将均衡变量一致看作目标函数，并从理论推导、模拟和实验三个层面对均衡算法的有效性进行验证。

OC 作为现代控制理论的核心，对均衡电路和电池模组耦合的动态、复杂的系统控制非常有效，实现简单。然而，考虑到非线性或者约束的存在，很难准确求解。并且，由于均衡系统的差异，每种均衡系统均需要进行模型的重新构建。

b. 滑膜控制算法。

SMC 又称变结构控制，本质上是一类特殊的非线性控制[192]。在动态过程中，根据系统当前的状态（如偏差及其各阶导数等）有目的地不断变化，迫使系统按照预定"滑动模态"的状态轨迹运动。其对非线性系统有良好控制性能，对多输入多输出系统具有可应用性，对离散时间系统具有设计标准，具有响应快速、无需系统在线辨识、物理实现简单和鲁棒性好等优点。

文献[193]提出了一种基于饱和均衡电流约束的离散时间准滑模控制均衡策略，建立了非连续性电流模型，将 SOC 的差异作为均衡目标，实现 SOC 一致性的目标。通过 Lyapunov 数学分析，SOC 可以收敛到较小范围，并验证了自适应滑膜观测器和离散时间准滑模控制器的收敛性和稳定性。该策略约束中最大允许均衡电流随着充、放电电流变化，避免了电流的超限，又实现了快速均衡。SMC应用在均衡策略中，更适用于建立均衡系统非线性模型，求解准确，均衡速度快。然而，对于不同的均衡系统同样需要重新构建模型，并且 SMC 难以严格沿稳定点滑动，易产生抖振，导致出现均衡误差。

c. 模型预测控制。

MPC 就是在每一个采样时刻，根据当前测量信息，在线求解有限时间域开环优化问题，并将得到的控制序列第一个元素作用于被控对象，在下一个采样时刻，利用新的测量值重复上述过程[194]。与 PID 控制比较，MPC 不需要进行小信号建模、传递函数推导和 PID 控制器选择。相比 OC，MPC 对模型精度要求不高，可以处理时变或非时变、线性或非线性及有时滞或无时滞的系统约束和最优控制问题。

由于 MPC 在解决多变量多约束问题上的适用性，因此许多学者将其应用于均衡策略，部分学者对模型构建和目标函数进行了改进。文献[195]根据基于时间变化的电池动力学模型和通过均衡电路的平均电流来建立系统动态模型，同时将均衡时间作为目标函数，利用快速 MPC 求解出最优的均衡时间和均衡电流，达到均衡变量的单点收敛。文献[196]将电池模型分为高压电池均衡和低压电池充电模块，分别运用两种 MPC 策略解决均衡电流和时间最优问题，并提出了一种解耦方法解决均衡采样频率慢的问题，实现了快速均衡充电。文献[197]提出了基于占空比的MPC，建立离散时间模型，通过输入电压作为代价函数进行开关占空比优化预测，减少了开关频率，成本更低，整体动态性能更高。文献[198]提出了基于 MPC 的单体间主动均衡策略，目标为权衡 SOC 一致性和能耗最小，利用非线性 MPC 实现多目标均衡问题。文献[199]考虑老化对不一致性的影响，利用 MPC 构建均衡策略，将单体平均均衡电流和预测均衡电流之差作为目标函数，并验证了 MPC 用于均衡的有效性，充分避免了过均衡，减少了均衡能耗。另外，还有学者将热均衡同时作为均衡策略的目标。文献[174]利用 MPC 建立线性时变差异模型，该模型适用于单体间电荷和温度差异性分析，能够在小电荷、温度和电流差近似的情况下保持高精度，以电荷和温度差异性为目标，不断评估，迭代优化过程，直到目标达到最优。文献[176]提出了一种基于热和 SOC 的均衡策略，采用基于线性二次 MPC 的方法，实现了电压和均衡负载的管理控制。文献[175]通过研究线性二次 MPC 的结构特性提出了一种具有增益调度约束的比例控制器，用于同步 SOC 和热均衡。在小参数变化的假设下，矩阵增益的近似可以看成标量增益，通过研究其结构特性并用简单的算法求解控制投影问题来近似线性二次控制增益，实现简单，但可获得与 MPC 相当的均衡性能，即低负载电流范围的 SOC 平衡模式和高负载电流范围的热平衡模式。

MPC 能够解决多变量约束优化控制问题，利用建立的均衡系统模型来控制均衡电路的开关以此来控制整个均衡过程实现最优控制。基于 MPC 的均衡策略，可以避免反复均衡和过均衡出现，提高均衡效率。然而，MPC 均衡策略需要根据已知部分运行工况进行预测，也需要对复杂的均衡系统进行建模，由于均衡系统差异较大，因此建模复杂，普及性较差。

（3）智能控制算法。

智能控制理论是在无人干预的情况下能自主地驱动实现控制目标的自动控制技术。其不需要人为建立复杂模型，因此适用于复杂性、非线性、时变性和不确定性等无法获取准确数学模型的系统。本小节将智能控制算法在均衡算法中的应用进行归纳，包括 PSO 算法、FLC 算法、GA 算法及 NN 算法。

a. 粒子群优化算法。

PSO 是受到鸟类行为启发而演化来的一种优化算法，应用于迭代优化求解给定问题[84, 200]。PSO 算法使用了三个量：群大小、迭代次数和维数。该算法的主要思想是将每个解称为具有 n 维空间的粒子，并用适应度函数来评价每个粒子的优势程度，通过粒子在空间中的运动搜索最优的位置和速度进而求得最优解。它具有算法简单、参数少和收敛速度快等优点。

文献[179]提出一种均衡时间作为目标函数的均衡策略，以均衡时间最小化和 SOC 一致性为目标确定适应度函数，算法以 SOC 输入寻找全局最优解，以及相应的最优均衡时间和方向。在均衡时间、能量耗散和均衡性能方面，该均衡算法需要更少的步骤，优于传统方法。文献[201]将均衡问题视为一个路径选择的问题，将蚁群算法用于最优路径选择，目标是均衡能耗最小化，并详细分析了多目标优化和影响均衡器效率的因素，但优化目标函数只考虑能耗，且只进行了仿真没有进行实验验证。

PSO 应用于均衡策略制定中，优点在于参数少、实现简单和均衡速度快。然而，基于 PSO 的均衡策略需要的数据较多，难以训练出精确的均衡模型，并且需要区分针对单目标优化及多目标优化问题，在多目标均衡策略制定中相对复杂。

b. 模糊逻辑控制算法。

FLC 通常可以分为四个部分：模糊化、模糊规则库、推理机和去模糊化[202]，如图 1-11 所示。规则库用来收集电池均衡控制知识和经验，以此作为控制规则。目前，有学者将 FLC 主要应用于均衡的均衡阈值计算和均衡电流控制。前者输入量为数据值、特征值及数据值、特征值影响因素的相关参数等，输出的是均衡阈值，实现动态调整均衡阈值。均衡电流控制输入与均衡阈值计算相同，输出是脉宽调制（pulse-width modulation，PWM）信号，用来控制均衡电路，实现电流调节。

目前，大量研究采用固定的变量阈值作为电池均衡控制指标，容易造成均衡判断失误和均衡电路开关频繁。针对该问题，文献[177]提出了一种动态模糊阈值

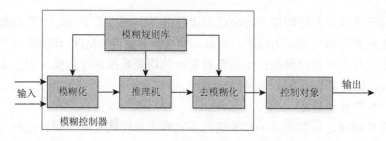

图 1-11　模糊控制器的结构

均衡策略，对锂离子电池极化电压、欧姆内阻和充、放电电流进行分析，采用 FLC 动态设置端电压阈值，有效减小了单体电池端电压差异，缩短了均衡时间。由于规则库根据经验人为制定，因此过程较为复杂，并且可能存在主观错误。

　　FLC 不仅应用于均衡阈值的求解，还有学者将其应用于均衡策略中均衡电流等参数的控制，取得了不错的效果。文献[133]和[203]建立了一种 FLC 均衡策略，以电压为均衡变量，控制均衡电流，加快了均衡速度。文献[94]以电压差为输入控制均衡电流。文献[204]将电压差和单体电压作为输入，将输出脉宽信号转化为数值均衡电流，减少了均衡时间，提高了锂离子电池组的均衡效率和容量，但对模糊规则影响因素考虑欠缺。文献[205]提出了一种基于 FLC 的串联电池组均衡方法，采用两个输入，即电池间电压差和电压差相对误差，来控制均衡电流，提高了均衡效率，缩短了电池的均衡时间。文献[206]考虑到电池内部电压差与负载电流之间的耦合关系，将单体电压与平均电压差和负载电流作为双输入，将占空比作为控制器单输出，提出了基于闭环能量模型的 FLC 均衡策略，克服了传统 PID 控制的不足，鲁棒性强，均衡速度快，实现了实时精确的均衡。文献[207]提出了 FLC 控制 SOC 实现 SOC 的一致，以单体 SOC 和单体需均衡 SOC 为输入，输出为实际均衡的 SOC，并计算了均衡时间控制电路实现电池的均衡。文献[208]以锂离子电池容量、电压和电压差作为输入，提出了一种基于 FLC 的电池均衡管理系统，优化均衡电流和时间，能更快、更有效地完成均衡。为保证均衡速度，当不一致性较差时模糊控制输入量需要大，但当不一致性较好时输入要足够小才能实现精确控制，因此 FLC 需要制定庞大的规则库。文献[209]提出了可变范围的 FLC 均衡策略，输入变量为平均电压和单体电压差，可以根据不均衡程度实现均衡电流调控，弥补大电流在不均衡程度小时的过度均衡和小电流在不均衡程度大时的均衡时间长的不足，并达到保护电路的目的。文献[210]提出了一种基于 FLC 的两级均衡策略，该策略由平均均衡变量和均衡变量差异值的两个模糊控制器构成，控制均衡电流，减少了均衡能耗和均衡时间。

　　由于电池组为非线性系统，充、放电过程中内阻、容量等参数多且动态变化[133]，充、放电特性也因循环次数、电流倍率及环境温度等有较大变化，很难建立精确的数学模型。由于 FLC 对非线性控制系统具有更好的适应性、鲁棒性和更高的效率，不需要精确的数学模型[211]，因此适合描述电池均衡的非线性行为[204]，适用于均衡系统不确定情况下作出合理化决策。与 PID 控制相比，FLC 应用于均衡算法的均衡时间短[133,212]、鲁棒性强、实时性好、控制参数简单，可动态调整电流，容错性好，可以极大提高均衡效率。然而，由于 FLC 的模糊规则制定取决于均衡策略的知识和经验，知识的不足和不恰当可能导致输出振荡，降低均衡精度，造成错误均衡。该方法的难点在于确定适用于不同锂离子电池的 FLC 设计规则，针对不同电池类型需要建立不同的规则，因此使用柔性及可移植性差。为了保证动力电池组中单体的一致性，对变量精度要求越来越高[121]。

c. 遗传算法。

GA 是一种模仿自然生物进化的概率全局优化方法。GA 的结构由以下五个主要步骤的迭代过程组成[213]：①创建初始总体；②利用适应度函数评价个体的性能；③个体的选择和新种群的繁殖；④遗传算子的应用：交叉与变异；⑤重复步骤②~④，直到满足终止条件。GA 具有自组织、自适应和自学习性，减少陷入局部最优解的风险，并易于实现并行化。

文献[183]提出了一种基于 GA 优化能耗和时间的均衡算法，以库仑效率和均衡电路效率的能耗为目标函数，然后将控制策略参数的最优选择转化为特定时间范围内的约束优化问题，并将约束优化问题加入惩罚函数进行间接求解，在一定的时间范围内实现了能耗最低的均衡。然而，GA 不太适用于约束优化问题，约束被用来处理惩罚函数，惩罚函数通过降低适应度值来惩罚不可行解，容易导致 GA 提前收敛，问题复杂时均衡时间过长。

d. 神经网络算法。

NN 算法就是模拟人脑智能信息处理、存储和检索功能，通过训练数据的方式，从数据中学习知识，得到优化输出[214]。NN 算法具有非线性、学习能力强、适应性好和不需要精确数学模型等优点，因此适用于具有复杂性、非线性和动态变化的均衡系统。

文献[119]提出了一种基于自适应神经网络的均衡控制，考虑温度和不同工况的充、放电电流对电压的影响，以电压和电压导数为输入，以电流为输出，自适应神经网络模糊控制分为 5 层，离线训练好的模型用来系统跟踪和方案估计，从先前的阶段学习提供一个精确的模型，用于跟踪电池组的动态反应，并对单个电池均衡中的均衡电流进行高速响应，实现电池容量最大化和减少均衡时间。然而，目前均衡系统实验数据较少，难以训练出精度高的神经网络模型，且较为耗时。由于均衡系统的差异性，需要对每个均衡系统进行神经网络训练，过程烦琐。

2）基于数据驱动的均衡算法

数据驱动算法是利用均衡系统或者 BMS 检测估计到的电压、SOC 及容量等数据，利用数理统计的方式进行排序、比较和求方差等操作得到特征值，借此判断电池组的不均衡程度并实现均衡。该方法较为简单，易于实现，目前应用较多。本小节将其分为基于数理统计算法和基于数据挖掘算法的均衡策略。

（1）基于数理统计的均衡策略。

基于数理统计的方法相对简单，容易实现，数据准确性较高，其中根据参考统计量的不同可分为最值均衡、均值均衡及差值均衡。

a. 最大和最小算法。

最值均衡策略就是根据电池单体均衡变量值进行均衡控制，按照均衡场景分为最大值和最小值均衡。在最大值均衡中，计算单体变量极差并与阈值比较，如式（1-2）所示：

$$\Delta = \left| \text{cell}_{max} - \text{cell}_{min} \right| \leqslant \varepsilon \tag{1-2}$$

式中，cell_{max} 为单体均衡变量最大值；cell_{min} 为单体均衡变量最小值；Δ 为电池变量间的差值；ε 为设定阈值。

将监控到的均衡变量最大值单体作为均衡对象，通过均衡电路对该单体进行放电操作，将多余电量通过电路耗散或者释放给均衡变量小的电池单体，直到达到设定的阈值。最小值均衡策略与最大值均衡策略类似，动态检测到最小值电池单体，满足均衡开启条件，通过外部充电电源或者最大值单体对其进行充电操作，直至最小值电池单体达到阈值。最值均衡策略一般用于充电均衡。最值均衡策略基本流程图如图 1-12 所示。

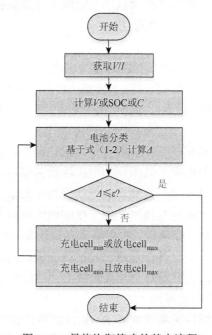

图 1-12　最值均衡策略的基本流程

由于最值均衡控制逻辑简单，易于实现，因此应用较多。文献[215]和[216]分别以 SOC 和电压为均衡变量，通过优先均衡串联电池组中的均衡变量最低的电池单体，实现了电池组中各单体的一致性。文献[182]中利用阵列选择开关选择偏离平均值较高的电池和较低的电池形成均衡对，将均衡阈值作为均衡启停的判断条件。文献[150]中电池放电时，均衡电能通过变压器由电池组向组内端电压最低的单体电池转移；电池充电时，均衡电能由电池组中端电压最高的单体电池通过变压器向电池组转移。

最值均衡策略数据准确性较高，只需要对超出阈值的最大值和最小值单体进行均衡，控制简单，易于实现。然而，最值均衡在电池组不一致性很差时容易出现逻辑错误，并且存在反复均衡和过均衡现象。

b. 均值算法。

均值均衡策略是以电池组中所有单体均衡变量的平均值作为均衡的参考对象，将每个电池的电压、SOC 或容量与电池组的平均值比较，通过均衡电路对较低的电池进行充电或对较高的电池进行放电，从而实现均衡。如式（1-3）所示：

$$\Delta = \sum_{i=1}^{N} \left(\text{cell}_i - \overline{\text{cell}} \right)^2 \leqslant \varepsilon \qquad (1\text{-}3)$$

式中，N 为电池单体个数；cell_i 为第 i 个单体均衡变量值，$1 \leqslant i \leqslant N$；$\overline{\text{cell}}$ 为电池组均衡变量的平均值，也是期望值。求出平均值方差，从而得到不均衡程度。均值均衡策略基本流程图如图 1-13 所示。

文献[158]将极差和平均值进行比较确定均衡启停的依据。当电池放电时，均衡能量通过变压器由电池组向组内端电压最低的单体电池转移；当电池充电时，均衡能量由电池组中端电压最高的单体电池通过变压器向电池组转移。文献[143]以均衡控制变量极差和工作电流作为均衡启停条件，根据电池组电压又将不均衡情况分为个别单体过高、过低或既有过高又有过低三种情况制定不同策略。文献[207]考虑电池内部变化估计 SOC，并计算平均 SOC 值和单体与均衡差值作为模糊控制双输入进行均衡。文献[217]通过计算平均 SOC 并分别得到需要均衡单体的需充电和放电 SOC 值，避免了过均衡，提高了均衡效率。

均值均衡可以较好地实现电池组的一致性，并且操作简单。但该方法需要经常与平均电压进行比较，对嵌入式系统计算资源要求较高，并且存在反复均衡和过均衡现象。

c. 差值算法。

差值算法就是比较两单体电压、SOC 或容量等均衡变量，超出阈值后进行均衡操作将高电压电池放电到低电压电池实现电能转移，直到均衡变量达到均衡阈值。在此以 SOC 为例，差值算法如式（1-4）所示：

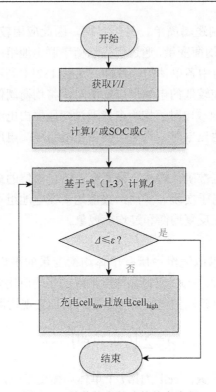

图 1-13　均值均衡策略的基本流程

$cell_{low}$、$cell_{high}$ 为单体均衡变量大于 $cell-\varepsilon$ 且小于 $cell+\varepsilon$，其中 cell 表示单体均衡变量值

$$\Delta = \max\left|cell_i - cell_j\right| \leqslant \varepsilon \qquad (1\text{-}4)$$

式中，$cell_i$ 和 $cell_j$ 分别为第 i 个和第 j 个单体的均衡变量值，$1 \leqslant i, j \leqslant N, i \neq j$。差值均衡策略基本流程图如图 1-14 所示。

　　由于差值均衡算法简单易实现[218]，被很多研究者在均衡策略的制定中采用。文献[219]提出了一种电压差无损耗均衡策略，通过简单的控制方法实现了良好的电压均衡性能。还有将均衡变量差值和阈值比较确定均衡开启，通过均衡策略控制开关占空比实现一致性的目标。文献[220]使用差值算法实现单体电压控制在电压平均值的阈值范围。文献[201]使用 SOC 极差，控制 SOC 在平均值的阈值范围内实现均衡。

　　该类方法实现简单，具有良好的可扩展性。但由于电池数量大，该方法需要与平均变量进行比较，因此对嵌入式系统计算要求较高，并且容易产生过均衡、反复均衡等情况。

　　（2）基于数据挖掘算法的均衡策略。

　　数据挖掘是一个从快速或连续的数据记录中提取知识的过程[221]。由于数据挖掘较强的自主学习能力，有学者将其应用于均衡策略研究。文献[222]介绍了一种

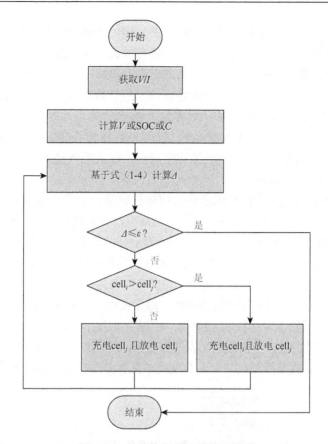

图 1-14　差值均衡策略的基本流程

以电池间的可转移电能为均衡目标的新型电池均衡方法，通过数据挖掘计算自动确定均衡电荷量，在干扰和不一致性大条件下，算法有单体均衡的能力，不仅可以在线均衡电池剩余容量，还可以间接地报告它们的健康状态。数据挖掘可以通过数据自动获取均衡需要的参数及均衡操作，适用于复杂系统，方便快捷。然而，数据挖掘方式需要已有数据库知识发现，因此难以获取，并且数据挖掘方式难以避免干扰，需要数据预处理。

　　3）基于融合算法的均衡策略

　　融合的均衡算法就是通过参考多种变量特征或者算法来共同决策均衡操作，以实现更精确、便捷的均衡管理。根据融合程度不同，融合的均衡算法分为数据级融合、特征级融合及决策级融合。

　　数据级融合是将传感器测到的数据直接进行融合，作为均衡判断的依据。均衡算法中可以将测量的电压值进行排序，或者两两比较的方式多方面进行结合实现均衡判断，并作为均衡操作的依据。此类融合为最低级融合，主要优点是数据未经处理、准确性高，然而数据量是巨大的，因此处理代价高，时间长；并且由于均衡系统动态性及外界干扰，融合时具备有效数据纠错能力。

特征级融合是指先由每个传感器抽象出自己的特征向量，然后进行融合处理，以实现均衡策略的最优化控制。一般特征信息应是数据信息的充分表示量或统计量，包括 SOC、容量及其统计量（如方差、极差）等。

决策级融合是直接针对具体的均衡目标，将数据和特征进行控制算法间融合，将多变量、多种控制方法应用于电池均衡策略，以实现效果更好的均衡。

（1）FLC-PI 控制算法。

PI 控制适合稳定状态的精确求解，模糊控制适合动态工况的非线性求解，PI控制与 FLC 结合就是利用各自的优点，不断对电池状态进行计算，并根据结果进行控制算法的选择，实现控制算法的合理选择及更好的均衡效果。基本原理如图 1-15所示。文献[223]为了提高动态性能，将传统 PI 控制和 FLC 结合，设计三角形隶属度函数，将电压差和平均电压作为输入，均衡电流作为输出，通过调节开关周期（T）和保持占空比（D）恒定来控制均衡电路。通常在误差较大时选择 FLC。为了消除稳态误差，在误差较小时选择 PI 控制器。文献[224]提出一种 FLC-PI 控制策略，如图 1-15 所示，利用 FLC 不依赖数学模型及快速的优点与 PI 控制稳定准确的优点达到了均衡效率和精度兼顾的要求，充分利用了两种算法在不同情况下的优点。

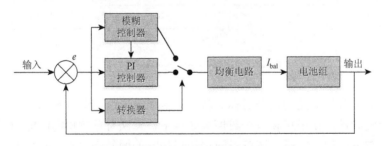

图 1-15　FLC-PI 控制器原理框图

e 表示输入与输出的误差

（2）基于自适应模糊神经网络算法。

FLC 提供了一种认知不确定性下的推理机制，NN 算法提供了学习和适应等优势。FLC 的局限性是不能自动获取规则来进行输出决策，传统的基于 FLC对均衡控制变量偏移量的微小变化建模是一个挑战，因为它们会降低系统的精度；NN 算法的局限性在于需要大量数据训练精确模型。将 NN 算法与 FLC 相结合，对模糊系统的隶属度函数进行优化，使其具有自适应性和学习能力，由此产生的混合系统称为自适应模糊神经网络控制[119]。由于其自适应性、求解方便，有学者将其应用于均衡策略。文献[223]提出了一种在串联锂离子电池系统中实现电池电压均衡的非线性动态控制方法，为了均衡相邻单体，以电池电压及其导数值为输入，而输出是用来改变占空比，驱动 PWM 信号的电流，自适应模糊神经网络利用 NN 算法和 FLC 建模的优点，具有学习和适应动态变化的能力。自适应模糊神经网络算法弥补了单一均衡控制算法的不足，充分发挥了各自的优点或者充分利用不同阶段的特点进行控制算法的选择，处理后通信量少，节约了均衡时间。但是，在数据处理过程中容易出现数据丢失，导致估计结果不准确，因而精度低。

1.5.3　均衡策略存在的关键问题

目前，均衡策略研究已经取得了一些进步，然而在均衡变量获取、均衡目标制定和算法选择等方面仍存在许多问题。因此，本节根据均衡策略的三个组成要素，均衡变量、均衡目标和均衡算法分别介绍其存在的关键问题。

1. 基于均衡变量的方面

均衡变量主要存在对电池组不一致性表达的准确性、稳定性和计算复杂性问题。均衡系统的工作环境存在多物理场干扰，电池电压、温度和电流测量的精度和可靠性难以保证，如何在不显著提高传感器成本的前提下，提高电池参数的采集精度和可靠性是当前面临的一大挑战。SOC 和容量的在线估计易受充、放电电流，温度和老化程度等因素影响，精度和稳定性还不能满足实车应用需求。如何在全寿命周期多应力条件下提升电池 SOC 和容量估计的精度和稳定性是另一个巨大挑战。电池组单体数目较大，增加了算法的计算复杂度，导致控制器负荷加剧，难以推广实车应用。如何在保证精度变化不大的前提下，降低电池组状态估计的计算复杂度同样是一个巨大的挑战。

分析均衡系统工作环境的干扰源，发展高精度、高可靠性和价格低廉的先进传感技术，有待成为解决电池参数测量数据质量问题的研究方向。考虑电池多外部应力的影响因素，建立电-热-老化多维度耦合模型，发展多状态联合参数估计，有待成为解决全寿命周期电池状态估计精度和稳定性问题的研究方向。分析电池组不同外部应力、不同 SOC 状态和不同老化程度下的不一致性特征性能，建立多均衡变量融合的电池组不一致性表达是未来具有潜力的研究方向。建立电池组共性-个性模型，发展不同时间尺度的多状态联合估计，有待成为解决电池组多状态联合估计计算复杂度的研究方向。

2. 基于均衡目标的方面

均衡目标主要存在目标的单一性、缺乏合理约束和综合经济性问题。目前，均衡策略多以单一技术指标为均衡目标，在追求单一技术指标实现的同时，其他技术指标难以得到满足。如何在各技术指标之间合理权衡，提高均衡策略的综合性能是当前面临的一大挑战。均衡系统的应用场景复杂多样，在达成均衡目标的同时，如何根据应用场景合理设定约束条件是另一个挑战。现有文献均衡策略均以实现技术指标为目标，而忽略均衡系统投入和产出的综合经济性问题。如何以电池组全寿命周期使用经济性为目标，提高电池系统综合经济性同样是一个巨大的挑战。

考虑以满足均衡策略的综合性能为目标，发展多目标优化均衡策略，有待成为解决均衡目标单一性问题的研究方向。考虑均衡系统的实际应用场景，设定合理的约束条件和控制变量，发展多约束条件均衡策略，有待成为解决均衡策略缺乏合理约束问题的研究方向。考虑全寿命周期均衡系统的投入和产出，发展以均衡系统的综合经济性为目标的策略，有望成为未来的研究方向。

3. 基于均衡算法的方面

均衡算法主要存在复杂系统建模、大量有效实验数据获取，以及算法选择合理性的问题。经典控制理论和现代控制理论都需要精确的系统模型为基础，电池组是复杂的非线性时变系统，如何建立既能够准确描述电池组动态行为，又能够兼顾计算复杂度的系统模型是面临的一大挑战；智能控制理论和基于数据驱动的方法都需要大量有效数据为基础，如何建立大量有效的电池数据库是另一个挑战；单一算法的缺点相对突出，缺乏算法间优势的互补性，如何根据实际应用场景合理选择控制算法同样是一个挑战。

考虑均衡过程中电池组表现出的复杂性，发展精度和计算复杂度兼顾的电池组模型，有待成为解决复杂电池系统建模的研究方向。考虑到车联网技术的推广应用，发展海量有效实车电池数据库技术已经初现研究趋势。考虑多种均衡算法的优势互补性，根据应用场景发展合理的融合均衡算法，弥补单一算法的不足，有待成为解决算法选择合理性的研究方向。

4. 本书涉及的关键问题

从国内外研究现状可以看出，为认知电池组不一致的演化机制，提出合理的"均衡策略"，以下几方面的问题还有待研究与解决：①电池单体多维度耦合建模及状态联合估计；②电池组不一致演化机制及状态估计方法；③电池组全寿命周期多变量多目标协同高效主被动均衡策略。因此，本书以锂离子动力电池单体和电池组为研究对象，以多维度耦合建模为主线，以状态估计方法为手段，以实现全寿命周期多变量多目标协同均衡策略为目标，形成一套动力电池组全寿命周期高效均衡策略的理论和方法。

1.6 本书的结构安排和主要内容

1.6.1 结构安排

本书共 4 个部分。第 1 部分由第 1 章单独组成。这部分概述了从新能源汽车、锂离子电池、电池荷电状态估计到电池组均衡管理策略的研究现状，并且总结出本书的结构安排和主要内容。第 2 部分由第 2 章～第 7 章组成。这部分从电池单体的角度，介绍了电池实验、电池特性、电池建模及状态估计方法的研究工作。第 3 部分由第 8 章～第 10 章组成。这部分从电池组的角度，介绍了电池组不一致性演化机制、电池组结构模型及状态估计方法的研究工作。第 4 部分由第 11 章和第 12 章组成。这部分分别基于被动均衡电路和主动均衡电路，介绍了电池组均衡策略的研究工作。本书主要内容的逻辑关系如图 1-16 所示。

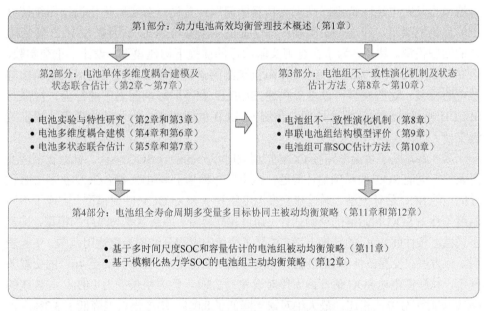

图 1-16 本书主要内容之间的逻辑关系图

1.6.2 主要内容

本书主要内容分为 12 章，在总结国内外相关研究现状的基础上，介绍了动力电池均衡管理技术的研究工作，具体内容如下。

第 1 章，绪论。概述了从新能源汽车、锂离子电池、电池荷电状态估计到电池组均衡管理策略的研究现状，并且给出了本书的结构安排和主要内容。

第 2 章，锂离子电池的温度特性研究。为了在不同温度下提高电池模型的精度，对锂离子电池的温度特性进行研究。设计了电池实验系统和相应的实验内容。定性分析了电池工作温度和电流对容量和库仑效率的影响，为拓宽安时积分法的温度适用范围提供依据。OCV 是电池 SOC 估计中的重要特性。通过对比恒温和变温实验下得到的 SOC-OCV 曲线，分析得出不同温度路径下导致 OCV 偏移的原因，为实现不同温度工况下 SOC 的精确估计提供理论基础。对电池组模型参数与温度的关系进行分析，结果表明温度会影响模型参数的离散性，进而增加均衡策略的误判性。

第 3 章，混合固液电解质锂离子电池阻抗特性实验研究与回归分析，以及第 4 章，混合固液电解质锂离子电池阻抗特性等效电路建模与预测。针对实验次数合理的前提下，难以利用电化学阻抗谱对固液电解质锂离子电池（solid-liquid electrolyte lithium-ion battery，SLELB）的特征阻抗进行实验分析，并构建高精度电池模型及对电池阻抗进行高保真仿真的问题：首先，在实验优化设计和统计分析的理论框架下，通过全面实验设计，提出了温度与 SOC 单因素 SLELB 特征阻抗的回归模型。然后，为了在合理实验次数的前提下构建模型，设计了正交实验，建立了温度与 SOC 双因素 SLELB 阻抗预测的正交分段多项式阿伦尼乌斯简化等效电路模型。这些模型可以准确描述 SLELB 在不同影响因素下的行为，提高对 SLELB 电极过程的理解，处理并预测 SLELB 的阻抗谱，为电池管理算法提供关键支持。

第 5 章，基于多温度路径 OCV-扩展安时积分的融合 SOC 估计。针对宽范围变温条件下电池 SOC 的精确估计问题，提出了一种基于多温度路径 OCV-扩展安时积分的电池 SOC 估计方法。通过建立多温度路径下 SOC-OCV 映射模型，实现了不同温度条件下 SOC 初始值的精确估计。通过建立容量、库仑效率与温度的模型，构建不同温度条件间 SOC 的转换方程，扩展了传统安时积分法的温度适用范围。实验表明，该方法在变温条件下 SOC 估计精度较高。在温度从–30℃升高至40℃的变温条件下，钛酸锂电池 SOC 估计最大绝对误差为 2.3%，均方根误差为 1.0%，与传统的 OCV-安时积分方法相比，最大绝对误差降低了 8.0%，均方根误差降低了 3.3%。

第 6 章，基于参数估计 OCV 的多温度 SOC 估计方法。针对宽范围恒温条件下电池模型参数及 SOC 的精确估计问题，提出了一种基于参数估计 OCV（parametric estimation-based OCV，OCV_{PE}）的多温度电池 SOC 估计方法。利用信息序列对系统和量测噪声协方差进行实时更新，提高了基于联合扩展卡尔曼滤波的电池模型状态和参数在线估计的精度和稳定性。通过建立 OCV_{PE}、SOC 和温度的映射模型，减小基于 OCV_{PE} 的 SOC 估计系统误差。实验表明，该方法在恒温条件下 SOC 估计精度较高。在–30℃恒温条件下，钛酸锂电池 SOC 估计最大绝对误差为 3.9%，均方根误差为 1.2%，与传统的基于库仑滴定 SOC-OCV 方法相比，最大绝对误差降低了 9.7%，均方根误差降低了 8.0%。

第 7 章，基于电化学-热神经网络融合模型的 SOC 和温度状态（state of temperature，SOT）联合估计。针对电池模型在大电流和极端温度环境下精度差，影响电池状态估计性能的问题，提出了一种有效的电化学-热-神经网络（electrochemical-thermal-neural network，ETNN）模型，用于大温度范围和大电流条件下的电池状态估计。首先，通过将简化的单粒子模型与集总参数热模型耦合来建立电化学-热子模型（electrochemical thermal sub-model，ETSM）。然后，利用前馈神经网络来提高 ETSM 在大电流和极端温度环境下的精度。最后，采用 UKF 对电池 SOC 和 SOT 进行联合估计。ETNN-UKF 框架是电动汽车在寒冷地区高动态驾驶循环应用的关键。该框架还提供了一种将物理电池模型和数据驱动模型相结合的思想，从而在计算成本和精度之间取得平衡。

第 8 章，动力电池组不一致性演化机制及诊断方法。针对现有文献仅对电池组进行不一致性评价，而不能定量不一致性程度并溯源不一致性原因的问题，提出了不一致性诊断的概念。其定义为：评价电池组不一致性程度、找寻不一致性现象的主要原因的全过程。同时，揭示了动力电池组不一致性演化机制，对电池组参数不一致性模型、数据处理和特征提取，以及诊断方法四个方面展开较为系统的综述。为电池组的均衡策略和寿命预测等方面提供依据，提高电池管理系统的技术和性能，也可为退役电池的梯次利用提供电池关键信息。

第 9 章，串联电池组结构模型综合评价方法。针对目前缺乏对电池组模型性能综合评价，在实际应用中无法科学合理地进行选择的问题，提出了一种实用的串联电池组模型（pack model，PM）综合评价方法，为模型选择和基于模型的算法开发提供依据。基于 4 种串联电池组结构模型和 3 种电池单体模型，对 17 种电池 PM 进行了详细的介绍和讨论。设计实验采集真实的电池测试数据进行参数辨识和模型对比。比较了不同电池 PM 的估计精度和计算复杂度。详细分析和讨论了各电池 PM 的优缺点。实际的综合评估结果为工业界和学术界设计更先进的电池组电池管理系统提供了有用的建议。

第 10 章，基于自适应模糊联邦滤波器的电池组可靠 SOC 估计。针对现有研究对电池组 SOC 的估计仅局限于特征单体的 SOC 估计，而缺乏对于整组 SOC 精确和可靠的估计，提出了一种基于自适应模糊联邦滤波器（adaptive fuzzy federal filter，AFFF）的串联电池组可靠 SOC 估计方法。利用联邦滤波器结合串联电池组均值-偏差模型的 SOC 估计算法，提供单体 SOC 和整组 SOC 的在线精确与可靠的估计。在局部滤波器产生较大测量误差的情况下，验证了基于 AFFF 的电池组 SOC 估计的容错性。

　　第 11 章，基于多时间尺度 SOC 和容量估计的锂离子电池组被动均衡策略。针对锂离子电池单体集成电池组后，由于外部使用环境和内部特性参数的差异性，电池组的循环寿命要远低于单体的寿命的问题，提出了基于多时间尺度的电池组 SOC 和容量估计的被动均衡策略。首先，建立了单体最小容量-差异模型（min capacity-differential model，MCDM），该模型包括单体最小容量模型和单体差异模型，能够准确描述电池组中最小容量单体和其他所有单体的动态行为。其次，基于 MCDM 利用双扩展卡尔曼滤波器，在多时间尺度上对电池组中单体 SOC 和容量进行估计，并给出了基于 SOC 和容量均衡策略的执行过程。最后，利用高保真的多单体模型，在真实电池组退化数据的指导下，对所提出的均衡策略进行全寿命周期的仿真验证。实验结果表明，所提出的方法能够在新和老电池组上高效准确地估计单体 SOC 和容量，实现全寿命周期高准度估计。相比于传统的基于电压和 SOC 的均衡策略，所提出的基于 SOC 和容量的均衡策略能够兼顾电池组容量最大化、均衡能耗最小化和首次均衡时间最小化指标，实现全寿命周期高效能均衡。

　　第 12 章，基于模糊化热力学 SOC 的电池组主动均衡策略。针对电池组参数不一致条件下均衡策略的精确性问题，提出了一种基于模糊化热力学 SOC 的电池组均衡策略。通过建立基于热力学 SOC 的均衡判断依据，实现了电池真实状态达到一致的均衡目标。基于热力学 SOC 估计误差模型，利用模糊理论实现了消减过均衡的控制策略。实验表明，对于 5 个串联电池组，在初始最大电压差 0.059V 条件下，经过均衡电池组最大电压差减小至 0.008V，与基于电压的均衡策略相比，最大电压差减小了 0.024V。

参 考 文 献

[1]　国家制造强国建设战略咨询委员会. 中国制造 2025 蓝皮书（2017）[M]. 北京：中国工信出版集团，电子工业出版社，2017.

[2]　"中国工程科技 2025 发展战略研究"项目组. 中国工程科技 2035 发展战略——机械与运载领域报告[M]. 北京：科学出版社，2019.

[3]　汪玉洁. 动力锂电池的建模、状态估计及管理策略研究[D]. 合肥：中国科学技术大学，2017.

[4]　Hu X，Sun F，Zou Y. Estimation of state of charge of a lithium-ion battery pack for electric vehicles using an adaptive Luenberger observer[J]. Energies，2010，3（9）：1586-1603.

[5]　王震坡，孟祥峰. 电动汽车动力电池成组应用现状及研究趋势[J]. 新材料产业，2007，165（8）：37-39.

[6]　Kutkut N H. A modular non dissipative current diverter for EV battery charge equalization[C]. 13th Annual Applied Power Electronics Conference and Exposition（APEC），1998，2：686-690.

[7]　Leitman Seth A B B. Build Your Own Electric Vehicle[M]. 2nd ed. New York：McGraw-Hill，2009.

[8]　Burton N. A History of Electric Cars[M]. Salisbury：The Crowood Press，2013.

[9]　胡准庆，夏渊，张欣. 电动汽车发展的战略研究[J]. 北京汽车，2002（3）：8-14.

[10]　中华人民共和国科学技术部. 关于印发电动汽车科技发展"十二五"专项规划的通知[A/OL].（2012-03-27）

[2023-07-01]. https://www.most.gov.cn/tztg/201204/W020120503407413903488.pdf.

[11] 田博. 中国电动汽车产业发展财税政策研究[D]. 北京：财政部财政科学研究所，2012.

[12] 张翔. 论中国电动汽车产业的发展[J]. 汽车工业研究，2006（2）：2-12.

[13] 辛凤影，王海博. 电动汽车发展现状与商业化前景分析[J]. 国际石油经济，2010（7）：20-24.

[14] 吴胜男，曾海鹏，童一帆. 我国节能与新能源汽车产业政策研究[J]. 汽车工程学报，2015，5（3）：157-164.

[15] Anderson C D，Anderson J. Electric and Hybrid Cars：A History[M]. 2nd ed. North Carolina：McFarland & Company，2010.

[16] 张云清，赵景山. 美国"新一代汽车合作计划"（PNGV）及其涉及的关键高新技术[J]. 科技进步与对策，2001，173（1）：173-175.

[17] 陈小复. 从 PNGV 到 FreedomCAR——看美国的新一代汽车开发项目[J]. 上海汽车，2002（7）：36-40.

[18] Erjavec J. Hybrid Electric & Fuel-Cell Vehicles[M]. Victoria：Delmar Cengage Learning，2013.

[19] 李玉婵. 中美新能源汽车产业竞争力比较研究[D]. 武汉：华中科技大学，2011.

[20] 杨盼盼. 拜登政府《美国就业计划》：内容、前景及效应[J]. 中国外汇，2021（9）：30-33.

[21] 高雅. 通胀削减法案生效后，美国新能源汽车销量显著改善[N]. 第一财经日报，2023-03-21（A05）.

[22] 沈恒超. 美国顶层机构协调推进电动汽车产业政策[N]. 中国经济时报，2014-06-24（005）.

[23] 孙浩然. 日本新能源汽车产业发展分析[D]. 长春：吉林大学，2011.

[24] 孙英浩. 日本新能源汽车产业扶持政策的经验及启示[J]. 经济视角，2015（3）：76-78.

[25] 张天舒. 日本新能源汽车发展及对我国的启示[J]. 可再生能源，2014，2（32）：246-252.

[26] 秦冰洋. 日本《汽车产业战略 2014》的启示[J]. 汽车工业研究，2016（7）：13-18.

[27] 甄子健. 日本燃料电池汽车产业化技术及战略路线图分析[J]. 电工电能新技术，2016，35（7）：50-54.

[28] 陈翌，孔德洋. 德国新能源汽车产业政策及其启示[J]. 德国研究，2014，29（1）：71-81.

[29] 李立理，王乾坤，张运洲. 德国电动汽车发展动态分析[J]. 能源技术经济，2012，24（1）：47-52.

[30] 曾耀明，史忠良. 中外新能源汽车产业政策对比分析[J]. 企业经济，2011，366（2）：107-109.

[31] Larminie J，Lowry J. Electric Vehicle Technology Explained[M]. 2nd ed. Hoboken：Wiley，2012.

[32] Arai J，Yamaki T，Yamauchi S，et al. Development of a high power lithium secondary battery for hybrid electric vehicles[J]. Journal of Power Sources，2005，146（1-2）：788-792.

[33] Scrosati B，Garche J. Lithium batteries：Status，prospects and future[J]. Journal of Power Sources，2010，195（9）：2419-2430.

[34] 梁光川. 锂离子电池用磷酸铁锂正极材料[M]. 北京：科学出版社，2013.

[35] 廖文明，戴永年，姚耀，等. 4 种正极材料对锂离子电池性能的影响及其发展趋势[J]. 材料导报，2008（10）：45-49，52.

[36] 王茹英. 动力锂离子电池电极材料的制备及性能研究[D]. 北京：北京化工大学，2012.

[37] 李娜. 高功率柔性锂离子电池电极材料的制备及其性能研究[D]. 合肥：中国科学技术大学，2013.

[38] 尚怀芳. 锂离子电池正极材料 LiFePO$_4$ 和 LiMn$_2$O$_4$ 的表面结构及电化学性能研究[D]. 北京：北京工业大学，2013.

[39] Yao J，Wu F，Qiu X，et al. Effect of CeO$_2$-coating on the electrochemical performances of LiFePO$_4$/C cathode material[J]. Electrochimica Acta，2011，56（16）：5587-5592.

[40] 葛昊. 尖晶石型钛酸锂的制备及电化学行为[D]. 哈尔滨：哈尔滨工业大学，2009.

[41] 韩翠平. 纳米钛酸锂电极材料的制备及表面改性与嵌脱锂行为研究[D]. 北京：清华大学，2015.

[42] Lu L，Han X，Li J，et al. A review on the key issues for lithium-ion battery management in electric vehicles[J]. Journal of Power Sources，2013，226（3）：272-288.

[43]   Waag W, Fleischer C, Sauer D U. Critical review of the methods for monitoring of lithium-ion batteries in electric and hybrid vehicles[J]. Journal of Power Sources, 2014, 258: 321-339.

[44]   Fleischer C, Waag W, Heyn H M, et al. On-line adaptive battery impedance parameter and state estimation considering physical principles in reduced order equivalent circuit battery models, part 2: Parameter and state estimation[J]. Journal of Power Sources, 2014, 262: 457-482.

[45]   Fleischer C, Waag W, Heyn H M, et al. On-line adaptive battery impedance parameter and state estimation considering physical principles in reduced order equivalent circuit battery models[J]. Journal of Power Sources, 2014, 260: 276-291.

[46]   Wang J, Cao B, Chen Q, et al. Combined state of charge estimator for electric vehicle battery pack[J]. Control Engineering Practice, 2007, 15 (12): 1569-1576.

[47]   Ng K S, Moo C S, Chen Y P, et al. Enhanced coulomb counting method for estimating state-of-charge and state-of-health of lithium-ion batteries[J]. Applied Energy, 2009, 86 (9): 1506-1511.

[48]   Coroban V, Boldea I, Blaabjerg F. A novel on-line state-of-charge estimation algorithm for valve regulated lead-acid batteries used in hybrid electric vehicles[C]. International Aegean Conference on Electrical Machines and Power Electronics (ACEMP), 2007: 39-46.

[49]   Snihir I, Rey W, Verbitskiy E, et al. Battery open-circuit voltage estimation by a method of statistical analysis[J]. Journal of Power Sources, 2006, 159 (2): 1484-1487.

[50]   Dubarry M, Svoboda V, Hwu R, et al. Capacity loss in rechargeable lithium cells during cycle life testing: The importance of determining state-of-charge[J]. Journal of Power Sources, 2007, 174 (2): 1121-1125.

[51]   Pei L, Wang T, Lu R, et al. Development of a voltage relaxation model for rapid open-circuit voltage prediction in lithium-ion batteries[J]. Journal of Power Sources, 2014, 253: 412-418.

[52]   Pei L, Lu R, Zhu C. Relaxation model of the open-circuit voltage for state-of-charge estimation in lithium-ion batteries[J]. IET Electrical Systems in Transportation, 2013, 3 (4): 112-117.

[53]   Waag W, Sauer D U. Adaptive estimation of the electromotive force of the lithium-ion battery after current interruption for an accurate state-of-charge and capacity determination[J]. Applied Energy, 2013, 111: 416-427.

[54]   Andre D, Appel C, Soczka-Guth T, et al. Advanced mathematical methods of SOC and SOH estimation for lithium-ion batteries[J]. Journal of Power Sources, 2013, 224: 20-27.

[55]   He H, Xiong R, Guo H. Online estimation of model parameters and state-of-charge of LiFePO$_4$ batteries in electric vehicles[J]. Applied Energy, 2012, 89 (1): 413-420.

[56]   Wang S, Verbrugge M, Wang J S, et al. Multi-parameter battery state estimator based on the adaptive and direct solution of the governing differential equations[J]. Journal of Power Sources, 2011, 196 (20): 8735-8741.

[57]   Li J, Barillas K J, Guenther C, et al. Sequential Monte Carlo filter for state estimation of LiFePO$_4$ batteries based on an online updated model[J]. Journal of Power Sources, 2014, 247: 156-162.

[58]   Xiong R, Sun F, Gong X, et al. A data-driven based adaptive state of charge estimator of lithium-ion polymer battery used in electric vehicles[J]. Applied Energy, 2014, 113: 1421-1433.

[59]   Dreyer W, Guhlke C, Huth R. The behavior of a many-particle electrode in a lithium-ion battery[J]. Physica D: Nonlinear Phenomena, 2011, 240 (12): 1008-1019.

[60]   Thele M, Bohlen O, Sauer D U, et al. Development of a voltage-behavior model for NiMH batteries using an impedance-based modeling concept[J]. Journal of Power Sources, 2008, 175 (1): 635-643.

[61]   Roscher M A, Vetter J, Sauer D U. Characterisation of charge and discharge behaviour of lithium ion batteries with olivine based cathode active material[J]. Journal of Power Sources, 2009, 191 (2): 582-590.

[62]　李哲. 纯电动汽车磷酸铁锂电池性能研究[D]. 北京：清华大学，2011.

[63]　Piller S，Perrin M，Jossen A. Methods for state-of-charge determination and their applications[J]. Journal of Power Sources，2001，96（1）：113-120.

[64]　Nelatury S R，Singh P. Equivalent circuit parameters of nickel/metal hydride batteries from sparse impedance measurements[J]. Journal of Power Sources，2004，132（1-2）：309-314.

[65]　Blanke H，Bohlen O，Buller S，et al. Impedance measurements on lead-acid batteries for state-of-charge，state-of-health and cranking capability prognosis in electric and hybrid electric vehicles[J]. Journal of Power Sources，2005，144（2）：418-425.

[66]　Okoshi T，Yamada K，Hirasawa T，et al. Battery condition monitoring（BCM）technologies about lead-acid batteries[J]. Journal of Power Sources，2006，158（2）：874-878.

[67]　Waag W，Fleischer C，Sauer D U. On-line estimation of lithium-ion battery impedance parameters using a novel varied-parameters approach[J]. Journal of Power Sources，2013，237：260-269.

[68]　Jordan M，Kleinberg J，Scholkopf B. Pattern Recognition and Machine Learning[M]. New York：Springer，2006.

[69]　Salkind A J，Fennie C，Singh P，et al. Determination of state-of-charge and state-of-health of batteries by fuzzy logic methodology[J]. Journal of Power Sources，1999，80：293-300.

[70]　Singh P，Vinjamuri R，Wang X，et al. Fuzzy logic modeling of EIS measurements on lithium-ion batteries[J]. Electrochimica Acta，2006，51（8-9）：1673-1679.

[71]　Chau K T，Wu K C，Chan C C. A new battery capacity indicator for lithium-ion battery powered electric vehicles using adaptive neuro-fuzzy inference system[J]. Energy Conversion and Management，2004，45（11-12）：1681-1692.

[72]　Singh P，Vinjamuri R，Wang X，et al. Design and implementation of a fuzzy logic-based state-of-charge meter for Li-ion batteries used in portable defibrillators[J]. Journal of Power Sources，2006，162（2）：829-836.

[73]　Kang L，Zhao X，Ma J. A new neural network model for the state-of-charge estimation in the battery degradation process[J]. Applied Energy，2014，121：20-27.

[74]　Lin Y Y，Chang J Y，Lin C T. A TSK-type-based self-evolving compensatory interval type-2 fuzzy neural network（TSCIT2FNN）and its applications[J]. IEEE Transactions on Industrial Electronics，2013，61（1）：447-459.

[75]　Abolhassani Monfared N，Gharib N，Moqtaderi H，et al. Prediction of state-of-charge effects on lead-acid battery characteristics using neural network parameter modifier[J]. Journal of Power Sources，2006，158（2）：932-935.

[76]　Weigert T，Tian Q，Lian K. State-of-charge prediction of batteries and battery-supercapacitor hybrids using artificial neural networks[J]. Journal of Power Sources，2011，196（8）：4061-4066.

[77]　石庆升. 纯电动汽车能量管理关键技术问题的研究[D]. 济南：山东大学，2009.

[78]　裴晟，陈全世，林成涛. 基于支持向量回归的电池 SOC 估计方法研究[J]. 电源技术 2007（3）：242-243，252.

[79]　Hansen T，Wang C J. Support vector based battery state of charge estimator[J]. Journal of Power Sources，2005，141（2）：351-358.

[80]　Wang J P，Chen Q S，Cao B G. Support vector machine based battery model for electric vehicles[J]. Energy Conversion and Management，2006，47（7-8）：858-864.

[81]　Anton J C A，Nieto P J G，Viejo C B，et al. Support vector machines used to estimate the battery state of charge[J]. IEEE Transactions on Power Electronics，2013，28（12）：5919-5926.

[82]　Martinet S，Durand R，Ozil P，et al. Application of electrochemical noise analysis to the study of batteries：State-of-charge determination and overcharge detection[J]. Journal of Power Sources，1999，83（1-2）：93-99.

[83]　Rahimian S K，Rayman S，White R E. State of charge and loss of active material estimation of a lithium ion cell under low earth orbit condition using Kalman filtering approaches[J]. Journal of the Electrochemical Society，2012，159（6）：A860-A872.

[84]　Hu X，Li S，Peng H. A comparative study of equivalent circuit models for Li-ion batteries[J]. Journal of Power Sources，2012，198（198）：359-367.

[85]　He H，Zhang X，Xiong R，et al. Online model-based estimation of state-of-charge and open-circuit voltage of lithium-ion batteries in electric vehicles[J]. Energy，2012，39（1）：310-318.

[86]　秦永元，张洪钺，汪叔华. 卡尔曼滤波与组合导航原理[M]. 西安：西北工业大学出版社，2015.

[87]　Khan M R，Mulder G，Van Mierlo J. An online framework for state of charge determination of battery systems using combined system identification approach[J]. Journal of Power Sources，2014，246：629-641.

[88]　Cheng K W E，Divakar B P，Wu H，et al. Battery-management system（BMS）and SOC development for electrical vehicles[J]. IEEE Transactions on Vehicular Technology，2011，60（1）：76-88.

[89]　Hu C，Youn B D，Chung J. A multiscale framework with extended Kalman filter for lithium-ion battery SOC and capacity estimation[J]. Applied Energy，2012，92：694-704.

[90]　Dai H，Wei X，Sun Z，et al. Online cell SOC estimation of Li-ion battery packs using a dual time-scale Kalman filtering for EV applications[J]. Applied Energy，2012，95：227-237.

[91]　Xiong R，Sun F，Chen Z，et al. A data-driven multi-scale extended Kalman filtering based parameter and state estimation approach of lithium-ion olymer battery in electric vehicles[J]. Applied Energy，2014，113：463-476.

[92]　Vasebi A，Partovibakhsh M，Bathaee S M T. A novel combined battery model for state-of-charge estimation in lead-acid batteries based on extended Kalman filter for hybrid electric vehicle applications[J]. Journal of Power Sources，2007，174（1）：30-40.

[93]　Lee S，Kim J，Lee J，et al. State-of-charge and capacity estimation of lithium-ion battery using a new open-circuit voltage versus state-of-charge[J]. Journal of Power Sources，2008，185（2）：1367-1373.

[94]　Hu X，Li S，Peng H，et al. Robustness analysis of state-of-charge estimation methods for two types of Li-ion batteries[J]. Journal of Power Sources，2012，217（11）：209-219.

[95]　Mastali M，Vazquez-Arenas J，Fraser R，et al. Battery state of the charge estimation using Kalman filtering[J]. Journal of Power Sources，2013，239：294-307.

[96]　Sepasi S，Ghorbani R，Liaw B Y. A novel on-board state-of-charge estimation method for aged Li-ion batteries based on model adaptive extended Kalman filter[J]. Journal of Power Sources，2014，245：337-344.

[97]　Chen Z，Fu Y，Mi C C. State of charge estimation of lithium-ion batteries in electric drive vehicles using extended Kalman filtering[J]. IEEE Transactions on Vehicular Technology，2013，62（3）：1020-1030.

[98]　Plett G L. Extended Kalman filtering for battery management systems of LiPB-based HEV battery packs：Part 1. Background [J]. Journal of Power Sources，2004，134（2）：252-261.

[99]　Plett G L. Extended Kalman filtering for battery management systems of LiPB-based HEV battery packs：Part 2. Modeling and identification [J]. Journal of Power Sources，2004，134（2）：262-276.

[100]　Plett G L. Extended Kalman filtering for battery management systems of LiPB-based HEV battery packs：Part 3. State and parameter estimation [J]. Journal of Power Sources，2004，134（2）：277-292.

[101]　Plett G L. Sigma-point Kalman filtering for battery management systems of LiPB-based HEV battery packs：Part 1. Introduction and state estimation [J]. Journal of Power Sources，2006，161（2）：1356-1368.

[102]　Plett G L. Sigma-point Kalman filtering for battery management systems of LiPB-based HEV battery packs：Part 2. Simultaneous state and parameter estimation [J]. Journal of Power Sources，2006，161（2）：1369-1384.

[103] Li J，Barillas J K，Guenther C，et al. A comparative study of state of charge estimation algorithms for LiFePO$_4$ batteries used in electric vehicles[J]. Journal of Power Sources，2013，230：244-250.

[104] He Z，Gao M，Wang C，et al. Adaptive state of charge estimation for Li-ion batteries based on an unscented Kalman filter with an enhanced battery model[J]. Energies，2013，6（8）：4134-4151.

[105] Xing Y，He W，Pecht M，et al. State of charge estimation of lithium-ion batteries using the open-circuit voltage at various ambient temperatures[J]. Applied Energy，2014，113：106-115.

[106] Gao J，Zhang Y，He H. A real-time joint estimator for model parameters and state of charge of lithium-ion batteries in electric vehicles[J]. Energies，2015，8（8）：8594-8612.

[107] Han J，Kim D，Sunwoo M. State-of-charge estimation of lead-acid batteries using an adaptive extended Kalman filter[J]. Journal of Power Sources，2009，188（2）：606-612.

[108] Xiong R，Gong X，Mi C C，et al. A robust state-of-charge estimator for multiple types of lithium-ion batteries using adaptive extended Kalman filter[J]. Journal of Power Sources，2013，243：805-816.

[109] Xiong R，Sun F，Gong X，et al. Adaptive state of charge estimator for lithium-ion cells series battery pack in electric vehicles[J]. Journal of Power Sources，2013，242：699-713.

[110] 熊瑞. 基于数据模型融合的电动车辆动力电池组状态估计研究[D]. 北京：北京理工大学，2014.

[111] Sun F，Hu X，Zou Y，et al. Adaptive unscented Kalman filtering for state of charge estimation of a lithium-ion battery for electric vehicles[J]. Energy，2011，36（5）：3531-3540.

[112] Schwunk S，Armbruster N，Straub S，et al. Particle filter for state of charge and state of health estimation for lithium-iron phosphate batteries[J]. Journal of Power Sources，2013，239：705-710.

[113] Wang Y，Zhang C，Chen Z. A method for state-of-charge estimation of LiFePO$_4$ batteries at dynamic currents and temperatures using particle filter[J]. Journal of Power Sources，2015，279：306-311.

[114] Geng Y，Pang H，Liu X. State-of-charge estimation for lithium-ion battery based on PNGV model and particle filter algorithm[J]. Journal of Power Electronics，2022，22（7）：1154-1164.

[115] Orchard M E，Hevia-Koch P，Zhang B，et al. Risk measures for particle-filtering-based state-of-charge prognosis in lithium-ion batteries[J]. IEEE Transactions on Industrial Electronics，2013，60（11）：5260-5269.

[116] He Y，Liu X，Zhang C，et al. A new model for state-of-charge（SOC）estimation for high-power Li-ion batteries[J]. Applied Energy，2013，101：808-814.

[117] Zhong L，Zhang C，He Y，et al. A method for the estimation of the battery pack state of charge based on in-pack cells uniformity analysis[J]. Applied Energy，2014，113：558-564.

[118] Rahimi-Eichi H，Baronti F，Chow M Y. Online adaptive parameter identification and state-of-charge coestimation for lithium-polymer battery cells[J]. IEEE Transactions on Industrial Electronics，2014，61（4）：2053-2061.

[119] Nguyen N，Oruganti S K，Na K，et al. An adaptive backward control battery equalization system for serially connected lithium-ion battery packs[J]. IEEE Transactions on Vehicular Technology，2014，63（8）：3651-3660.

[120] Gallardo-Lozano J，Romero-Cadaval E，Milanes-Montero M I，et al. Battery equalization active methods[J]. Journal of Power Sources，2014，246：934-949.

[121] 朱志浩. 纯电动汽车动力电池管理系统研究与设计[D]. 合肥：合肥工业大学，2016.

[122] Daowd M，Omar N，Van Den Bossche P，et al. Passive and active battery balancing comparison based on MATLAB simulation[C]. 7th IEEE Vehicle Power and Propulsion Conference（VPPC），2011：1-7.

[123] Ling R，Dong Y，Yan H，et al. Fuzzy-PI control battery equalization for series connected lithium-ion battery strings[C]. 2012 IEEE 7th International Power Electronics and Motion Control Conference-ECCE Asia（IPEMC），2012，4：2631-2635.

[124] Baronti F, Roncella R, Saletti R. Performance comparison of active balancing techniques for lithium-ion batteries[J]. Journal of Power Sources, 2014, 267: 603-609.

[125] Ye Y M, Cheng K W E, Yeung Y P B. Zero-current switching switched-capacitor zero-voltage-gap automatic equalization system for series battery string[J]. IEEE Transactions on Power Electronics, 2012, 27(7): 3234-3242.

[126] Kim T H, Park N J, Kim R Y, et al. A high efficiency zero voltage-zero current transition converter for battery cell equalization[C]. 27th Annual IEEE Applied Power Electronics Conference and Exposition (APEC), 2012: 2590-2595.

[127] Altemose G. A battery electronics unit (BEU) for balancing lithium-ion batteries[C]. SAE International Power Systems Conference, 2008.

[128] 刘红锐, 夏超英. 一种新型的电动车用电池均衡方法探讨[J]. 汽车工程, 2013, 35 (10): 934-938.

[129] Park H S, Kim C E, Kim C H, et al. A modularized charge equalizer for an HEV lithium-ion battery string[J]. IEEE Transactions on Industrial Electronics, 2009, 56 (5): 1464-1476.

[130] Moore S W, Schneider P J. A review of cell equalization methods for lithium ion and lithium polymer battery systems[R]. SAE Technical Paper, 2001.

[131] 贾德利, 尤波, 许家忠, 等. 逆变式等离子切割电源变间距模糊-PI 控制[J]. 电机与控制学报, 2008 (3): 313-318.

[132] Kim M Y, Kim C H, Kim J H, et al. A chain structure of switched capacitor for improved cell balancing speed of lithium-ion batteries[J]. IEEE Transactions on Industrial Electronics, 2014, 61 (8): 3989-3999.

[133] Lee Y S, Cheng M W. Intelligent control battery equalization for series connected lithium-ion battery strings[J]. IEEE Transactions on Industrial Electronics, 2005, 52 (5): 1297-1307.

[134] 王震坡, 孙逢春, 林程. 不一致性对动力电池组使用寿命影响的分析[J]. 北京理工大学学报, 2006 (7): 577-580.

[135] Baumhöfer T, Brühl M, Rothgang S, et al. Production caused variation in capacity aging trend and correlation toinitial cell performance[J]. Journal of Power Sources, 2014, 247 (3): 332-338.

[136] Affanni A, Bellini A, Franceschini G, et al. Battery choice and management for new-generation electric vehicles[J]. IEEE Transactions on Industrial Electronics, 2005, 52 (5): 1343-1349.

[137] 郭沛. 动力电池均衡技术比较分析与应用设计[D]. 天津: 天津理工大学, 2016.

[138] 郝晓伟. 纯电动汽车锂离子电池组均衡策略研究及系统实现[D]. 长春: 吉林大学, 2013.

[139] Zhang S M, Qiang J X, Yang L, et al. Prior-knowledge-independent equalization to improve battery uniformity with energy efficiency and time efficiency for lithium-ion battery[J]. Energy, 2016, 94: 1-12.

[140] Stuart T A, Zhu W. Modularized battery management for large lithium ion cells[J]. Journal of Power Sources, 2011, 196 (1): 458-464.

[141] Ye Y, Cheng K W E. An automatic switched-capacitor cell balancing circuit for series-connected battery strings[J]. Energies, 2016, 9 (3): 138.

[142] Ugle R, Li Y Y, Dhingra A. Equalization integrated online monitoring of health map and worthiness of replacement for battery pack of electric vehicles[J]. Journal of Power Sources, 2013, 223: 293-305.

[143] 李仲兴, 余峰, 郭丽娜. 电动汽车用锂电池组均衡控制算法[J]. 电力电子技术, 2011, 45 (12): 54-56.

[144] 陈晶晶. 串联锂离子电池组均衡电路的研究[D]. 杭州: 浙江大学, 2008.

[145] 杨洪. 纯电动汽车锂电池组充电均衡技术的研究[D]. 郑州: 郑州大学, 2012.

[146] 李拓. 基于智能芯片的电池管理系统的实现[D]. 南京: 南京邮电大学, 2013.

[147] Dung L R, Peng Y S. Adaptive battery equalization algorithm for capacitor-based battery management system[J].

Universal Journal of Electrical and Electronic Engineering，2016，4（1）：10-15.

[148] 李德才. 电动汽车动力电池分阶段主动均衡控制研究[D]. 重庆：重庆交通大学，2017.

[149] 郑岳久. 车用锂离子动力电池组的一致性研究[D]. 北京：清华大学，2014.

[150] Einhorn M，Roessler W，Fleig J. Improved performance of serially connected Li-ion batteries with active cell balancing in electric vehicles[J]. IEEE Transactions on Vehicular Technology，2011，60（6）：2448-2457.

[151] Liu X B，Zou Y H. The proportional current control strategy for equalization circuits of series battery packs[C]. 21st International Conference on Electrical Machines and Systems（ICEMS），2018：846-849.

[152] Einhorn M，Conte F V，Fleig J. Improving of active cell balancing by equalizing the cell energy instead of the cell voltage[J]. World Electric Vehicle Journal，2010，4（2）：400-404.

[153] Caspar M，Hohmann S. Optimal cell balancing with model-based cascade control by duty cycle adaption[J]. IFAC Proceedings Volumes，2014，47（3）：10311-10318.

[154] 李平，何明华. 一种锂电池组均衡电路及其控制策略设计[J]. 电源技术，2011，35（10）：1214-1217.

[155] Kim M Y，Kim J W，Kim C H，et al. Automatic charge equalization circuit based on regulated voltage source for series connected lithium-ion batteries[C]. IEEE International Conference on Power Electronics & ECCE Asia，2011：2248-2255.

[156] 李索宇. 动力锂电池组均衡技术研究[D]. 北京：北京交通大学，2011.

[157] Yarlagadda S，Hartley T T，Husain I. A battery management system using an active charge equalization technique based on a DC/DC converter topology[J]. IEEE Transactions on Industry Applications，2013，49（6）：2720-2729.

[158] Cassani P A，Williamson S S. Design，testing，and validation of a simplified control scheme for a novel plug-in hybrid electric vehicle battery cell equalizer[J]. IEEE Transactions on Industrial Electronics，2010，57（12）：3956-3962.

[159] 孙庆. 基于模糊综合评价体系的动力电池组均衡方法研究[D]. 合肥：合肥工业大学，2017.

[160] Wang Y J，Zhang C B，Chen Z H，et al. A novel active equalization method for lithium-ion batteries in electric vehicles[J]. Applied Energy，2015，145：36-42.

[161] 冯飞，宋凯，逯仁贵，等. 磷酸铁锂电池组均衡控制策略及荷电状态估计算法[J]. 电工技术学报，2015，30（1）：22-29.

[162] 丑丽丽，杜海江，朱冬华. 基于 SOC 的电池组均衡控制策略研究[J]. 电测与仪表，2012，49（7）：16-19.

[163] 孙金磊，逯仁贵，魏国，等. 串联电池组双向全桥 SOC 均衡控制系统设计[J]. 电机与控制学报，2015，19（3）：76-81.

[164] 马泽宇，姜久春，文锋，等. 用于储能系统的梯次利用锂电池组均衡策略设计[J]. 电力系统自动化，2014，38（3）：106-111，117.

[165] 田锐，秦大同，胡明辉. 电池均衡控制策略研究[J]. 重庆大学学报，2005，28（7）：1-4.

[166] Diao W P，Nan X，Bhattacharjee V，et al. Active battery cell equalization based on residual available energy maximization[J]. Applied Energy，2018，210：690-698.

[167] Zheng Y J，Ouyang M G，Lu L G，et al. On-line equalization for lithium-ion battery packs based on charging cell voltages：Part 2. Fuzzy logic equalization[J]. Journal of Power Sources，2014，247（2）：460-466.

[168] 赵奕凡，杜常清，颜伏伍. 动力电池组能量均衡管理控制策略[J]. 电机与控制学报，2013，17（10）：109-114.

[169] Zheng Y，Ouyang M，Lu L，et al. On-line equalization for lithium-ion battery packs based on charging cell voltages：Part 1. Equalization based on remaining charging capacity estimation[J]. Journal of Power Sources，2014，247（2）：676-686.

[170] Einhorn M，Guertlschmid W，Blochberger T，et al. A current equalization method for serially connected battery

cells using a single power converter for each cell[J]. IEEE Transactions on Vehicular Technology, 2011, 60 (9): 4227-4237.

[171] Hannan M A, Hoque M M, Peng S E, et al. Lithium-ion battery charge equalization algorithm for electric vehicle applications[J]. IEEE Transactions on Industry Applications, 2017, 53 (3): 2541-2549.

[172] Chen W L, Cheng S R. Optimal charge equalisation control for seriesconnected batteries[J]. IET Generation Transmission & Distribution, 2013, 7 (8): 843-854.

[173] 王顺利, 安文倩, 夏承成, 等. 基于最优路径选择的电池组主动均衡方法研究[J]. 计算机测量与控制, 2014, 22 (5): 1572-1574.

[174] Docimo D J, Fathy H K. Analysis and control of charge and temperature imbalance within a lithium-ion battery pack[J]. IEEE Transactions on Control Systems Technology, 2018, 27 (4): 1622-1635.

[175] Altaf F, Bo E. Gain-scheduled control of modular battery for thermal and SOC balancing[J]. IFAC-PapersOnLine, 2016, 49 (11): 62-69.

[176] Altaf F, Bo E, Mardh L J. Load management of modular battery using model predictive control: Thermal and state-of-charge balancing[J]. IEEE Transactions on Control Systems Technology, 2015, 25 (1): 47-62.

[177] 刘征宇, 马亚东, 孙庆, 等. 基于动态模糊阈值的电池组均衡策略优化[J]. 中国机械工程, 2017, 28 (5): 624-629.

[178] Qi G, Li X, Yang D. A control strategy for dynamic balancing of lithium iron phosphate battery based on the performance of cell voltage[C]. IEEE Transportation Electrification Conference and Expo (ITEC), 2014: 1-5.

[179] Sun J L, Zhu C B, Lu R G, et al. Development of an optimized algorithm for bidirectional equalization in lithium-ion batteries[J]. Journal of Power Electronics, 2015, 15 (3): 775-785.

[180] Altemose G. A battery electronics unit (BEU) for balancing lithium-ion batteries[R]. SAE Technical Paper, 2008.

[181] 王书彪. 电动汽车电池组主动均衡技术研究[D]. 广州: 华南理工大学, 2018.

[182] 叶圣双, 钱祥忠. 电动汽车电池均衡控制设计[J]. 电子设计工程, 2017, 25 (22): 154-157.

[183] Zhang S M, Yang L, Zhao X W, et al. A GA optimization for lithium-ion battery equalization based on SOC estimation by NN and FLC[J]. International Journal of Electrical Power & Energy Systems, 2015, 73: 318-328.

[184] Yukitomo M, Shigemasa T, Baba Y, et al. A two degrees of freedom PID control system, its features and applications[C]. Asian Control Conference (ASCC), 2004: 456-459.

[185] Hoque M, Hannan M, Mohamed A. Optimal algorithms for the charge equalisation controller of series connected lithium-ion battery cells in electric vehicle applications[J]. IET Electrical Systems in Transportation, 2017, 7 (4): 267-277.

[186] Hoque M M, Hannan M A, Mohamed A. Charging and discharging model of lithium-ion battery for charge equalization control using particle swarm optimization algorithm[J]. Journal of Renewable & Sustainable Energy, 2016, 8 (6): 7847-7858.

[187] Branicky M S, Borkar V S, Mitter S K. A unified framework for hybrid control: Model and optimal control theory[J]. IEEE Transactions on Automatic Control, 2002, 43 (1): 31-45.

[188] Quan O, Jian C, Xu C, et al. Cell balancing control for serially connected lithium-ion batteries[C]. American Control Conference (ACC), 2016: 3095-3100.

[189] Bouchhima N, Schnierle M, Schulte S, et al. Active model-based balancing strategy for self-reconfigurable batteries[J]. Journal of Power Sources, 2016, 322: 129-137.

[190] Danielson C, Borrelli F, Oliver D, et al. Balancing of battery networks via constrained optimal control[C]. American Control Conference (ACC), 2012: 4293-4298.

[191] Ouyang Q, Chen J, Zheng J, et al. Optimal cell-to-cell balancing topology design for serially connected lithium-ion battery packs[J]. IEEE Transactions on Sustainable Energy, 2017, 9（1）: 350-360.

[192] Utkin V I. Sliding mode control design principles and applications to electric drives[J]. IEEE Transactions on Industrial Electronics, 2002, 40（1）: 23-36.

[193] Ouyang Q, Chen J, Zheng J, et al. SOC estimation-based quasi-sliding mode control for cell balancing in lithium-ion battery packs[J]. IEEE Transactions on Industrial Electronics, 2017, 4（65）: 3427-3436.

[194] Mayne D Q, Rawlings J B, Rao C V, et al. Survey constrained model predictive control: Stability and optimality[J]. Automatica, 2000, 36（6）: 789-814.

[195] Mccurlie L. Fast model predictive control for redistributive lithium ion battery balancing[J]. IEEE Transactions on Industrial Electronics, 2017, 64（2）: 1350-1357.

[196] Preindl M. A battery balancing auxiliary power module with predictive control for electrified transportation[J]. IEEE Transactions on Industrial Electronics, 2017, 65（8）: 6552-6559.

[197] Wei Q, Wu B, Xu D, et al. Model predictive control of capacitor voltage balancing for cascaded modular DC-DC converters[J]. IEEE Transactions on Power Electronics, 2016, 32（1）: 752-761.

[198] Liu J, Chen Y, Fathy H K. Nonlinear model-predictive optimal control of an active cell-to-cell lithium-ion battery pack balancing circuit[J]. IFAC-PapersOnLine, 2017, 50（1）: 14483-14488.

[199] Zheng L, Zhu J, Wang G, et al. Model predictive control based balancing strategy for series-connected lithium-ion battery packs[C]. 19th European Conference on Power Electronics and Applications（EPE）, 2017: 1-8.

[200] Babu T S, Sangeetha K, Rajasekar N. Voltage band based improved particle swarm optimization technique for maximum power point tracking in solar photovoltaic system[J]. Journal of Renewable & Sustainable Energy, 2016, 8（1）: 013106.

[201] Liu Z, Liu X, Han J, et al. An optimization algorithm for equalization scheme of series-connected energy storage cells[C]. Transportation Electrification Asia-Pacific（ITEC Asia-Pacific）, 2017: 1-6.

[202] Shigematu T, Hashimoto Y, Watanabe T. Development of automatic driving system on rough road-automatic steering control by fuzzy algorithm[C]. Intelligent Vehicles 92 Symposium, 1992: 154-159.

[203] Cheng M W, Wang S M, Lee Y S, et al. Fuzzy controlled fast charging system for lithium-ion batteries[C]. International Conference on Power Electronics & Drive Systems, 2010: 1498-1503.

[204] Yuang S L, Jiu N Y D. Fuzzy-controlled individual-cell equaliser using discontinuous inductor current-mode Cuk convertor for lithium-ion chemistries[J]. IEE Proceedings-Electric Power Applications, 2005, 152（5）: 1271-1282.

[205] Cadar D, Petreus D, Patarau T, et al. Fuzzy controlled energy converter equalizer for lithium ion battery packs[C]. 3rd IEEE International Conference on Power Engineering, Energy and Electrical Drives, 2011: 1-6.

[206] Jia D, Zhang T, Zhang F, et al. Development of lithium-ion battery pack balanced controller based on fuzzy control[C]. Proceedings of the 6th International Forum on Strategic Technology（IFOST）, 2011, 1: 265-268.

[207] 冯飞. 用于寒地的电动汽车锂电池荷电状态估计及均衡策略研究[D]. 哈尔滨: 哈尔滨工业大学, 2017.

[208] 秦嘉琦, 冉峰, 徐浩, 等. 一种基于模糊控制的锂电池均衡系统的研究[J]. 工业控制计算机, 2016, 29（7）: 32-33.

[209] Zheng J, Chen J, Ouyang Q. Variable universe fuzzy control for battery equalization[J]. Journal of Systems Science and Complexity, 2018, 31（1）: 325-342.

[210] Ma Y, Duan P, Sun Y S, et al. Equalization of lithium-ion battery pack based on fuzzy logic control in electric vehicle[J]. IEEE Transactions on Industrial Electronics, 2018, 65（8）: 6762-6771.

[211] Lee Y S, Jao C W. Fuzzy controlled lithium-ion battery equalization with state-of-charge estimator[C]. IEEE

International Conference on Systems，Man and Cybernetics（SMC），2003，5：4431-4438.

[212] Hsieh G C，Chen L R，Huang K S. Fuzzy-controlled Li-ion battery charge system with active state-of-charge controller[J]. IEEE Transactions on Industrial Electronics，2001，48（3）：585-593.

[213] Toledo C F M，Oliveira L，França P M. Global optimization using a genetic algorithm with hierarchically structured population[J]. Journal of Computational & Applied Mathematics，2014，261（1）：341-351.

[214] Li B，Chow M Y，Tipsuwan Y，et al. Neural-network-based motor rolling bearing fault diagnosis[J]. IEEE Transactions on Industrial Electronics，2002，47（5）：1060-1069.

[215] 刘红锐，张昭怀. 锂离子电池组充放电均衡器及均衡策略[J]. 电工技术学报，2015，30（8）：186-192.

[216] Uno M，Tanaka K. Double-switch single-transformer cell voltage equalizer using a half-bridge inverter and voltage multiplier for series-connected supercapacitors[J]. IEEE Transactions on Vehicular Technology，2012，61（9）：3920-3930.

[217] Fei F，Lu R，Zhu C. Equalisation strategy for serially connected LiFePO$_4$ battery cells[J]. IET Electrical Systems in Transportation，2016，6（4）：246-252.

[218] Shang Y，Zhang C，Cui N，et al. A cell-to-cell battery equalizer with zero-current switching and zero-voltage gap based on quasi-resonant LC converter and boost converter[J]. IEEE Transactions on Power Electronics，2015，30（7）：3731-3747.

[219] Fan Z，Yan M，Peng D，et al. Non-dissipative equalization with voltage-difference based on FPGA for lithium-ion battery[C]. 2018 Chinese Control and Decision Conference（CCDC），2018：1132-1137.

[220] Kim J W，Ha J I. Cell balancing method in flyback converter without cell selection switch of multi-winding transformer[J]. Journal of Electrical Engineering & Technology，2016，11（2）：367-376.

[221] Nasraoui O，Rojas C，Cardona C. A framework for mining evolving trends in Web data streams using dynamic learning and retrospective validation[J]. Computer Networks，2006，50（10）：1488-1512.

[222] Lin C，Mu H，Zhao L，et al. A new data-stream-mining-based battery equalization method[J]. Energies，2015，8（7）：6543-6565.

[223] Yoo H G，Bien F，Nguyen T T N，et al. Neuro-fuzzy controller for battery equalisation in serially connected lithium battery pack[J]. Power Electronics IET，2015，8（3）：458-466.

[224] 黄勤，严贺彪，凌睿，等. 锂电池组能量均衡的模糊-PI控制研究[J]. 计算机工程，2012，38（8）：280-282.

第 2 章 锂离子电池的温度特性研究

2.1 引　　言

电池实验不仅是特性分析的数据来源，也是后文 SOC 估计方法验证的基础条件。通过电池特性的分析，整理总结电池特性在不同影响因素下的变化规律，进而为后续章节电池模型的量化建立及 SOC 算法的改进提供指导帮助。以上的研究基础均依赖于电池实验数据的质量。

为了获取精确和可靠的电池实验数据，本章设计了电池实验系统，介绍了实验平台的组成、工作原理及样本电池的技术参数；参考现有电池测试手册，根据算法研究的需要制定了详细的电池实验内容及程序；针对对 SOC 估计方法产生影响的电池特性进行了定性分析，主要包括温度和电流条件对容量及库仑效率的影响分析，不同温度工况对 OCV 的影响分析等。对电池组温度特性进行分析，并根据分析结果讨论了温度对电池组均衡判据的影响。

2.2　锂离子电池温度特性实验

2.2.1　实验系统

如图 2-1 所示，电池实验平台由以下设备组成：①Arbin BT2000 多功能电池测试系统，其能够可编程控制加载到电池两端的负载电流或负载电压，进行充/

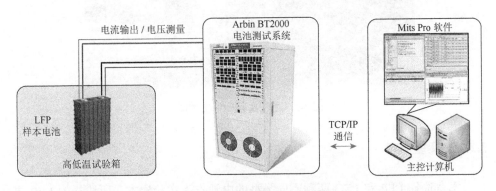

图 2-1　电池实验平台示意图

放电模式选择，为电池实验过程提供必要的安全保护；②一台装载 Mits Pro 软件的计算机，所测数据和计算值能实时显示、存储，自动绘制各种数据曲线，能够实现数据分析、转换和打印等功能；③南京泰斯特试验设备有限公司高低温试验箱，能够可编程控制电池实验的环境温度，具有多种温控模式进行选择并且可以实现自动切换。将实验用样本电池放置在高低温试验箱中，电池的正负极连接至 Arbin BT2000 电池测试系统的电流输出接线端和电压采集接线端，在装有 Mits Pro 软件的计算机上编写所需要进行电池实验的可执行文件，最后对所保存的实验数据进行导出和分析。

本章采用两套不同规格的 Arbin BT2000 电池测试系统。第一套 Arbin BT2000 测试系统主要针对单体电池进行实验。其共有 4 路独立的控制通道，每一路通道的电压范围为 0～5V，电压测试控制精度为 ±0.05% 满量程（FSR）；最大充放电电流 ±50A，电流测试控制精度 ±0.05% FSR。此外，该系统可以实现多通道并联功能，4 路独立的通道并联后最大充放电电流可达 ±200A，并且电流控制精度保持不变。第二套 Arbin BT2000 测试系统主要针对电池组进行实验。其共有 2 路独立的控制通道，本章主要使用其中一路通道，该路通道的电压范围为 0～60V，电压测试控制精度为 ±0.05% FSR；最大充放电电流 ±50A，电流测试控制精度 ±0.05% FSR。泰斯特高低温试验箱可以满足电池单体和电池组的温度实验需求。其温度控制范围为 -50～150℃，温度波动度为 ±0.5℃，温度均匀度为 ±1℃，标称内容积为 150L，内箱尺寸为 500mm×600mm×500mm。电池实验平台实物图如图 2-2 所示。

图 2-2　电池实验平台实物图

2.2.2　实验样本

本章选择 LFP 和 LTO 两种不同类型的电池作为实验样本。所选择的 LFP 电池为中航锂电（洛阳）有限公司和深圳市沃特玛电池有限公司分别生产的规格型号为 SE100AHA 和 IFR32650 的 LFP 电池，并且标记为样本电池 A（YB-A）和样本电池 B（YB-B）。以上两种 LFP 电池的正极材料为铁锂磷酸盐化合物，负极材料为石墨类碳材料。所选择的 LTO 电池为安徽天康（集团）股份有限公司生产的规格型号为 TK-2.4V20AH 的 LTO 电池，并且标记为样本电池 C（YB-C）。该 LTO 电池的正极材料为锰酸锂，负极材料为钛酸锂。

如图 2-3 所示，YB-A 为长方体且标称容量为 100A·h 的大容量动力电池。在本章后续部分，利用 YB-A 提取特性参数，这些特性参数是第 3 章提出的 SOC 估计方法和制定参考 SOC 的基础。在第 3 章中，将基于 YB-A 特性参数的改进 SOC 估计方法应用于相同型号电池，并在不同温度工况条件下验证所提出 SOC 估计方法的精确度。YB-A 技术参数如表 2-1 中第一行所示。

图 2-3　YB-A 实物图

表 2-1　样本电池技术参数

样本电池	标称容量/(A·h)	标称电压/V	上限/下限截止电压/V	标准倍率	充电温度/℃	放电温度/℃
YB-A	100	3.2	3.6/2.0	C/3	0～55	−20～55
YB-B	5	3.3	3.65/2.50	C/3	0～45	−20～60
YB-C	20	2.4	2.75/1.50	C/5	−10～55	−30～55

由于大容量电池在实验过程中需要消耗较多的实验资源，为了适应 SOC 估计方法前期实验性开发，选用容量较小的样本电池既可以减少实验资源的浪费，又能够提高算法开发的速度。如图 2-4 所示，YB-B 为圆柱体且标称容量为 5A·h 的小容量动力电池。在第 6 章和第 12 章中，利用 YB-B 对所提出的算法进行精确度和有效性验证。YB-B 技术参数如表 2-1 中第二行所示。

通常磷酸铁锂电池的低温操作温度为−20℃，这使得在寒冷地区的低温范围内磷酸铁锂电池存在低温盲区。因此，选用钛酸锂电池对磷酸铁锂电池的低温盲区进行 SOC 估计验证。如图 2-5 所示，YB-C 为长方体且标称容量为 20A·h 的中容量动力电池。在第 5 章和第 6 章中，利用

图 2-4　YB-B 实物图

图 2-5　YB-C 实物图

YB-C 对所提出的 SOC 估计算法在不同温度工况条件下进行精确度验证。YB-C 技术参数如表 2-1 中第三行所示。

2.2.3　实验内容

本节制定了一系列电池特性实验程序，不仅可以展现电池的相关特性，还可以为 SOC 估计方法改进和验证提供数据。本节与 2.3 节中使用的许多实验程序和分析方法来源于 USABC 支持研发的《美国先进电池联合会电动汽车电池测试程序手册》（第 2 版）[*USABC Electric Vehicle Battery Test Procedure Manual*（Revision 2）][1]、《新一代汽车合作伙伴计划电池测试手册》（第 3 版）[*PNGV Battery Test Manual*（Revision 3）][2]、《自由车计划电池测试手册——应用于功率辅助型混合动力车》（*FreedomCAR Battery Test Manual for Power-Assist Hybrid Electric Vehicles*）[3]、《插电式混合动力车用电池测试手册》（第 0 版）[*Battery Test Manual for Plug-in Hybrid Electric Vehicles*（Revision 0）][4]、《电动汽车用电池测试手册》（第 3 版）[*Battery Test Manual For Electric Vehicles*（Revision 3）][5]，以及中华人民共和国工业和信息化部发布的汽车行业标准《电动汽车用电池管理系统技术条件》（QC/T 897—2011）[6]。

本章主要针对温度对电池特性影响进行研究，包括恒温性能实验和变温性能实验。每一种温度性能实验均制定了 7 个或 8 个待定温度点（LFP 或 LTO）。在恒温性能实验中执行特性实验完成待定温度点的电池特性测试。特性实验包括：可用容量实验、混合功率脉冲特性（hybrid pulse power characterization，HPPC）实验和工况循环实验。特性实验既可以在温度性能实验中执行，又可以在标称温度下单独执行。可用容量实验和 HPPC 实验是为了分析电池特性和获得参考 SOC 做准备；工况循环实验用来验证和评估后文所提出算法的性能。图 2-6 为恒温性能实验内容的概要流程图。在变温性能实验中完成不同温度条件下 OCV 的测试，为后文不同路径下 OCV 温度特性分析及多路径 SOC-OCV 映射模型的建立提供基础。

1. 通用实验条件

（1）通用环境条件无特殊说明时，所有实验的环境温度应该控制在标称温度（默认 20℃）。同时，所有实验均在环境试验箱中进行。一般，在每一次充电和放电之后，并且在做进一步实验之前，至少将电池静置 60min 使其达到电压和温度

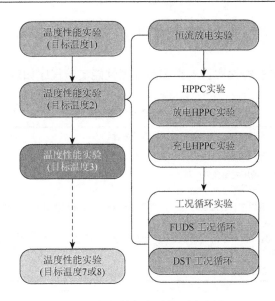

图 2-6　恒温性能实验概要流程图

稳定条件。另外，所有实验在相对湿度为 45%～75%、大气压力为 86～106kPa 的环境中进行。

（2）标准充电电池在通用环境条件下，以标称倍率（默认 C/3）恒流充电，达到制造商技术参数中规定的充电截止电压（简称上限截止电压）条件时终止，静置 1h。

（3）标准放电电池在通用环境条件下，以标称倍率恒流放电，达到制造商技术参数中规定的放电截止电压（简称下限截止电压）条件时终止，静置 1h。

（4）数据采集所有电池实验要求记录时间、电压、电流、温度和安时积分数据；实验数据采样频率设定为 1Hz。

2. 恒温性能实验

环境温度对电池性能的影响可以根据需求在不同目标温度下进行可用容量实验、HPPC 实验和循环工况实验来完成。通常在电池操作温度范围内选择 7 个或 8 个典型温度作为目标温度，如 40℃、30℃、20℃、10℃、0℃、–10℃、–20℃ 和 –30℃。该实验的目的是建立电池特性参数与温度的函数关系。

无特殊说明时，恒温性能实验的初始充电应该在标称温度 20℃ 下进行。该实验的测试过程如下。

（1）按 2.2.3 节中"1. 通用实验条件"标准充电将电池满充。

（2）升高或降低电池的环境温度至目标温度。

（3）静置合适的时间使电池达到热平衡，通常是 4～16h，这取决于电池的尺寸和质量。

（4）执行需要的特性实验。详细的温度性能实验程序如表 2-2 所示。

表 2-2　恒温性能实验程序

序号	实验程序	截止条件	其他信息
1	开始实验		
2	2.2.3 节中"1. 通用实验条件"标准充电实验		
3	将样品电池搁置在目标温度环境	静置 4～16h	尺寸和质量越大，温度越低，静置时间越长
4	执行 2.2.3 节中"3. 恒流放电实验"、"4. HPPC 实验"和"5. 可变功率工况循环实验"中的任意特性实验	下限截止电压	如有其他截止条件，任意截止条件率先达到，立即停止实验
5	结束实验		

3. 恒流放电实验

恒流放电实验的目的是确定电池在可重复、标准化条件下的可用容量。一系列电流等级可以描述放电倍率对电池容量的影响。以标称倍率恒流放电的安时积分作为标称可用容量。此外，利用放电过程中的安时积分与充电过程中的安时积分可以计算得到库仑效率。不同的电流等级同样可以描述放电倍率对库仑效率的影响。

系列恒流放电实验过程如下。

（1）按 2.2.3 节中"1. 通用实验条件"标准充电将电池充满。

（2）测试系列由一组 3 次恒流放电循环实验组成，每一组放电倍率分别为 C/3、C/2、1C、3C/2 和 2C。

（3）当连续 3 次放电安时积分偏差小于 2%，认为电池容量达到稳定；否则，需要重复进行该组恒流放电循环实验。

详细的恒流放电实验程序如表 2-3 所示。

表 2-3　恒流放电实验程序

序号	实验程序	截止条件	其他信息
1	开始实验		
2	开始循环 1		目标倍率依次为：C/3、C/2、1C、3C/2 和 2C
3	开始循环 2		初始循环次数 = 1
4	2.2.3 节中"1. 通用实验条件"标准充电实验		
5	以目标倍率恒流放电	下限截止电压	

续表

序号	实验程序	截止条件	其他信息
6	静置	时间>1h	
7	结束循环 2	循环次数≥3	
8	计算 3 次放电安时积分偏差		
9	判断条件 1		如果安时积分偏差>2%，返回"开始循环 2"；否则继续执行程序
10	结束循环 1	所有目标倍率执行完毕	
11	结束实验		

4. HPPC 实验

HPPC 实验的主要目的是在电池可用电压范围内利用一个同时包含放电和充电的脉冲工况来确定动态功率能力。本章中利用 HPPC 实验数据来确定 OCV、欧姆内阻和极化内阻等特性参数与放电容量的函数关系。在 USABC 电池测试手册制定的 HPPC 实验的基础上，增加了充电 HPPC 实验以满足电池滞回特性的测试需求。

1）混合脉冲工况

HPPC 实验的目的是在每个 10%标称可用容量点确定 10s 放电脉冲和 10s 充电脉冲激励下的欧姆内阻和极化内阻等特性。在标称温度下，一个标称可用容量为 5A·h 的电池，10%标称可用容量即为 0.5A·h。每一对放电和充电脉冲定义为混合脉冲工况。

混合脉冲工况如表 2-4 所示，表中的电流值是相对值，而不是绝对值。实际的放电电流至少为 1C 倍率。同时，正值对应于放电电流，而充电电流则用负值来表示。

表 2-4　混合脉冲工况

序号	时间步长/s	累积时间/s	相对电流
1	10	10	1.00
2	40	50	0
3	10	60	−0.75

2）放电 HPPC 实验

（1）按 2.2.3 节中"1. 通用实验条件"标准充电将电池充满。

（2）以标称倍率恒流放电，安时累积至下一个 10%标称可用容量点；静置充足的时间（温度越低，静置时间越长）；执行混合脉冲工况。

（3）重复步骤（2）直到最后一个混合脉冲工况达到或接近 90%当前标称可用容量。在当前温度环境下，以标称倍率恒流放电的安时积分作为当前标称可用容量。

（4）以标称倍率放电至下限截止电压，最后静置充足的时间直到实验结束。

如果在混合脉冲工况过程中任意一点电压达到下限截止电压，那么适当降低电流使该脉冲能够顺利完成。如果在标称倍率放电过程中电压达到下限截止电压，那么立即终止实验。每一次静置过程中记录的电压可以建立 OCV 特性。完整的放电 HPPC 实验程序如表 2-5 所示。

表 2-5　完整的放电 HPPC 实验程序

序号	实验程序	截止条件	其他信息
1	开始实验		
2	2.2.3 节中"1. 通用实验条件"标准充电实验		
3	开始循环 1		初始循环次数＝1
4	以标称倍率恒流放电	安时累积至 10%标称可用容量	
5	静置	充足的时间（默认＞1h）	温度越低，静置时间越长
6	混合脉冲工况	时间＞60s	电压达到下限截止电压，适当降低电流。如仅建立 OCV 特性，可以取消此步骤
7	结束循环 1	安时累积达到或接近 90%当前标称可用容量	不同温度条件下，循环次数不同
8	以标称倍率恒流放电	下限截止电压	
9	静置	充足的时间（默认＞1h）	温度越低，静置时间越长
10	结束实验		

3）充电 HPPC 实验

充电 HPPC 实验过程与放电 HPPC 实验过程相似。不同之处在于，充电 HPPC 实验起始于电池放空状态；在每个混合脉冲工况之间，电池以标称倍率恒流充电至下一个 10%标称可用容量点；最后，以标称倍率恒流充电至上限截止电压结束实验。完整的充电 HPPC 实验程序如表 2-6 所示。其他未尽事宜，参考放电 HPPC 实验。

表 2-6　完整充电 HPPC 实验程序

序号	实验程序	截止条件	其他信息
1	开始实验		
2	2.2.3 节中"1. 通用实验条件"标准放电实验		
3	开始循环 1		初始循环次数＝1

续表

序号	实验程序	截止条件	其他信息
4	以标称倍率恒流充电	安时累积至 10%标称可用容量	
5	静置	充足的时间 （默认＞1h）	温度越低，静置时间越长
6	混合脉冲工况	时间＞60s	电压达到上限截止电压，适当降低电流。如仅建立 OCV 特性，可以注销此步骤
7	结束循环 1	安时累积达到或接近 90%当前标称可用容量	不同温度条件下，循环次数不同
8	以标称倍率恒流充电	上限截止电压	
9	静置	充足的时间 （默认＞1h）	温度越低，静置时间越长
10	结束实验		

5. 可变功率工况循环实验

可变功率工况循环实验主要是用来研究电动汽车行驶工况对电池特性的影响。本章采用该实验来验证 SOC 估计方法在车辆行驶工况中的精度。该实验中包含两组可变功率工况，分别是联邦城市行驶日程（federal urban driving schedule，FUDS）工况和动态压力测试（dynamic stress test，DST）工况。以上两组可变功率工况均来源于车辆实际行驶的时间-速度数据。然而，为了确定电池实际的充放电工况，需要对实际行驶工况进行一些近似和简化。

1）FUDS 工况循环实验

FUDS 工况是一个汽车工业标准的行驶工况，该工况描述车辆在城市道路环境下行驶的时间-速度关系。一个完整的 FUDS 工况历经 1372s，针对某台具体的车辆，可以将车辆的时间-速度关系转换为电池的时间-功率或电流关系。转换方法为根据车载电池的技术参数按比例调节功率需求或者电流脉冲。图 2-7 为转换后 FUDS 时间-电流工况。

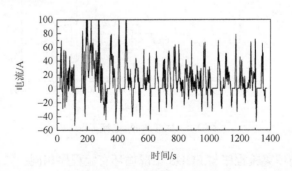

图 2-7　FUDS 时间-电流工况

FUDS 工况循环实验过程如下。

（1）按 2.2.3 节中"1. 通用实验条件"标准充电将电池充满。

（2）起始于满充状态，利用 FUDS 工况对电池进行放电。1372s 的 FUDS 时间-电流工况首尾相接连续地进行，在两个相邻的工况之间没有静置时间，直至达到放电结束条件。

通常情况下，电池放电安时累积数达到标称容量或者电压达到下限截止电压，二者之一率先发生立即终止实验。表 2-7 为 FUDS 工况循环实验程序。

表 2-7　FUDS 工况循环实验程序

序号	实验程序	截止条件
1	开始实验	
2	2.2.3 节中"1. 通用实验条件"标准充电实验	
3	开始循环 1	
4	FUDS 时间-电流工况	电压达到下限截止电压，放电安时累积数达到标称容量
5	结束循环 1	
6	结束实验	

2）DST 工况循环实验

DST 工况是一个简化版的 FUDS 时间-功率工况。这个简化工况可以有效地模拟动态放电过程，并且可以方便地运行在大部分电池测试设备中。一个完整的 DST 工况持续 360s，同样需要根据车载电池的技术参数按比例调节功率需求或者电流脉冲，将车辆的时间-速度关系转换为电池的时间-功率或电流关系。图 2-8 为 DST 时间-电流工况。

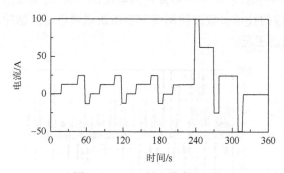

图 2-8　DST 时间-电流工况

DST 工况循环实验程序与 FUDS 工况循环实验程序相同；二者的截止条件也相同。表 2-8 为 DST 工况循环实验程序。

表 2-8　DST 工况循环实验程序

序号	实验程序	截止条件
1	开始实验	
2	2.2.3 节中"1. 通用实验条件"标准充电实验	
3	开始循环 1	
4	DST 时间-电流工况	电压达到下限截止电压，放电安时累积数达到标称容量
5	结束循环 1	
6	结束实验	

6. 变温性能实验

变温性能实验的目的是研究不同温度路径对 OCV 形成的影响。变温性能实验中电池操作的目标温度范围与恒温性能实验中的相同，即 40℃、30℃、20℃、10℃、0℃、–10℃、–20℃和–30℃。

变温性能实验的步骤如下。

（1）按 2.2.3 节中"1. 通用实验条件"标准充电将电池满充。

（2）将电池静置在 40℃条件下足够长的时间，测量电池的 OCV；在–10～40℃每隔 10℃执行一次以上 OCV 测量。每次降温的温度梯度为–10℃/h。测量 OCV 之后，电池重新被静置在标称温度下足够长的时间。

（3）以标称倍率恒流放电，安时累积至下一个 10%标称可用容量点；静置充足的时间；执行与步骤（2）相同的程序，测量 OCV。

（4）重复执行步骤（2）和（3），直到电池放电至下限截止电压。

详细的变温性能实验程序如表 2-9 所示。

表 2-9　变温性能实验程序

序号	实验程序	截止条件	其他信息
1	开始实验		
2	2.2.3 节中"1. 通用实验条件"标准充电实验		
3	开始循环 1		
4	开始循环 2		目标温度依次为：40℃、30℃、20℃、10℃、0℃、–10℃、–20℃和–30℃
5	将样品电池搁置在目标温度环境	静置 4～16h	尺寸和质量越大，温度越低，静置时间越长
6	结束循环 2	所有目标温度执行完毕；当步骤 8 中达到下限截止电压，跳转到步骤 10	

序号	实验程序	截止条件	其他信息
7	将样品电池搁置在标称温度环境	静置 4～16h	尺寸和质量越大，温度越低，静置时间越长
8	以标称倍率恒流放电	安时累积至 10%标称可用容量，或电压达到下限截止电压	
9	静置	充足的时间（默认>1h）	
10	结束循环 1		
11	结束实验		

为了满足电池 OCV 滞回特性的测试需求，将以上实验步骤起始于电池放空状态；电池以标称倍率恒流充电至下一个 10%标称可用容量点；最后，以标称倍率恒流充电至上限截止电压结束实验。实验过程中的其他细节与以上实验过程相同。

7. 实验项目分组

由于本章基于三组样本电池开发的 SOC 估计方法各不相同，每一种算法所需要的电池特性参数、电池实验条件以及样本电池数量也不相同。YB-A 恒温性能实验在–20～40℃每隔 10℃温度环境下进行，所需样本电池数量 1 个，编号为#1。该电池在恒温性能实验中分别进行恒流放电实验、放电 HPPC 实验、充电 HPPC 实验和 FUDS 工况循环实验。另外，该电池还进行变温性能实验。

YB-B 恒温性能实验在–20～40℃每隔 10℃温度环境下进行，所需样本电池数量 8 个，编号为#1～#8。#1～#8 电池在恒温性能实验中分别进行恒流放电实验、放电 HPPC 实验、充电 HPPC 实验。另外，#8 电池需要在恒温性能实验中进行 FUDS 和 DST 工况循环实验。

YB-C 恒温性能实验在–30～40℃每隔 10℃温度环境下进行，所需样本电池数量为 1 个，编号为#1。该电池在恒温性能实验中分别进行恒流放电实验、放电 HPPC 实验、充电 HPPC 实验、FUDS 和 DST 工况循环实验。另外，该电池还进行变温性能实验。表 2-10 列出了 YB-A、YB-B 和 YB-C 的实验项目分组。

表 2-10　样本电池实验项目分组

序号	实验项目	项目编号	样本分组			恒温性能实验	
			YB-A	YB-B	YB-C	YB-A/YB-B	YB-C
1	恒流放电实验	2.2.3 节中"3. 恒流放电实验"	#1	#1～#8	#1	–20～40℃	–30～40℃
2	放电 HPPC 实验	2.2.3 节中"4. HPPC 实验"	#1	#1～#8	#1	–20～40℃	–30～40℃

续表

序号	实验项目	项目编号	样本分组			恒温性能实验	
			YB-A	YB-B	YB-C	YB-A/YB-B	YB-C
3	充电 HPPC 实验	2.2.3 节中"4. HPPC 实验"	#1	#1～#8	#1	−20～40℃	−30～40℃
4	FUDS 工况循环实验	2.2.3 节中"5. 可变功率工况循环实验"	#1	#8	#1	−20～40℃	−30～40℃
5	DST 工况循环实验	2.2.3 节中"5. 可变功率工况循环实验"		#8	#1	−20～40℃	−30～40℃
6	变温性能实验	2.2.3 节中"6. 变温性能实验"	#1		#1		

2.3　锂离子电池温度特性分析

2.3.1　容量的温度和倍率特性分析

1. 容量的温度特性分析

根据 YB-A 在恒温性能实验（2.2.3 节中"2. 恒温性能实验"）中进行恒流放电实验（2.2.3 节中"3. 恒流放电实验"）记录的时间-电压和安时积分数据，获得以下实验结果。图 2-9 为不同温度下以 C/3 倍率恒流放电电压曲线。在−20～40℃每隔 10℃温度环境下，放电容量分别为 76.91A·h、82.26A·h、90.89A·h、97.07A·h、100.02A·h、100.98A·h 和 102.03A·h，如图 2-10 所示。以上实验结果表明，随着环境温度的降低，电池的放电容量将会下降。此外，环境温度在 10℃以上电池容量的衰减速度较慢，而环境温度在 10℃以下电池容量的衰减速度较快。

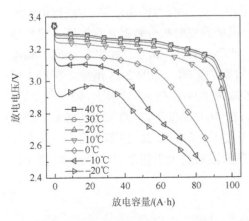

图 2-9　不同温度下 C/3 倍率恒流放电电压曲线

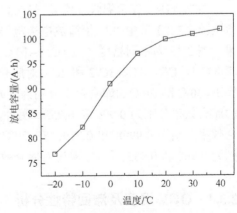

图 2-10　不同温度下 C/3 倍率恒流放电容量

2. 容量的倍率特性分析

根据 YB-A 在 20℃温度性能实验中进行恒流放电实验（2.2.3 节中"3. 恒流放电实验"）记录的时间-电压和安时积分数据，获得以下实验结果。图 2-11 为在20℃下以不同倍率恒流放电电压曲线。如图 2-12 所示，在 C/3、C/2、1C、3C/2和 2C 倍率恒流放电条件下，放电容量分别为 100.02A·h、99.42A·h、98.31A·h、97.76A·h 和 96.95A·h。以上实验结果表明，随着放电电流的增加，电池的放电容量将会下降。相对于 C/3，2C 容量有大约 3% 的减少。

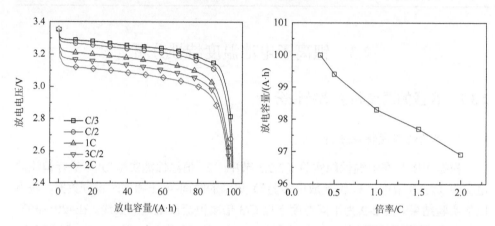

图 2-11　20℃下以不同倍率恒流放电电压曲线　　图 2-12　20℃下以不同倍率恒流放电容量

2.3.2　库仑效率的温度和倍率特性分析

根据 YB-A 在恒温性能实验（2.2.3 节中"2. 恒温性能实验"）中进行恒流放电实验（2.2.3 节中"3. 恒流放电实验"）记录的安时积分数据，获得以下实验结果。图 2-13 为不同温度（–20℃、–10℃、0℃、10℃、20℃、30℃和40℃）和倍率（C/3、C/2、1C、3C/2 和 2C）对库仑效率的影响。如图 2-13 所示，在 C/3 倍率下，40℃和–20℃的库仑效率分别为 0.9998 和 0.962；在 2C 倍率下，40℃和–20℃的库仑效率分别为 0.999 和 0.952。另外，在 40℃温度下，C/3 和 2C 倍率下的库仑效率分别为 0.9998 和 0.999；在–20℃温度下，C/3 和 2C 倍率下的库仑效率分别为 0.962 和 0.952。因此，温度对库仑效率的影响要大于倍率对库仑效率的影响。

2.3.3　OCV 温度及滞回特性分析

根据 YB-A 在恒温性能实验(2.2.3 节中"2. 恒温性能实验")中进行放电 HPPC

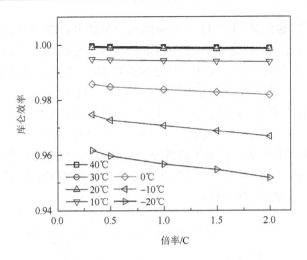

图 2-13　温度和倍率对库仑效率的影响

实验和充电 HPPC 实验（2.2.3 节中"4. HPPC 实验"）记录的电压数据，获得以下实验结果。图 2-14 为在不同温度（–20℃、–10℃、0℃、10℃、20℃、30℃和40℃）下放电 HPPC 实验建立的 SOC-OCV 曲线和充电 HPPC 实验建立的 SOC-OCV 曲线。如图 2-14 所示，放电 SOC-OCV 随着温度的下降而降低；而充电 SOC-OCV 则随着温度的下降而升高。

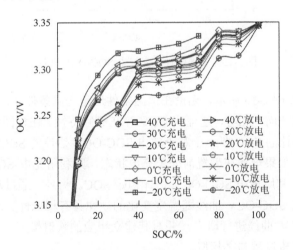

图 2-14　恒温条件下充放电 SOC-OCV 曲线

另外，随着温度的下降，放电和充电 SOC-OCV 的变化趋势加快，将在 2.3.4 节对这一现象进行分析。

根据 YB-A 在变温性能实验（2.2.3 节中"6. 变温性能实验"）中记录的电压

数据,获得以下实验结果。图 2-15 为在不同温度下放电 OCV 和充电 OCV 的曲线。如图 2-15 所示,在 SOC 为 0%～30%范围,放电和充电 OCV 随着温度的下降而升高;在 SOC 为 30%～100%范围,放电和充电 OCV 随着温度的下降而降低。不同 SOC 区间 OCV 随温度变化的趋势与活性材料的熵变有关。由于 LiFePO$_4$ 正极只有一个很长的相变区,其随着 SOC 的变化展现出很小的熵变。而石墨负极通常有五个相变区,SOC = 30%是其中之一。这一点又恰好对应一个熵变峰值,因此石墨负极是影响 OCV 随温度变化趋势的主要原因[7]。通过对比图 2-14 和图 2-15发现,即使在相同 SOC 点处,恒温和变温条件下的 SOC-OCV 曲线也不相同,将在后文对这一现象进行详细分析。

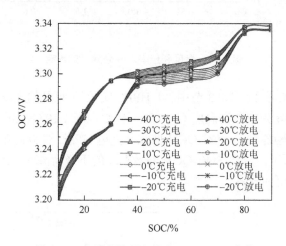

图 2-15　变温条件下充放电 SOC-OCV 曲线

如图 2-14 和图 2-15 所示,无论在恒温条件还是变温条件下,放电 SOC-OCV和充电 SOC-OCV 均不相等,这证明 OCV 存在滞回特性。在相同温度下,基于充电 SOC-OCV 估计的 SOC 要小于基于放电 SOC-OCV 估计的 SOC。因此,滞回特性不能够忽略。如果电池在静置前处于充电状态,则利用充电 SOC-OCV 估计初始 SOC。否则,利用放电 SOC-OCV 估计初始 SOC。另外,通过观察这两幅图发现,放电和充电 SOC-OCV 曲线随温度变化的规律具有相似性。因此,在后文仅对放电 SOC-OCV 曲线进行研究,并对其建立相应的映射模型。充电 SOC-OCV曲线的研究和建模过程与之相似。

2.3.4　OCV 开路过程温度特性

本节对恒温条件下 OCV 开路过程的温度特性进行分析。根据 YB-A 在不同温度条件下放电 HPPC 实验（2.2.3 节中"4. HPPC 实验"）中 SOC = 90%处恒流放电后静置过程记录的电压数据，获得以下实验结果。图 2-16 为不同温度下电池从负载过程进入初期开路过程的电压曲线。由图可知，电池的端电压并不会随着负载电流的消失立刻达到一个稳定状态，而是会随着时间的推移缓慢地进入一个平衡状态。这种现象由电极过程产生的各种极化过电势所导致，主要包括欧姆过电势、电化学过电势和浓差过电势。欧姆过电势主要是由离子通过电解液、隔膜、电极活性物质和导线等相关的体电阻所导致；电化学过电势主要是由电极和溶液界面上的电荷转移过程中电子得失迟缓而造成的；浓差过电势则主要由活性材料内部粒子扩散速率迟缓而造成的。因此，当电池进入开路过程，欧姆过电势会随即消失，电化学过电势通常会在几十秒内完全释放，而浓差过电势的释放过程则需要较长的时间。因此，电池进入平衡状态的时间长度主要是由浓差过电势的释放速度所控制。另外，随着温度的降低，电池端电压的释放速度会变慢，这主要是由产生浓差过电势的反应物、产物粒子的扩散速率迟缓使释放时间常数增加所导致[8]。

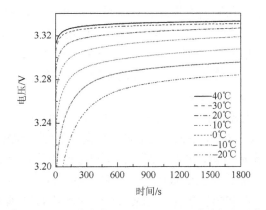

图 2-16　不同温度条件下 SOC = 90%释放过程电压曲线

图 2-17 为不同温度下经过足够长释放时间（20h）进入平衡过程后的电池 OCV 曲线。由图可知，随着温度的降低，电池的 OCV 将会下降。这一现象表明即使经过长时间的静置部分过电势也未能完全释放，这主要是由于温度降低，固态活性材料中的粒子扩散速率降低，即使经过足够长的时间静置，活性材料中的粒子仍然存在浓度梯度，这将会在局部产生未释放过电势[9]。综上所述，在恒温条件下导致 OCV 变化的主要原因是 OCV 存在未释放过电势（no-released over- potential，NROP）。

2.3.5　OCV 温度路径特性分析

本节将对恒温和变温条件下 SOC-OCV 曲线的差异性进行分析。在恒温性能

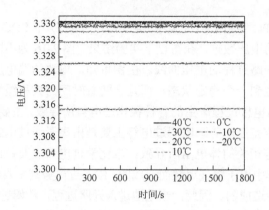

图 2-17　不同温度条件下 SOC=90%平衡过程电压曲线

实验中，OCV 获取的温度路径为释放过程和平衡过程均在相同温度条件下。例如，20℃恒温性能实验中，电池的释放过程和平衡过程均在 20℃温度条件下。而在变温性能实验中，OCV 获取的温度路径为释放过程和平衡过程不在相同温度条件下。例如，20℃变温性能实验中，OCV 获取的温度路径为释放过程在 40℃，而平衡过程在 20℃温度条件下。通过 2.3.4 节的分析，在释放过程中温度越高，OCV 释放越彻底。因此，变温性能实验中获取的 OCV 不包含 NROP，而恒温性能实验中获取的 OCV 包含部分 NROP。

图 2-18 为 20℃变温条件下 SOC-OCV 曲线、0℃变温条件下 SOC-OCV 曲线和 0℃恒温条件下 SOC-OCV 曲线。20℃和 0℃变温条件下 SOC-OCV 曲线均是在40℃温度条件下完全放电后，再在平衡条件下电池分别降温至 20℃和 0℃。因此，这两条曲线的偏差主要是由正负极的开路电势（open-circuit potential，OCP）偏移所导致。因为 0℃变温和恒温条件下 SOC-OCV 曲线的 OCP 偏移相同，所以这两条曲线的偏差主要是由 NROP 所导致。以 0℃变温条件下 SOC-OCV 曲线作为基准，将另外两条曲线与之做差可以得到 OCP 偏移和 NROP 与 SOC 之间的对应关系，如图 2-19 所示。从图中可以看出 OCP 偏移与 SOC 相关，而 NROP 则与 SOC 无关。另外，通过前面的机制分析，OCP 偏移和 NROP 相互独立。

2.3.6　NROP 和 OCP 偏移对 SOC 估计的误差分析

本节将对 NROP 和 OCP 偏移导致的 SOC 估计误差进行分析。分别将 20℃恒温和变温条件下的 SOC-OCV 曲线作为基准，利用不同温度下的 OCV 进行 SOC 估计，所得的 SOC 估计值与真实的 SOC 值进行对比，进而得到 SOC 估计的误差，如图 2-20 和图 2-21 所示。

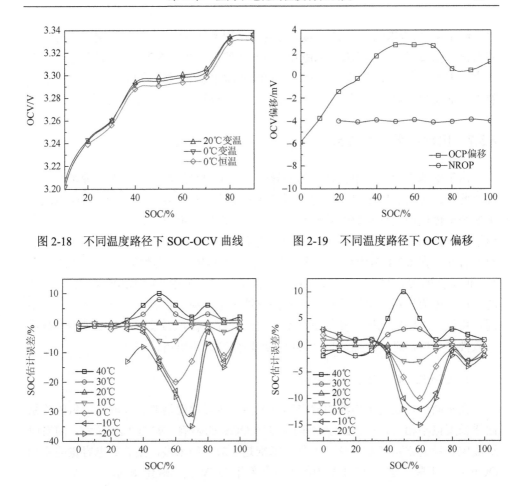

图 2-18 不同温度路径下 SOC-OCV 曲线   图 2-19 不同温度路径下 OCV 偏移

图 2-20 NROP 导致 SOC 估计误差   图 2-21 OCP 偏移导致 SOC 估计误差

从图 2-20 中可以看出，NROP 导致的 SOC 估计误差在 SOC-OCV 的平台期较大，而在斜坡期相对较小。另外，低温条件下的 SOC 估计误差明显高于高温条件下的 SOC 估计误差。特别是–20℃温度条件下，在 SOC-OCV 曲线的平台期，最大 SOC 估计误差达到 35%。40℃温度条件下，最大 SOC 估计误差也能够达到 10%。

从图 2-21 中可以看出，OCP 偏移导致的 SOC 估计误差与 NROP 导致的 SOC估计误差具有相似性，均是在平台期误差较大而在斜坡期误差较小。另外，低温条件下的 SOC 估计误差略高于高温条件下的 SOC 估计误差。–20℃和 40℃温度条件下，对应 SOC-OCV 曲线的平台期，最大 SOC 估计误差分别达到 15%和 10%。

综上所述，NROP 和 OCP 偏移均会不同程度地导致 SOC 估计误差。另外，随着测量温度远离标准温度，NROP 和 OCP 偏移导致的 SOC 估计误差都会逐渐增大。因此，在 SOC 估计过程中，NROP 和 OCP 偏移导致的 SOC 估计误差不能忽略，需要分别对以上两个因素关于温度进行建模，进而补偿 SOC 估计误差。

2.3.7　电池组温度特性分析

由于电池组中各个单体特性的差异性，给电池组的高效、可靠管理带来了困难。此外，环境温度不仅是电池模型参数的重要影响因素，同时还会影响电池组中各个单体电池模型参数的差异性。本节中，选择一阶 RC 模型作为研究对象，该模型包括以下 4 个参数：OCV、欧姆内阻、极化内阻和极化电容。各个模型参数的含义将在 6.2.1 节中详细描述。根据 8 个 YB-B 在恒温性能实验（2.2.3 节中"2. 恒温性能实验"）中进行放电 HPPC 实验（2.2.3 节中"4. HPPC 实验"）记录的电压、电流数据，采用最小二乘回归方法对电池模型参数进行离线估计，对不同环境温度下的电池模型参数及其不一致性进行分析。通过对电池组模型参数不一致性的分析，进一步探讨温度对电池组均衡判据的影响。

1. 电池组 OCV 温度特性分析

在不同环境温度下电池的放电容量不同，将导致模型参数和放电容量的关系曲线长度也不相同。图 2-22 为不同温度对 OCV 的影响。如图 2-22 所示，随着电池放电容量的累积 OCV 逐渐下降。特别是在放电的末端，随着放电容量的累积 OCV 快速下降。这与 2.3.3 节中的恒温条件下 OCV 变化规律相同。

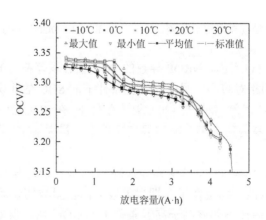

图 2-22　不同温度对 OCV 的影响

在不同温度下 OCV 最大标准差、最小标准差和平均标准差如图 2-23 所示。

随着环境温度的降低，OCV 平均标准差值增大，这主要是由在不同温度条件下电压释放的差异性增大所导致。

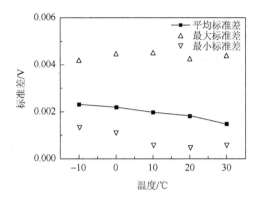

图 2-23　不同温度下 OCV 的标准差

2. 电池组欧姆内阻温度特性分析

图 2-24 为不同温度对欧姆内阻的影响。如图 2-24 所示，在相同温度下电池组放电过程中欧姆内阻基本保持恒定。在放电末端，欧姆内阻随着放电容量的累积而小幅上升。然而，欧姆内阻随着温度的升高而明显下降，这主要是由于电解液黏度增加和离子电导率降低。此外，电极钝化膜传输特性降低是另外一个原因。

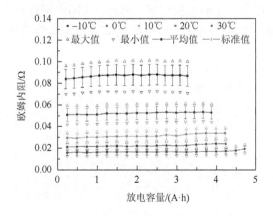

图 2-24　不同温度对欧姆内阻的影响

在不同温度不同 SOC 处的欧姆内阻最大标准差、最小标准差和平均标准差如图 2-25 所示。从图中可以看出温度越低，欧姆内阻的标准差越大。这主要是因为欧姆内阻是由电解液、隔膜和电极活性物质等相关的体电阻构成，温度降低，电解液和电极活性物质中的离子扩散速率的标准差增大，进而导致其体电阻标准差增大。这里，值得注意的是在 10～30℃（记为室温环境）范围内欧姆内阻受温度影响较小，而在−10～10℃（记为低温环境）范围内受温度影响较大，这意味着欧姆内阻在低温环境下更加敏感。

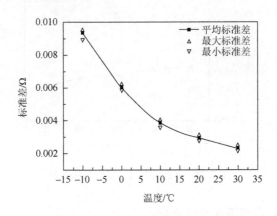

图 2-25　不同温度下欧姆内阻的标准差

3. 电池组极化内阻温度特性分析

图 2-26 为不同温度对极化内阻的影响。如图 2-26 所示，相同温度下在 0%～90%放电容量范围内极化内阻相对平坦。然而，当放电容量大于 90%时，在不同温度下极化内阻呈现出一个斜坡的形状。另外，从图中可以看出随着温度的下降，极化内阻明显增加，这可以归结为界面电化学过程的动力学特性降低。

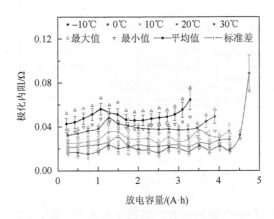

图 2-26　不同温度对极化内阻的影响

通过对比不同温度下的欧姆内阻和极化内阻，可以发现欧姆内阻全部大于极化内阻，这说明欧姆内阻比极化内阻具有更强的温度敏感性。因此，可以将锂离子电池较差的低温特性更多地归结为较大的欧姆内阻。

在不同温度下极化内阻最大标准差、最小标准差和平均标准差如图 2-27 所示。从图中可以看出，随着温度的变化，欧姆内阻和极化内阻标准差的变化方向相同，而极化内阻平均标准差小于欧姆内阻平均标准差。另外，极化内阻标准差的离散度大于欧姆内阻标准差的离散度。

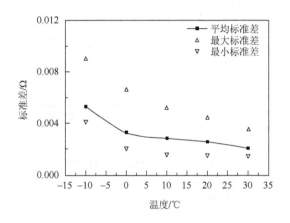

图 2-27　不同温度下极化内阻的标准差

4. 电池组极化电容温度特性分析

图 2-28 为不同温度对极化电容的影响。从图中可以看出，在相同温度下极化电容呈现缓慢下降的趋势。另外，极化电容随着温度的下降而快速降低，这主要是由电解液中粒子活性程度降低导致。

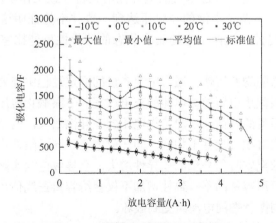

图 2-28　不同温度对极化电容的影响

在不同温度下极化电容最大标准差、最小标准差和平均标准差如图2-29所示。从图中可以看出，极化电容的平均标准差随着温度的变化表现出正相关性，即温度上升极化电容标准差增大。

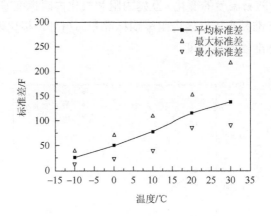

图2-29　不同温度下极化电容的标准差

5. 温度对电池组均衡策略的影响

以上四小节分析了温度对电池组参数离散性的影响。基于上面的分析结果，本小节将进一步讨论温度对1.3节介绍的3种常用电池组均衡策略的影响。

（1）基于电池工作电压的均衡策略。根据2.3.7节中对电池组欧姆内阻和极化内阻温度特性的分析，随着温度的降低，以上电池组参数的离散性增加。特别是在低温环境下，其离散性增加的幅度明显大于室温环境下的增加幅度。当有负载电流加载到电池组两端时，将导致各个单体电池的欧姆过电势和极化过电势的差异性增大。最终，电池各过电势的差异性增大将导致工作电压差异性的增大。因此，在低温条件下两个电池的端电压达到一致并不能证明这两个电池的真实状态达到一致。另外，这两个电池真实状态的差异性可能比室温条件下的差异性更大。

（2）基于容量的均衡策略。通常电池容量的标定过程中需要设定一致的上下限截止电压，上限截止电压控制电池的充电过程，下限截止电压用来限制电池的放电过程。随着温度的降低，电池工作电压的差异性增大，两个电池充电至相同上限截止电压的安时积分量并不相同，同样放电至相同下限截止电压的安时积分量也不相同。充放电安时积分量的差异性增大，会导致电池实际可用容量的不一致性增加。电池可用容量的不一致性增加不仅会给容量在线估计带来困难，还会使原本已经到达均衡状态的电池组受到破坏。

（3）基于SOC的均衡策略。电池的容量是SOC估计的重要参数。低温环境下电池容量的差异性增大，会使得即使拥有相同可释放容量的两个电池，其 SOC 并不相同。另外，基于表面特性映射模型、黑盒模型和等效电路模型的 SOC 估计方法均依赖于 OCV 稳定、准确地获取。根据 2.3.7 节中对电池组 OCV 温度特性的分析，随着温度的降低，电池组 OCV 的离散性增加。这给以上 SOC 估计方法引入了不确定性因素，降低了 SOC 估计的稳定性。与基于电池工作电压的均衡策略相同，低温环境下即使两个电池的 SOC 相同，其真实状态并不一定达到一致。

综上所述，随着温度的降低，电池组参数的离散性会增加，使得均衡策略的误判率增加，轻则会降低均衡的效率，重则会导致电池过充或过放缩短电池的使用寿命，更严重的则会致使电池永久失效。为了提高均衡系统的稳定性和可靠性，本章对均衡系统工作的温度条件加以限定，即低温条件下电池组不采取均衡操作；室温条件下根据均衡判据对电池组进行相应的均衡操作。

2.4　本章小结

本章对锂离子电池的温度特性进行了研究。首先，搭建了电池实验平台，完成了待测试样本电池的选择，制定了电池实验的内容并设计了详细的实验程序。其次，对样本电池进行了容量的温度和倍率特性分析；库仑效率的温度和倍率特性分析。结果表明，容量和库仑效率特性的温度敏感度大于倍率敏感度，为后文的模型建立及简化做基础。再次，对样本电池进行了 OCV 的温度及滞回特性分析，结果表明 OCV 不仅受温度影响还受温度路径的影响。通过对 OCV 开路过程温度特性和 OCV 温度路径特性分析，阐述了不同温度路径下 OCV 偏移的原理，为后文建立多温度路径下 SOC-OCV 映射模型提供原理性指导。最后，通过对 8 个样本电池进行一阶 RC 模型参数温度特性分析，以及温度对均衡策略影响的讨论，得出电池组在低温环境下不适合进行均衡操作的结论。

参 考 文 献

[1]　United States Department of Energy. Electric Vehicle Battery Test Procedures Manual（Revision 2）[M]. Washington：Office of Energy Efficiency and Renewable Energy，1996.

[2]　United States Department of Energy. PNGV Battery Test Manual[M]. Idaho：Idaho National Engineering Environmental Laboratory，2001.

[3]　United States Department of Energy. FreedomCAR Battery Test Manual for Power-Assist Hybrid Electric Vehicles[M]. Idaho：Idaho National Engineering Environmental Laboratory，2003.

[4]　United States Department of Energy. Battery Test Manual for Plug-in Hybrid Electric Vehicles[M]. Washington：Office of Energy Efficiency and Renewable Energy，2008.

[5]　United States Department of Energy. Battery Test Manual for Electric Vehicles[M]. Washington：Office of Energy

Efficiency and Renewable Energy，2015.

[6]　　中华人民共和国工业和信息化部. 电动汽车用电池管理系统技术条件：QC/T 897—2011[S]. 北京：中国标准
出版社，2011.

[7]　　Fleckenstein M，Bohlen O，Roscher M A，et al. Current density and state of charge inhomogeneities in Li-ion
battery cells with LiFePO$_4$ as cathode material due to temperature gradients[J]. Journal of Power Sources，2011，
196（10）：4769-4778.

[8]　　Waag W，Kaebitz S，Sauer D U. Experimental investigation of the lithium-ion battery impedance characteristic at
various conditions and aging states and its influence on the application[J]. Applied Energy，2013，102：885-897.

[9]　　Pei L，Wang T，Lu R，et al. Development of a voltage relaxation model for rapid open-circuit voltage prediction in
lithium-ion batteries[J]. Journal of Power Sources，2014，253：412-418.

第3章 混合固液电解质锂离子电池阻抗特性实验研究与回归分析

3.1 引　言

电池是新能源汽车的主要能源，该领域的材料和技术受到高度关注。正极材料包括氧化钴锂、锰酸锂、磷酸铁锂、镍钴锰（nickel cobalt manganese，NCM）、镍钴铝[1, 2]；负极材料包括石墨、硬碳等含碳材料，以及锡氧化物、过渡金属氮化物等非碳材料[3, 4]。电解质逐渐从液体电解质（liquid electrolyte，LE）转变为更安全、能量密度更高、寿命更长的固体电解质（solid electrolyte，SE）[5-7]。传统的液体电解质锂离子电池（liquid electrolyte lithium-ion battery，LELB）具有离子电导率高、电极/电解质接触界面润湿性好、反应可控性高的特点。但是，它们存在电化学窗口窄、热稳定性低、安全性差问题[6, 8, 9]；SE 的出现在一定程度上弥补了这些不足。

目前，SE 主要分为两大类：聚合物电解质和无机电解质[10]。无机电解质可以帮助改善电池中的关键因素，如多尺度离子输运、电化学和机械性能[11]。在无机电解质中，稳定性高、机械强度好、原料成本低的氧化物电解质更适合大规模生产。具有石榴石体系的 $Li_7La_3Zr_2O_{12}$（LLZO）材料具有更好的空气稳定性、更高的离子电导率、更宽的电化学窗口和良好的锂金属稳定性，有可能被广泛用作理想的 SE 材料[12, 13]。然而，与 LE 相比，电极 SE 接触差、界面孔隙大、界面阻抗大、离子电导率低，限制了全固态电池的商业化[14]。固液电解质（solid-liquid electrolyte，SLE）通过在 SE 的两侧加入少量的 LE，将 SE 和 LE 的优点结合起来。该液体成分确保了电极材料与无机 SE 之间的充分界面接触，并促进了锂离子在它们之间的快速转移[15]。SE 将阴极区和阳极区分开，可以防止锂枝晶生长引起的短路。此外，由于分离，不同类型的 LE 可以在 SE 之间使用，以适应电极材料的最佳使用条件[16-20]，这为商用电池提供了新的思路和形式。

与传统 LELB 相比，SLELB 的内部分离器成分及其界面特性发生了变化。这些变化会传递到电池的外部特性上，阻抗特性是受其影响最大的特性之一。准确分析 SLELB 的阻抗特性，了解其内部动力学特性及影响因素，对于电池安全、高效管理电池以及在电动汽车中的正确应用至关重要[21, 22]。电化学阻抗谱（electrochemical impedance spectroscopy，EIS）可用于研究锂离子电池的电极过程动力学和离子转运机制。在本章中，利用 EIS 以及温度和 SOC 的单因素回归分析，在全尺寸实验设计下测试了 SLELB 的特征阻抗。在保证实验数量合理的前提下，设计正交实验，构建电池温度与 SOC 的双因素回归模型，模拟电池阻抗，是亟待解决的问题。

使用 EIS 技术可以表征和区分电池的内部机制[23-25]。EIS 已被用于各种材料类型的全电池[14]和半电池[26]的研究。此外，它还被用于研究电池内部反应的各种过程，如生成固体电解质界面（solid electrolyte interphase，SEI）[27]和电荷转移过程[17]。在影响电池特性的因素方面，还利用 EIS 研究了在不同 SOC[28-30]、温度[31, 32]、老化状态[33, 34]和电流速率[35, 36]下电池容量[31, 35]与阻抗变化[36]，利用高斯过程回归模型过滤相应的 SOH 和剩余寿命预测的特征信息[37]。LELB 在不同条件下的特性已经得到了很好的研究。然而，对于具有大规模商业化前景的 SLELB 仍需深入研究，分析新型商用 SLELB 的性能，对于评估其在电动汽车中的应用、研发电池管理以及为未来电池设计提供建议具有重要意义。

目前，SLELB 阻抗特性实验研究存在以下问题：首先，由于导电盐和溶剂的分解，在基于 LLZO 的 SLELB（LLZO-SLELB）的接触界面处形成了电阻固液电解质界面（solid-liquid electrolyte interphase，SLEI）[38, 39]。要很好地理解这种新相的产生，才能解释电池内部整个电极过程的动态原理。其次，目前的电池性能评估方法是基于时域电压、电流、温度测试数据[40]，只能评估电池的整体性能，电池内部组件（如电极、电解质、接口等）无法表征和评估。最后，目前关于温度和 SOC 对电池特征阻抗影响的研究仅限于定性分析，缺少各因素的特征阻抗的定量分析和建模。

针对上述研究的不足，本章进行了 SLELB 的阻抗特性实验研究与回归分析。具体而言，本章的几个主要贡献可以总结如下。

（1）EIS 可以在宽带范围内对整个电极过程进行扫描，不同的频率范围对应不同的电极过程。基于 EIS 方法，阐述了 LLZO-SLELB 电极整个工艺过程的原理。

（2）描述了各 EIS 特征的物理意义，有助于表征电池各部件的性能，进而根据电池各部件的性能对电池整体性能进行定量和定性评估。

（3）分别建立了温度和 SOC 的 Arrhenius 回归模型和多项式回归模型，并通过回归分析对 SLELB 特征阻抗进行了分析。

本章其余章节安排如下：3.2 节介绍了 SLELB 的 EIS 理论，重点介绍了基于 EIS 的 SLELB 整个电极过程的动力学原理以及在 EIS 图上选取的特征点。3.3 节描述了 SLELB 的全面 EIS 实验设计过程。3.4 节根据测试结果，从温度和 SOC 特性两方面分析和描述了 SLELB 在特征点的阻抗特性。此外，利用回归分析方法对温度和 SOC 的单因素 SLELB 特征阻抗进行了分析。3.5 节给出了结论。

3.2　SLELB 的 EIS 理论

　　EIS 作为一种方便实用的测试形式，已被应用于电化学的各个领域[41]，对电化学器件进行测量和表征。它在输出端产生电流（或电势）以响应输入正弦电势（或电流），作为扰动信号振幅小，频率不同。其输入信号非常小，以避免对系统产生重大影响。电化学阻抗是对应的频响函数，随输入正弦波信号的频率而变化。EIS 方法能够在较宽的频域对电极系统进行研究，清晰地显示电极过程和界面结构信息[42]。

3.2.1　基于 EIS 的 SLELB 电极过程原理

　　本节以 SLELB 完全放电状态下的电极过程为例，说明各电极过程的原理以及EIS 描述各电极过程的原理。完整电极过程与 EIS 的对应关系如图 3-1 所示。以下为电极放电过程的顺序。

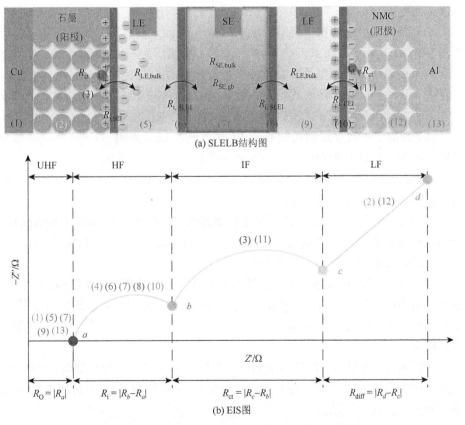

(a) SLELB结构图

(b) EIS图

图 3-1　基于 EIS 的 SLELB 电极过程原理（彩图见书后插页）

（1）在放电开始阶段，电子进入铜板集电极到外部电路，如图 3-1（a）所示。其电阻值为 EIS 图中 a 点阻抗的一部分，与实轴相交，如图 3-1（b）所示。

（2）同时，锂离子从石墨阳极内部扩散到外部，如图 3-1（a）所示。在 EIS 图中，尾部向上角为 45°的直线描述了这个过程，如图 3-1（b）中的 c 与 d 之间弧段所示。

（3）锂离子和电子在阳极活性材料颗粒/LE 结处转移，锂离子从活性材料晶格中分离，而电子离开了嵌入锂位置附近的活性材料的价带，这代表了电荷转移过程。电子通过与活性物质粒子的键合进入导电剂，活性物质粒子又进入铜板集电极到外部电路，如图 3-1（a）所示[43]。整体电荷转移过程对应于图 3-1（b）所示 EIS 中频区域的 b 与 c 之间弧段。

（4）锂离子在阳极/液体电解质界面扩散穿过 SEI 膜，在电解质附近形成双电层，如图 3-1（a）所示（理想情况下，所有活性材料的界面膜都集成为一个）。电荷跨 SEI 膜的转移过程对应于图 3-1（b）所示 EIS 高频区域的 a 与 b 之间弧段。

（5）锂离子在阳极侧电解液中的迁移如图 3-1（a）所示。其电阻值为 EIS 图中 a 点阻抗的一部分，与实轴相交，如图 3-1（b）所示。

（6）锂离子穿过阳极侧电解质/固体电解质界面，即进入 LLZO 固体电解质，如图 3-1（a）所示。它在图 3-1（b）所示 EIS 图中表示为高频区域 a 与 b 之间弧段。

（7）锂离子在固体电解质 LLZO 中的迁移过程如图 3-1（a）所示。由于其中涉及离子移动和固相扩散过程，因此前者是图 3-1（b）EIS 中 a 点电阻的一部分，后者对应高频区域 a 与 b 之间弧段。

（8）锂离子扩散穿过阴极侧的 SLEI 膜并进入 LE，如图 3-1（a）所示。与（6）类似，在图 3-1（b）中对应于 a 与 b 之间弧段。

（9）锂离子穿过阴极侧电解液，如图 3-1（a）所示。与（5）类似，对应图 3-1（b）中 a 点阻抗的一部分。

（10）锂离子扩散穿过 LE/阴极电解质界面（cathode electrolyte interphase，CEI），在电解质附近形成双电层，如图 3-1（a）所示。对应的 EIS 弧段与（4）过程中的弧段相同，如图 3-1（b）所示。

（11）锂离子转移并进入阴极活性材料晶格，而电子通过外部电路、铝板集电极和导电剂进入活性材料的价带附近嵌入的锂位置，然后电荷达到平衡态[43]。该过程如图 3-1（a）所示。对应的 EIS 弧段与（3）过程中的弧段相同，如图 3-1（b）所示。

（12）NMC 电极内部活性物质颗粒内锂离子和电子的扩散与聚集，由外向内，导致新相的形成，如图 3-1（a）所示。对应的 EIS 弧段与（2）过程中的弧段相同，如图 3-1（b）所示。

（13）在电极过程结束时，电子从外部电路穿过铝板集电极，如图 3-1（a）所示。其电阻值为 EIS 图中 a 点阻抗的一部分，与实轴相交，如图 3-1（b）所示。

整个电极过程和 EIS 如图 3-1 所示。EIS 的频率范围，以及每个频率范围对应的特征点，将在以下两部分进行描述。

3.2.2　EIS 的频率间隔

EIS 测试通常具有较宽的频率范围，用正弦交流信号从高低频扫描得到交流电势与电流信号的比值谱（即 EIS），从中可以获得更多关于电极界面动力学和结构的信息。电极离子脱出和嵌入过程的典型 EIS 通常包括 4 个频率区间，如图 3-1（b）所示。

（1）超高频（UHF）区域（a 点及之前）：包括电池和导线中金属元素的感应反应导致的感应行为。EIS 上与实轴相交的点是锂离子通过活性物质粒子、电解质和多孔隔膜产生的欧姆电阻。

（2）高频（HF）区域（截面 a 与 b 之间弧段）：其中弧线与锂离子通过活性物质颗粒表面的 SEI 膜和从 LE 到 SE 的扩散迁移有关。它具有锂离子通过 SEI 和 SLEI 膜扩散迁移的阻力半径。

（3）中频（IF）区域（b 与 c 之间弧段）：这是与电极/电解质接触界面上电子与锂离子之间的电荷转移过程以及由此产生的双层电容相关的弧线。

（4）低频（LF）区域（c 与 d 之间弧段）：这是与活性材料颗粒内部锂离子的固体扩散过程相关的一条斜线。

3.2.3　EIS 的特征阻抗

为了更清晰地描述电极过程动力学的特征阻抗，本章从 EIS 测试后得到的 Nyquist 图中选取了 4 个特征点 a、b、c 和 d 进行定性和定量分析。需要注意的是，特征点的位置和含义会随着电池系统的变化而发生部分变化。不过，这一信息对于未来不同系统的电池研究仍具有重要意义。如图 3-1（b）所示，特征点的含义如下。

a：曲线与实轴的交点，即虚部 $\{\bar{z}(f)\}=0$，表示集电极、活性材料、LE、SE 的欧姆电阻阻值之和，表示为

$$R_a = R_{Cu} + R_{Graphite} + R_{LE,bulk} + R_{SE,bulk} + R_{NCM} + R_{Al} \tag{3-1}$$

其中，R_{Cu} 为铜的集电极欧姆电阻；$R_{Graphite}$ 为石墨活性材料在阴极电极处的电阻；$R_{LE,bulk}$ 为 LE 的欧姆电阻；$R_{SE,bulk}$ 为 SE 的欧姆电阻；R_{NCM} 为 NCM 活性材料的欧姆电阻；R_{Al} 为阳极电极的集电极欧姆电阻。

b：SEI 膜和 SLEI 膜电阻到电荷转移电阻的过渡点，其中电阻值为实分量，即 $R_b = Z_b'$。

c：电荷转移电阻过渡到固液相扩散阶段的转折点，电阻取实值，即 $R_c = Z_c'$。

d：0.01Hz 最小测试频率点，电极过程阶段中随温度和 SOC 的变化而变化，可能发生在活性物质颗粒内锂离子的固体扩散过程中，也可能发生在电荷转移过程中，即 $R_d = Z_d'$。

本章还采用相对间隔来表征电化学性质。

R_O：欧姆电阻（$|R_a|$），表示电流集电极、活性材料、LE 和 SE 的欧姆电阻之和。

R_i：R_b 和 R_a 界面电阻（$|R_b - R_a|$），表示 SEI 和 SLEI 膜对锂离子迁移的阻碍作用。

R_{ct}：电荷转移电阻（$|R_c - R_b|$），表示电极活性材料上锂离子向 LE 接触面的电荷转移反应的困难程度。

R_{diff}：扩散电阻（$|R_d - R_c|$），表示锂离子在活性材料颗粒内的固体扩散过程。

3.3　全面 EIS 实验设计

3.3.1　实验装置

以新软包电池为实验样品，其阳极为石墨，阴极为 NMC（N：M：C 为 6：2：2），电解质为基于 LLZO 的固液混合电解质。该电池的电学特性参数和力学特性参数分别如表 3-1 和表 3-2 所示。

表 3-1　电学特性参数

参数	数值
标称容量	11000mA·h
标称电压	3.65V
运行电压	2.5～4.25V
能量密度	450W·h/L
标准充电	CC-CV（恒流&恒压） 电流 0.2 C/电压 4.25V 截止电流：0.05C
最大充电电流	1 C
标准放电	CC（恒流） 电流：0.2C 截止电压：2.5V
最大放电电流	1C
温度	−20～60℃

表 3-2　力学特性参数

参数	数值
厚度（最大）	3.3mm
宽度（最大）	133.5mm
长度（最大）	218mm
质量	220g

3.3.2　初步的测试

为了获得 EIS 测试的最佳初始参数，进行了多次初步的 EIS 测试。在电池的任意 SOC 中测量 OCV，并在 25℃下静置 2h；基于既往研究的 SOC-OCV 曲线对电池 SOC 进行粗略估计[44-46]。

在 EIS 测试中，根据前期研究[47]中使用的频率范围、采样点数和 AC 电压（电流），初步确定参数，得到相应的 EIS。为了更好地分析电池内部的电极过程，在高频和低频范围内获得零以上的所有有效数据和均匀的测试点，频率范围和采样点密度至关重要。从初步实验中确定的电池阻抗测试参数如表 3-3 所示。

表 3-3　电池阻抗测试参数

参数	数值
频率范围	10mHz～10kHz
步数/10 倍频率/f_{min}	6
步数/10 倍频率（>66Hz）	8
测量周期/f_{min}	4
测量周期（>66Hz）	20
SOC 变更后的搁置时间	1～3h
温度变化后的搁置时间	3h
交流电流幅值	500mA
交流电压幅值	2mV
直流偏置	0

注：f_{min} 表示最小频率。

3.3.3　全面实验时间表

全面实验意味着对所选的所有级别实验因素进行测试。在全面实验中，选择了电池正常工作温度范围内的五个温度（–20℃、–10℃、5℃、25℃、45℃），以研究特定温度下不同 SOC 的 EIS 变化。当 SOC 一定时，观察了不同温度对 EIS 的影响。25℃时的实验过程如图 3-2 所示，在其他温度也类似。

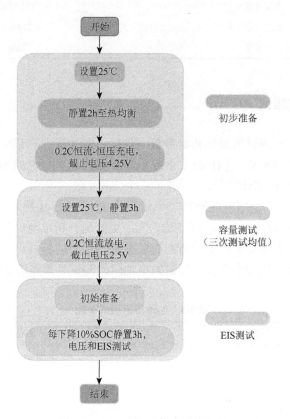

图 3-2　25℃时电池的实验流程图

具体实验方法如下。

（1）前期准备：在测试电池放电特性之前，按照标准要求，采用恒流（0.2C 即 2.2A）恒压充电到截止电压 4.25V，并在 25℃条件下静置 3h。当恒压充电阶段的电池电流下降到 0.05C（0.55A）以下时，停止充电，然后让电池静置 2h。

（2）电池放电性能：①恒流恒压充电完成后，在 25℃以 0.2C 恒流放电，直到其截止电压为 2.5V。记录放电容量（单位：A·h），重复三次充放电过程。②取三次放电容量实验的平均值作为实际容量。③根据（1）再次准备电池后，在 SOC = 100%, 90%, 80%, …, 10%, 0 条件下进行 EIS 测试。在此期间，以 0.2C 的恒定电流放电，SOC 每下降 10%，电池允许休息 3h。当达到 2.5V 的截止电压时，最终放电至 SOC = 0。④在–20℃、–10℃、5℃、45℃重复上述过程。

在步骤④中，时间根据温度进行调整，温度越低，静置时间越长：30℃或以上为 1h，0～30℃为 2h，0℃以下为 3h。

3.4　结果与分析

3.4.1　SLELB 特征阻抗与温度和 SOC 的关系

如图 3-3（a）～（d）所示，EIS 中的相应特征可以反映锂离子在锂离子电池阳极和阴极活性位点的嵌入和脱出动力学[43,48]。正温度谱与典型的电池 EIS 一致，但两个电弧区域的值发生了变化。测试的低频端位于正温度（45℃，25℃）下活性物质颗粒中锂离子扩散阶段，而不在负温度（–10℃，–20℃），这说明低温环境大大降低了电池内部的反应速率。

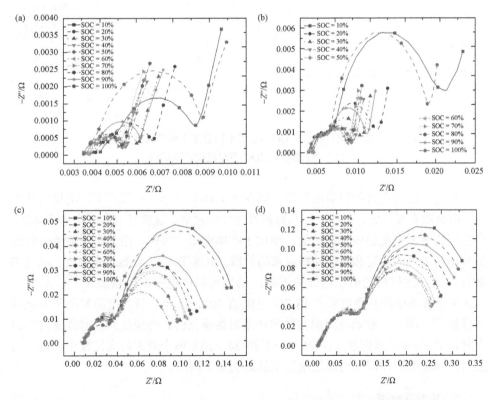

图 3-3　SLELB 在 45℃（a）、25℃（b）、–10℃（c）和–20℃（d）不同 SOC 下的 EIS

在恒温条件下，不同 SOC 的 EIS 也不同。例如，电池的电荷转移电阻电弧（第二电弧）表现出先收缩（SOC = 100%～60%），然后增加（SOC = 60%～10%）的趋势，如图 3-3（a）～（d）所示。

1. 欧姆电阻 R_O

EIS 曲线和实轴的交点是集电极、电极材料以及 LE 和 SE 的欧姆电阻 R_O 总和。不同温度下欧姆电阻对 SOC 的依赖关系如图 3-4 所示。欧姆电阻在整个电池电阻中所占的比例非常小，对温度变化尤其敏感。如图 3-4（a）所示，在室温和更高温度下，SOC 对电池欧姆电阻的影响较小。然而，由于测量误差的影响，随着温度的降低，欧姆电阻会随着 SOC 的变化而不规则波动。

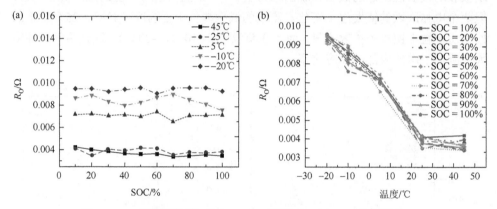

图 3-4　R_O 的阻抗特性：（a）R_O 在不同温度下对 SOC 的依赖性；
（b）R_O 在不同 SOC 下对温度的依赖性

温度对欧姆电阻的影响很明显，如图 3-4（b）所示。在低温下，电极活性降低，电解液黏度增大，不利于正负数活性物质的浸润。这就导致离子电导率降低，产生阻碍离子在电极内部的扩散，增加了欧姆电阻。另外，由于电子输运过程包括导电添加剂的输运和活性材料内部的扩散，电导率遵循 Arrhenius 方程，温度的降低导致活性材料的电子电导率下降，活性材料的电子电阻增加[43,48]。此外，LLZO 电解质中的晶界电阻占 LLZO 电阻的 40%～50%，低温时晶界离子的电导率降低[49]。因此，欧姆电阻的总体增加是显而易见的。特别是当正温度变为负温度时，R_O 变化尤其剧烈，在 25～45℃和 20～10℃两个范围内变化较小，说明温度对液体电解质和固体电解质电导率的影响是不同的。

2. 界面电阻 R_I

当电池工作在 45℃高温时，EIS 的第一电弧（与 SEI 膜和 SLEI 膜有关）不明显，即 b 点不明显，与第二电弧（与电荷转移有关）几乎重合。这是因为在高温下，电荷转移过程与穿过界面膜过程的时间常数相似，很难区分这两条弧。当温度逐渐降低时，可以清晰地将第一电弧与第二电弧分开，如图 3-3 所示。

R_i 阻抗的变化趋势表明了 SEI 膜和 SLEI 膜对 Li^+ 的阻碍作用。图 3-5（a）显示了 R_i 在正温度下，SOC 略有变化。这是因为膜的组成和性能在很大程度上取决于恒温下新电池的电解质组成[39, 50]，该组成在放电过程中相对稳定。

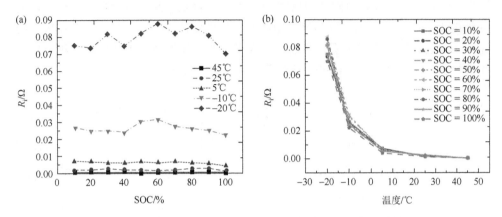

图 3-5　R_i 的阻抗特性：（a）R_i 在不同温度下对 SOC 的依赖性；
（b）R_i 在不同 SOC 下对温度的依赖性

界面电阻 R_i 随着温度的升高而逐渐减小，如图 3-5（b）所示。这是因为界面电阻随温度和离子电导率变化。SEI 膜的离子电导率，以及 Li^+ 在 SEI 中的体积浓度和扩散系数都随着温度的增加而增加[51]，而 SEI 膜和 SLEI 膜的电阻则下降。

3. 电荷转移电阻 R_{ct}

在本次测试中，当频率达到负温度下的最低频率时，EIS 仍然处于电荷转移的弧线内，没有出现倾斜的线性扩展；因此，在负温度下，取 d 点为测试频率的最低点。但是，如果考虑到实际条件，d 点可能会比该点更低。进一步，时间常数 τ 与频率 f 之间存在一种关系（$\tau = 1/2\pi f$）——频率越小，时间常数越大，电流激励获得电压反馈所需的时间越长。由于 SLEI 膜和 LLZO 固体电解质中的活化能要远远高于 LLZO 膜液体电解质中的[52]，高能晶界的稀疏结构对锂离子电导率有更大的影响，导致锂离子在晶界区域的输运通常比在 LLZO 晶体区域的输运慢[53]。界面处及电解质中的输运是反应中的速率决定步骤[20]。因此，在材料活性较低的低温环境中，锂离子的迁移速率非常慢。

中频区域的电荷转移过程发生在电极/电解质接触界面。在 5 个测试温度下，电荷转移电阻 R_{ct} 在 SOC 从 10% 到 100% 呈现先下降后上升的趋势，如图 3-6（a）

所示。这是因为在放电过程的初始阶段存在一个活化过程，包括电解液渗透到电极中，电极材料的合理分布，以及电池活性物质的活化。随着放电深度的增加，电池变得更加活化，电极材料的结构变得更适合 Li$^+$ 去包埋，电极活性材料的利用率变得更高，使得正负电极电化学反应和电荷转移变得容易得多。然而，当充电和放电到 SOC = 50%～70% 时，电解质活性材料不断被消耗，电极活性材料颗粒的内部结构发生变化，阻碍了随后的 Li$^+$ 去嵌入，降低了电荷转移能力，这表现为电荷转移电阻 R_{ct} 的增加。这与液体电解质电池的整体趋势是一样的[54]。在较高的温度下，这一趋势变得不那么明显，因为温度的增加加速了电池内的各种反应，并增强了 Li$^+$ 在初始和最终 SOC 状态下的活性，导致电荷转移不显著。

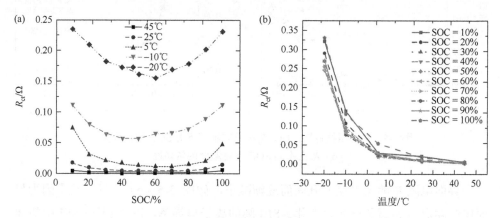

图 3-6　R_{ct} 的阻抗特性：（a）不同温度下 R_{ct} 对 SOC 的依赖性；
（b）不同 SOC 下 R_{ct} 对温度的依赖性

图 3-6（b）显示了温度对电荷转移过程的影响。电荷转移电阻 R_{ct} 在 -20～-10℃ 之间变化最大，而在室温下变化较小，在 -10～5℃ 之间变化较大，这表明负温度对电荷转移过程有显著影响。

4. 扩散电阻 R_{diff}

如图 3-3 所示，在电解液中产生浓度梯度时，由于锂离子向电极液面扩散，不存在斜线。在最低频率为 0.01Hz 时，在活性粒子内部的固态中，锂离子的扩散过程发生在 -20℃ 和 -10℃ 下。然而，Skoog 和 David[55] 发现了扩散阻抗 NMC/G LELB 的部分在 10℃ 及以上的 EIS 测试中清晰可见。这表明低温会极大地影响 SLELB 锂离子的扩散速率，而 LLZO SE 的存在加剧了这种阻塞效应。因此，本书作者团队描述了测量到的 R_{diff} 以及温度和 SOC。为了便于数据对比，在所有测量温度下，SOC 的范围均保持在 30%～90% 处，如图 3-7 所示。在 5℃ 时，R_{diff}

大幅波动。在高 SOC 时，R_{diff} 显著增加。这可能是由于当电池到达充电结束时，反应物的浓度梯度减小。根据菲克第一定律，扩散速率随着浓度梯度的减小而减小，表现为 R_{diff} 的增大。当 SOC = 100%、20% 和 10% 时，仍未显示扩散斜线，说明除了低温外，位于电池内部的 SOC 也会影响锂离子的扩散。在 25℃ 和 45℃ 时，R_{diff} 是稳定的。

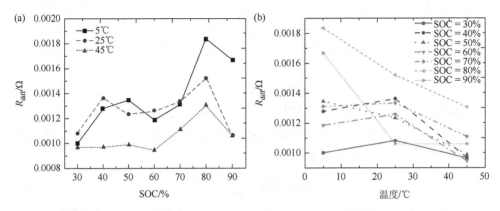

图 3-7　R_{diff} 的阻抗特性：（a）R_{diff} 在不同温度下对 SOC 的依赖性；
（b）R_{diff} 在不同 SOC 下对温度的依赖性

为了探索 R_{diff} 的温度特性，对 0℃ 以上三个温度的实测数据进行初步定性分析。当温度为 5℃ 时，在 7 个具有可测 R_{diff} 值的 SOC 中，只有 3 个 SOC 表现出温度越低，R_{diff} 值越大的特性。这一特征在 25℃ 和 45℃ 时更为明显。然而，R_{diff} 其余 4 个 SOC 值略低于 25℃ 时的值。这可能是由于 5℃ 刚好达到 R_{diff} 的可测量温度，导致在设定的截止频率下 R_{diff} 测量不完整，因此 R_{diff} 值较小。

3.4.2　温度与 SOC 的回归分析

通过定性分析温度和 SOC 对 SLELB 特征阻抗的影响，可以了解变量之间的交互作用趋势。但还需要进一步的定量分析，才能准确描述特征阻抗与各因素之间的关系，从而建立定量模型。统计上，回归分析用于调查相关变量之间因果关系的量化。通过对大量观测数据的统计分析，揭示了相关变量之间主要的内在定量规律：①确定变量之间的相关性形式，建立变量之间的回归方程；②检验回归方程的影响是否显著；③因变量的值由回归方程根据自变量的值来预测或控制。

由于温度与 SLELB 特征阻抗的 SOC 之间存在非线性关系，应考虑非线性回归模型。非线性回归模型有多种具体形式，需要根据实际问题的性质和实验数据的特点进行适当的选择。如图 3-4（b）、图 3-5（b）和图 3-6（b）所示，R_O、R_i

和 R_{ct} 几乎呈指数依赖于温度。这种指数关系可以解释为电化学反应速率和工作温度符合 Arrhenius 模型，且特征阻抗值的变化与对应的电化学反应速率成反比[54]。电池特征阻抗随温度变化的回归方程可表示为

$$1/R_x(T) = A \cdot \exp(-E_a/RT) \tag{3-2}$$

其中，$R_x(T)$ 为电池特征阻抗，包括 R_O、R_i 和 R_{ct}；T 为温度（K）；E_a 为活化能；A 为一个比例常数（Ω^{-1}）；$R = 8.314\text{J/(mol·K)}$，为摩尔气体常数。通过适当的线性变换，可以将 Arrhenius 模型转换成线性回归模型。具体做法如下。

采用最小二乘法估计线性模型中的回归系数，可以得到特征阻抗和温度的完整线性回归方程为

$$\ln[R_x(T)] = -\ln(A) + E_a/RT \tag{3-3}$$

如图 3-4（a）、图 3-5（a）和图 3-6（a）所示，R_O、R_i 和 R_{ct} 对 SOC 的依赖都呈现出规律的波峰和波谷，可以用多项式函数来建模[44,45]。电池特征阻抗随 SOC 变化的回归方程可表示为

$$R_x(\text{SOC}) = \sum_{i=0}^{N} \alpha_i \text{SOC}^i \tag{3-4}$$

其中，N 为多项式函数的阶数；α_i 为第 i 阶多项式的系数。多项式函数的阶数是影响回归性能的一个重要参数，系统地分析和比较了从 1 阶到 6 阶的多项式方程。

1. 温度回归分析

从图 3-8（a）可以看出，拟合优度 R^2 线性化的 Arrhenius 回归方程 R_O、R_i 和 R_{ct} 不同，SOC 均大于 90.0%，均值分别为 93.4%、99.0%、99.0%。R_i 和 R_{ct} 关于 SOC 的拟合优度 R^2 都大于 0.980。这表明线性化的 Arrhenius 回归方程的效果是显著的。

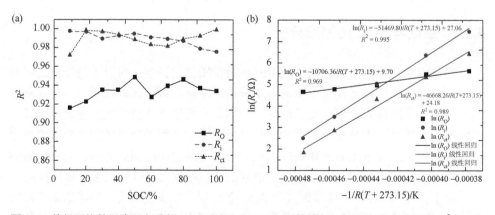

图 3-8　特征阻抗的温度回归分析：（a）不同 SOC 下 R_x 的线性 Arrhenius 回归方程的 R^2；（b）SOC = 50% 时 R_x 的线性 Arrhenius 回归方程系数和预测结果

图 3-8（b）给出了 SOC = 50%时 R_O、R_i、R_{ct} 的线性化 Arrhenius 方程的回归系数和因变量预测结果。在每个温度下，回归方程可以准确预测 $\ln(R_O)$、$\ln(R_i)$ 和 $\ln(R_{ct})$。其他 SOC 也取得了类似的效果，由于篇幅限制，此处未列出这些效果。综上所述，利用线性化 Arrhenius 回归方程预测 SLELB 特征阻抗的温度依赖性是可行的，可以推广到所有 SOC。

2. SOC 回归分析

图 3-9（a）显示了不同温度下 R_O 多项式回归方程的拟合优度 R^2。可以发现，拟合优度随着回归方程阶数的增加而增加。其中，在某些温度下迅速增加，而在其他温度下缓慢增加，说明 R_O 和 SOC 满足高阶非线性关系。在 −10℃、−25℃ 和 −45℃ 时，6 阶多项式方程拟合优度较高，分别为 0.986、0.684 和 0.975。

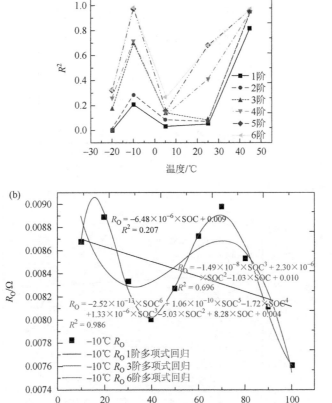

图 3-9　R_O 的 SOC 回归分析：（a）不同温度下 R_O 多项式回归方程的 R^2；（b）R_O 在 −10℃ 的 1 阶、3 阶、6 阶多项式回归方程的系数及预测结果

而在–20℃和5℃，1阶到6阶多项式的拟合优度较低，均值分别为0.180和0.136，表明R_O与SOC的相关性较低。在一些简化的计算场景中，相关性可以表示为所有温度的平均值。图3-9（b）显示了R_O在–10℃的1阶、3阶和6阶多项式方程回归系数和因变量预测结果。由图可知，随着回归方程阶数的增加，预测结果准确性增加。在其他温度下也得到了类似的结果，不再重复。

图3-10（a）显示了在不同温度下，不同阶R_i的多项式回归方程的拟合优度R^2。类似于R_O，可以发现，拟合优度随着回归方程阶数的增加而增加。除45℃外，在其他所有温度下，拟合优度都迅速增加，这表明大多数R_i和SOC满足高阶非线性关系。在–20℃、–10℃、5℃和25℃处，6阶多项式方程的拟合优度较高，分别为0.749、0.887、0.969和0.997。而在45℃时，1阶多项式与6阶多项式的拟合优度较低，平均为0.226，表明R_i和SOC之间的相关性较低。在一些简化的情况下，

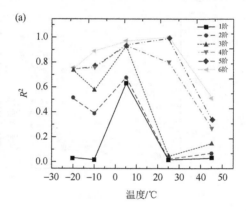

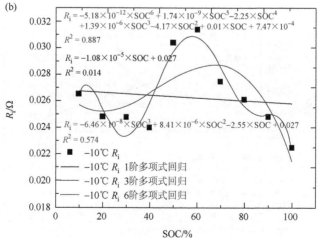

图3-10　R_i的SOC回归分析：（a）R_i在不同温度下多项式回归方程的R^2；（b）R_i在–10℃的
1阶、3阶、6阶多项式回归方程的系数及预测结果

可以使用所有温度的平均值。图 3-10（b）显示了 R_i 在 −10℃的 1 阶、3 阶和 6 阶多项式方程回归系数和因变量预测结果。由图可知，随着回归方程阶数的增加，预测结果准确性增加。在其他温度下也得到了类似的结果，不再重复。

图 3-11（a）显示了不同温度下不同阶 R_{ct} 的多项式回归方程的拟合优度 R^2。与 R_O 和 R_i 相比，随着回归方程的阶数递增，拟合优度增加更快，表明 R_{ct} 和 SOC 满足高阶非线性关系。在 −20～45℃范围内，6 阶多项式方程拟合优度最高，分别为 0.993、0.997、0.999、0.999 和 0.999。图 3-11（b）显示了 R_{ct} 在 −10℃的 1 阶、3 阶和 6 阶多项式方程回归系数及因变量预测结果。由图可知，随着回归方程阶数的增加，预测结果准确性增加。在其他温度下也得到了类似的结果，不再重复。

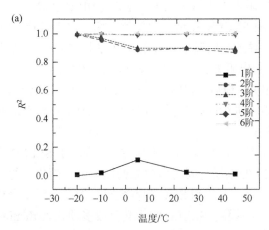

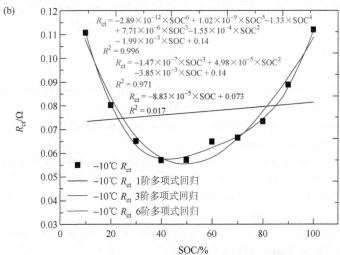

图 3-11　R_{ct} 的 SOC 回归分析：（a）R_{ct} 在不同温度下的多项式回归方程的 R^2；（b）R_{ct} 在 −10℃的 1 阶、3 阶、6 阶多项式回归方程的系数及预测结果

综上所述，利用多项式回归方程预测 SLELB 特征阻抗与 SOC 的依赖关系是可行的，除部分温度下特征阻抗与 SOC 的相关性较低外，其他温度下均适用。

3.5　本 章 小 结

本章研究了 SLELB 的 EIS 特征阻抗与温度和 SOC 的关系，分别建立了单因素温度和 SOC 的回归模型。首先，对 LLZO-SLELB 的 EIS 理论进行了深入阐述，包括电极过程原理，并分析了各内部阻抗的物理意义，利用 EIS 测试技术研究了各特征阻抗与温度和 SOC 的关系。其次，实验结果表明，欧姆电阻 R_O、界面电阻 R_i、电荷转移电阻 R_{ct}、扩散电阻 R_{diff} 遵循电阻值随温度升高而逐渐减小的规律。低温会极大地影响 SLELB 锂离子的扩散速率，而 LLZO 固体电解质的存在加剧了这种阻塞效应，导致在低温下 0.01Hz 时无法检测到扩散电阻 R_{diff}。欧姆电阻 R_O、界面电阻 R_i、扩散电阻 R_{diff} 受 SOC 变化的影响较小。然而，电荷转移电阻 R_{ct} 变化与 SOC 呈强相关。最后，利用 Arrhenius 模型和多项式模型对温度和 SOC 单因素 SLELB 特征阻抗进行回归分析。实验结果表明，该模型能够实现对单因素特征阻抗的高精度回归。

在第 4 章中，我们将根据第一原理方法，为基于 SLELB 电极过程的 EIS 进行建模，并根据 EIS 的频谱区间对所建立的模型进行简化，得到简化等效电路模型（SECM）。基于本章中温度和 SOC 的特征阻抗的单向因子分析和建模基础，建立了温度和 SOC 的两项因子 SLELB 的正交分段多项式 Arrhenius-SECM 阻抗预测模型。这些模型能够准确描述不同因素下的 SLELB 行为，提高对 SLELB 电极过程的理解，预测 SLELB 的 EIS，从而为电池管理的关键算法提供支持。

参 考 文 献

[1]　Yang-Kook S，Seung-Taek M，Byung-Chun P，et al. High-energy cathode material for long-life and safe lithium batteries[J]. Nature Materials，2009，8（4）：320-324.

[2]　Yuan L X，Wang Z H，Zhang W X，et al. Development and challenges of LiFePO₄ cathode material for lithium-ion batteries[J]. Energy & Environmental Science，2011，4（2）：269-284.

[3]　Stevens D A，Dahn J R. High capacity anode materials for rechargeable sodium-ion batteries[J]. Journal of the Electrochemical Society，2000，147（4）：1271-1273.

[4]　Park C M，Kim J H，Kim H，et al. Li-alloy based anode materials for Li secondary batteries[J]. Chemical Society Reviews，2010，39（8）：3115-3141.

[5]　Pang Q，Liang X，Kwok C Y，et al. Advances in lithium-sulfur batteries based on multifunctional cathodes and electrolytes[J]. Nature Energy，2016，1（9）：1-11.

[6]　Manthiram A，Yu X，Wang S. Lithium battery chemistries enabled by solid-state electrolytes[J]. Nature Reviews Materials，2017，2（4）：1-16.

[7]　Zheng F, Kotobuki M, Song S, et al. Review on solid electrolytes for all-solid-state lithium-ion batteries[J]. Journal of Power Sources, 2018, 389: 198-213.

[8]　Xu K. Nonaqueous liquid electrolytes for lithium-based rechargeable batteries[J]. Chemical Reviews, 2004, 104 (10): 4303-4417.

[9]　Goodenough J B, Kim Y. Challenges for rechargeable Li batteries[J]. Chemistry of Materials, 2010, 22 (3): 587-603.

[10]　Fergus J W. Ceramic and polymeric solid electrolytes for lithium-ion batteries[J]. Journal of Power Sources, 2010, 195 (15): 4554-4569.

[11]　Famprikis T, Canepa P, Dawson J A, et al. Fundamentals of inorganic solid-state electrolytes for batteries[J]. Nature Materials, 2019, 18 (12): 1278-1291.

[12]　Ni J E, Case E D, Sakamoto J S, et al. Room temperature elastic moduli and Vickers hardness of hot-pressed LLZO cubic garnet[J]. Journal of Materials Science, 2012, 47 (23): 7978-7985.

[13]　Yang C, Fu K, Zhang Y, et al. Protected lithium-metal anodes in batteries: From liquid to solid[J]. Advanced Materials, 2017, 29 (36): 1701169.

[14]　Rao M, Geng X, Li X, et al. Lithium-sulfur cell with combining carbon nanofibers-sulfur cathode and gel polymer electrolyte[J]. Journal of Power Sources, 2012, 212: 179-185.

[15]　Keller M, Varzi A, Passerini S. Hybrid electrolytes for lithium metal batteries[J]. Journal of Power Sources, 2018, 392: 206-225.

[16]　Wang Y, Zhou H. A lithium-air battery with a potential to continuously reduce O_2 from air for delivering energy[J]. Journal of Power Sources, 2010, 195 (1): 358-361.

[17]　Hagen M, Doerfler S, Althues H, et al. Lithium-sulphur batteries-binder free carbon nanotubes electrode examined with various electrolytes[J]. Journal of Power Sources, 2012, 213: 239-248.

[18]　Wang Q, Jin J, Wu X, et al. A shuttle effect free lithium sulfur battery based on a hybrid electrolyte[J]. Physical Chemistry Chemical Physics, 2014, 16 (39): 21225-21229.

[19]　Manthiram A, Li L. Hybrid and aqueous lithium-air batteries[J]. Advanced Energy Materials, 2015, 5 (4): 1401302.

[20]　Schleutker M, Bahner J, Tsai C L, et al. On the interfacial charge transfer between solid and liquid Li^+ electrolytes[J]. Physical Chemistry Chemical Physics, 2017, 19 (39): 26596-26605.

[21]　Feng F, Hu X, Hu L, et al. Propagation mechanisms and diagnosis of parameter inconsistency within Li-ion battery packs[J]. Renewable & Sustainable Energy Reviews, 2019, 112: 102-113.

[22]　Feng F, Hu X, Liu J, et al. A review of equalization strategies for series battery packs: Variables, objectives, and algorithms[J]. Renewable & Sustainable Energy Reviews, 2019, 116: 109464.

[23]　Osaka T, Nakade S, Rajamaki M, et al. Influence of capacity fading on commercial lithium-ion battery impedance[J]. Journal of Power Sources, 2003, 119: 929-933.

[24]　Troltzsch U, Kanoun O, Trankler H R. Characterizing aging effects of lithium ion batteries by impedance spectroscopy[J]. Electrochimica Acta, 2006, 51 (8-9): 1664-1672.

[25]　La Mantia F, Vetter J, Novak P. Impedance spectroscopy on porous materials: A general model and application to graphite electrodes of lithium-ion batteries[J]. Electrochimica Acta, 2008, 53 (12): 4109-4121.

[26]　Eliseeva S N, Apraksin R V, Tolstopjatova E G, et al. Electrochemical impedance spectroscopy characterization of $LiFePO_4$ cathode material with carboxymethylcellulose and poly-3, 4-ethylendioxythiophene/polystyrene sulfonate[J]. Electrochimica Acta, 2017, 227: 357-366.

[27] Itagaki M，Kobari N，Yotsuda S，et al. LiCoO$_2$ electrode/electrolyte interface of Li-ion rechargeable batteries investigated by *in situ* electrochemical impedance spectroscopy[J]. Journal of Power Sources，2005，148：78-84.

[28] Schmid A U，Lindel L，Birke K P. Capacitive effects in Li1-xNi$_{0.3}$Co$_{0.3}$Mn$_{0.3}$O$_2$-Li$_x$C$_y$ Li-ion cells[J]. Journal of Energy Storage，2018，18：72-83.

[29] Gopalakrishnan R，Li Y，Smekens J，et al. Electrochemical impedance spectroscopy characterization and parameterization of lithium nickel manganese cobalt oxide pouch cells：Dependency analysis of temperature and state of charge[J]. Ionics，2019，25（1）：111-123.

[30] Rangarajan S P，Barsukov Y，Mukherjee P P. In operando impedance based diagnostics of electrode kinetics in Li-ion pouch cells[J]. Journal of the Electrochemical Society，2019，166（10）：2131-2141.

[31] Dai H，Xu Y，Zhu J，et al. Preliminary study on the influence of internal temperature gradient on EIS measurement and characterization for Li-ion batteries[C]. 12th IEEE Vehicle Power and Propulsion Conference（VPPC），2015：1-7.

[32] Qu H，Kafle J，Harris J，et al. Application of AC impedance as diagnostic tool-low temperature electrolyte for a Li-ion battery[J]. Electrochimica Acta，2019，322：134755.

[33] Schuster S F，Brand M J，Campestrini C，et al. Correlation between capacity and impedance of lithium-ion cells during calendar and cycle life[J]. Journal of Power Sources，2016，305：191-199.

[34] Leng Y，Ge S，Marple D，et al. Electrochemical cycle-life characterization of high energy lithium-ion cells with thick Li(Ni$_{0.6}$Mn$_{0.2}$Co$_{0.2}$)O$_2$ and graphite electrodes[J]. Journal of the Electrochemical Society，2017，164（6）：1037-1049.

[35] Osswald P J，Erhard S V，Noel A，et al. Current density distribution in cylindrical Li-ion cells during impedance measurements[J]. Journal of Power Sources，2016，314：93-101.

[36] Zhu J，Sun Z，Wei X，et al. Studies on the medium-frequency impedance arc for lithium-ion batteries considering various alternating current amplitudes[J]. Journal of Applied Electrochemistry，2016，46（2）：157-167.

[37] Zhang Y，Tang Q，Zhang Y，et al. Identifying degradation patterns of lithium ion batteries from impedance spectroscopy using machine learning[J]. Nature Communications，2020，11（1）：1706.

[38] Wenzel S，Leichtweiss T，Krueger D，et al. Interphase formation on lithium solid electrolytes：An *in situ* approach to study interfacial reactions by photoelectron spectroscopy[J]. Solid State Ionics，2015，278：98-105.

[39] Busche M R，Drossel T，Leichtweiss T，et al. Dynamic formation of a solid-liquid electrolyte interphase and its consequences for hybrid-battery concepts[J]. Nature Chemistry，2016，8（5）：426-434.

[40] Christophersen J P. Battery Test Manual for Electric Vehicles[M]. Idaho Falls：Idaho National Lab.，2015.

[41] Pilla A A. A transient impedance technique for the study of electrode kinetics：Application to potentiostatic methods[J]. Journal of the Electrochemical Society，1970，117（4）：467.

[42] Chang B Y，Park S M. Electrochemical impedance spectroscopy[J]. Annual Review of Analytical Chemistry，2010，3：207-229.

[43] 庄全超，杨梓，张蕾，等. 锂离子电池的电化学阻抗谱分析[J]. 化学进展，2020，32（6）：761-791.

[44] Feng F，Lu R，Wei G，et al. Online estimation of model parameters and state of charge of LiFePO$_4$ batteries using a novel open-circuit voltage at various ambient temperatures[J]. Energies，2015，8（4）：2950-2976.

[45] Feng F，Lu R，Zhu C. A combined state of charge estimation method for lithium-ion batteries used in a wide ambient temperature range[J]. Energies，2014，7（5）：3004-3032.

[46] Feng F，Teng S，Liu K，et al. Co-estimation of lithium-ion battery state of charge and state of temperature based on a hybrid electrochemical-thermal-neural-network model[J]. Journal of Power Sources，2020，455：227935.

[47]　Andre D，Meiler M，Steiner K，et al. Characterization of high-power lithium-ion batteries by electrochemical impedance spectroscopy. Ⅰ. Experimental investigation[J]. Journal of Power Sources，2011，196（12）：5334-5341.

[48]　庄全超，徐守冬，邱祥云，等. 锂离子电池的电化学阻抗谱分析[J]. 化学进展，2010，22（6）：1044-1057.

[49]　Zhao Q，Stalin S，Zhao C Z，et al. Designing solid-state electrolytes for safe，energy-dense batteries[J]. Nature Reviews Materials，2020，5（3）：229-252.

[50]　Andersson A M，Herstedt M，Bishop A G，et al. The influence of lithium salt on the interfacial reactions controlling the thermal stability of graphite anodes[J]. Electrochimica Acta，2002，47（12）：1885-1898.

[51]　Maraschky A，Akolkar R. Temperature dependence of dendritic lithium electrodeposition：A mechanistic study of the role of transport limitations within the SEI[J]. Journal of the Electrochemical Society，2020，167（6）：062503.

[52]　Zhou W，Wang S，Li Y，et al. Plating a dendrite-free lithium anode with a polymer/ceramic/polymer sandwich electrolyte[J]. Journal of the American Chemical Society，2016，138（30）：9385-9388.

[53]　Yu S，Siegel D J. Grain boundary contributions to Li-ion transport in the solid electrolyte $Li_7La_3Zr_2O_{12}$ （LLZO）[J]. Chemistry of Materials，2017，29（22）：9639-9647.

[54]　Waag W，Kaebitz S，Sauer D U. Experimental investigation of the lithium-ion battery impedance characteristic at various conditions and aging states and its influence on the application[J]. Applied Energy，2013，102：885-897.

[55]　Skoog S，David S. Parameterization of linear equivalent circuit models over wide temperature and SOC spans for automotive lithium-ion cells using electrochemical impedance spectroscopy[J]. Journal of Energy Storage，2017，14：39-48.

第4章　混合固液电解质锂离子电池阻抗特性等效电路建模与预测

4.1　引　　言

在第 3 章中，首先，阐述了 LLZO-SLELB 的 EIS 理论，并利用 EIS 测试技术研究了各特征阻抗与温度和 SOC 的映射关系。其次，分析了温度和 SOC 对欧姆电阻 R_O、界面电阻 R_i、电荷转移电阻 R_{ct} 和扩散电阻 R_{diff} 的影响。采用 Arrhenius 模型和多项式模型对温度和 SOC 单因素 SLELB 特征阻抗进行回归分析。

但是，第 3 章仅从理论和定性的角度对特征阻抗进行了分析。为了更准确地描述电极过程，有必要从第一性原理的角度建立 SLELB 的等效电路模型（ECM）。虽然，全面实验可以全面研究和分析温度和 SOC 对电池特征阻抗的影响，但大量的实验需要人力、物力和财力。此外，单因素特征阻抗回归分析只能独立描述单个因子的影响规律，没有考虑温度与 SOC 之间通常会发生的交互作用。在建立双因素参数模型时，应进一步考虑这种交互作用，这些都是本章要研究的问题。

对 EIS 的理解和预测通常使用 ECM。ECM 通常由电感、电阻、电容、恒相角元件（constant phase element，CPE）和 Warburg 元件组成。到目前为止，已有许多 ECM 被提出并应用于电池阻抗的研究。与电极过程相关的阻抗在不同的频率上起主导作用，元件之间的连接可能会有很大的差异，从而导致各种 ECM 的存在。此外，相同的 EIS 可以用几种不同的 ECM 很好地拟合。因此，有必要针对特定的应用选择合适的模型[1, 2]。有两种方法可以确定 EIS 频谱的 ECM。第一种方法是从第一性原理出发。我们必须清楚地了解电池的基本结构和每个电极过程。每个电化学元件和电极过程都是用电气元件来描述的。完整的电池模型由一系列等效电路元件组成[3]。但是，电路模型有很多变量，因此为了实际的阻抗分析[4]，电路元素必须最小化。第二种方法基于 EIS 实验数据。由于等效元件的 EIS 存在明显差异，因此在 ECM 中确定用哪些等效元件来描述电池阻抗并不困难[5-7]。但是，这种方法很难分离正负极对应的参数，因为各个电极参数几乎是相同的数量级[8]。

实验设计的一个主要功能就是确定实验因素对实验指标的影响。温度和 SOC 是影响电池性能的两个重要因素，许多研究者对其进行了研究。例如，Andre 等报道了一种 6.5A·h 高功率 NCM 锂离子电池作为实验对象，设计了在–30～50℃

的 7 个温度水平和 0%~100%的 18 个 SOC 水平下的双因素实验。整个实验由 119 个实验点组成。从高温到低温，温度逐渐降低，SOC 在高、低 SOC 区间的变化幅度为 5%，在中 SOC 区间的变化幅度为 10%。在 SOC = 60%的不同温度水平下，比较了两种 ECM 模型的预测性能[5, 9]。Stefan 等对三种不同的汽车级高性能锂离子电池进行了评估，设计了从–10℃到 40℃的 7 个温度水平，从 0%到 100%的 12 个 SOC 水平的双因素实验，整个实验由 84 个实验点组成。在 SOC = 50%的两个温度水平下，比较两种不同 RC 的 ECM 的 EIS 预测性能[10]。Wang 等报道了一种 20A·h 的商用软包 LiFePO$_4$ 测试电池，测试了 4 个温度等级（273~303K）和 13 个 SOC 等级（0%~100%）。整个实验由 52 个测试点组成。利用 SOC 多项式函数对不同温度下 ECM 的模型参数进行建模。采用留一交叉验证方法，比较分析 SOC 多项式函数和插值函数对的预测性能[8]。上述文献和本书第 3 章均基于全面实验，对所选实验因子的所有水平进行了检验。全面实验可以获得全面的测试信息，并用于分析各个层面的各种因素和相互作用对实验指标的影响。但是，当因素和水平数量过多时，全面实验组合的数量就会过多，人力、物力、财力和场地都变得难以承受。此外，温度与 SOC 因子之间的交互作用及其模型尚未建立。

SLELB 阻抗特性等效电路建模与预测存在以下问题：首先，在 SLELB 固液接触界面处形成新的电阻固液电解质膜，需要从第一性原理出发建立 ECM，以确保新相和所有其他组分具有明确的对应物理意义；其次，虽然全面实验可以全面获取 SLELB 的特征信息，但大量的实验给电池模型的建立和应用带来了挑战；最后，温度和 SOC 的单因素回归分析只能独立描述单因素的影响规律。通常，温度与 SOC 之间存在交互作用，因此需要考虑两个因素的交互作用，建立相应的双因素参数模型。

针对上述研究的不足，本章进行了 SLELB 的阻抗特性等效电路建模与预测。具体而言，本章的几个主要贡献可以总结如下。

（1）从 SLELB 电极加工的第一性原理出发，提出了 ECM 方法，并根据 EIS 阻抗频率范围对 ECM 方法进行简化。

（2）为了在合理实验次数的前提下构建电池模型，设计了正交实验方案，将实验次数减少到全面实验的一半。

（3）考虑 ECM 模型参数间的交互作用，利用方差分析建立了正交分段多项式阿伦尼乌斯（orthogonal piecewise polynomial Arrhenius，OPPA）温度与 SOC 双因素参数模型。

本章其余章节安排如下：4.2 节介绍了基于 SLELB 电极过程的 ECM 原理，讨论了基于 EIS 频率间隔的 ECM 简化过程，给出了简化等效电路模型（simplified equivalent circuit model，SECM）的参数估计方法和结果。4.3 节描述了 OPPA 因素模型。正交实验设计对考虑交互作用的两因子进行了方差分析（ANOVA），建立了 OPPA 温度与 SOC 双因子模型。将 OPPA 与 SECM 相结合构造了 OPPA-SECM。4.4 节对提出的 SECM 和 OPPA 在不同分段和阶数下的预测性能进行了评估，并对 OPPA-SECM 和全量程分段多项式阿伦尼乌斯（full-scale piecewise polynomial Arrhenius，FPPA）-SECM 的预测性能进行了比较和分析。4.5 节得出了结论。

4.2　SLELB EIS 的等效电路建模

4.2.1　基于 SLELB 电极过程的 ECM

第 3 章以 SLELB 完全放电状态下的电极过程为例，阐述了描述各电极过程的 EIS 原理。在第二部分中，遵循第一性原理的方法，建立了每个电极过程的等效电路模型。完整电极过程、等效电路模型与 EIS 的对应关系如图 4-1 所示。与第 3 章类似，下面展示了电极放电过程的顺序和 ECM 的相应组件。

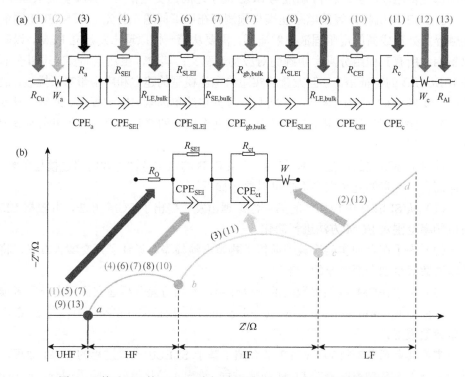

图 4-1　基于 EIS 的 SLELB 电极过程原理：（a）SLELB 等效电路图；（b）基于 EIS 图的简化 ECM（彩图见书后插页）

（1）在放电阶段开始时，电子从外部电路进入铜板集电极。这个过程相当于铜板集电极的欧姆阻抗 R_{Cu}，如图 4-1（a）所示。

（2）锂离子从石墨阳极内部向外扩散。这一过程类似于 Warburg 阻抗 W_a，如图 4-1（a）所示。

（3）锂离子和电子在阳极活性材料粒子/LE 结处转移（锂离子从活性材料晶格中分离，而电子离开了嵌入锂位置附近的活性材料的价带）。这代表了电荷转移过程，类似于并联电路。一个分支包含阳极欧姆阻抗 R_a，而另一个分支连接到一个恒相角元件 CPE_a，描述电极的孔隙度、粒子半径分布，以及锂离子损耗[3]导致石墨阳极活性物质粒子晶体结构变化所引起的电容变化，如图 4-1（a）所示。

（4）锂离子在阳极/电解质液体界面穿过 SEI 膜，在电解质附近形成双电层。这一过程相当于电路中的电阻 R_{SEI}，与图 4-1（a）中 SEI 膜的双电层电容并联。由于固体电极双电层的"色散效应"与电容相抵消，采用恒相角元件 CPE_{SEI} 表示这种非理想状态。

（5）锂离子在阳极侧电解液中迁移。这一过程用欧姆电阻 $R_{LE,bulk}$ 表示在等效电路中的 LE，如图 4-1（a）所示。

（6）锂离子穿过阳极侧电解质/固体电解质界面，即 SLEI 膜，并进入 LLZO 固体电解质。这一阶段可以用图 4-1（a）中的电路表示，其中 SLEI 膜电阻（R_{SLEI}）与恒相角元件 CPE_{SLEI} 并联。

（7）锂离子在固体电解质 LLZO 中的迁移过程如图 4-1（a）所示。这个过程可以被表示为一个电路，其中晶体界面电阻与 CPE 并联，与 SE 的体电阻 $R_{LE,bulk}$ 串联[11]。

（8）锂离子穿过阴极侧的 SLEI 膜，进入 LE。图 4-1（a）所对应的等效元素与（6）中相同。

（9）锂离子穿过阴极侧电解质。这相当于液体电解质的体积电阻 $R_{LE,bulk}$，如图 4-1（a）所示。

（10）锂离子穿过 LE/阴极电解质界面（cathode electrolyte interphase，CEI），在电解质附近形成双电层。对应的等效电路与（4）中的过程相同，如图 4-1（a）所示。

（11）锂离子转移并进入阴极活性材料晶格，而电子则通过外部电路到达铝板集电极和导电剂，然后进入嵌入锂位置附近的活性材料的价带，电荷随后达到平衡态。相应的等效电路与过程（3）中的等效电路相同，其中一个分支包含阳极欧姆阻抗 R_c，另一个分支连接 CPE_c 元素，如图 4-1（a）所示。

（12）锂离子和电子在 NMC 电极内部的活性物质粒子内的扩散和聚集，从外部到内部，导致一个新相的形成。与（2）相似，这一过程类似于 Warburg 阻抗 W_c，如图 4-1（a）所示。

（13）在电极过程结束时，电子从外部电路穿过铝板集电极。这个过程相当于铝板集电极的欧姆阻抗 R_{Al}，如图 4-1（a）所示。

整个电极过程、相应的等效电路及 EIS 如图 4-1 所示。以下两节分别描述了一种基于 EIS 的 SECM 方法，以及 SECM 参数的估计。

4.2.2 基于 EIS 的 SECM

虽然基于电极过程动力学的 ECM 能够从第一性原理准确描述每一个电极过程，但由于 ECM 中含有大量元件和参数，给模型的实际应用带来了挑战。在第一部分，展示了 SLELB 在不同温度和 SOC 下的 EIS。这些典型的 EIS 频谱通常包括四个频率区间：UHF 区域、HF 区域、IF 区域和 LF 区域，如图 4-1（b）所示。在参考文献[5]和[9]中，EIS 的每个频率间隔对应着某个等效电路分量。通过对频率范围的划分，可以将基于电极过程动力学的 ECM 中各元件进行组合和简化。每个区间的简化过程如下。

（1）UHF 区域（实轴上 a 点以前线段）：表示集电极、活性物质、LE、SE 的欧姆电阻之和，其阻抗记为 Z_{R_O}。通过电极过程（1）、（5）、（7）、（9）和（13），Z_{R_O} 定义如下：

$$R_O = R_{Cu} + R_{LE,bulk} + R_{SE,bulk} + R_{Al} \tag{4-1}$$

$$Z_{Ro} = R_O \tag{4-2}$$

其中，R_{Cu}、$R_{LE,bulk}$、$R_{SE,bulk}$ 和 R_{Al} 已在 4.2.1 节中定义。

（2）HF 区域（a 与 b 之间弧段）：其中半圆与锂离子通过 SEI 膜和 SLEI 膜的扩散迁移有关，其阻抗描述为 Zarc 元素 Z_{R_i}。Zarc 元件是由电阻 R 和恒相角元件 CPE 并联而成。将电极过程（4）、（6）、（7）、（8）和（10）所对应的并联电路元件组合起来，其总和如下：

$$R_i = R_{SEI} + R_{SLEI} + R_{gb,bulk} + R_{CEI} \tag{4-3}$$

$$CPE_i = CPE_{SEI} + CPE_{SLEI} + CPE_{gb,bulk} + CPE_{CEI} \tag{4-4}$$

其中，R_{SEI}、R_{SLEI}、$R_{gb,bulk}$ 和 R_{CEI} 已在 4.2.1 节中定义。

CPE 的复阻抗 Z_{CPE_i} 表示为

$$Z_{CPE_i} = \frac{1}{(j\omega)^{n_i} Q_i} \tag{4-5}$$

其中，j 为虚数单位；ω 为频率；Q_i 为广义容量；n_i 为衰减因子，是 0~1 之间的实数。复合 Zarc 元件的复阻抗 Z_{R_i} 表示为

$$Z_{R_i} = \frac{1}{1/R_i + (j\omega)^{n_i} Q_i} \tag{4-6}$$

（3）IF 区域（b 与 c 之间弧段）：是与电极/电解质接触界面上电子和锂离子之间的电荷转移过程以及由此产生的双层电容相关的半圆形区域。它的阻抗也被描述为 Zarc 元件 $Z_{R_{ct}}$。将电极过程（3）和（11）所对应的并联电路元件组合起来，其和为

$$R_{ct} = R_a + R_c \tag{4-7}$$

$$CPE_{ct} = CPE_a + CPE_c \tag{4-8}$$

其中，R_a 和 R_c 已在 4.2.1 节中定义。

CPE 的复阻抗 $Z_{CPE_{ct}}$ 表示为

$$Z_{CPE_{ct}} = \frac{1}{(j\omega)^{n_{ct}} Q_{ct}} \tag{4-9}$$

其中，Q_{ct} 和 n_{ct} 与 Z_{CPE_i} 中定义的一样。复合 Zarc 元件的复阻抗 $Z_{R_{ct}}$ 表示为

$$Z_{R_{ct}} = \frac{1}{1/R_{ct} + (j\omega)^{n_{ct}} Q_{ct}} \tag{4-10}$$

（4）LF 区域（c 与 d 之间弧段）：是与活性物质颗粒内部锂离子固体扩散过程相关的一条斜线。通过结合 Warburg 对应的电极过程（2）和（12），Warburg 总数如下：

$$W = W_a + W_c \tag{4-11}$$

其中，W_a 和 W_c 已在 4.2.1 节中定义。

采用两种广义有限长 Warburg 单元模拟固态锂离子扩散过程：一种表示为有限扩散长度与无限储层边界的 tanh 函数；另一种表示为有限扩散长度与无渗透边界条件下的 coth 函数。在第 3 章，由于 EIS 曲线的终点线和实轴之间的角度大于 45°，Warburg 单元的复阻抗 Z_W 选择 coth 函数，描述如下[1]：

$$Z_W = R_W \frac{\coth(j\omega\tau_W)^{n_W}}{(j\omega\tau_W)^{n_W}} \tag{4-12}$$

其中，R_W 为 Warburg 电阻；τ_W 为扩散时间常数；n_W 在 0～1 之间变化。因此，基于 EIS 的 SECM 的复阻抗可表示为

$$Z_{ECM} = Z_{R_O} + Z_{R_i} + Z_{R_{ct}} + Z_W \tag{4-13}$$

$$Z_{ECM} = R_O + \frac{1}{1/R_i + (j\omega)^{n_i} Q_i} + \frac{1}{1/R_{ct} + (j\omega)^{n_{ct}} Q_{ct}} + R_W \frac{\coth(j\omega\tau_W)^{n_W}}{(j\omega\tau_W)^{n_W}} \tag{4-14}$$

与基于 SLELB 电极过程的使用 21 个电路元件 ECM 相比，基于 EIS 的 SECM 将电路元件数目大大简化为 5 个。

4.2.3　SECM 的参数估计

第 3 章采用复非线性最小二乘（complex nonlinear least-squares，CNLS）方法

估计了 50 条 EIS 曲线的 SECM 参数。CNLS 可以在数值上优化实验数据与预测数据的最小误差平方和意义下的模型参数[12]。对 50 个 EIS 分别估计了 SECM 参数。为了表明 SECM 仍然具有明确的物理意义，在第 3 章全面研究了温度和 SOC 对模型参数的影响，并与相应的特征阻抗进行了比较。图 4-2 显示了温度和 SOC 对欧姆电阻、界面膜电阻和电荷转移电阻的影响。

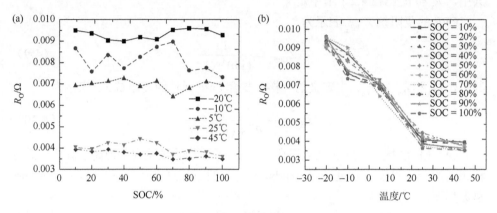

图 4-2　SECM R_O 参数：（a）不同温度下 R_O 对 SOC 的依赖性；
（b）不同 SOC 下 R_O 对温度的依赖性

如图 4-2 所示，SOC 和温度对 R_O 的影响在数值和趋势方面与第 3 章的结果非常接近。由图 4-3 可知，在数值上，SOC 和温度对 R_i 的影响略大于第 3 章的结果。这主要是因为 CNLS 在全局上保证了误差平方和最小，但在局部可能导致较大的误差；在趋势方面，与第 3 章的结果相似，都具有指数函数的趋势。如图 4-4 所

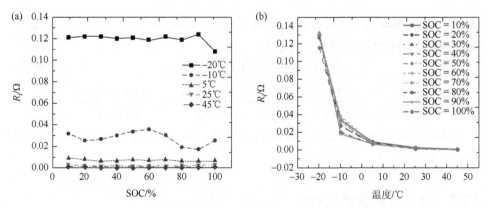

图 4-3　SECM R_i 参数：（a）不同温度下 R_i 对 SOC 的依赖性；
（b）不同 SOC 下 R_i 对温度的依赖性

示，从值上看，SOC 和温度对 R_{ct} 的影响略小于第 3 章的结果。这是由于 R_i 值较大，占据了 R_{ct} 值的一部分。SOC 和温度的变化趋势与第 3 章的结果相似。SOC 服从偶数阶多项式函数，温度服从指数函数。上述结果表明，SECM 参数在各频率范围内仍然具有明确的物理意义。

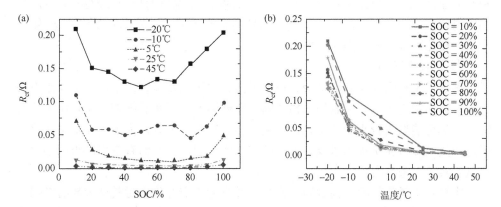

图 4-4　SECM R_{ct} 参数：（a）不同温度下 R_{ct} 对 SOC 的依赖性；
（b）不同 SOC 下 R_{ct} 对温度的依赖性

4.3　正交分段多项式 Arrhenius 双因素建模

前面提到的全面实验设计是把每个因素各个水平的所有可能组合均做实验。这种实验设计的优点是能够掌握各因素及其不同水平对实验结果的影响，信息量大而全面；但缺点是随着实验因素和水平数目的增大，实验次数急剧增长，若加之重复，实验规模就会很大，在实践中难以实施[13]。正交实验设计是一种合理安排、科学分析各实验因素的有效的数理统计方法。它是借助一种规格化的"正交表"，从众多的实验条件中选出若干个代表性较强的实验条件，科学地安排实验，然后对实验结果进行综合比较、统计分析。正交实验能够探求实验因素的重要性及交互作用情况，减少实验的盲目性，避免实验浪费[14]。

4.3.1　正交实验设计

正交实验设计的基本程序包括设计实验方案和处理实验结果两大部分[15]。本节介绍设计实验方案，下一节介绍处理实验结果。下面以 R_x 为例来说明正交实验设计的基本过程。

1）明确实验目的，确定实验指标

对本章实验而言，实验目的是明确各个实验因素的重要性及交互作用情况，为建立双因素参数模型提供基础。实验指标为 SECM 模型参数,本节重点分析 R_O、R_i 和 R_{ct} 三个模型参数。

2）选择实验因素,确定实验水平

与第 3 章一样,温度和 SOC 是电池工作的两个重要条件,本章实验选择温度和 SOC 两个实验因素。根据第 3 章和 4.2 节的分析,温度对模型参数的影响较大,确定温度因素为 5 水平。SOC 对模型参数的影响较小,第 3 章中 SOC 因素为 10 水平,在此缩减至一半为 5 水平。

3）选择合适的正交表

确定了实验因素及其水平后,根据因素、水平以及是否需要考察交互作用来选择合适的正交表。正交表的选择原则是在能够安排下实验因素和交互作用的前提下,尽可能选用较小的正交表,以减少实验次数。另外,为了估计实验误差,所选正交表安排完实验因素及要考察的交互作用后,最好留有空列,否则必须进行重复实验以考察实验误差。

本章实验考察的两个因素为 5 水平,并且考虑交互作用对模型参数的影响。通过查找常用的正交表,选择 $L_{25}(5^6)$ 为适宜正交表。由于 5 水平交互作用所占列数为 4,因此没有空列考察实验误差,需要进行重复实验来考察实验误差。在相同条件下,进行两次 EIS 实验,并进行 ECM 的参数估计。

4）表头设计,编制实验方案

表头设计就是将实验因素和交互作用合理地安排到所选正交表的各列中。本章实验考察因素间的交互作用,各因素应按照对应的正交表的交互作用列表来进行安排,其表头设计见表 4-1 的第一行。

表 4-1　ECM 参数估计的实验方案及结果

实验号	实验因素									
	温度/℃ (A)	SOC/% (B)	$(A \times B)_1$	$(A \times B)_2$	$(A \times B)_3$	$(A \times B)_4$	R_O	R_i	R_{ct}
1	1 (−20)[a]	1 (10)[a]	1	1	1	1	0.00948	0.12989	0.20993
							0.00903	0.13183	0.18386
2	1	2 (30)[a]	2	2	2	2	0.00903	0.13112	0.14405
							0.00893	0.12231	0.12563
3	1	3 (50)[a]	3	3	3	3	0.00919	0.12958	0.12231
							0.00819	0.14189	0.11930
4	1	4 (70)[a]	4	4	4	4	0.00953	0.13026	0.13078
							0.01023	0.11973	0.12773
5	1	5 (100)[a]	5	5	5	5	0.00928	0.11554	0.20250
							0.00876	0.10497	0.18704

续表

实验号	实验因素							R_O	R_i	R_{ct}
	温度/℃ (A)	SOC/% (B)	$(A \times B)_1$	$(A \times B)_2$	$(A \times B)_3$	$(A \times B)_4$				
6	2（−10）[a]	1	2	3	4	5		0.00867	0.03374	0.10997
								0.00902	0.03282	0.10356
7	2	2	3	4	5	1		0.00836	0.02801	0.05817
								0.00904	0.03005	0.05580
8	2	3	4	5	1	2		0.00827	0.03575	0.05504
								0.00787	0.04168	0.04146
9	2	4	5	1	2	3		0.00898	0.03198	0.06450
								0.00881	0.03428	0.05609
10	2	5	1	2	3	4		0.00733	0.02694	0.09861
								0.00653	0.02632	0.10295
11	3（5）[a]	1	3	5	2	4		0.00692	0.00926	0.07012
								0.00692	0.00926	0.07012
12	3	2	4	1	3	5		0.00713	0.00664	0.01751
								0.00713	0.00664	0.01751
13	3	3	5	2	4	1		0.00690	0.00735	0.01207
								0.00689	0.00735	0.01207
14	3	4	1	3	5	2		0.00640	0.00744	0.01092
								0.00639	0.00744	0.01092
15	3	5	2	2	1	3		0.00695	0.00808	0.04725
								0.00595	0.00808	0.04725
16	4（25）[a]	1	4	3	5	3		0.00406	0.00265	0.01229
								0.00406	0.00265	0.01229
17	4	2	5	4	1	4		0.00427	0.00149	0.00472
								0.00426	0.00149	0.00472
18	4	3	1	5	2	5		0.00444	0.00114	0.00350
								0.00444	0.00114	0.00349
19	4	4	2	1	3	1		0.00371	0.00149	0.00347
								0.00371	0.00149	0.00347
20	4	5	3	4	4	2		0.00361	0.00269	0.01269
								0.00361	0.00269	0.01269
21	5（45）[a]	1	5	4	3	2		0.00394	0.00064	0.00377
								0.00424	0.00064	0.00377
22	5	2	1	5	4	3		0.00393	0.00039	0.00162
								0.00393	0.00039	0.00162

续表

实验号	温度/℃ (A)	SOC/% (B)	$(A×B)_1$	$(A×B)_2$	$(A×B)_3$	$(A×B)_4$	R_O	R_i	R_{ct}
					实验因素				
23	5	3	2	1	5	4	0.00371	0.00027	0.00124
							0.00371	0.00027	0.00124
24	5	4	3	2	1	5	0.00348	0.00034	0.00126
							0.00348	0.00034	0.00126
25	5	5	4	3	2	1	0.00350	0.00064	0.00480
							0.00349	0.00064	0.004802

a. 括号内为实际温度和 SOC 值。

在表头设计的基础上，将所选正交表中各列的不同水平数字换成对应各因素相应水平值，便形成了实验方案，见表 4-1。实验方案设计完成后，就可以按照实验方案实施实验。实验实施后，将实验结果填入相应位置，实验结果见表 4-1 的后 3 列。

4.3.2　考虑交互作用的双因素方差分析

方差分析的基本思想就是根据数据资料的设计类型，把实验数据的总波动分解为两部分，一部分反映由实验水平变化引起的波动，另一部分反映由实验误差引起的波动。然后，构造 F 统计量，进行 F 检验，以判断各个实验因素的作用是否显著[16, 17]。

利用 4.3.1 节表 4-1 中 ECM 参数估计的实验结果，计算平方和、自由度，计算方差，进行显著性检验。采用 Excel 数据分析工具中的方差分析（可重复双因素分析）能够方便地获得方差分析表，R_O、R_i 和 R_{ct} 方差分析结果分别见表 4-2、表 4-3 和表 4-4[18]。从表 4-2～表 4-4 方差分析结果可以看出，因素 SOC、温度和交互作用的影响均高度显著。由 F 值可以判断，各因素对实验指标的影响主次顺序依次为温度、SOC 和交互作用。

表 4-2　R_O 方差分析表

差异源	离均差平方和	自由度	均方	F 检验	P 值	$F_{0.01}$ 临界值
SOC	$3.51×10^{-6}$	4	$8.79×10^{-7}$	9.79356	$6.58×10^{-5}$	4.17742
温度	0.000241	4	$6.02×10^{-5}$	670.7042	$4.93×10^{-25}$	4.17742
交互	$5.97×10^{-6}$	16	$3.73×10^{-7}$	4.157901	0.000745	2.81329
内部	$2.24×10^{-6}$	25	$8.97×10^{-8}$			
总计	0.000252	49				

表 4-3　R_i 方差分析表

差异源	离均差平方和	自由度	均方	F 值	P 值	$F_{0.01}$ 临界值
SOC	0.000284	4	7.1×10^{-5}	7.078858	0.00591	4.17742
温度	0.112589	4	0.028147	2807.525	9.16×10^{-33}	4.17742
交互	0.000634	16	3.96×10^{-5}	3.953468	0.001076	2.81329
内部	0.000251	25	1×10^{-5}			
总计	0.113758	49				

表 4-4　R_{ct} 方差分析表

差异源	离均差平方和	自由度	均方	F 值	P 值	$F_{0.01}$ 临界值
SOC	0.014693	4	0.003673	115.0094	1.03×10^{-15}	4.17742
温度	0.160178	4	0.040044	1253.756	2.1×10^{-28}	4.17742
交互	0.007988	16	0.000499	15.63186	3.24×10^{-9}	2.81329
内部	0.000798	25	3.19×10^{-5}			
总计	0.183657	49				

4.3.3　正交分段多项式 Arrhenius 温度与 SOC 模型

正交设计能够利用较少的实验次数，获得较佳的实验结果。但是，正交设计不能根据所得样本数据确定变量间的相关关系及其相应的回归方程。第 3 章中使用的传统回归分析，只能被动地处理由实验所得的数据，而不能对实验的设计安排做任何要求。这样不仅盲目地增加了实验次数，而且造成在多因素实验的分析中，由于设计的缺陷而达不到预期实验目的。为了以较少的实验建立精度较高的方程，要求主动将实验安排、数据处理和回归方程的精度统一起来加以考虑。因而有必要引入将回归分析与正交设计有机结合在一起的实验设计与统计分析方法。回归正交设计就是在因子空间选择适当的实验点，以较少的实验处理，建立有效的回归方程，从而解决实际中的优化问题。

回归正交设计通常分为一次回归正交设计和二次回归正交设计，其回归方程为一次多元回归函数和二次多元回归函数。然而，通过第 3 章的 3.4.2 节和本章的 4.2.3 节的分析，ECM 参数温度和 SOC 影响的回归函数不满足一次和二次多元回归函数的形式。因此，需要针对 ECM 参数温度和 SOC 的影响建立合适的回归方程。在第 3 章中分别对电池特征阻抗随温度和 SOC 变化建立了 Arrhenius 模型和多项式模型，这些模型适用于 ECM 参数温度和 SOC 的建模，因为它们具有相同的物理意义[19-21]。4.3.2 节中得出各因素对 ECM 模型参数的影响主次顺序为温度、

SOC 和交互作用的结论。综上，考虑温度和 SOC 双因素交互作用的 ECM 参数回归模型应该以温度影响的 Arrhenius 模型形式为基础，以 SOC 影响的多项式模型为参数。这样既能够修正 Arrhenius 模型的系数，又能够兼顾双因素的交互作用。由此可得多项式 Arrhenius 温度和 SOC 双因素模型如下：

$$1/R_x(T,SOC) = R_{x,A}(SOC) \cdot \exp\left[-R_{x,E_a}(SOC)/RT\right] \tag{4-15}$$

$$R_{x,A}(SOC) = \sum_{i=0}^{N} \alpha_{i,A} SOC^i \tag{4-16}$$

$$R_{x,E_a}(SOC) = \sum_{i=0}^{N} \alpha_{i,E_a} SOC^i \tag{4-17}$$

由于 SECM 参数包含多个电化学元件，每个元件在不同的温度区间占据主导地位，为了更加细化地描述不同温度区间元件的主导作用，进一步将多项式 Arrhenius 温度和 SOC 双因素模型用分段函数的形式描述。本实验采用 5 水平温度因素，可以分为 1~4 段，以 2 段分段函数为例，其表达式如下：

$$\begin{cases} 1/R_x(T,SOC) = R_{x,A,S_1}(SOC) \cdot \exp\left[-R_{x,E_a,S_1}(SOC)/RT\right] & 253K \leqslant T < T_1 \\ 1/R_x(T,SOC) = R_{x,A,S_2}(SOC) \cdot \exp\left[-R_{x,E_a,S_2}(SOC)/RT\right] & T_1 \leqslant T \leqslant 318K \end{cases}$$

$$\tag{4-18}$$

其中，$R_{x,A,S}$ 和 $R_{x,E_a,S}$ 分别与式（4-16）和式（4-17）中定义相同。

在本实验设计中，为了考虑交互作用的双因素方差分析，在相同条件下进行两次 EIS 实验。相比于传统的全面实验，虽然实验次数没有减少，但是实验准备时间减少了一半。通过本实验已经了解各因素和交互作用的主次顺序，后续应用可以作为已知经验，这样可以省略方差分析的过程。直接采用无重复 EIS 实验的正交设计进行分段多项式 Arrhenius 温度和 SOC 模型回归，与传统全面实验相比，实验次数减少一半。

4.3.4　OPPA-SECM

不考虑方差分析，利用正交实验设计建立 OPPA-SECM，完成过程如图 4-5 所示，主要包括 4 个过程。①正交实验设计，与 4.3.1 节中的设计过程类似，由于不用考虑交互作用的方差分析，选用的 $L_{25}(5^6)$ 正交表有 4 列可以计算误差，不用重复实验。②SECM 参数估计，温度为–20℃、–10℃、5℃、25℃和 45℃的 5 个点，SOC 为 10%、30%、50%、70%和 100%的 5 个点，基于以上 25 个 EIS 实验数据，采用 CNLS 估计 SECM 的参数 $R_{x,SECM} = [R_O, R_i, n_i, Q_i, R_{ct}, n_{ct}, Q_{ct}, R_W, \tau_W, n_W]$。③OPPA 参数估计，段数从 1~4 的 4 个值，阶数从 1~4 的 4 个值，分别对以上 16 种情况，利用非线性最小二乘（nonlinear least squares, NLS）估计 OPPA 模

型参数 $\alpha_i = \left[\alpha_{i,A}, \alpha_{i,E_a} \right]$。④OPPA-SECM，选择某个段数和阶数预测效果最好的
模型参数，将模型参数加载到对应段数和阶数的 OPPA。选择温度和 SOC 值，利
用加载参数的 OPPA 获得 SECM 的参数。最后，将参数加载到 SECM 就能够得到
复阻抗的预测值 Z_{SECM}。

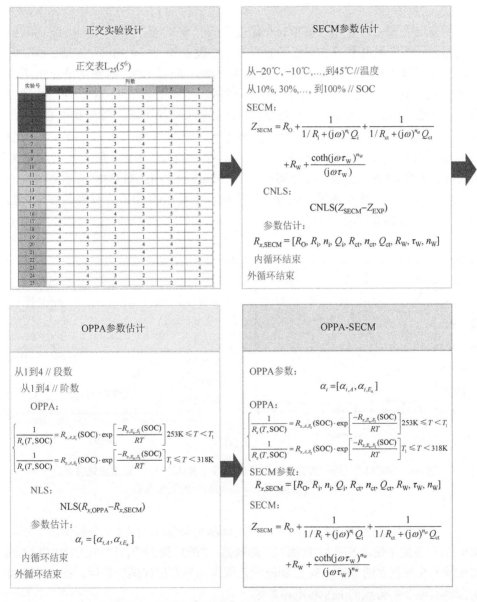

图 4-5 基于正交实验设计建立 OPPA-SECM 全过程

4.4　结果与分析

4.4.1　SECM 的预测性能评估

所提出的 SECM 被用来模拟每个温度下所有 SOC 值的 EIS。图 4-6（a）和（b）分别显示了不同温度和 SOC 值下的预测均方根误差（root mean square error，RMSE）。从图 4-6（a）可以看出，预测的 RMSE 随着 SOC 的变化呈现出不规则的波动，这主要是由第 3 章 3.4.1 节和本章 4.2.3 节分析的 SECM 中各电路参数的波动造成的。从图 4-6（b）可以看出，随着温度的下降，预测 RMSE 增大，这是因为模型参数随着温度的降低而逐渐增大（见第 3 章 3.4.1 节和本章 4.2.3 节），其测量的系统误差和随机误差会增大。在-20℃、-10℃、5℃、25℃和 45℃条件下，预测 RMSE 的最大值分别小于 3.220mΩ、1.710mΩ、0.333mΩ、0.078mΩ 和 0.072mΩ。这些微小的预测误差足以表明，所提出的 SECM 能够捕捉不同温度和 SOC 下 EIS 的非线性行为。

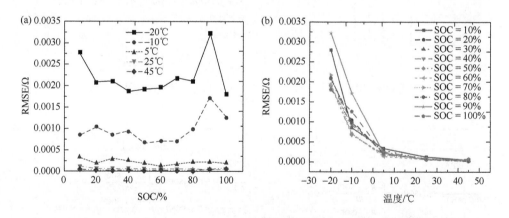

图 4-6　SECM 的预测 RMSE：（a）不同温度下 RMSE 与 SOC 的依赖关系；
（b）不同 SOC 下 RMSE 与温度的依赖关系

为了说明所建立的 SECM 能否很好地预测实验 EIS，图 4-7 分别给出了不同 SOC 值和温度下使用 SECM 预测 EIS 的数据。实验结果表明，所提出的 SECM EIS 与实验 EIS 在很宽的频率、SOC 和温度范围内都具有很好的一致性。该方法可用于预测其他非实验点的 EIS 和电路参数。

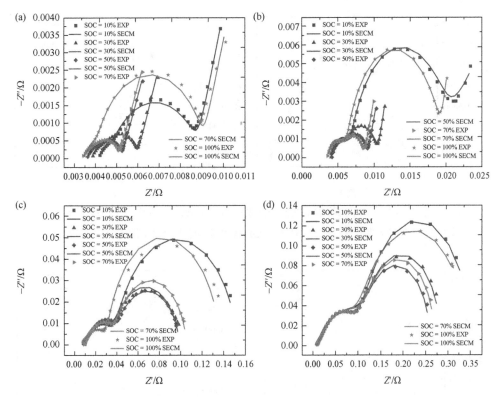

图 4-7　采用 SECM 在 45℃（a）、25℃（b）、-10℃（c）和-20℃（d）不同
SOC 下的阻抗预测数据

4.4.2　OPPA 的预测性能评估

为了评估所提出的 OPPA 的预测性能，并且指导 OPPA 段数和阶数的选择，SECM 模型参数 R_O、R_i 和 R_{ct} 在不同段数和不同阶数下的预测 ARMSE 和 RMSE 分别如图 4-8～图 4-10 所示。图 4-8（a）为 R_O 的 OPPA 在不同段数和不同阶数下所有温度和 SOC 处的预测 ARMSE。可以发现尽管在 3 段处出现一些异常波动，但整体趋势随着段数的增加 OPPA 对 R_O 的预测准确度逐渐增加。4 段 OPPA 的平均根均方误差（ARMSE）最小，从 1 阶到 4 阶分别为 0.308mΩ、0.295mΩ、0.275mΩ 和 0.376mΩ。R_O 的 OPPA 的段数确定为 4。图 4-8（b）为 R_O 的 4 段 OPPA 在不同温度下不同阶数的预测 RMSE。随着阶数的增加，RMSE 呈现先减小后增大的趋势。从 1 阶到 4 阶，RMSE 的平均值分别为 0.263mΩ、0.249mΩ、0.237mΩ 和 0.307mΩ。R_O 的 OPPA 的阶数确定为 3。

图 4-9（a）为 R_i 的 OPPA 在不同段数和不同阶数下所有温度和 SOC 处的预测 ARMSE。可以发现随着段数的增加，OPPA 对 R_i 的预测准确度整体呈现逐渐增加的

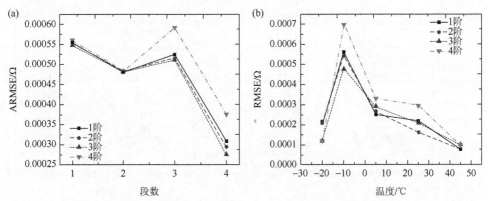

图4-8　R_O 在不同段数和不同阶数下的预测结果：（a）OPPA 在不同段数和不同阶数下所有温度和 SOC 处的预测 ARMSE；（b）4 段 OPPA 在不同温度下不同阶数的预测 RMSE

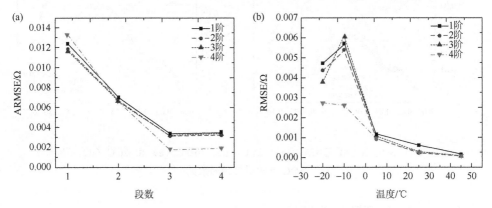

图4-9　R_i 在不同段数和不同阶数下的预测结果：（a）OPPA 在不同段数和不同阶数下所有温度和 SOC 处的预测 ARMSE；（b）3 段 OPPA 在不同温度下不同阶数的预测 RMSE

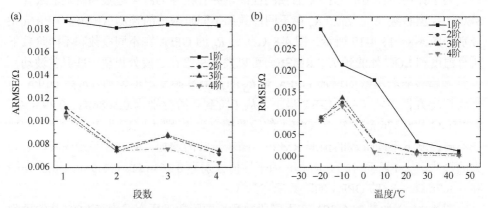

图4-10　R_{ct} 在不同段数和不同阶数下的预测结果：（a）OPPA 在不同段数和不同阶数下所有温度和 SOC 处的预测 ARMSE；（b）4 段 OPPA 在不同温度下不同阶数的预测 RMSE

趋势。3 段和 4 段 OPPA 的 ARMSE 比较接近，3 段的 ARMSE 略小，从 1 阶到 4 阶分别为 3.37mΩ、3.13mΩ、3.22mΩ 和 1.74mΩ。R_i 的 OPPA 的段数确定为 3。图 4-9（b）为 R_i 的 3 段 OPPA 在不同温度下不同阶数的预测 RMSE。随着阶数的增加，RMSE 呈现逐渐减小的趋势。从 1 阶到 4 阶，RMSE 的平均值分别为 2.47mΩ、2.19mΩ、2.23mΩ 和 1.32mΩ。R_i 的 OPPA 的阶数确定为 4。

图 4-10（a）为 R_{ct} 的 OPPA 在不同段数和不同阶数下所有温度和 SOC 处的预测 ARMSE。可以发现随着段数的增加，除了 3 段处微小的奇异外，OPPA 对 R_{ct} 的预测准确度整体呈现逐渐增加的趋势。4 段 OPPA 的 ARMSE 最小，从 1 阶到 4 阶分别为 18.27mΩ、7.11mΩ、7.38mΩ 和 6.35mΩ。R_{ct} 的 OPPA 的段数确定为 4。图 4-10（b）为 R_{ct} 的 4 段 OPPA 在不同温度下不同阶数的预测 RMSE。随着阶数的增加，RMSE 呈现逐渐减小的趋势。从 1 阶到 4 阶，RMSE 的平均值分别为 14.70mΩ、5.26mΩ、5.35mΩ 和 4.24mΩ。R_{ct} 的 OPPA 的阶数确定为 4。

通过以上分析可以看出，为了达到精准的预测结果，SECM 中每个参数的 OPPA 的段数和阶数都不相同。其他模型参数的 OPPA 的段数和阶数确定过程与以上 3 个参数相同，在此不再赘述。

4.4.3　OPPA-SECM 与 FPPA-SECM 的预测性能比较

为了说明预测性能，将 OPPA-SECM 和 FPPA-SECM 的预测性能进行比较。图 4-11（a）显示了在–20～45℃温度下 OPPA-SECM 和 FPPA-SECM 预测 RMSE 与 SOC 之间的关系误差比较。可以发现随着 SOC 的变化，RMSE 出现不规则的波动。OPPA-SECM 与 FPPA-SECM 的 RMSE 相近，并且在部分 SOC 处 OPPA-SECM 比 FPPA-SECM 的 RMSE 略小。图 4-11（b）显示了在 10%～100% SOC 条件下

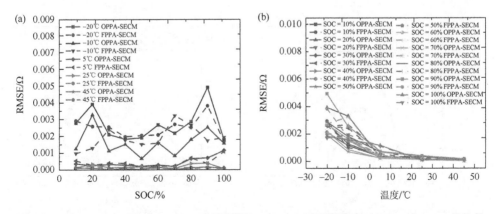

图 4-11　OPPA-SECM 和 FPPA-SECM 的预测 RMSE：（a）不同温度下 RMSE 与 SOC 的依赖关系；（b）不同 SOC 下 RMSE 与温度的依赖关系

OPPA-SECM 和 FPPA-SECM 预测 RMSE 与温度之间的关系误差比较。可以发现随着温度的降低，RMSE 呈现增加的趋势。同样，OPPA-SECM 与 FPPA-SECM 的 RMSE 也很接近，并且部分温度处 OPPA-SECM 比 FPPA-SECM 的 RMSE 略小。与 SECM 相比，OPPA-SECM 和 FPPA-SECM 两个模型的精度都好，而 OPPA-SECM 只用了一半的实验数据。

　　图 4-12 显示了在不同温度下 OPPA-SECM 和 FPPA-SECM 在 40%、60% 和 100% SOC 处 EIS 的预测性能。对于 OPPA-SECM 而言，40% 和 60% 的实验数据是未知的，100% 的实验数据是已知的，这保证了验证的全面性。从图 4-12（a）可以看出，在高频区域 OPPA-SECM 和 FPPA-SECM 在所有 SOC 处与实验数据保持较好的一致性。在中频区域，OPPA-SECM 和 FPPA-SECM 在所有 SOC 处与实验数据相比均有略微的低估。在低频区域，在 40% 和 100% SOC 处略有低估，而在 60% SOC 处略有高估。从图 4-12（b）可以看出，在高中低频区域 OPPA-SECM 和 FPPA-SECM 在所有 SOC 处与实验数据都保持较好的一致性。从图 4-12（c）可以看出，在高频区域 OPPA-SECM 和 FPPA-SECM 在所有 SOC 处与实验数据保

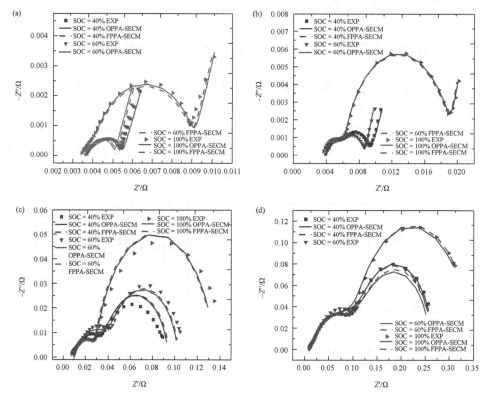

图 4-12　采用 OPPA-SECM 和 FPPA-SECM 对 45℃（a）、25℃（b）、–10℃（c）和–20℃（d）在 40%、60% 和 100% SOC 下的阻抗数据进行预测

持较好的一致性。在中低频区域，OPPA-SECM 和 FPPA-SECM 在所有 SOC 处均表现出部分高估和部分低估。从图 4-12（d）可以看出，在高频区域 OPPA-SECM 和 FPPA-SECM 在所有 SOC 处与实验数据保持较好的一致性。在中低频区域，OPPA-SECM 和 FPPA-SECM 在 40%和 100% SOC 处与实验数据有很好的吻合度，而在 60% SOC 处与实验数据相比略微低估。通过以上验证结果可以发现，OPPA-SECM 和 FPPA-SECM 对高频区域的阻抗预测准确度较高，而中低频区域的阻抗预测准确度略低。这主要由于相比于高频区域，中低频区域的模型参数占比更大，会导致更大的预测系统误差和随机误差。以上两个模型都能够对 EIS 的非线性特性进行准确的预测，OPPA-SECM 在实验数量方面更具有优势。

4.5　本 章 小 结

本章提出了 OPPA-SECM 来预测不同温度和 SOC 下的 EIS。首先，本章从第一性原理的角度，基于 SLELB 电极过程建立了 ECM，并根据 EIS 的频谱区间特性对 ECM 进行简化得到了 SECM。利用 CNLS 算法对 SECM 的参数进行估计。其次，设计了双因素正交实验，对温度、SOC 及其交互作用进行了方差分析，给出以上因素对实验指标影响的主次顺序依次为温度、SOC 及其交互作用。基于温度影响 Arrhenius 方程的形式，结合 SOC 影响多项式模型，建立了 OPPA。利用 OPPA 修正 SECM 的模型参数，给出了完整 OPPA-SECM 的建立过程。最后，通过实验验证，SECM 在不同 SOC 和温度条件下对 EIS 表现出较好的预测性能。对 SECM 参数不同段数和阶数的 OPPA 预测性能进行讨论。对比了 OPPA-SECM 和 FPPA-SECM 对 EIS 的预测性能，结果表明两种模型的预测性能相近，而 OPPA-SECM 仅用一半的实验数量。

综上所述，在实验优化设计和统计分析理论的指导下，第 3 章和第 4 章对 SLELB 进行完整的实验设计、回归分析、模型建立和预测性能分析。按照从简到繁的研究顺序，提出温度和 SOC 单因素 SLELB 阻抗特性的回归模型，以及温度和 SOC 双因素 SLELB 的正交分段多项式 Arrhenius 模型。按照从原理到实用的工程应用顺序，基于 SLELB 电极过程建立 ECM，并根据 EIS 的频谱特性对 ECM 进行简化。以上建模的思路和过程，不仅适用于 SLELB，也同样适用于传统的液体电解质电池和未来的全固态电池。这些模型能够精确描述 SLELB 在不同影响因素下的行为，提高对 SLELB 电极过程的理解，以及预测 SLELB 的 EIS，为电池管理关键算法提供支撑。

参 考 文 献

[1]　Wang X，Wei X，Zhu J，et al. A review of modeling，acquisition，and application of lithium-ion battery impedance for onboard battery management[J]. Etransportation，2021，7：100093.

[2]   Wang Y，Tian J，Sun Z，et al. A comprehensive review of battery modeling and state estimation approaches for advanced battery management systems[J]. Renewable & Sustainable Energy Reviews，2020，131：110015.

[3]   Westerhoff U，Kurbach K，Lienesch F，et al. Analysis of lithium-ion battery models based on electrochemical impedance spectroscopy[J]. Energy Technology，2016，4（12）：1620-1630.

[4]   Choi W，Shin H C，Kim J M，et al. Modeling and applications of electrochemical impedance spectroscopy（EIS）for lithium-ion batteries[J]. Journal of Electrochemical Science and Technology，2020，11（1）：1-13.

[5]   Andre D，Meiler M，Steiner K，et al. Characterization of high-power lithium-ion batteries by electrochemical impedance spectroscopy. Ⅱ：Modelling[J]. Journal of Power Sources，2011，196（12）：5349-5356.

[6]   Wang Y，Gao G，Li X，et al. A fractional-order model-based state estimation approach for lithium-ion battery and ultra-capacitor hybrid power source system considering load trajectory[J]. Journal of Power Sources，2020，449：227543.

[7]   Wang Y，Li M，Chen Z. Experimental study of fractional-order models for lithium-ion battery and ultra-capacitor：Modeling，system identification，and validation[J]. Applied Energy，2020，278：115736.

[8]   Wang Q K，He Y J，Shen J N，et al. State of charge-dependent polynomial equivalent circuit modeling for electrochemical impedance spectroscopy of lithium-ion batteries[J]. IEEE Transactions on Power Electronics，2017，33（10）：8449-8460.

[9]   Andre D，Meiler M，Steiner K，et al. Characterization of high-power lithium-ion batteries by electrochemical impedance spectroscopy. Ⅰ. Experimental investigation[J]. Journal of Power Sources，2011，196（12）：5334-5341.

[10]   Skoog S，David S. Parameterization of linear equivalent circuit models over wide temperature and SOC spans for automotive lithium-ion cells using electrochemical impedance spectroscopy[J]. Journal of Energy Storage，2017，14：39-48.

[11]   Busche M R，Drossel T，Leichtweiss T，et al. Dynamic formation of a solid-liquid electrolyte interphase and its consequences for hybrid-battery concepts[J]. Nature Chemistry，2016，8（5）：426-434.

[12]   Xu J，Wang T，Pei L，et al. Parameter identification of electrolyte decomposition state in lithium-ion batteries based on a reduced pseudo two-dimensional model with Padé approximation[J]. Journal of Power Sources，2020，460：228093.

[13]   Feng Z，Niu W，Cheng C，et al. Hydropower system operation optimization by discrete differential dynamic programming based on orthogonal experiment design[J]. Energy，2017，126：720-732.

[14]   Xi H，Zhang H，He Y L，et al. Sensitivity analysis of operation parameters on the system performance of organic rankine cycle system using orthogonal experiment[J]. Energy，2019，172：435-442.

[15]   Jiaqiang E，Zeng Y，Jin Y，et al. Heat dissipation investigation of the power lithium-ion battery module based on orthogonal experiment design and fuzzy grey relation analysis[J]. Energy，2020，211：118596.

[16]   Zhang J T. An approximate degrees of freedom test for heteroscedastic two-way ANOVA[J]. Journal of Statistical Planning and Inference，2012，142（1）：336-346.

[17]   Xu L W，Yang F Q，Qin S. A parametric bootstrap approach for two-way ANOVA in presence of possible interactions with unequal variances[J]. Journal of Multivariate Analysis，2013，115：172-180.

[18]   Assaad H I，Hou Y，Zhou L，et al. Rapid publication-ready MS-Word tables for two-way ANOVA[J]. Springerplus，2015，4：1-9.

[19]   Feng F，Lu R，Wei G，et al. Online estimation of model parameters and state of charge of $LiFePO_4$ batteries using a novel open-circuit voltage at various ambient temperatures[J]. Energies，2015，8（4）：2950-2976.

[20]   Feng F，Lu R，Zhu C. A combined state of charge estimation method for lithium-ion batteries used in a wide ambient temperature range[J]. Energies，2014，7（5）：3004-3032.

[21]   Feng F，Teng S，Liu K，et al. Co-estimation of lithium-ion battery state of charge and state of temperature based on a hybrid electrochemical-thermal-neural-network model[J]. Journal of Power Sources，2020，455：227935.

第5章 基于多温度路径 OCV-扩展安时积分的融合 SOC 估计

5.1 引　言

热管理系统（thermal management system，TMS）可以优化电池使用过程中的环境温度。然而，电池是否配备 TMS 将会影响其温度工况。特别是在变温条件下，工程实际中最常用的两种 SOC 估计方法，即安时积分法和长时间静置 OCV 法，将会存在以下问题：①传统方法仅在标称工作条件（温度条件和电流条件）下给出电池容量、库仑效率和 SOC 的定义。在不同工作条件下，电池状态和参数没有明确的定义，因此电池 SOC 的估计结果将会失去意义；另外，如果没有一致的 SOC 定义，不同的 SOC 估计方法之间将无法融合。②2.3.3～2.3.5 节中的分析结果表明，不同的温度路径将会导致电池 OCV 的偏移，这将给传统的 OCV 法引入误差。③2.3.1 节和 2.3.2 节中对电池特性分析的结果表明，不同的工作条件将会影响电池的容量特性和库仑效率特性，电池特性的变化将给电池 SOC 估计带来不利影响。

为了解决以上问题，本章在已有的电池标称工作条件的基础上，完善电池工作条件的概念，给出不同工作条件下的 SOC 定义及在有无 TMS 情况下的工程应用分析。OCV 是电池 SOC 稳定的外特性表示，本章通过建立不同温度路径下的 SOC-OCV 映射模型，提高了不同工作条件下初始 SOC 的估计精度。为了实现不同工作条件下的 SOC 在线计算，通过建立库仑效率、等效库仑效率与温度的模型，建立可释放容量损失、总容量与温度的模型，扩展了安时积分法的温度适用性，实现了在不同工作条件下 SOC 的精确在线计算。最后，应用多路径 OCV 法结合扩展安时积分建立不同工作条件下的 SOC 估计方法。本章末尾采用恒温和变温实验对所提出的算法进行验证。

5.2　不同工作条件下电池参数和 SOC 的定义

5.2.1　工作条件的概念

根据 USABC 电池测试手册中的规定[1-6]，本章将标称温度 T_R 和标称倍率 I_R 条件定义为标称工作条件，简称标称条件。通常，标称条件在电池测试手册中规定或者由电池制造商提供。电池在标称条件下使用能够表现出最佳的性能。本章中，默认 $T_R = 20℃$，$I_R = C/3$。

本章将温度和电流其中之一或全部为非标称温度 T_N 和非标称倍率 I_N 条件定义为非标称工作条件，简称非标称条件。非标称条件应该在电池制造商推荐的技术参数范围内，否则需要经过电池制造商的技术人员确定。通常，非标称温度 T_N 的定义域为 $[T_{min}, T_R) \cup (T_R, T_{max}]$；非标称倍率 I_N 的定义域为 $[I_{min}, I_R) \cup (I_R, I_{max}]$。本章中，非标称温度 T_N 的定义域为 $[-30℃, 20℃) \cup (20℃, 40℃]$；非标称倍率 I_N 的定义域为 $(C/3, 2C)$。

标称条件和非标称条件的并集定义为全条件，因此全温度 T 的定义域为 $[T_{min}, T_{max}]$，全倍率 I 的定义域为 $[I_{min}, I_{max}]$。

5.2.2　不同工作条件下容量的定义及测试

1. 标称和非标称容量的定义

基于 2.3.1 节中容量特性分析的结果，电池的容量受工作温度和电流的影响非常敏感。因此，在定义电池容量时需要具体指定电池的工作条件。本节中，根据电池工作在标称条件和非标称条件下，分别给出了标称容量和非标称容量的定义，并且给出了标称和非标称总容量的测试方法以及非标称容量损失的测试方法。

1）标称容量的定义

标称总容量 C_{I_R, T_R} 是指在标称条件下可以从电池释放出的安时积分量，其放电过程起始于满充状态，终止于电压达到下限截止电压，随后静置合适的时间。这里的满充状态是指电池在标称条件下充电至上限截止电压，并且静置合适时间后的状态。

标称总容量 C_{I_R, T_R} 是标称可释放容量 C_{I_R, T_R}^r 与标称可充电容量 C_{I_R, T_R}^c 之和。标称可释放容量 C_{I_R, T_R}^r 是指在标称条件下可以从当前状态电池释放出的安时积分量，其放电过程终止于电压达到下限截止电压，随后静置合适的时间。

标称可充电容量 C_{I_R, T_R}^c 是指在标称条件下可以从当前状态电池充入的安时积分量，其充电过程终止于电压达到上限截止电压，随后静置合适的时间。标称总容量 C_{I_R, T_R}、标称可释放容量 C_{I_R, T_R}^r 和标称可充电容量 C_{I_R, T_R}^c 之间的关系如图 5-1 所示。

2）非标称容量的定义

非标称总容量 C_{I_N, T_N} 是指在某一个非标称条件下可以从电池释放出的安时积

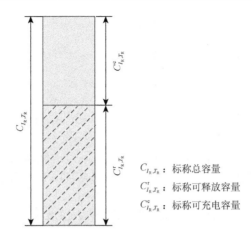

图 5-1　标称条件下几种容量的定义

分量，其放电过程起始于满充状态，终止于电压达到下限截止电压，随后静置合适的时间。这里的满充状态是指电池在该非标称条件下充电至上限截止电压，并且静置合适时间后的状态。

非标称总容量 C_{I_N,T_N} 是该非标称条件下可释放容量 C_{I_N,T_N}^r 与可充电容量 C_{I_N,T_N}^c 之和。非标称可释放容量 C_{I_N,T_N}^r 是指在非标称条件下可以从当前状态电池释放出的安时积分量（当前状态应该在该非标称条件下总容量范围内），其放电过程终止于电压达到下限截止电压，随后静置合适的时间。

非标称可充电容量 C_{I_N,T_N}^c 是指在非标称条件下可以从当前状态电池充入的安时积分量（当前状态应该在该非标称条件下总容量范围内），其充电过程终止于电压达到上限截止电压，随后静置合适的时间。

非标称可释放容量损失 C_{I_N,T_N}^{lr} 是指分别在标称和非标称条件下可以从当前状态电池释放出的安时积分量之差（当前状态应该在该非标称条件下总容量范围内），其放电过程终止于电压达到下限截止电压，随后静置合适的时间。

非标称可充电容量损失 C_{I_N,T_N}^{lc} 是指分别在标称和非标称条件下可以从当前状态电池充入的安时积分量之差（当前状态应该在该非标称条件下总容量范围内），其充电过程终止于电压达到上限截止电压，随后静置合适的时间。

标称总容量 C_{I_R,T_R}、非标称总容量 C_{I_N,T_N}、非标称可释放容量 C_{I_N,T_N}^r、非标称可充电容量 C_{I_N,T_N}^c、非标称可释放容量损失 C_{I_N,T_N}^{lr} 和非标称可充电容量损失 C_{I_N,T_N}^{lc} 之间的关系如图 5-2 所示。该图描述了非标称条件下电池总容量相对于标称条件下电池总容量的使用范围。明确非标称总容量的使用范围，为不同的 SOC 估计方法融合奠定基础。

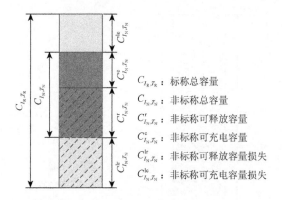

图 5-2　非标称条件下几种容量的定义

2. 标称和非标称总容量测试

1）测试程序

标称总容量的测试方法与 2.2.3 节中以标称电流恒流放电实验的过程相同,本节主要介绍非标称总容量测试方法。下面先给出标称条件、非标称条件下充放电过程的描述。

标称充电:电池在标称温度 T_R 条件下,以标称倍率 I_R 恒流充电,达到上限截止电压时终止,静置 1h。

标称放电:电池在标称温度 T_R 条件下,以标称倍率 I_R 恒流放电,达到下限截止电压时终止,静置 1h。

非标称充电:将电池搁置在非标称温度 T_N 下足够长的时间使其达到热平衡,以非标称倍率 I_N 恒流充电,达到上限截止电压时终止,静置合适的时间(温度越低,需要静置的时间越长)。

非标称放电:将电池搁置在非标称温度 T_N 下足够长的时间使其达到热平衡,以非标称倍率 I_N 恒流放电,达到下限截止电压时终止,静置合适的时间(温度越低,需要静置的时间越长)。

非标称总容量测试过程如下。

(1)按非标称充电过程将电池充满,充电前需要确认电池状态在该非标称条件下总容量范围内。

(2)按非标称放电过程将电池放空,此步骤中的非标称条件与步骤(1)中的非标称条件一致。

(3)循环执行步骤(1)和(2)3 次。当连续 3 次放电安时积分偏差小于 2%时,认为电池容量达到稳定;否则,需要重复进行该循环实验。

详细的非标称总容量测试程序如表 5-1 所示。

表 5-1　非标称总容量测试程序

序号	实验程序	截止条件	其他信息
1	开始实验		
2	开始循环 1		初始循环次数 = 1
3	非标称充电		充电前需要确认电池状态在该非标称条件下总容量范围内
4	非标称放电		非标称条件与上一步中的非标称条件一致
5	结束循环 1	循环次数≥3	
6	计算 3 次放电安时积分偏差		
7	判断条件 1		如果安时积分偏差≥2%，返回"开始循环 1"；否则继续执行程序
8	结束实验		

2）测试结果

根据 YB-A 和 YB-C 在总容量测试过程中记录的安时积分数据，获得以下实验结果。表 5-2 和表 5-3 列出了不同温度条件和 C/3 电流条件下的 3 次测试结果及平均值。以上实验结果表明，随着温度的降低，电池的总容量将会下降。与 2.3.1 节中结果相比，10℃以下温度条件的总容量明显偏小，这主要由充电容量损失的存在所导致[7]。

表 5-2　YB-A 总容量测试结果

温度/℃	第 1 次测试/(A·h)	第 2 次测试/(A·h)	第 3 次测试/(A·h)	平均值/(A·h)
40	102.37	101.86	101.92	102.05
30	101.48	101.34	100.27	101.03
20	100.28	99.76	99.95	100.02
10	97.86	96.75	96.48	97.03
0	82.07	82.65	82.05	82.35
−10	65.98	65.90	66.86	65.94
−20	50.12	50.52	49.86	50.32

表 5-3　YB-C 总容量测试结果

温度/℃	第 1 次测试/(A·h)	第 2 次测试/(A·h)	第 3 次测试/(A·h)	平均值/(A·h)
40	18.06	18.38	18.52	18.32
30	18.49	18.48	17.96	18.22
20	18.16	17.93	18.42	18.17
10	17.88	17.95	18.2	18.01
0	17.92	17.68	18.02	17.85

温度/℃	第 1 次测试/(A·h)	第 2 次测试/(A·h)	第 3 次测试/(A·h)	平均值/(A·h)
−10	16.34	16.02	16.39	16.25
−20	12.59	12.47	12.35	12.47
−30	7.15	7.43	7.38	7.32

3. 非标称容量损失测试

1）非标称容量损失测试程序

在非标称温度 T_N 和非标称倍率 I_N 条件下容量损失测试程序如下：①按标准充电过程将电池充满；②按非标称放电过程将电池放空，记录放电安时积分 Q_1；③按非标称充电过程将电池充满；④按非标称放电过程将电池放空，记录放电安时积分 Q_2；⑤按标准充电过程将电池充满；⑥按标准放电过程将电池放空，记录放电安时积分 Q_3。

非标称容量损失测试过程中充放电顺序及相应的温度变化如图 5-3 所示。根据测试过程中记录的 3 个安时积分量 Q_1、Q_2 和 Q_3，非标称可释放容量损失 C_{I_N,T_N}^{lr} 和非标称可充电容量损失 C_{I_N,T_N}^{lc} 分别由式（5-1）和式（5-2）计算：

$$C_{I_N,T_N}^{lr} = Q_3 - Q_1 \tag{5-1}$$

$$C_{I_N,T_N}^{lc} = Q_1 - Q_2 \tag{5-2}$$

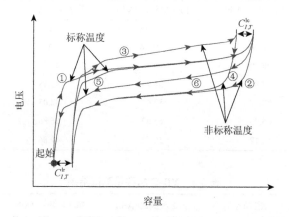

图 5-3　非标称容量损失测试过程

2）非标称容量损失测试结果

根据 YB-A 和 YB-C 在非标称容量损失测试过程中记录的 3 个安时积分数据，获得以下实验结果。表 5-4 和表 5-5 列出了不同温度条件和 C/3 电流条件下的非标称容量损失测试结果，随着温度的降低，非标称可释放容量损失和非标称可充电容量损失均上升。另外，在相同条件下非标称可释放容量损失与非标称可充电容量损失并不相同。YB-A 和 YB-C 的非标称可释放容量损失均大于相同条件下的非标称可充电容量损失。

表 5-4   YB-A 非标称容量损失测试结果

温度/℃	可释放容量损失/(A·h)	总容量/(A·h)	可充电容量损失/(A·h)
40	−1.07	102.05	−0.96
30	−0.54	101.03	−0.47
20	0	100.02	0
10	2.00	97.03	0.99
0	10.33	82.35	7.34
−10	22.03	65.94	12.05
−20	29.83	50.32	20.05

表 5-5   YB-C 非标称容量损失测试结果

温度/℃	可释放容量损失/(A·h)	总容量/(A·h)	可充电容量损失/(A·h)
40	−0.07	18.32	−0.05
30	−0.03	18.22	−0.02
20	0	18.17	0
10	0.1	18.01	0.06
0	0.19	17.85	0.13
−10	1.03	16.25	0.89
−20	3.03	12.47	2.67
−30	6.34	7.32	4.51

5.2.3   不同工作条件下库仑效率的定义及测试

库仑效率是基于安时积分的 SOC 估计方法中一个重要的参数，其由循环充放电过程中的安时积分计算得到。库仑效率测试过程与电池容量测试过程相似，因此库仑效率的定义同样需要指定电池的工作条件。本节中，根据电池充放电过程中所在的条件不同，扩展给出 16 种不同的库仑效率定义。此外，基于库仑效率的定义形式，推广给出等效充、放电库仑效率。同理，根据电池充放电过程所在的条件不同，分别扩展给出 10 种等效充、放电库仑效率。最后，给出了所有库仑效率的测试与计算方法。

1. 库仑效率定义

1）库仑效率

USABC 电池测试手册中给出的库仑效率定义为放电过程中的安时积分 Q^{Dis} 与使电池恢复放电之前状态所需的充电安时积分 Q^{Cha} 的比值[1]：

$$\eta = \frac{Q^{\text{Dis}}}{Q^{\text{Cha}}} \times 100\% \tag{5-3}$$

在库仑效率的定义中，放电过程可能在标称或非标称条件下进行，充电过程同样可能在以上两种条件下进行。将以上充、放电过程与不同工作条件进行排列组合，可以扩展得到 16 种库仑效率的定义，如表 5-6 所示。在表 5-6 中，第一列为不同条件下的充电安时积分，第一行为不同条件下的放电安时积分，不同工作条件下的库仑效率在对应行列的交叉位置。

表 5-6　不同条件下库仑效率的定义

充电安时积分	放电安时积分			
	$Q^{\text{Dis}}_{I_R,T_R}$	$Q^{\text{Dis}}_{I_R,T_N}$	$Q^{\text{Dis}}_{I_N,T_R}$	$Q^{\text{Dis}}_{I_N,T_N}$
$Q^{\text{Cha}}_{I_R,T_R}$	$\eta^{\text{Cha,Dis}}_{(I_R,T_R)(I_R,T_R)}$	$\eta^{\text{Cha,Dis}}_{(I_R,T_R)(I_R,T_N)}$	$\eta^{\text{Cha,Dis}}_{(I_R,T_R)(I_N,T_R)}$	$\eta^{\text{Cha,Dis}}_{(I_R,T_R)(I_N,T_N)}$
$Q^{\text{Cha}}_{I_R,T_N}$	$\eta^{\text{Cha,Dis}}_{(I_R,T_N)(I_R,T_R)}$	$\eta^{\text{Cha,Dis}}_{(I_R,T_N)(I_R,T_N)}$	$\eta^{\text{Cha,Dis}}_{(I_R,T_N)(I_N,T_R)}$	$\eta^{\text{Cha,Dis}}_{(I_R,T_N)(I_N,T_N)}$
$Q^{\text{Cha}}_{I_N,T_R}$	$\eta^{\text{Cha,Dis}}_{(I_N,T_R)(I_R,T_R)}$	$\eta^{\text{Cha,Dis}}_{(I_N,T_R)(I_R,T_N)}$	$\eta^{\text{Cha,Dis}}_{(I_N,T_R)(I_N,T_R)}$	$\eta^{\text{Cha,Dis}}_{(I_N,T_R)(I_N,T_N)}$
$Q^{\text{Cha}}_{I_N,T_N}$	$\eta^{\text{Cha,Dis}}_{(I_N,T_N)(I_R,T_R)}$	$\eta^{\text{Cha,Dis}}_{(I_N,T_N)(I_R,T_N)}$	$\eta^{\text{Cha,Dis}}_{(I_N,T_N)(I_N,T_R)}$	$\eta^{\text{Cha,Dis}}_{(I_N,T_N)(I_N,T_N)}$

2）等效库仑效率

库仑效率的定义形式为放电安时积分与充电安时积分的比值。根据以上定义形式推广出等效库仑效率的定义为非标称充、放电安时积分与标称充、放电安时积分的比值，不同条件下电池充、放电的起止状态完全相同。

等效充电库仑效率定义为非标称充电安时积分 $Q^{\text{Cha}}_{I_N,T_N}$ 与标称充电安时积分 $Q^{\text{Cha}}_{I_R,T_R}$ 的比值：

$$\eta^{\text{Cha,Equ}} = \frac{Q^{\text{Cha}}_{I_N,T_N}}{Q^{\text{Cha}}_{I_R,T_R}} \times 100\% \tag{5-4}$$

等效放电库仑效率定义为非标称放电安时积分 $Q^{\text{Dis}}_{I_N,T_N}$ 与标称放电安时积分 $Q^{\text{Dis}}_{I_R,T_R}$ 的比值：

$$\eta^{\mathrm{Dis,Equ}} = \frac{Q^{\mathrm{Dis}}_{I_{\mathrm{N}},T_{\mathrm{N}}}}{Q^{\mathrm{Dis}}_{I_{\mathrm{R}},T_{\mathrm{R}}}} \times 100\% \tag{5-5}$$

在等效库仑效率定义的比例关系式中，分母均为标称条件下的安时积分。将分母替换为不同条件下的充、放电安时积分，可以分别扩展得到 10 种等效充、放电库仑效率的定义，如表 5-7 和表 5-8 所示。在以上两个表中，第一列为等效充、放电库仑效率的分母，第一行为等效充、放电库仑效率的分子，不同条件之间的等效充、放电库仑效率在对应列的交叉位置。

表 5-7　不同条件下等效充电库仑效率的定义

分母	分子			
	$Q^{\mathrm{Cha}}_{I_{\mathrm{N}},T_{\mathrm{N}}}$	$Q^{\mathrm{Cha}}_{I_{\mathrm{N}},T_{\mathrm{R}}}$	$Q^{\mathrm{Cha}}_{I_{\mathrm{R}},T_{\mathrm{N}}}$	$Q^{\mathrm{Cha}}_{I_{\mathrm{R}},T_{\mathrm{R}}}$
$Q^{\mathrm{Cha}}_{I_{\mathrm{R}},T_{\mathrm{R}}}$	$\eta^{\mathrm{Cha,Equ}}_{(I_{\mathrm{R}},T_{\mathrm{R}})(I_{\mathrm{N}},T_{\mathrm{N}})}$	$\eta^{\mathrm{Cha,Equ}}_{(I_{\mathrm{R}},T_{\mathrm{R}})(I_{\mathrm{N}},T_{\mathrm{R}})}$	$\eta^{\mathrm{Cha,Equ}}_{(I_{\mathrm{R}},T_{\mathrm{R}})(I_{\mathrm{R}},T_{\mathrm{N}})}$	1
$Q^{\mathrm{Cha}}_{I_{\mathrm{R}},T_{\mathrm{N}}}$	$\eta^{\mathrm{Cha,Equ}}_{(I_{\mathrm{R}},T_{\mathrm{N}})(I_{\mathrm{N}},T_{\mathrm{N}})}$	$\eta^{\mathrm{Cha,Equ}}_{(I_{\mathrm{R}},T_{\mathrm{N}})(I_{\mathrm{N}},T_{\mathrm{R}})}$	1	—
$Q^{\mathrm{Cha}}_{I_{\mathrm{N}},T_{\mathrm{R}}}$	$\eta^{\mathrm{Cha,Equ}}_{(I_{\mathrm{N}},T_{\mathrm{R}})(I_{\mathrm{N}},T_{\mathrm{N}})}$	1	—	—
$Q^{\mathrm{Cha}}_{I_{\mathrm{N}},T_{\mathrm{N}}}$	1	—	—	—

表 5-8　不同条件下等效放电库仑效率的定义

分母	分子			
	$Q^{\mathrm{Dis}}_{I_{\mathrm{N}},T_{\mathrm{N}}}$	$Q^{\mathrm{Dis}}_{I_{\mathrm{N}},T_{\mathrm{R}}}$	$Q^{\mathrm{Dis}}_{I_{\mathrm{R}},T_{\mathrm{N}}}$	$Q^{\mathrm{Dis}}_{I_{\mathrm{R}},T_{\mathrm{R}}}$
$Q^{\mathrm{Dis}}_{I_{\mathrm{R}},T_{\mathrm{R}}}$	$\eta^{\mathrm{Dis,Equ}}_{(I_{\mathrm{R}},T_{\mathrm{R}})(I_{\mathrm{N}},T_{\mathrm{N}})}$	$\eta^{\mathrm{Dis,Equ}}_{(I_{\mathrm{R}},T_{\mathrm{R}})(I_{\mathrm{N}},T_{\mathrm{R}})}$	$\eta^{\mathrm{Dis,Equ}}_{(I_{\mathrm{R}},T_{\mathrm{R}})(I_{\mathrm{R}},T_{\mathrm{N}})}$	1
$Q^{\mathrm{Dis}}_{I_{\mathrm{R}},T_{\mathrm{N}}}$	$\eta^{\mathrm{Dis,Equ}}_{(I_{\mathrm{R}},T_{\mathrm{N}})(I_{\mathrm{N}},T_{\mathrm{N}})}$	$\eta^{\mathrm{Dis,Equ}}_{(I_{\mathrm{R}},T_{\mathrm{N}})(I_{\mathrm{N}},T_{\mathrm{R}})}$	1	—
$Q^{\mathrm{Dis}}_{I_{\mathrm{N}},T_{\mathrm{R}}}$	$\eta^{\mathrm{Dis,Equ}}_{(I_{\mathrm{N}},T_{\mathrm{R}})(I_{\mathrm{N}},T_{\mathrm{N}})}$	1	—	—
$Q^{\mathrm{Dis}}_{I_{\mathrm{N}},T_{\mathrm{N}}}$	1	—	—	—

2. 库仑效率测试与计算

1）库仑效率测试

以表 5-6 中的库仑效率 $\eta^{\mathrm{Cha,Dis}}_{(I_{\mathrm{N}},T_{\mathrm{N}})(I_{\mathrm{R}},T_{\mathrm{R}})} = Q^{\mathrm{Dis}}_{I_{\mathrm{R}},T_{\mathrm{R}}} / Q^{\mathrm{Cha}}_{I_{\mathrm{R}},T_{\mathrm{R}}}$ 为例介绍库仑效率的测试过程，表中其他库仑效率的测试过程与此相似，在此不再赘述。

库仑效率的测试过程如下。

（1）按标称放电过程将电池放空。

（2）按标称充电过程将电池充满，记录充电安时积分 $Q^{\mathrm{Cha}}_{I_{\mathrm{R}},T_{\mathrm{R}}}$。

（3）按标称放电过程将电池放空，记录放电安时积分 Q_{I_R,T_R}^{Dis} 。

（4）根据公式 $\eta_{(I_R,T_R)(I_R,T_R)}^{Cha,Dis} = Q_{I_R,T_R}^{Dis} / Q_{I_R,T_R}^{Cha}$ 计算库仑效率。

2）等效库仑效率计算

根据等效充、放电库仑效率的定义，其不能通过测试方法直接得到，但是可以通过公式变换，将等效充、放电库仑效率转换为不同条件下的库仑效率，进而实现间接计算。以表 5-7 中等效库仑效率 $\eta_{(I_R,T_R)(I_N,T_N)}^{Cha,Equ} = Q_{I_N,T_N}^{Cha} / Q_{I_R,T_R}^{Cha}$ 为例介绍等效库仑效率的计算过程，表 5-7 和表 5-8 中其他库仑效率的测试过程与此相似，在此不再赘述。

将 $\eta_{(I_R,T_R)(I_N,T_N)}^{Cha,Equ} = Q_{I_N,T_N}^{Cha} / Q_{I_R,T_R}^{Cha}$ 进行如下等价变换：

$$\eta_{(I_R,T_R)(I_N,T_N)}^{Cha,Equ} = \frac{Q_{I_N,T_N}^{Cha}}{Q_{I_R,T_R}^{Cha}} = \frac{Q_{I_N,T_N}^{Cha}}{Q_{I_R,T_R}^{Dis}} \frac{Q_{I_R,T_R}^{Dis}}{Q_{I_R,T_R}^{Cha}} = \frac{\eta_{(I_R,T_R)(I_R,T_R)}^{Cha,Dis}}{\eta_{(I_N,T_N)(I_R,T_R)}^{Cha,Dis}} \quad (5-6)$$

其中，$\eta_{(I_R,T_R)(I_R,T_R)}^{Cha,Dis}$ 为标称充电过程与标称放电过程的库仑效率（%）；$\eta_{(I_N,T_N)(I_R,T_R)}^{Cha,Dis}$ 为非标称充电过程与标称放电过程的库仑效率（%）。

以上两个库仑效率均能通过库仑效率测试方法得到。

5.2.4　不同工作条件下 SOC 的定义及工程应用分析

本节基于标称容量和非标称容量的概念，分别给出标称 SOC、非标称 SOC 和全条件 SOC 的定义，并且对不同工作条件下 SOC 的工程应用进行分析。

1. 标称 SOC 定义

USABC 电池测试手册中给出的 SOC 定义为可释放容量占总容量的百分比。相应地，标称 SOC 被定义为标称可释放容量占标称总容量的百分比：

$$SOC_{I_R,T_R} = \frac{C_{I_R,T_R}^r}{C_{I_R,T_R}} \times 100\% \quad (5-7)$$

2. 非标称 SOC 定义

同理，非标称 SOC 被定义为当前非标称可释放容量占同一非标称条件下总容量的百分比：

$$SOC_{I_N,T_N} = \frac{C_{I_N,T_N}^r}{C_{I_N,T_N}} \times 100\% \quad (5-8)$$

3. 全条件 SOC 定义

全条件 SOC 被定义为全工作条件下当前可释放容量占相同条件下总容量的百分比：

$$SOC_{I,T} = \frac{C_{I,T}^{r}}{C_{I,T}} \times 100\%　　　　（5-9）$$

4. SOC 工程应用分析

通常情况下，车载电池都会配备 TMS。BMS 通过协同 TMS 优化电池工作的温度，保证电池工作在标称温度条件或标称温度条件的邻域内。然而，某些情况下由于成本或装配空间的限制，车载电池省略配备 TMS。在这种情况下，电池工作的温度将随着周围环境温度的变化而改变。因此，电池可能工作在标称温度或非标称温度的全温度条件下。

通过 2.3.1 节和 2.3.2 节对电池特性的对比分析，得到相对于温度条件，电流条件对电池容量和库仑效率影响较小的结论。另外，在车辆充电过程中，通常采用电池制造商推荐的电流倍率对电池进行充电，通常采用标称倍率电流。在车辆行驶的过程中，电池组经历复杂的动态电流工况，然而整车控制系统能够通过协同 BMS 优化电池的功率输出，使电池的负载电流控制在合理的范围内。通过以上分析，将电池工作的电流条件统一简化为标称电流条件。

综上所述，在电池配备 TMS 的情况下，使用标称 SOC 进行估计，其定义如式（5-7）所示。在省略配备 TMS 的情况下，使用简化的全条件 SOC 进行估计，其定义如下：

$$SOC_{I_{R},T} = \frac{C_{I_{R},T}^{r}}{C_{I_{R},T}} \times 100\%　　　　（5-10）$$

5.3　基于多温度路径 OCV-扩展安时积分的 SOC 估计

本节采用多路径 OCV 和扩展安时积分结合的方法对标称 SOC 和全条件 SOC 进行估计。首先，分别介绍基于多温度路径 OCV 的 SOC 估计方法和基于扩展安时积分的 SOC 估计方法。

5.3.1　基于多温度路径 OCV 的 SOC 估计方法

OCV 与 SOC 可以建立一一对应的关系，是一种简单、有效的 SOC 估计方法[8, 9]。通过 2.3.5 节的分析可知，温度路径会导致 OCV 偏移，进而导致 SOC 估计误差。不同的温度路径会对 OCV 造成影响。为了解决这个问题，本节首先建立了多温度路径 SOC-OCV 映射模型。然后，讨论如何利用多温度路径 SOC-OCV 模型估计标称和全条件初始 SOC。

1. 多温度路径 SOC-OCV 映射模型的建立

通过第 2 章的分析可知，OCV 偏移主要由 OCP 偏移和 NROP 导致，并且这两个影响因素相互独立，因此可以将以上两个因素分开建模。首先，本节需要在标称温度条件下选择一个合适的 SOC-OCV 映射模型作为基准。然后，建立 OCP 偏移和 NROP 与温度的模型。最后，通过将标称温度条件下 SOC-OCV 映射模型与 OCP 偏移和 NROP 模型叠加的方式得到多温度路径 SOC-OCV 映射模型。

文献[10]对现有 SOC-OCV 映射模型进行了整理和对比分析，根据分析结果并综合考虑模型的复杂度、拟合精度和物理意义等因素，本章选择如式（5-11）所示的模型作为标称温度条件下的 SOC-OCV 映射模型，即

$$
\begin{aligned}
\mathrm{OCV}_{T_R}\left(\mathrm{SOC}_{I_R,T_R}\right) &= k_0 + k_1/\mathrm{SOC}_{I_R,T_R} + k_2\mathrm{SOC}_{I_R,T_R} \\
&\quad + k_3\ln(\mathrm{SOC}_{I_R,T_R}) + k_4\ln(1-\mathrm{SOC}_{I_R,T_R})
\end{aligned}
\tag{5-11}
$$

其中，$k_0 \sim k_4$ 为待拟合的模型系数（V）。YB-A 和 YB-C 的 SOC-OCV 映射模型系数的拟合结果如表 5-9 所示。

表 5-9　SOC-OCV 映射模型系数的拟合结果（单位：V）

模型系数	YB-A 结果	YB-C 结果
k_0	3.337	2.501
k_1	1.237×10^{-5}	-3.889×10^{-6}
k_2	0.253×10^{-3}	0.108
k_3	0.061	0.062
k_4	-0.001	-0.004

利用变温性能实验得到的不同温度下 SOC-OCV 曲线，将标称温度条件下 SOC-OCV 曲线作为基准，通过不同温度下 SOC-OCV 曲线与基准曲线做差可以得到不同 SOC 点的 OCP 温度偏移。为了得到更具有普遍意义的规律，在每个温度条件下测量 5 次 OCV，同时计算 5 次 OCP 温度偏移，YB-A 和 YB-C 的均值和标准差如图 5-4 所示。从图中可以看出，虽然不同 SOC 点的温度偏移情况各不相同，但是其均值都呈现出较好的线性关系，如图中拟合直线所示。这一线性关系与文献[11]和[12]中的线性关系相符合。这些拟合直线的斜率即为 OCP 温度偏移率，其与 SOC 之间的关系如图 5-5 所示。YB-A 和 YB-C 的 OCP 温度偏移率与 SOC 关系的拟合曲线形状和极值点与文献[13]中的偏摩尔熵和 SOC 的关系相一致。根据文献[14]可知，偏摩尔熵的极值是于锂离子嵌入、脱出正负极活性材料，活性材料相变所导致的。由于不同活性材料的相变区间不完全相同，因此利用 4 次多项式来建立 OCP 温度偏移率与 SOC 的关系模型：

$$\frac{\mathrm{dOCP}\left(\mathrm{SOC}_{I_{\mathrm{R}},T_{\mathrm{R}}}\right)}{\mathrm{d}T} = a_0 + a_1\mathrm{SOC}_{I_{\mathrm{R}},T_{\mathrm{R}}} + a_2\mathrm{SOC}_{I_{\mathrm{R}},T_{\mathrm{R}}}^2 + a_3\mathrm{SOC}_{I_{\mathrm{R}},T_{\mathrm{R}}}^3 + a_4\mathrm{SOC}_{I_{\mathrm{R}},T_{\mathrm{R}}}^4 \quad (5\text{-}12)$$

其中，$a_0 \sim a_4$ 为待拟合的模型系数（mV/K）。YB-A 和 YB-C 的 OCP 温度偏移率模型系数的拟合结果如表 5-10 所示；模型的拟合情况如图 5-5 中红色线所示。

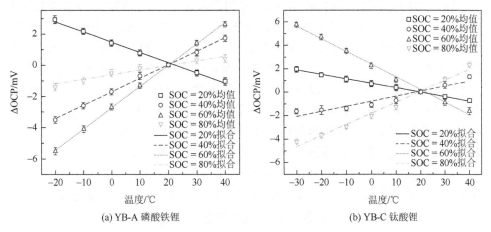

(a) YB-A 磷酸铁锂　　　　　　　　　　(b) YB-C 钛酸锂

图 5-4　不同 SOC 点的 OCP 温度偏移

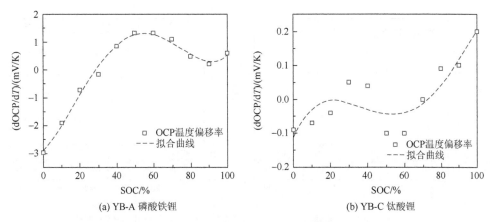

(a) YB-A 磷酸铁锂　　　　　　　　　　(b) YB-C 钛酸锂

图 5-5　不同 SOC 点的 OCP 温度偏移率

表 5-10　OCP 温度偏移率模型系数的拟合结果（单位：mV/K）

模型系数	YB-A 结果	YB-C 结果
a_0	−2.892	−0.114
a_1	0.067	0.013
a_2	0.003	-4.547×10^{-4}
a_3	-7.106×10^{-5}	5.676×10^{-6}
a_4	-3.864×10^{-7}	-2.066×10^{-8}

OCP 温度偏移模型可以利用 OCP 温度偏移率与标称温差乘积得到：

$$\Delta OCP\left(SOC_{I_R,T_R},T\right)=\frac{dOCP\left(SOC_{I_R,T_R}\right)}{dT}(T-T_R) \tag{5-13}$$

以不同温度下变温 SOC-OCV 曲线为基准，利用恒温 SOC-OCV 曲线与其做差可以得到不同温度下 NROP 与 SOC 之间的关系。为了得到更具有普遍意义的规律，以 5 次变温 SOC-OCV 均值曲线为基准，在每个恒温条件下测量 5 次 OCV，同时计算 5 次 NROP，YB-A 和 YB-C 的均值与标准差如图 5-6 所示。从图中可以看出，NROP 与 SOC 之间表现出弱相关，而其与温度之间表现出很强的关联性。为了清晰地展现 NROP 与温度的关系，将不同温度下 NROP 的平均值绘制于图 5-6 中。从图中可以看出，NROP 与温度之间呈很好的指数关系，这主要由粒子扩散速率等电极过程动力学因素所决定。Arrhenius 方程通常用来描述化学反应速率与温度变化之间的关系，借鉴该方程的形式表达 NROP 的温度模型：

$$1/NROP(T)=A\cdot\exp\left[-E_a/R(T+273)\right] \tag{5-14}$$

其中，A 为指前常数（V^{-1}）；E_a 为活化能（kJ/mol）；$R=8.314\text{J}/(\text{mol}\cdot\text{K})$，为摩尔气体常数。YB-A 和 YB-C 的 NROP 温度模型系数的拟合结果如表 5-11 所示，模型的拟合情况如图 5-7 中红色线所示。

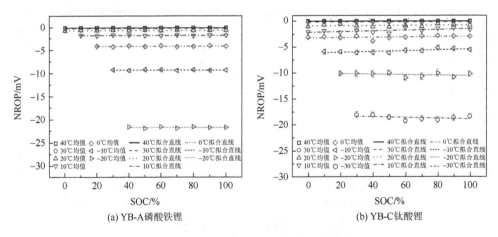

(a) YB-A磷酸铁锂　　　　　　　　　　(b) YB-C钛酸锂

图 5-6　不同温度下 NROP 与 SOC 的关系

表 5-11　NROP 温度模型系数的拟合结果

模型系数	YB-A 结果	YB-C 结果
A/V^{-1}	-1.207×10^{-12}	-4.391×10^{-10}
$E_a/(\text{kJ/mol})$	49.696	35.543

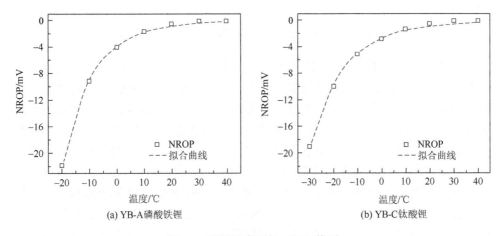

(a) YB-A磷酸铁锂　　　　　　　　　(b) YB-C钛酸锂

图 5-7　不同温度下的 NROP 模型

综上所述，考虑到 OCP 偏移和 NROP 的独立性，通过将式（5-11）、式（5-13）和式（5-14）相加，进而得到完整的多温度路径 SOC-OCV 映射模型：

$$OCV\left(SOC_{I_R,T_R},T\right) = OCV_{T_R}\left(SOC_{I_R,T_R}\right) + \Delta OCP\left(SOC_{I_R,T_R},T\right) + NROP(T) \quad (5\text{-}15)$$

后面两个小节将会介绍在不同温度路径条件下利用多路径 SOC-OCV 映射模型对标称和全条件初始 SOC 进行估计。

2. 基于多温度路径 SOC-OCV 模型的标称 SOC 估计方法

在配备 TMS 的情况下，电池系统在停止工作后的一段时间内，温度仍然能够保持在标称温度范围。然而，经过足够长时间的静置，电池系统的温度将会随着环境温度的变化而改变。根据以上分析，假设电池的释放过程是在标称温度 T_R 条件下进行，而电池平衡过程的温度 T 可能高于、等于或低于释放过程的温度。通过前面的分析可知，OCP 偏移会随着环境温度的变化而改变，因此平衡过程中 OCP 偏移的温度为 T。然而，NROP 随温度的变化过程表现出不可逆性，即当 $T > T_R$ 时，电池会进一步释放，此时 NROP 的温度参数为 T；当 $T \leqslant T_R$ 时，电池会保持标称温度 T_R 的释放程度，此时 NROP 的温度参数为 T_R。综上，针对不同的释放过程和平衡过程温度路径，在式（5-15）的基础上得到如式（5-16）所示的标称多温度路径 SOC-OCV 映射模型：

$$OCV\left(SOC_{I_R,T_R},T\right) = \begin{cases} OCV_{T_R}\left(SOC_{I_R,T_R}\right) + \Delta OCP\left(SOC_{I_R,T_R},T\right) + NROP(T) & T > T_R \\ OCV_{T_R}\left(SOC_{I_R,T_R}\right) + \Delta OCP\left(SOC_{I_R,T_R},T\right) + NROP(T_R) & T \leqslant T_R \end{cases}$$

$$(5\text{-}16)$$

利用该模型可以估计标称初始 SOC。

3. 基于多温度路径 SOC-OCV 模型的全条件 SOC 估计方法

在省略配备 TMS 的情况下，电池系统在停止工作后的一段时间内，温度仍然能够保持在工作过程中的温度范围。然而，经过足够长时间的静置，电池系统的温度将会随着环境温度的变化而改变。根据以上分析，假设电池的释放过程是在全温度范围内任意温度 T_{RE} 下进行，而电池平衡过程的温度 T 可能高于、等于或低于释放过程的温度。与上一小节相同，OCP 偏移会随着环境温度的变化而改变，因此平衡过程中 OCP 偏移的温度为 T。然而，NROP 随温度的变化过程表现出不可逆性，即当 $T > T_{RE}$ 时，电池会进一步释放，此时 NROP 的温度参数为 T；当 $T \leqslant T_{RE}$ 时，电池会保持标称温度 T_{RE} 的释放程度，此时 NROP 的温度参数为 T_{RE}。综上，针对不同的释放过程和平衡过程温度路径，在式（5-15）的基础上得到如式（5-17）所示的多温度路径 SOC-OCV 映射模型：

$$\mathrm{OCV}\left(\mathrm{SOC}_{I_R,T_R},T\right)=\begin{cases}\mathrm{OCV}_{T_R}\left(\mathrm{SOC}_{I_R,T_R}\right)+\Delta\mathrm{OCP}\left(\mathrm{SOC}_{I_R,T_R},T\right)+\mathrm{NROP}(T) & T>T_{RE}\\ \mathrm{OCV}_{T_R}\left(\mathrm{SOC}_{I_R,T_R}\right)+\Delta\mathrm{OCP}\left(\mathrm{SOC}_{I_R,T_R},T\right)+\mathrm{NROP}(T_{RE}) & T\leqslant T_{RE}\end{cases}$$

$$(5\text{-}17)$$

为了与基于扩展安时积分的全条件 SOC 估计方法保持相同的总容量使用范围，需要根据不同温度条件下总容量和容量损失，对 SOC-OCV 映射模型的定义域进行转换。以 T_1 温度条件下的 SOC-OCV 为例来说明转换过程，详细步骤如图 5-8 所示。假设 T_R 和 T_1 温度下的标称 SOC-OCV 分别记为 $\mathrm{OCV}\left(\mathrm{SOC}_{I_R,T_R},T_R\right)$ 和 $\mathrm{OCV}\left(\mathrm{SOC}_{I_R,T_R},T_1\right)$。根据 T_1 温度下的总容量和容量损失（C_{I_R,T_1}、C_{I_R,T_1}^{lr} 和 C_{I_R,T_1}^{lc}），$\mathrm{OCV}\left(\mathrm{SOC}_{I_R,T_R},T_1\right)$ 的定义域为 $\left[C_{I_R,T_1}^{lr}/C_{I_R,T_R},\left(C_{I_R,T_1}^{lr}+C_{I_R,T_1}\right)/C_{I_R,T_R}\right]$，如图 5-8（a）所示。通过将 $\mathrm{OCV}\left(\mathrm{SOC}_{I_R,T_R},T_1\right)$ 水平平移 $C_{I_R,T_1}^{lr}/C_{I_R,T_R}$，然后水平缩放 $C_{I_R,T_1}/C_{I_R,T_R}$，其定义域转换为 $[0,100]$。函数 $\mathrm{OCV}\left(\mathrm{SOC}_{I_R,T_R},T_1\right)$ 被转换为 $\mathrm{OCV}\left(\left(C_{I_R,T_1}\mathrm{SOC}_{I_R,T_R}+C_{I_R,T_1}^{lr}\right)/C_{I_R,T_R},T_1\right)$，记为 $\mathrm{OCV}\left(\mathrm{SOC}_{I_R,T_1},T_1\right)$，如图 5-8（b）所示。

按照以上 SOC-OCV 定义域的转换过程，将式（5-17）在全温度范围内进行转换得到如式（5-18）所示的多温度路径 SOC-OCV 映射模型：

$$\mathrm{OCV}\left(\mathrm{SOC}_{I_R,T},T\right)=\begin{cases}\mathrm{OCV}_{T_R}\left(\mathrm{SOC}_{I_R,T}\right)+\Delta\mathrm{OCP}\left(\mathrm{SOC}_{I_R,T},T\right)+\mathrm{NROP}(T) & T>T_{RE}\\ \mathrm{OCV}_{T_R}\left(\mathrm{SOC}_{I_R,T}\right)+\Delta\mathrm{OCP}\left(\mathrm{SOC}_{I_R,T},T\right)+\mathrm{NROP}(T_{RE}) & T\leqslant T_{RE}\end{cases}$$

$$(5\text{-}18)$$

利用该模型可以估计全条件初始 SOC。

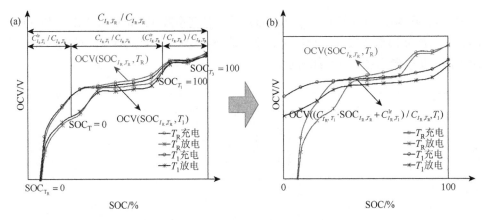

图 5-8　SOC-OCV 定义域的转换过程

5.3.2　基于扩展安时积分的 SOC 估计方法

为了实现 SOC 在不同工作条件下的在线计算，本节采用简单、通用的安时积分法。传统安时积分法的离散迭代公式如下：

$$SOC(t) = \begin{cases} SOC_0 & t = 0 \\ SOC(t-1) - \eta \dfrac{I(t)}{C_{I_R,T_R}} \Delta t & t > 0 \end{cases} \tag{5-19}$$

其中，SOC_0 为初始 SOC 值（%）；$SOC(t)$ 为当前时刻 SOC 值（%）；$SOC(t-1)$ 为上一时刻 SOC 值（%）；η 为库仑效率（%）；C_{I_R,T_R} 为标称容量（A·h）；$I(t)$ 为当前时刻电流采样值（A）；Δt 为采样时间间隔（s）。

关于初始 SOC 估计问题，在 5.3.1 节中已经详细介绍了。首先，本节将建立可释放容量损失、总容量和库仑效率的温度模型。然后，基于以上温度模型使用安时积分法的迭代过程对标称 SOC 和全条件 SOC 进行估计。

1.　容量与温度模型的建立

根据总容量和容量损失的测试过程，可以得到不同温度下总容量和可释放容量损失的测量结果。YB-A 和 YB-C 的总容量和可释放容量损失与温度的关系如图 5-9 所示。从图中可以看出，总容量和可释放容量损失与温度呈现出很强的非线性关系。因此，总容量和可释放容量损失与温度的关系模型可以利用 4 阶温度多项式的形式表达：

$$C_{I_R,T} = A_{10} + A_{11} \times T + A_{12} \times T^2 + A_{13} \times T^3 \tag{5-20}$$

$$C_{I_R,T}^{lr} = A_{20} + A_{21} \times T + A_{22} \times T^2 + A_{23} \times T^3 \tag{5-21}$$

其中，T 为环境温度（℃）；$A_{i0} \sim A_{i3}$ 为容量与温度系数（A·h/℃）。YB-A 和 YB-C 的容量与温度模型系数的拟合结果分别如表 5-12 和表 5-13 所示，模型的拟合情况如图 5-9 中绿色线和蓝色线所示。

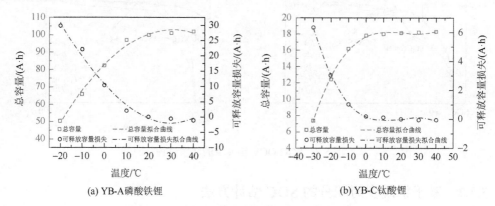

(a) YB-A磷酸铁锂　　　　　　　　　　　　　　(b) YB-C钛酸锂

图 5-9　可释放容量损失和总容量与温度的模型

表 5-12　YB-A 容量与温度模型系数的拟合结果

容量参数	温度系数/(A·h/℃)			
	A_{i0}	A_{i1}	A_{i2}	A_{i3}
$C_{I_R,T}$	82.87	1.29	-1.98×10^{-2}	-2.86×10^{-5}
$C_{I_R,T}^{\mathrm{lr}}$	10.82	-0.81	1.08×10^{-2}	5.56×10^{-5}

表 5-13　YB-C 容量与温度模型系数的拟合结果

容量参数	温度系数/(A·h/℃)			
	A_{i0}	A_{i1}	A_{i2}	A_{i3}
$C_{I_R,T}$	17.71	0.10	-5.61×10^{-3}	8.67×10^{-5}
$C_{I_R,T}^{\mathrm{lr}}$	0.19	-0.05	3.36×10^{-3}	-5.58×10^{-5}

2. 库仑效率与温度模型的建立

根据库仑效率的测试过程，可以得到不同温度下库仑效率的测量结果。YB-A 和 YB-C 的 3 种库仑效率与温度的关系如图 5-10 所示。从图中可以看出，库仑效率与温度呈现出很强的非线性关系。因此，库仑效率与温度的关系模型可以利用 4 阶温度多项式的形式表达：

$$\eta_{(I_R,T)(I_R,T_R)}^{\mathrm{Cha,Dis}} = B_{10} + B_{11} \times T + B_{12} \times T^2 + B_{13} \times T^3 \tag{5-22}$$

$$\eta_{(I_R,T)(I_R,T_R)}^{\text{Dis,Equ}} = B_{20} + B_{21} \times T + B_{22} \times T^2 + B_{23} \times T^3 \tag{5-23}$$

$$\eta_{(I_R,T)(I_R,T)}^{\text{Cha,Dis}} = B_{30} + B_{31} \times T + B_{32} \times T^2 + B_{33} \times T^3 \tag{5-24}$$

其中，T 为环境温度（℃）；$B_{i0} \sim B_{i3}$ 为库仑效率与温度模型系数（℃$^{-1}$）。YB-A 和 YB-C 的库仑效率与温度模型系数的拟合结果分别如表 5-14 和表 5-15 所示，模型的拟合情况如图 5-10 中绿色线、蓝色线和红色线所示。

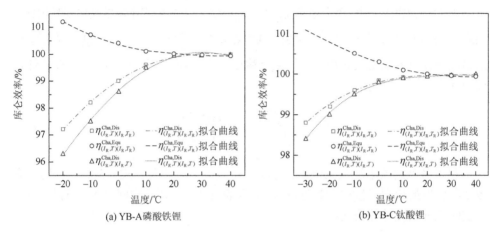

(a) YB-A 磷酸铁锂　　　　　　　　　　(b) YB-C 钛酸锂

图 5-10　库仑效率与温度的模型

表 5-14　YB-A 库仑效率与温度模型系数的拟合结果

库仑效率/%	温度系数/℃$^{-1}$			
	B_{i0}	B_{i1}	B_{i2}	B_{i3}
$\eta_{(I_R,T)(I_R,T_R)}^{\text{Cha,Dis}}$	99.02	0.06	-1.19×10^{-3}	2.78×10^{-6}
$\eta_{(I_R,T)(I_R,T_R)}^{\text{Dis,Equ}}$	100.37	-0.03	5.74×10^{-4}	-2.95×10^{-6}
$\eta_{(I_R,T)(I_R,T)}^{\text{Cha,Dis}}$	98.63	0.09	-1.37×10^{-3}	-3.06×10^{-6}

表 5-15　YB-C 库仑效率与温度模型系数的拟合结果

库仑效率/%	温度系数/℃$^{-1}$			
	B_{i0}	B_{i1}	B_{i2}	B_{i3}
$\eta_{(I_R,T)(I_R,T_R)}^{\text{Cha,Dis}}$	99.80	0.01	-4.71×10^{-4}	4.34×10^{-6}
$\eta_{(I_R,T)(I_R,T_R)}^{\text{Dis,Equ}}$	100.29	-0.01	2.55×10^{-4}	6.85×10^{-7}
$\eta_{(I_R,T)(I_R,T)}^{\text{Cha,Dis}}$	99.76	0.02	-6.57×10^{-4}	7.27×10^{-6}

3. 标称 SOC 的估计方法

虽然，标称 SOC 用于估计配备 TMS 的电池，但是在寒冷地区车辆存在冷启动问题。在冷启动过程中，TMS 不能够将电池迅速加热至标称温度条件。为了使用安时积分法计算标称 SOC，在冷启动加热阶段需要建立库仑效率与温度的模型，将非标称条件下的充、放电安时积分转换到标称条件下的充、放电安时积分。

在充电过程中，利用库仑效率 $\eta_{(I_R,T)(I_R,T_R)}^{\mathrm{Cha,Dis}} = Q_{I_R,T_R}^{\mathrm{Dis}} / Q_{I_R,T}^{\mathrm{Cha}}$ 将全温度充电安时积分转换到标称放电安时积分；在放电过程中，利用等效库仑效率 $\eta_{(I_R,T)(I_R,T_R)}^{\mathrm{Cha,Dis}} = Q_{I_R,T_R}^{\mathrm{Dis}} / Q_{I_R,T}^{\mathrm{Cha}}$ 将全温度条件下的放电安时积分转换到标称放电安时积分。综上，标称 SOC 估计过程中库仑效率计算公式：

$$\eta = \begin{cases} \eta_{(I_R,T)(I_R,T_R)}^{\mathrm{Cha,Dis}} & I(t) < 0 \\ \eta_{(I_R,T)(I_R,T_R)}^{\mathrm{Dis,Equ}} & I(t) > 0 \end{cases} \tag{5-25}$$

利用采集到的电池负载电流 $I(t)$ 和工作温度 T，并基于式（5-25）中的库仑效率与温度的模型（模型参数见表 5-14 和表 5-15），在采样间隔 Δt 内标称 SOC 的安时积分迭代计算公式：

$$\mathrm{SOC}_{I_R,T_R}(t) = \mathrm{SOC}_{I_R,T_R}(t-1) + \eta \frac{I(t)}{C_{I_R,T_R}} \Delta t \tag{5-26}$$

4. 全条件 SOC 的估计方法

全条件 SOC 用于估计省略配备 TMS 的电池，在这种情况下电池工作的温度条件将随着环境温度的变化而改变。电池工作温度的变化将导致电池的可释放容量 $C_{I_R,T}^r$ 和总容量 $C_{I_R,T}$ 的改变，进而导致全条件 SOC 的改变。为了使用安时积分法计算全条件 SOC，需要建立库仑效率与温度的模型，通过建立可释放容量损失和总容量与温度的模型，构建不同温度条件间 SOC 的转换关系。

在充电过程中，利用库仑效率 $\eta_{(I_R,T)(I_R,T)}^{\mathrm{Cha,Dis}} = Q_{I_R,T}^{\mathrm{Dis}} / Q_{I_R,T}^{\mathrm{Cha}}$ 将当前温度条件充电安时积分转换到放电安时积分；在放电过程中，考虑到放电安时积分是在当前条件下进行计算，因此等效库仑效率 $\eta_{(I_R,T)(I_R,T)}^{\mathrm{Dis,Equ}} = 1$。综上，全条件 SOC 估计过程中库仑效率计算公式：

$$\eta = \begin{cases} \eta_{(I_R,T)(I_R,T)}^{\mathrm{Cha,Dis}} & I(t) < 0 \\ 1 & I(t) > 0 \end{cases} \tag{5-27}$$

假设当前温度 T 条件下 SOC 为 $\mathrm{SOC}_{I_R,T}$，上一时刻温度 T' 条件下 SOC 为

$\mathrm{SOC}_{I_\mathrm{R},T'}$，并且 $T > T'$。图 5-11 为不同温度条件间 SOC 转换示意图，上一时刻 $\mathrm{SOC}_{I_\mathrm{R},T'}$ 转换到当前时刻 $\mathrm{SOC}_{I_\mathrm{R},T}$ 的详细过程如下。

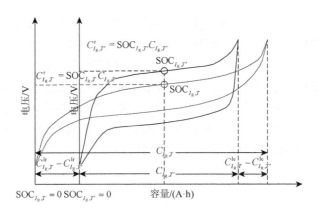

图 5-11　不同温度条件间 SOC 转换示意图

在温度 T 条件下，可释放容量为

$$C_{I_\mathrm{R},T}^{\mathrm{r}} = \mathrm{SOC}_{I_\mathrm{R},T} C_{I_\mathrm{R},T} \tag{5-28}$$

在温度 T' 条件下，可释放容量为

$$C_{I_\mathrm{R},T'}^{\mathrm{r}} = \mathrm{SOC}_{I_\mathrm{R},T'} C_{I_\mathrm{R},T'} \tag{5-29}$$

如图 5-11 所示，温度 T 和 T' 条件下的可释放容量的差值与这两个温度下的可释放容量损失的差值相等，计算公式如下：

$$\mathrm{SOC}_{I_\mathrm{R},T} C_{I_\mathrm{R},T} - \mathrm{SOC}_{I_\mathrm{R},T'} C_{I_\mathrm{R},T'} = C_{I_\mathrm{R},T}^{\mathrm{lr}} - C_{I_\mathrm{R},T'}^{\mathrm{lr}} \tag{5-30}$$

上一时刻 $\mathrm{SOC}_{I_\mathrm{R},T'}$ 转换到当前时刻 $\mathrm{SOC}_{I_\mathrm{R},T}$ 的公式如下：

$$\mathrm{SOC}_{I_\mathrm{R},T} = f_{T-T'}\left(\mathrm{SOC}_{I_\mathrm{R},T'}\right) = \frac{\mathrm{SOC}_{I_\mathrm{R},T'} C_{I_\mathrm{R},T'} + \left(C_{I_\mathrm{R},T}^{\mathrm{lr}} - C_{I_\mathrm{R},T'}^{\mathrm{lr}}\right)}{C_{I_\mathrm{R},T}} \tag{5-31}$$

利用采集到的电池负载电流 $I(t)$ 和工作温度 T，基于式（5-22）的库仑效率与温度的模型（模型参数见表 5-14 和表 5-15）、式（5-21）的可释放容量损失和式（5-20）的总容量与温度的模型（模型参数见表 5-12 和表 5-13），并利用式（5-31）进行 SOC 转换，在采样间隔 Δt 内全条件 SOC 的安时积分迭代计算公式如下：

$$\mathrm{SOC}_{I_\mathrm{R},T}(t) = f_{T-T'}\left[\mathrm{SOC}_{I_\mathrm{R},T'}(t-1)\right] + \eta \frac{I(t)}{C_{I_\mathrm{R},T}} \Delta t \tag{5-32}$$

5.3.3 基于多温度路径 OCV-扩展安时积分的融合 SOC 估计方法

为了弥补多温度路径OCV法无法在线估计SOC以及扩展安时积分法无法估计初始 SOC 的缺陷，本节将以上两种方法结合对标称 SOC 和全条件 SOC 进行估计。

图 5-12 为基于多温度路径 OCV 和扩展安时积分结合的 SOC 估计方法流程图。首先，根据电池是否配备 TMS 来确定采用标称 SOC 或全条件 SOC 进行计算。标称 SOC 的计算过程如下：当车辆启动时，根据 BMS 测量的电池温度，对温度路径进行判断，利用相应的多温度路径 SOC-OCV 映射模型来估算标称初始 SOC。然后，根据式（5-26）对标称 SOC 进行在线计算。

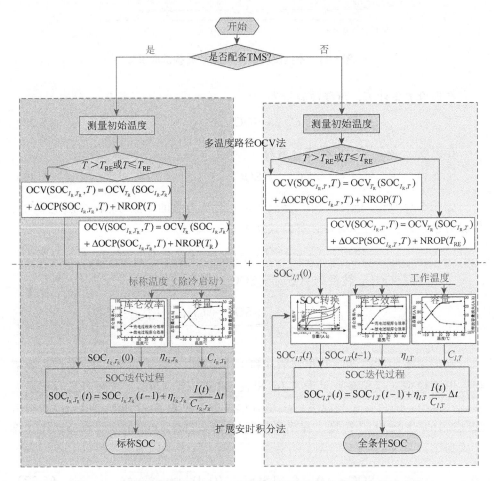

图 5-12　基于多温度路径 OCV 和扩展安时积分结合的 SOC 估计方法

对于全条件 SOC，利用 BMS 测量电池的温度并保存下来。通过对比当前温度条件和 BMS 中记录的前一次温度，可以获得温度路径。根据不同的温度路径 $T > T_{RE}$ 或者 $T \leqslant T_{RE}$，利用相应的多温度路径 SOC-OCV 映射模型估计全条件初始 SOC。然后，根据式（5-32）对全条件 SOC 进行在线计算。

5.4　实　验　验　证

采用 FUDS 工况循环实验来验证所提出的 SOC 估计方法。另外，利用传统的 OCV-安时积分法与基于多温度路径 OCV-扩展安时积分的 SOC 估计算法进行对比。然后，分别在恒温和变温条件下进行 FUDS 工况循环实验验证，并且采用磷酸铁锂（YB-A）和钛酸锂（YB-C）两种类型电池对算法的适应性进行验证。

5.4.1　恒温实验验证

恒温实验是为了验证电池在不同恒定温度条件下工况循环实验的 SOC 估计精度，在实验过程的准备阶段也包含了部分变温工况的验证。本章针对磷酸铁锂电池和钛酸锂电池分别选取从–20℃到40℃每隔10℃和从–30℃到40℃每隔10℃的温度条件进行验证。

每个目标温度条件下恒温实验过程如下：

（1）在标称温度 T_R 下以标称倍率电流将电池从满充状态放电至 $0.7C_{I_R,T_R}$ A·h，静置 12h。然后，将电池静置在目标温度 T 下 12h。

（2）进行 9 次 FUDS 工况循环实验，然后静置 12h。

（3）将电池以标称电流恒流放电至下限截止电压。图 5-13 为 20℃恒温条件下 FUDS 工况循环实验的电压、电流数据。

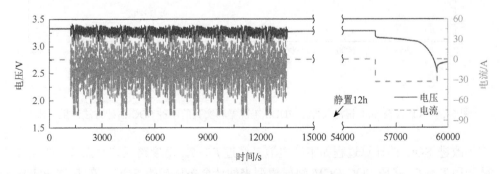

图 5-13　20℃恒温条件下 FUDS 工况循环实验

1. 磷酸铁锂电池恒温验证

图 5-14 为 YB-A 在 40℃恒温条件下 FUDS 工况循环实验基于传统的开路电压结合安时积分法和基于多温度路径 OCV-扩展安时积分法的 SOC 和 SOC 误差曲线。图中基于传统的开路电压结合安时积分的 SOC 估计方法简称为传统 SOC，基于多温度路径 OCV-扩展安时积分的 SOC 估计方法简称为改进 SOC。图 5-14（a）为在 40℃恒温条件下工况循环实验的 SOC 曲线。图 5-14（b）为 40℃恒温条件下工况循环实验的 SOC 误差曲线。SOC 真值的计算过程如下：在已知 $SOC_{I_R,20℃}=70\%$ 的条件下，$SOC_{I_R,40℃}$ 可以根据式（5-31）计算出来，这个计算结果被认为是 40℃温度条件下点 1 处的 SOC 真值。然后，点 2 处的 SOC 真值利用放电实验法测得。最后，9 次 FUDS 工况循环过程中的 SOC 真值利用安时积分法以及点 1 和点 2 处的 SOC 真值校正得到。

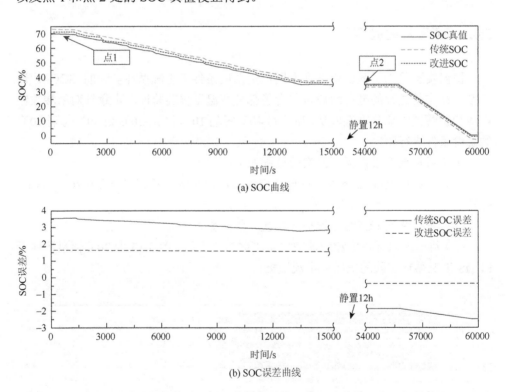

图 5-14　YB-A 在 40℃恒温条件下 FUDS 工况循环实验的两种 SOC 估计方法结果对比

改进 SOC 的计算过程如下：电池是经过 $T>T_{RE}$ 温度路径到达点 1。在点 1 处利用 $T>T_{RE}$ 路径 SOC-OCV 映射模型来估计全条件初始 SOC。在 9 次 FUDS 工况循环过程中利用式（5-32）计算全条件 SOC。在 FUDS 工况循环之后放电实验之前，电池经历了 $T = T_{RE}$ 温度路径到达点 2。根据 $T = T_{RE}$ 路径 SOC-OCV 映射模型，可以估计全条件初始 SOC。最后，放电实验过程中同样利用式（5-32）计算全条件 SOC。如图 5-14（b）所示，在整个 SOC 计算过程中，改进 SOC 估计误差始终小于传统 SOC 估计误差。

图 5-15 和图 5-16 为 YB-A 在 0℃和–20℃恒温条件下 FUDS 工况循环实验两种 SOC 估计方法的 SOC 和 SOC 误差曲线。如图所示，在整个 SOC 计算过程中，改进 SOC 估计误差始终小于传统 SOC 估计误差。图 5-17、图 5-18 和图 5-19 分别为 YB-C 在 40℃、0℃和–30℃恒温条件下 FUDS 工况循环实验 2 种 SOC 估计方法的 SOC 和 SOC 误差曲线。SOC 真值的计算过程与磷酸铁锂电池恒温验证实验中的真值计算过程相同。改进 SOC 的计算过程如下：电池是经过 $T > T_{RE}$ 温度路径到达点 1。在点 1 处利用 $T > T_{RE}$ 路径 SOC-OCV 映射模型来估计全条件初始 SOC。在 9 次 FUDS 工况循环过程中利用式（5-32）计算全条件 SOC。在 FUDS 工况循环之后放电实验之前，电池经历了 $T = T_{RE}$ 温度路径到达点 2。根据 $T = T_{RE}$ 路径 SOC-OCV 映射模型，可以估计全条件初始 SOC。最后，放电实验过程中同样利用式（5-32）计算全条件 SOC。

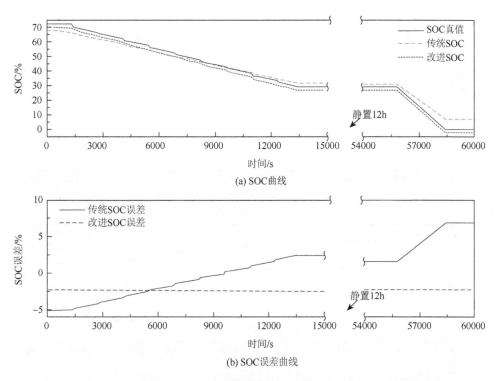

(a) SOC曲线

(b) SOC误差曲线

图 5-15　YB-A 在 0℃恒温条件下 FUDS 工况循环实验的两种 SOC 估计方法结果对比

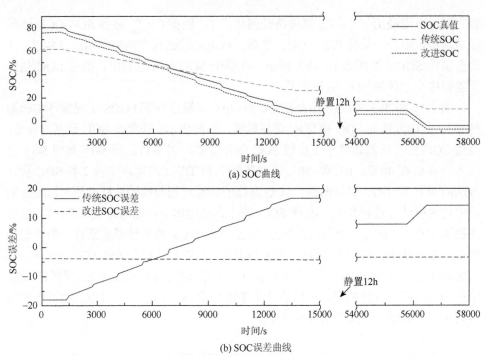

图 5-16　YB-A 在−20℃恒温条件下 FUDS 工况循环实验的两种 SOC 估计方法结果对比

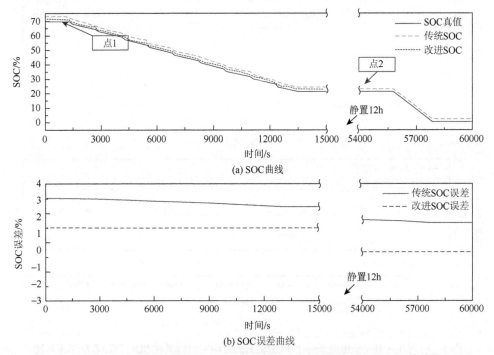

图 5-17　YB-C 在 40℃恒温条件下 FUDS 工况循环实验的两种 SOC 估计方法结果对比

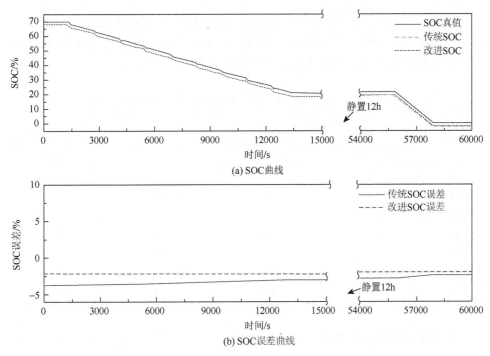

(a) SOC曲线

(b) SOC误差曲线

图 5-18　YB-C 在 0℃恒温条件下 FUDS 工况循环实验的两种 SOC 估计方法结果对比

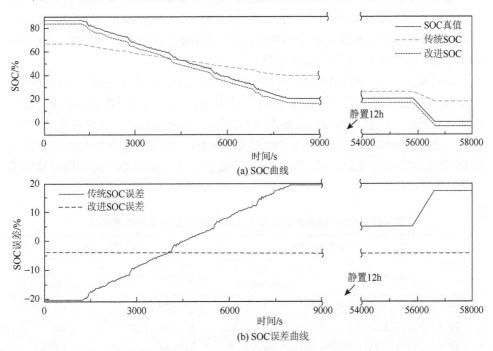

(a) SOC曲线

(b) SOC误差曲线

图 5-19　YB-C 在−30℃恒温条件下 FUDS 工况循环实验的两种 SOC 估计方法结果对比

如表 5-16 所示，恒温实验中环境温度–20℃条件下，磷酸铁锂电池 SOC 估计最大绝对误差为 4.9%，均方根误差为 4.0%，与传统的 OCV-安时积分法相比，最大绝对误差降低了 13.2 个百分点，均方根误差降低了 7.7 个百分点。

表 5-16　YB-A 在恒温条件下基于 2 种 SOC 估计方法的误差对比

温度/℃	最大绝对误差/%		均方根误差/%	
	传统 OCV-安时积分	多温度路径 OCV-扩展安时积分	传统 OCV-安时积分	多温度路径 OCV-扩展安时积分
40	3.6	1.7	2.9	1.4
30	4.0	1.9	3.0	1.5
20	4.7	2.0	3.1	1.8
10	5.7	2.3	3.3	2.0
0	6.9	2.5	3.5	2.3
–10	11.1	3.4	6.8	3.1
–20	18.1	4.9	11.7	4.0

2. 钛酸锂电池恒温验证

图 5-17、图 5-18 和图 5-19 为 YB-C 在 40℃、0℃和–30℃恒温条件下 FUDS 工况循环实验 2 种 SOC 估计方法的 SOC 和 SOC 误差曲线。SOC 真值的计算过程与磷酸铁锂电池恒温验证实验中的真值计算过程相同。改进 SOC 的计算过程与磷酸铁锂电池改进 SOC 计算过程也相同。

如图 5-17（b）、图 5-18（b）和图 5-19（b）所示，在整个 SOC 计算过程中，改进 SOC 估计误差始终小于传统 SOC 估计误差。从–30℃到 40℃每隔 10℃温度条件下 FUDS 工况循环实验结果如表 5-17 所示。恒温实验中在环境温度–30℃条件下，钛酸锂电池 SOC 估计最大绝对误差为 4.1%，均方根误差为 3.8%，与传统的 OCV-安时积分法相比，最大绝对误差降低了 16.3 个百分点，均方根误差降低了 9.7 个百分点。

表 5-17　YB-C 恒温条件下基于 2 种 SOC 估计方法的误差对比

温度/℃	最大绝对误差/%		均方根误差/%	
	传统 OCV-安时积分	多温度路径 OCV-扩展安时积分	传统 OCV-安时积分	多温度路径 OCV-扩展安时积分
40	3.2	1.4	2.6	1.2
30	3.3	1.7	2.7	1.2
20	3.4	1.8	2.9	1.3

温度/℃	最大绝对误差/%		均方根误差/%	
	传统 OCV-安时积分	多温度路径 OCV-扩展安时积分	传统 OCV-安时积分	多温度路径 OCV-扩展安时积分
10	3.6	2.0	3.0	1.7
0	3.7	2.3	3.2	2.1
−10	5.8	2.9	4.2	2.5
−20	11.7	3.4	6.9	3.1
−30	20.4	4.1	13.5	3.8

5.4.2　变温实验验证

变温实验是为了验证电池在变化温度条件下工况循环实验的 SOC 估计精度。变温实验过程如下：

（1）在标称温度 T_R 下以标称倍率电流将电池充电至 $0.7C_{I_R,T_R}$ A·h。

（2）将磷酸铁锂电池静置在−20℃温度下 12h；将钛酸锂电池静置在−30℃温度下 12h。

（3）将环境温度以 0.005℃/s 升高至 40℃，同时进行 10 次 FUDS 工况循环实验，静置 1h。

（4）将电池以标称倍率恒流放电至下限截止电压，静置 1h。

1. 磷酸铁锂电池变温验证

图 5-20 为 YB-A 在−20~40℃变温条件下 FUDS 工况循环实验的电压和电流曲线及温度变化曲线。图 5-20（a）为变温实验的电压和电流曲线。电池端电压的波动

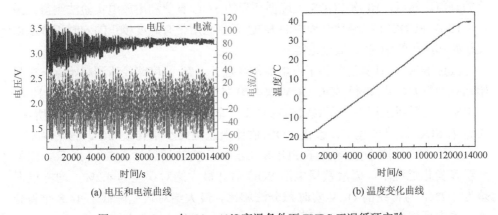

(a) 电压和电流曲线　　　　　　　　　　(b) 温度变化曲线

图 5-20　YB-A 在−20~40℃变温条件下 FUDS 工况循环实验

幅度在温度升高的过程中缓慢缩减，这主要由电池内阻降低所导致。图 5-20（b）为变温条件下温度变化曲线，在测试的过程中环境温度从-20℃缓慢升高到40℃。

图 5-21 为 YB-A 在-20～40℃变温条件下 FUDS 工况循环实验基于传统的开路电压结合安时积分法和基于多温度路径 OCV-扩展安时积分法的 SOC 和 SOC 误差曲线。图中基于传统的开路电压结合安时积分的 SOC 估计方法简称为传统 SOC，基于多温度路径 OCV-扩展安时积分的 SOC 估计方法简称为改进 SOC。图 5-21（a）为在-20～40℃变温条件下 FUDS 工况循环实验的 SOC 曲线。图 5-21（b）为在-20～40℃变温条件下 FUDS 工况循环实验的 SOC 误差曲线。

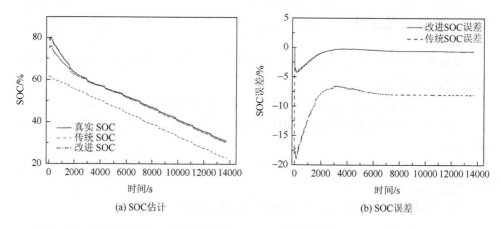

(a) SOC估计　　　　　　　　　　　　　　(b) SOC误差

图 5-21　YB-A 在-20～40℃变温条件下 FUDS 工况循环实验 SOC 估计方法结果对比

SOC 真值的计算过程如下：在已知 $SOC_{I_R,20℃}=70\%$ 的条件下，$SOC_{I_R,-20℃}$ 可以根据式（5-31）计算出来，这个计算结果被认为是-20℃温度条件下 SOC 初始值的真值。然后，10 次 FUDS 工况循环后的 SOC 真值利用放电实验法测得。最后，10 次 FUDS 工况循环过程中的 SOC 真值利用带有温度校正的安时积分法以及初始和终止的 SOC 真值校正得到。

改进 SOC 的计算过程如下：电池是经过 $T > T_{RE}$ 温度路径达到起始点。在起始点处利用 $T > T_{RE}$ 路径 SOC-OCV 映射模型来估计全条件初始 SOC。在 10 次 FUDS 工况循环过程中利用式（5-32）计算全条件 SOC。如图 5-21（b）所示，在整个 SOC 计算过程中，改进 SOC 估计误差始终小于传统 SOC 估计误差。YB-A 在-20～40℃变温条件下 FUDS 工况循环实验结果如表 5-18 所示。在整个温度变化过程中，磷酸铁锂电池 SOC 估计最大绝对误差为 4.2%，均方根误差为 1.2%，与传统的 OCV-安时积分法相比，最大绝对误差降低了 14.8 个百分点，均方根误差降低了 7.5 个百分点。

表 5-18 YB-A –20～40℃变温条件下 SOC 估计误差对比

方法	最大绝对误差/%	均方根误差/%
传统 OCV-安时积分	19.0	8.7
多温度路径 OCV-扩展安时积分	4.2	1.2

2. 钛酸锂电池变温验证

图 5-22 为 YB-C 在–30～40℃变温条件下 FUDS 工况循环实验的电压和电流曲线及温度变化曲线。图 5-22（a）为变温实验的电压和电流曲线。电池端电压的波动幅度同样在温度升高的过程中缩减，其缩减速度比磷酸铁锂电池的缩减速度快，这主要由电池内阻降低所导致。图 5-22（b）为变温条件下温度变化曲线。在测试的过程中环境温度从–30℃缓慢升高到 40℃。

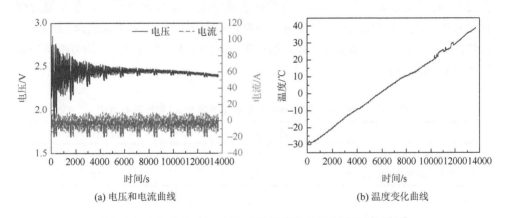

(a) 电压和电流曲线　　　　　　　　　(b) 温度变化曲线

图 5-22 YB-C 在–30～40℃变温条件下 FUDS 工况循环实验

图 5-23 为 YB-C 在–30～40℃变温条件下 FUDS 工况循环实验基于传统的开路电压结合安时积分法和基于多温度路径 OCV-扩展安时积分法的 SOC 和 SOC 误差曲线。图中基于传统的开路电压结合安时积分的 SOC 估计方法简称为传统 SOC，基于多温度路径 OCV-扩展安时积分的 SOC 估计方法简称为改进 SOC。图 5-23（a）为在–30～40℃变温条件下 FUDS 工况循环实验的 SOC 曲线。图 5-23（b）为在–30～40℃变温条件下 FUDS 工况循环实验的 SOC 误差曲线。SOC 真值的计算过程与磷酸铁锂电池变温验证实验中的真值计算过程相同。

改进 SOC 的计算过程如下：电池是经过 $T > T_{RE}$ 温度路径达到起始点。在起始点处利用 $T > T_{RE}$ 路径 SOC-OCV 映射模型来估计全条件初始 SOC。在 10 次 FUDS 工况循环过程中利用式（5-32）计算全条件 SOC。如图 5-23（b）所示，在整个 SOC 计算过程中，改进 SOC 估计误差始终小于传统 SOC 估计误差。YB-C

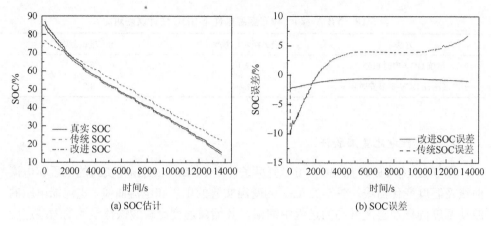

(a) SOC估计　　　　　　　　　　　　　(b) SOC误差

图 5-23　YB-C 在–30～40℃变温条件下 FUDS 工况循环实验 SOC 估计方法结果对比

在–30～40℃变温条件下 FUDS 工况循环实验结果如表 5-19 所示。在整个温度变化过程中，钛酸锂电池 SOC 估计最大绝对误差为 2.3%，均方根误差为 1.0%，与传统的 OCV-安时积分法相比，最大绝对误差降低了 8.0 个百分点，均方根误差降低了 3.3 个百分点。

表 5-19　YB-C 在–30～40℃变温条件下的 SOC 估计误差对比

方法	最大绝对误差/%	均方根误差/%
传统 OCV-安时积分	10.3	4.3
多温度路径 OCV-扩展安时积分	2.3	1.0

5.5　本 章 小 结

本章提出了基于多温度路径 OCV-扩展安时积分的电池 SOC 估计方法，解决了宽温度范围下电池 SOC 的精确估计问题。首先，基于电池工作条件的概念，给出容量的定义及测试方法、库仑效率和等效库仑效率的定义及测试方法。基于不同工作条件下容量的定义，给出相应 SOC 的定义。并针对具体的工程应用场合，给出对应 SOC 的应用分析。其次，建立了多温度路径 SOC-OCV 映射模型，该模型对磷酸铁锂电池和钛酸锂电池均适用，能够对不同温度路径下的初始 SOC 进行高精度估计。再次，建立了容量和库仑效率与温度模型，该模型适用于磷酸铁锂电池和钛酸锂电池，扩展了传统安时积分法的温度适用范围，并在不同温度间的 SOC 转换表现出高精确度。最后，结合基于多温度路径 OCV 及扩展安时积分的两种 SOC 估计方法，在全温度条件 SOC 定义的框架下，两种方法估计的 SOC 具有较好的一致性，解决了电池在不同工作条件下 SOC 的精确估计问题。实验结果表明，恒温实验中环境温度–20℃或–30℃条件下，磷酸铁锂电池和钛酸锂电池 SOC 估计最大绝对误差分别为 4.9%、4.1%，均方根误差分别为 4.0%、3.8%，与传统的 OCV-安时积分法相比，最大绝对误差分别降低了 13.2 个百分点、16.3 个百分点，均方根误差分别降低了 7.7 个百分点、9.7 个百分点。变温实验中环境温度从–20℃或–30℃升高至 40℃的条件下，磷酸铁锂电池和钛酸锂电池 SOC 估计最大绝对误差分别为 4.2%、2.3%，均方根误差分别为 1.2%、1.0%，与传统的 OCV-安时积分法相比，最大绝对误差分别降低了 14.8 个百分点、8.0 个百分点，均方根误差分别降低了 7.5 个百分点、3.3 个百分点。

参 考 文 献

[1]　United States Department of Energy. Electric Vehicle Battery Test Procedures Manual[M]. Washington：Office of Energy Efficiency and Renewable Energy，1996.

[2]　United States Department of Energy. PNGV Battery Test Manual[M]. Idaho：Idaho National Engineering Environmental Laboratory，2001.

[3]　United States Department of Energy. FreedomCAR Battery Test Manual for Power-Assist Hybrid Electric Vehiclesl[M]. Idaho：Idaho National Engineering Environmental Laboratory，2003.

[4]　United States Department of Energy. Battery Test Manual for Plug-in Hybrid Electric Vehicles[M]. Washington：Office of Energy Efficiency and Renewable Energy，2008.

[5]　United States Department of Energy. Battery Test Manual for Electric Vehicles[M]. Washington：Office of Energy Efficiency and Renewable Energy，2015.

[6]　中华人民共和国工业和信息化部. 电动汽车用电池管理系统技术条件：QC/T 897—2011[S]. 北京：中国标准出版社，2011.

[7]　Zhang S S，Xu K，Jow T R. The low temperature performance of Li-ion batteries[J]. Journal of Power Sources，2003，115（1）：137-140.

[8]　Snihir I，Rey W，Verbitskiy E，et al. Battery open-circuit voltage estimation by a method of statistical analysis[J]. Journal of Power Sources，2006，159（2）：1484-1487.

[9]　Dubarry M，Svoboda V，Hwu R，et al. Capacity loss in rechargeable lithium cells during cycle life testing：The importance of determining state-of-charge[J]. Journal of Power Sources，2007，174（2）：1121-1125.

[10]　Hu X，Li S，Peng H，et al. Robustness analysis of state-of-charge estimation methods for two types of Li-ion batteries[J]. Journal of Power Sources，2012，217（11）：209-219.

[11]　黄可龙，王兆祥，刘素琴. 锂离子电池原理与关键技术[M]. 北京：化学工业出版社，2011.

[12]　Liu X，Chen Z，Zhang C，et al. A novel temperature-compensated model for power Li-ion batteries with dual-particle-filter state of charge estimation[J]. Applied Energy，2014，123：263-272.

[13]　Viswanathan V V，Choi D，Wang D，et al. Effect of entropy change of lithium intercalation in cathodes and anodes on Li-ion battery thermal management[J]. Journal of Power Sources，2010，195（11）：3720-3729.

[14]　Yazami R，Reynier Y. Thermodynamics and crystal structure anomalies in lithium-intercalated graphite[J]. Journal of Power Sources，2006，153（2）：312-318.

第6章 基于参数估计 OCV 的多温度 SOC 估计方法

6.1 引　言

为了实现对电池在恒温工况条件下的 SOC 精确估计,本章采用基于等效电路模型获取 OCV 的方式作为 SOC 估计的前提。然而,由于电池特性的强非线性、工作温度的不确定性以及采样数据中噪声的存在等因素,常用的基于 KF 的电池模型参数在线估计方法将难以保证估计精度和稳定性。另外,基于一阶 RC 等效电路模型获取的 OCV 会夹杂部分极化过电势。传统的 OCV-SOC 映射模型的建立过程中,通常忽略了这些极化过电势对 OCV 的影响,这将会导致基于 OCV_{PE} 的 SOC 估计产生误差。

为了解决以上问题,本章利用自适应联合扩展卡尔曼滤波(adaptive joint extended Kalman filter,AJEKF)算法建立了电池模型参数和状态的在线估计方法。AJEKF 算法能够有效抑制由系统噪声统计量先决信息的不确定性导致的结果发散,并且能够方便地实现模型参数和状态的同步估计,解决了在不同温度条件下模型参数和状态的精确估计问题。在实现准确地在线 OCV 估计前提下,提出了基于 OCV_{PE}、SOC 和温度(记为 OCV_{PE}-SOC-T)的三维映射模型。该模型有效地减小了由极化过电势引入的系统误差,实现了在不同温度条件下精确地估计电池的 SOC。在本章中,将采用不同工况循环和不同温度条件对所提出的模型参数及 SOC 在线估计方法进行验证。

6.2　电池模型的选择

为了实现可靠的电池状态和参数估计,首先需要选择一个合适的电池模型。目前已经存在的一些电池模型能够应用数学方法构建电池的电化学特性。通常,此类模型采用偏微分方程建立正、负极和电解液之间的电化学反应关系,并以此确定电池的有效容量、电流-电压关系和生热机制。然而,此类数学模型通常非常复杂,需要数值方法求解,并且还受制于初始和边界条件。其次,通过将电池作为集总参数系统的电路模型被广泛应用于捕获电流和电压的动态特性,从而达到简化计算的目的。这类模型在充、放电过程中表现出非常出色的动态响应性能,因此被工程应用领域广泛采用[1, 2]。作为模型状态和参数估计的基础,所选择的电池模型不仅能够精确地跟踪电池的动态特性,还需要有一个适当的计算复杂度。

本章选择一阶 RC 等效电路模型作为模型状态和参数估计的目标。

6.2.1　电池模型的电气特性描述

如图 6-1 所示，一阶 RC 等效电路模型由一个电压源（OCV）、一个电阻（R_O）和一个阻容并联电路（$R_P C_P$）串联组成。

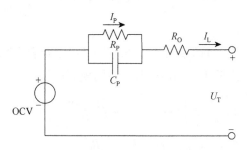

图 6-1　一阶 RC 等效电路模型

在该模型中，I_L 表示负载电流，U_T 表示端电压。OCV 用来表示电池内部的电压源。欧姆内阻 R_O 表示电池的体电阻，反映电解液、隔膜和电极的电荷传导率。极化电阻 R_P 和极化电容 C_P 分别是极化反应过程中电极和电解液之间的集总界面电阻和双电层电容。极化电流 I_P 是流过极化电阻 R_P 的电流。该等效电路模型的电气特性如式（6-1）所描述：

$$\begin{cases} \dfrac{\mathrm{d}I_P}{\mathrm{d}t} = \dfrac{1}{R_P C_P}(I_L - I_P) \\ U_T = \mathrm{OCV} - I_L \times R_O - I_P \times R_P \end{cases} \tag{6-1}$$

6.2.2　电池状态空间模型的建立

为了利用 AJEKF 算法估计一个系统的状态和参数，需要将电池模型用状态空间方程的形式描述。在电动汽车的应用中，BMS 的采样频率通常为 1Hz。假设在两次相邻的采样点 k 和 $k+1$ 之间模型参数变化微小、负载电流保持恒定不变，即在 t_k 到 t_{k+1} 之间 $\mathrm{d}I_L / \mathrm{d}t = 0$。在每次采样间隔中，将式（6-1）中的一阶微分方程两边进行拉普拉斯变换：

$$sI_P(s) - I_P(t_k) = \frac{1}{R_P C_P}\left[\frac{I_L}{s} - I_P(s)\right] \tag{6-2}$$

其中，s 为拉普拉斯算子。

然后，将式（6-2）重新整理为

$$I_{\mathrm{P}}(s) = \frac{I_{\mathrm{P}}(t_k)}{s + \dfrac{1}{R_{\mathrm{P}}C_{\mathrm{P}}}} + \frac{\dfrac{1}{R_{\mathrm{P}}C_{\mathrm{P}}}I_{\mathrm{L}}}{s\left(s + \dfrac{1}{R_{\mathrm{P}}C_{\mathrm{P}}}\right)} \tag{6-3}$$

极化电流 I_{P} 可以通过拉普拉斯逆变换得到，计算公式如下：

$$I_{\mathrm{P}}(t_{k+1}) = \exp\left(\frac{-\Delta t}{R_{\mathrm{P}}C_{\mathrm{P}}}\right) \times I_{\mathrm{P}}(t_k) + \left[1 - \exp\left(\frac{-\Delta t}{R_{\mathrm{P}}C_{\mathrm{P}}}\right)\right] \times I_{\mathrm{L}} \tag{6-4}$$

式中，Δt 为采样间隔。

为了减小电流传感器的测量误差，在回归过程中负载电流 I_{L} 由两次相邻电流采样点的均值代替。离散化后的电池状态空间模型如下：

$$\begin{cases} I_{\mathrm{P},k+1} = \exp\left(\dfrac{-\Delta t}{R_{\mathrm{P}}C_{\mathrm{P}}}\right) \times I_{\mathrm{P},k} + \left[1 - \exp\left(\dfrac{-\Delta t}{R_{\mathrm{P}}C_{\mathrm{P}}}\right)\right] \times \left(I_{\mathrm{L},k+1} + I_{\mathrm{L},k}\right)/2 \\ U_{\mathrm{T},k+1} = \mathrm{OCV} - I_{\mathrm{L},k+1} \times R_{\mathrm{O}} - I_{\mathrm{P},k+1} \times R_{\mathrm{P}} \end{cases} \tag{6-5}$$

其中，下标 k 为第 k 次采样点。

6.3 基于自适应联合扩展卡尔曼滤波的模型状态和参数估计

为了保证电池模型状态和参数准确的在线估计，一个合理的数学算法是不可或缺的。电池模型参数与 SOC、温度等因素存在非线性关系，这种非线性关系给系统状态和参数在线估计带来了困难。另外，来自系统噪声统计量先决信息的不确定性，将会导致结果出现显著的误差甚至发散。为了解决以上问题，本节通过利用 AJEKF 算法实现电池模型状态和参数同步在线估计。

6.3.1 自适应联合扩展卡尔曼滤波算法

KF 是一种在最小均方误差意义上实现系统状态估计的递归算法[3]。考虑到 KF 仅适用于线性系统，EKF 通过一阶泰勒级数展开方式将非线性系统近似线性化[4]。基于 EKF 的 JEKF 首次出现在文献中用于估计线性系统[5]。该算法将系统的参数增广至状态向量，并且利用 EKF 对增广后的系统进行大矩阵运算。该滤波器广泛用来同步估计系统状态和参数。

在 JEKF 中，系统状态和参数的动态过程结合起来产生一个增广状态方程，其状态空间方程如下所示：

$$\begin{bmatrix} x_{k+1} \\ \theta_{k+1} \end{bmatrix} = \begin{bmatrix} f\left(x_k, u_k, \theta_k\right) \\ \theta_k \end{bmatrix} + \begin{bmatrix} w_k \\ r_k \end{bmatrix} \tag{6-6}$$

$$y_k = g(x_k, u_k, \theta_k) + v_k \tag{6-7}$$

其中，x_k 为当前时刻的状态向量；u_k 为当前时刻的控制向量；θ_k 为系统参数。θ_k 实质上是常数，但是由于一些驱动过程可能会缓慢变化，这些驱动过程用微小的虚拟噪声 r_k 来模拟。

为了简化表达，包含状态和参数的增广状态向量记为 χ_k，同时使状态和参数动态过程相结合的方程记为 $\mathcal{F}$。离散时间状态空间方程改写为如下公式：

$$X_{k+1} = \mathcal{F}(\chi_k, u_k) + \begin{bmatrix} w_k \\ r_k \end{bmatrix} \tag{6-8}$$

$$y_k = g(\chi_k, u_k) + v_k \tag{6-9}$$

JEKF 算法的缺点在于过程和量测噪声均值及协方差信息需要预先知道。实际使用中，如果噪声先决信息未知或选择不恰当，该方法不能够保证其稳定收敛的性能。因此，在本章中采用基于噪声信息协方差匹配算法的 AJEKF 算法实现电池模型状态和参数鲁棒的在线估计[6-8]。

通过采用新息序列滤波器实现噪声信息协方差匹配算法。新息能够使协方差矩阵 $Q_{v,k}$ 和 $\mathrm{diag}\left(Q_{w,k+1}, Q_{r,k+1}\right)$ 迭代地估计和更新，计算公式如下：

$$H_k = \frac{1}{M} \sum_{i=k-M+1}^{k} e_i e_i^{\mathrm{T}} \tag{6-10}$$

$$\begin{cases} Q_{v,k} = H_k - C_k P_{\tilde{X},k}^- C_k^{\mathrm{T}} \\ \mathrm{diag}\left(Q_{w,k+1}, Q_{r,k+1}\right) = K_k H_k K_k^{\mathrm{T}} \end{cases} \tag{6-11}$$

其中，H_k 为基于窗口尺寸为 M 的移动平均滤波器的新息协方差矩阵；e_i 为 $k-M+1$ 至 k 时刻的新息序列。

AJEKF 算法的流程图如图 6-2 所示，其中 K_k 是卡尔曼滤波增益矩阵，e_k 定义为观测值 y_k 与观测估计值 $g\left(\hat{\chi}_k^-, u_k\right)$ 之差；^ 表示估计值；˜ 和 ˆ 分别表示先验和后验估计值。其他步骤与标准 EKF 相似，但是采用大矩阵计算。

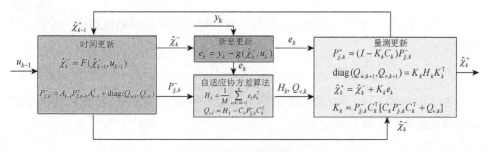

图 6-2　AJEKF 算法流程图

6.3.2 基于 AJEKF 的模型状态和参数在线估计

为了基于 AJEKF 算法实现电池模型状态和参数的估计，AJEKF 算法中的状态和参数向量必须被确定。极化电流 I_P 取决于短时的历史信息和当前输入，并且变化迅速，因此将其作为状态向量。电池模型中的所有参数都不能够通过电池所能测量到的输入输出直接确定，并且模型参数变化缓慢，故将其作为参数向量。状态向量 x 和参数向量 θ 定义如下：

$$x = I_P \tag{6-12}$$

$$\theta = [\text{OCV} \ R_O \ R_P \ C_P]^T \tag{6-13}$$

另外，电池端电压 U_T 被选作可测输出量，即 $y = U_T$。电池负载电流 I_L 作为外部输入 u。

状态空间方程可以表达如下：

$$X_{k+1} = \begin{pmatrix} x_{k+1} \\ \theta_{k+1} \end{pmatrix} = \begin{pmatrix} I_{P,k+1} \\ \text{OCV}_{k+1} \\ R_{O,k+1} \\ R_{P,k+1} \\ C_{P,k+1} \end{pmatrix} =$$

$$\begin{pmatrix} \exp\left[-\Delta t/(R_{P,k}C_{P,k})\right]I_{P,k} + \left\{1 - \exp\left[-\Delta t/(R_{P,k}C_{P,k})\right]\right\}\left(I_{L,k+1} + I_{L,k}\right)/2 \\ \text{OCV}_k \\ R_{O,k} \\ R_{P,k} \\ C_{P,k} \end{pmatrix} + \begin{pmatrix} w_k \\ r_k \end{pmatrix}$$

$$\tag{6-14}$$

另外，U_T 由 OCV、欧姆内阻两端电压和极化电阻两端电压组成，量测方程描述如下：

$$y_k = g(X_k, u_k) + v_k = \text{OCV}_k - I_{L,k}R_{O,k} - I_{P,k}R_{P,k} + v_k \tag{6-15}$$

每一次迭代，A_{k-1} 和 C_k 分别是 $\mathcal{F}(\chi_{k-1}, u_{k-1})$ 和 $g(\chi_k, u_k)$ 关于状态向量 χ_k 偏导数的雅可比矩阵，其公式如下：

$$A_k = \left. \frac{\partial \mathcal{F}(\chi_{k-1}, u_{k-1})}{\partial \chi_{k-1}} \right|_{\chi_{k-1} = \hat{\chi}_{k-1}^+}$$

$$
= \begin{bmatrix}
\dfrac{\partial f\left(x_{k-1},u_{k-1},\theta_{k-1}\right)}{\partial x_{k-1}} & \dfrac{\partial f\left(x_{k-1},u_{k-1},\theta_{k-1}\right)}{\partial \theta_{k-1}} \\[2mm]
\dfrac{\partial \theta_{k-1}}{\partial x_{k-1}} & \dfrac{\partial \theta_{k-1}}{\partial \theta_{k-1}}
\end{bmatrix}
$$

$$
= \begin{bmatrix}
\exp\left(\dfrac{-\Delta t}{\hat{R}_{\mathrm{P},k-1}^{+}\hat{C}_{\mathrm{P},k-1}^{+}}\right) & 0 & 0 & \begin{array}{l}\exp\left(\dfrac{-\Delta t}{\hat{R}_{\mathrm{P},k-1}^{+}\hat{C}_{\mathrm{P},k-1}^{+}}\right)\dfrac{\Delta t}{(\hat{R}_{\mathrm{P},k-1}^{+})^{2}\hat{C}_{\mathrm{P},k-1}^{+}}I_{\mathrm{P},k-1} \\[2mm] -\exp\left(\dfrac{-\Delta t}{\hat{R}_{\mathrm{P},k-1}^{+}\hat{C}_{\mathrm{P},k-1}^{+}}\right)\dfrac{\Delta t}{(\hat{R}_{\mathrm{P},k-1}^{+})^{2}\hat{C}_{\mathrm{P},k-1}^{+}}\left(\dfrac{I_{L,k-1}+I_{L,k-2}}{2}\right)\end{array} & \begin{array}{l}\exp\left(\dfrac{-\Delta t}{\hat{R}_{\mathrm{P},k-1}^{+}\hat{C}_{\mathrm{P},k-1}^{+}}\right)\dfrac{\Delta t}{\hat{R}_{\mathrm{P},k-1}^{+}(\hat{C}_{\mathrm{P},k-1}^{+})^{2}}I_{\mathrm{P},k-1} \\[2mm] -\exp\left(\dfrac{-\Delta t}{\hat{R}_{\mathrm{P},k-1}^{+}\hat{C}_{\mathrm{P},k-1}^{+}}\right)\dfrac{\Delta t}{\hat{R}_{\mathrm{P},k-1}^{+}(\hat{C}_{\mathrm{P},k-1}^{+})^{2}}\left(\dfrac{I_{L,k-1}+I_{L,k-2}}{2}\right)\end{array} \\[6mm]
0 & 1 & 0 & 0 & 0 \\
0 & 0 & 1 & 0 & 0 \\
0 & 0 & 0 & 1 & 0 \\
0 & 0 & 0 & 0 & 1
\end{bmatrix}
\tag{6-16}
$$

$$
C_k = \left.\frac{\partial g\left(\chi_k,u_k\right)}{\partial \chi_k}\right|_{\chi_k=\hat{\chi}_k^{-}} = \begin{bmatrix} \dfrac{\partial g\left(x_k,u_k,\theta_k\right)}{\partial x_k} & \dfrac{\partial g\left(x_k,u_k,\theta_k\right)}{\partial \theta_k} \end{bmatrix}
$$

$$
= \begin{bmatrix} \hat{R}_{\mathrm{P},k}^{-} & 1 & I_{\mathrm{L},k} & \hat{I}_{\mathrm{P},k}^{-} & \hat{R}_{\hat{\mathrm{P}},k}^{-} & \begin{pmatrix} \exp\left(\dfrac{-\Delta t}{\hat{R}_{\mathrm{P},k-1}^{+}\hat{C}_{\mathrm{P},k-1}^{+}}\right)\dfrac{\Delta t}{\hat{R}_{\mathrm{P},k-1}^{+}(\hat{C}_{\mathrm{P},k-1}^{+})^{2}}\hat{I}_{\mathrm{P},k}^{-} \\[4mm] -\exp\left(\dfrac{-\Delta t}{\hat{R}_{\mathrm{P},k-1}^{+}\hat{C}_{\mathrm{P},k-1}^{+}}\right)\dfrac{\Delta t}{\hat{R}_{\mathrm{P},k-1}^{+}(\hat{C}_{\mathrm{P},k-1}^{+})^{2}}\left(\dfrac{I_{\mathrm{L},k}+I_{\mathrm{L},k-1}}{2}\right) \end{pmatrix} \end{bmatrix}
\tag{6-17}
$$

6.4　模型状态和参数估计实验验证

采用 YB-B 在温度性能实验（2.2.3 节中"2. 恒温性能实验"）中进行可变功率工况循环实验（2.2.3 节中"5. 可变功率工况循环实验"）记录的数据对所提出的算法进行验证，在本节将对实验结果进行讨论。首先，通过仿真数据验证参数估计方法具有较好的回归能力。其次，通过不同温度条件下 DST 和 FUDS 工况循环实验数据验证所提出的自适应参数估计方法具有较强的有效性。

6.4.1　仿真数据验证

本节将利用基于平台实验的仿真数据对参数估计算法的回归精确度进行仿真验证。仿真数据的获取和验证过程如下。首先，模型参数被预置并且作为估计结果的真值。然后，基于预置的模型参数和平台实验的电流 I_L 数据得到电压 U_T 数据。电流 I_L 数据和电压 U_T 数据用来完成实时回归验证。最后，通过对比回归参数值和预置参数值来评价估计方法的有效性和稳定性。

下面给出一个示例，电池模型参数预置如下：$OCV = 3.25V$、$R_O = 20m\Omega$、$R_P = 15m\Omega$ 和 $C_P = 2000F$，这些预置值作为验证估计结果的真值。通过在 $40℃$ 温度条件下 FUDS 工况循环电流数据中引入标准差 5mA 的高斯白噪声合成得到仿真电流数据。基于电池模型，将仿真电流数据和预置参数作为输入计算得到仿真电压数据。仿真电压 U_T 和电流 I_L 曲线如图 6-3 所示。然后，将仿真电压 U_T 和电流 I_L 数据输入到在线估计方法中得到模型参数的估计值。AJEKF 算法中模型参数初始值设置如下：$OCV = 3V$、$R_O = 10m\Omega$、$R_P = 5m\Omega$ 和 $C_P = 1800F$。

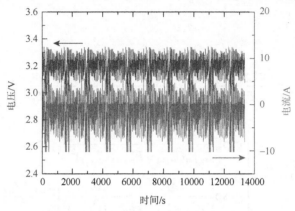

图 6-3　仿真电压 U_T 和电流 I_L 曲线

AJEKF 算法估计的参数和相应的预置值如图 6-4 所示。图中红色线和蓝色线分别代表预置值和估计值。参数的估计值回归到预置值并且在整个过程中展现出极小的差异性，这证明在参数回归的过程中算法具有较好的精确性和稳定性。尽管算法的初始值设置与预置值存在偏差，但还是能够快速地回归真值。

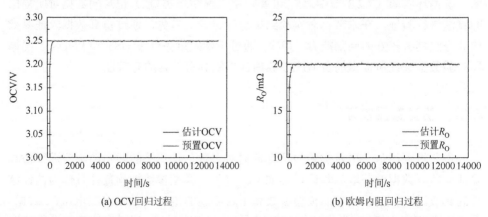

(a) OCV回归过程　　　　　　　　　　　(b) 欧姆内阻回归过程

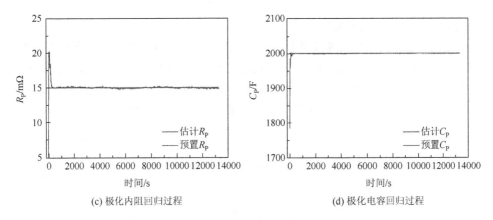

(c) 极化内阻回归过程　　　　　　　　　(d) 极化电容回归过程

图 6-4　基于仿真数据估计参数的回归过程

6.4.2　实验数据验证

本节将在不同温度条件下采用两种工况循环实验验证和评价模型状态与参数估计方法。本节将分别采用 DST 和 FUDS 循环工况实验验证所提出的算法。

1. DST 工况循环实验

在本节实验中，DST 工况循环实验以电流脉冲形式执行，其结束条件为电池端电压达到下限截止电压。在 40℃温度条件下，DST 工况循环实验的电流和电压曲线如图 6-5 所示，在实验前电池按标准充电方式充满。因此，电池的初始 SOC 为 100%。不同温度条件下电池容量的变化导致工况循环实验的时间长度各不相同。

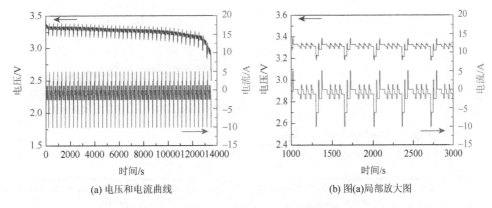

(a) 电压和电流曲线　　　　　　　　　(b) 图(a)局部放大图

图 6-5　40℃温度条件下 DST 工况循环实验

1）40℃条件下实验验证

为了评价所提出状态和参数估计方法的精确性，使用 40℃温度条件下 DST 工况循环实验的电压和电流数据运行在线估计方法。初始参数的设置与仿真实验的设置相同，即 OCV = 3V、R_O = 10mΩ、R_P = 5mΩ 和 C_P = 1800F。40℃温度条件下 DST 工况循环实验所估计的状态和参数结果如图 6-6 所示。

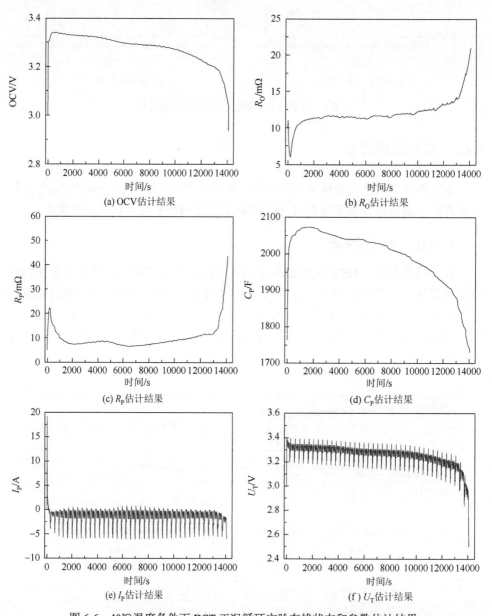

图 6-6　40℃温度条件下 DST 工况循环实验在线状态和参数估计结果

如图 6-6 所示，由于 DST 工况循环实验中的放电时间多于充电时间，因此 OCV 呈缓慢下降趋势。此外，根据图中结果细节之处，随着工况实验的循环 OCV 也表现出周期性的波动。因此，在线估计 OCV 有用来估计电池 SOC 的潜质，在下一节中将介绍并验证这种方法。

图 6-7（a）和它的局部放大图对比了在线估计电压和实验测量电压，展现了基于 AJEKF 算法的参数估计方法在电池端电压估计方面具备较好的性能。图 6-7（b）为估计误差，去除起始几个采样点的回归过程，电压最大估计误差小于 2mV。从图 6-7（a）和（b）的估计结果可以看出，所提出的方法在 40℃温度条件下 DST 工况循环实验过程中展现了较好的可靠性和适应性。

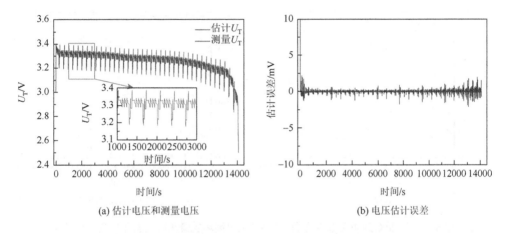

(a) 估计电压和测量电压　　　　　　　　　　　(b) 电压估计误差

图 6-7　40℃温度条件下 DST 工况循环实验估计方法验证

2）其他 6 个温度条件下实验验证

图 6-8 为在其他 6 个温度条件下 DST 工况循环实验参数估计的结果。为了说明模型参数随温度变化的趋势，将 40℃温度条件下参数估计的结果合并到图 6-8 中。所有实验的参数初始值均同样设置为 OCV = 3V、$R_O = 10\text{m}\Omega$、$R_P = 5\text{m}\Omega$ 和 $C_P = 1800\text{F}$。

图 6-8（a）为在不同温度条件下 OCV 的对比曲线。因为由能斯特方程确定的电池平衡电势受温度的影响，OCV 随着温度的降低而下降。如图 6-8（b）和（c）所示，R_O 和 R_P 随着温度的降低明显增加，这主要是由电解液的黏度增加和粒子传导性的降低所导致。电极钝化膜的传导性降低是导致这种现象的另外一个原因。对比不同温度下 R_O 和 R_P 的曲线，R_O 曲线整体大于 R_P 曲线，这说明 R_O 相对于 R_P 具有更高的温度敏感性。图 6-8（d）为温度对 C_P 的影响。由于电解液中粒子活性的降低，随着温度的降低 C_P 值快速下降。

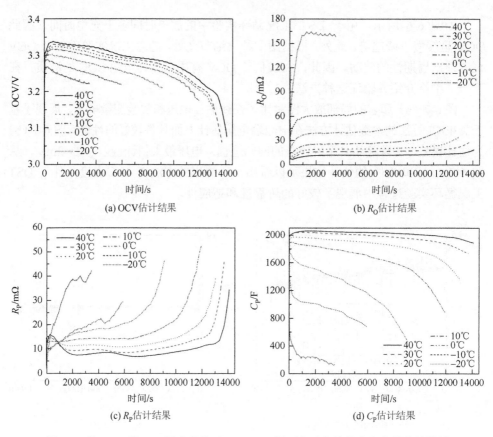

(a) OCV估计结果

(b) R_O估计结果

(c) R_P估计结果

(d) C_P估计结果

图 6-8　从–20℃到 40℃温度条件下 DST 工况循环实验在线状态和参数估计结果

图 6-9～图 6-14 为 6 个温度条件下 DST 工况循环实验准确的电池端电压估计，结果显示估计的端电压与实际测量的端电压之差极小。虽然随着温度的降低，电压

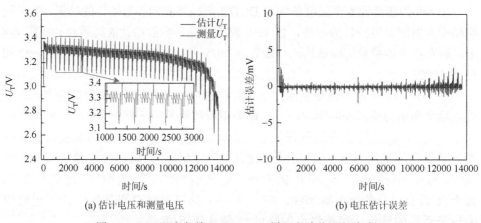

(a) 估计电压和测量电压

(b) 电压估计误差

图 6-9　30℃温度条件下 DST 工况循环实验估计方法验证

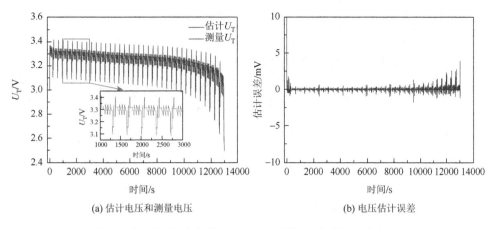

(a) 估计电压和测量电压　　　　　　　　(b) 电压估计误差

图 6-10　20℃温度条件下 DST 工况循环实验估计方法验证

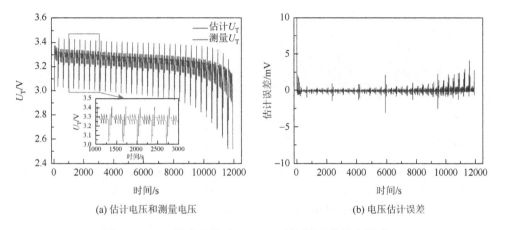

(a) 估计电压和测量电压　　　　　　　　(b) 电压估计误差

图 6-11　10℃温度条件下 DST 工况循环实验估计方法验证

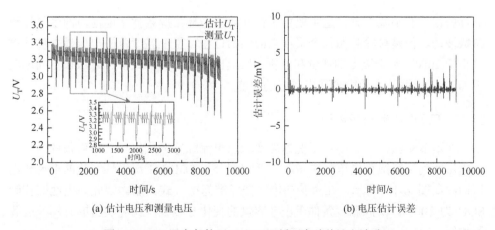

(a) 估计电压和测量电压　　　　　　　　(b) 电压估计误差

图 6-12　0℃温度条件下 DST 工况循环实验估计方法验证

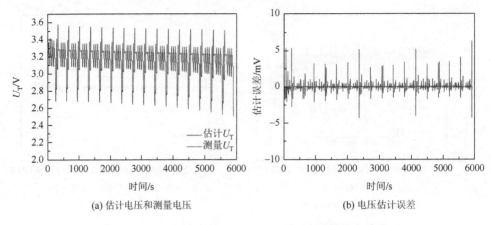

(a) 估计电压和测量电压　　　　　　　　　(b) 电压估计误差

图 6-13　−10℃温度条件下 DST 工况循环实验估计方法验证

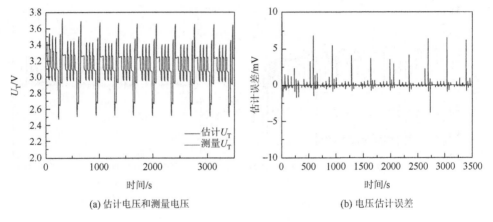

(a) 估计电压和测量电压　　　　　　　　　(b) 电压估计误差

图 6-14　−20℃温度条件下 DST 工况循环实验估计方法验证

估计的误差有小幅上升，这主要由于在高动态循环工况条件下电池内部生热导致参数波动，但是排除起始几个采样点的回归过程，整个温度范围电压最大估计误差小于 7mV。基于以上的评价和分析，所提出的状态和参数估计方法在不同温度下 DST 工况循环实验中表现出较好的性能。

2. FUDS 工况循环实验

在本节实验中，FUDS 工况循环实验以电流脉冲形式执行，结束条件为电池端电压达到下限截止电压。在 40℃温度条件下，FUDS 工况循环实验的电流和电压曲线如图 6-15 所示，在实验前电池按标准充电方式充满。因此，电池的初始 SOC 为 100%。不同温度条件下电池容量的变化导致工况循环实验的时间长度各不相同。

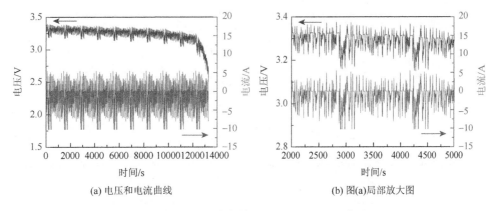

(a) 电压和电流曲线　　　　　(b) 图(a)局部放大图

图 6-15　40℃温度条件下 FUDS 工况循环实验

1）40℃条件下实验验证

为了评价所提出状态和参数估计方法的精确性，使用 40℃温度条件下 FUDS 工况循环实验的电压和电流数据运行在线估计方法。初始参数的设置与仿真实验的设置相同，即 OCV = 3V、R_O = 10mΩ、R_P = 5mΩ 和 C_P = 1800F。图 6-16 显示了 40℃温度条件下 FUDS 工况循环实验所估计的状态和参数结果。由于该工况实验中的放电时间多于充电时间，因此 OCV 呈缓慢下降趋势。此外，随着工况实验的循环 OCV 也表现出周期性的波动。其他模型状态和参数估计结果与 DST 工况循环实验的结果相似。

图 6-17（a）和它的局部放大图对比了在线估计电压和实验测量电压，表现了基于 AJEKF 算法的参数估计方法在电池端电压估计方面具备较好的性能。图 6-17（b）为估计误差，排除起始几个采样点的回归过程，电压最大估计误差小于 2mV。如图 6-17（a）和（b）的估计结果所示，所提出的方法在 40℃温度条件下 FUDS 工况循环实验过程中表现了较好的可靠性和适应性。

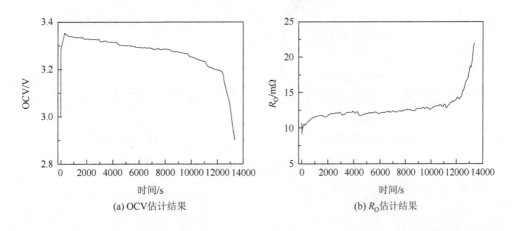

(a) OCV估计结果　　　　　(b) R_O估计结果

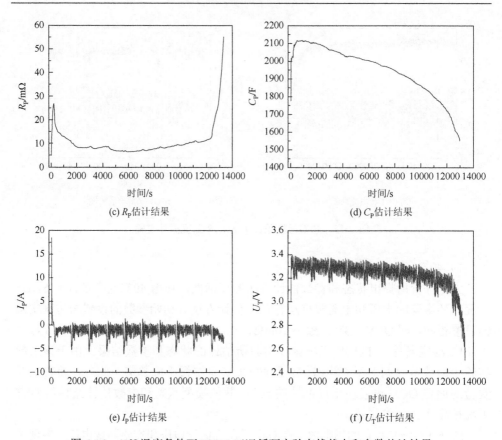

(c) R_P估计结果

(d) C_P估计结果

(e) I_P估计结果

(f) U_T估计结果

图 6-16 40℃温度条件下 FUDS 工况循环实验在线状态和参数估计结果

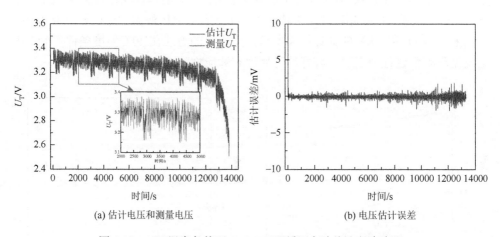

(a) 估计电压和测量电压

(b) 电压估计误差

图 6-17 40℃温度条件下 FUDS 工况循环实验估计方法验证

2）其他 6 个温度条件下实验验证

图 6-18 为在其他 6 个温度条件下 FUDS 工况循环实验参数估计的结果。为了说明模型参数随温度变化的趋势，将 40℃温度条件下参数估计的结果合并到图 6-18 中。所有实验的参数初始值均同样设置为 $OCV = 3V$、$R_O = 10mΩ$、$R_P = 5mΩ$ 和 $C_P = 1800F$。

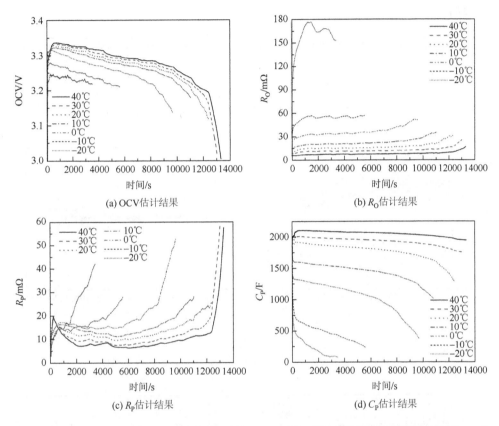

(a) OCV估计结果 (b) R_O估计结果

(c) R_P估计结果 (d) C_P估计结果

图 6-18　从–20℃到 40℃温度条件下 FUDS 工况循环实验在线状态和参数估计结果

图 6-18（a）为在不同温度下 OCV 的对比曲线。OCV 随着温度的降低而下降。如图 6-18（b）和（c）所示，R_O 和 R_P 随着温度的降低明显增加。对比不同温度下 R_O 和 R_P 的曲线，R_O 曲线整体大于 R_P 曲线。图 6-18（d）为温度对 C_P 的影响。以上实验结果表明随着温度的变化，模型参数的变化趋势与 DST 工况循环实验的结果相似。

图 6-19～图 6-24 为 6 个温度条件下工况循环实验准确的电池端电压估计。估计的端电压与实际测量的端电压之差极小。虽然随着温度的降低电压估计

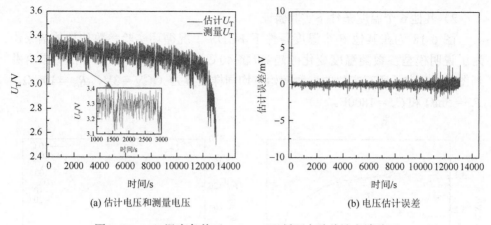

(a) 估计电压和测量电压   (b) 电压估计误差

图 6-19   30℃温度条件下 FUDS 工况循环实验估计方法验证

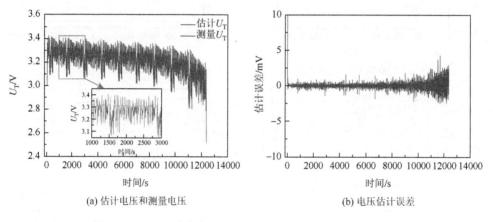

(a) 估计电压和测量电压   (b) 电压估计误差

图 6-20   20℃温度条件下 FUDS 工况循环实验估计方法验证

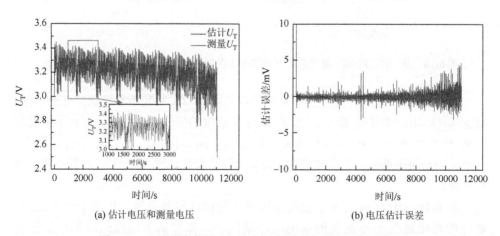

(a) 估计电压和测量电压   (b) 电压估计误差

图 6-21   10℃温度条件下 FUDS 工况循环实验估计方法验证

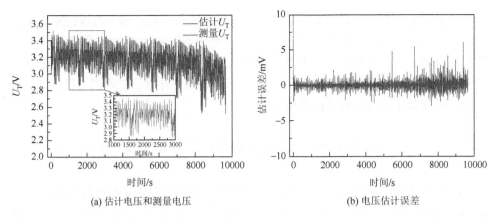

(a) 估计电压和测量电压　　　　　　　　　　(b) 电压估计误差

图 6-22　0℃温度条件下 FUDS 工况循环实验估计方法验证

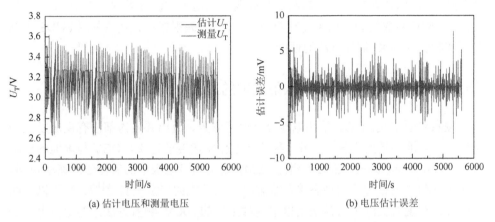

(a) 估计电压和测量电压　　　　　　　　　　(b) 电压估计误差

图 6-23　-10℃温度条件下 FUDS 工况循环实验估计方法验证

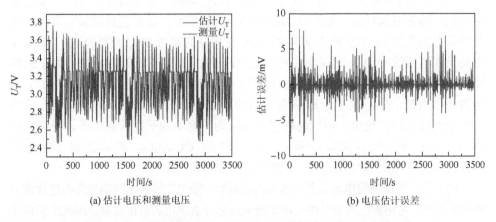

(a) 估计电压和测量电压　　　　　　　　　　(b) 电压估计误差

图 6-24　-20℃温度条件下 FUDS 工况循环实验估计方法验证

的误差有小幅上升，但是排除起始几个采样点的回归过程，整个温度范围电压最大估计误差小于 8mV。FUDS 工况循环估计的电压误差略大于 DST 循环工况估计的电压误差，这主要是由于当电池工作在高动态工况条件下模型参数波动会更加剧烈。基于以上的评价和分析，所提出的状态和参数估计方法在不同温度下 FUDS 工况循环实验中展现出较好的性能。

6.5　基于参数估计 OCV 的多温度 SOC 估计

基于准确和可靠的在线 OCV 估计，利用预置离线 OCV-SOC 映射模型可以实现 SOC 在线估计。然而，基于参数估计的 OCV 中包含部分由浓差极化和滞回特性产生的电压。另外，OCV-SOC 映射模型内在地依赖于环境温度，这些因素都将会导致 SOC 估计误差。为了解决这些问题，利用不同温度条件下 DST 工况循环实验中 OCV 参数估计的结果建立 OCV_{PE}-SOC-T 映射模型，然后利用 FUDS 工况循环实验验证 SOC 估计方法的性能。

6.5.1　参数估计 OCV-SOC 映射模型的建立

按照字面定义，OCV 是在电池没有电流流入、流出并且内部没有反应发生的条件下，电池两端的电压[9]。另一种按照电化学角度的定义，OCV 与电池的电动势（electromotive force，EMF）相同。EMF 定义为当电极中的氧化还原速率相同、电荷转移和传质过程达到动态平衡状态时，正负极的平衡电势差[10]。基于以上两种定义，在现有文献中通常采用以下两种主流的 OCV 测量方法，即弛豫电压法（voltage relaxation，VR）法[11]和库仑滴定法（Coulomb titration，CT）[12]。基于 VR 的方法通过将电池充电或放电至特定的 SOC 间隔后静置合适的时间（实验温度越低，静置时间越长）测算出 OCV-SOC 映射模型。虽然经过较长的实验时间能够获得完美的 OCV-SOC 映射模型，但是在相同的参考 SOC 点处充电后的 OCV 会高于放电后的 OCV，这说明在充、放电过程中 OCV 存在滞回特性。为了忽略滞回特性的影响，基于 VR 方法的 OCV-SOC 映射模型（简记为 OCV_{VR}-SOC）通常被简化为充、放电 OCV-SOC 映射模型的均值。基于 CT 的方法通过以极低倍率对电池进行充电或放电，电池的端电压被认为与真实的平衡状态相近。考虑到需要将极化和滞回特性忽略，基于 CT 方法的 OCV-SOC 映射模型（简记为 OCV_{CT}-SOC）通常被定义为充、放电端电压的平均值。

相比于一些精细的电池模型，本章所选择的一阶 RC 等效电路模型没有包含浓差极化等环节。考虑到前面章节中对电池端电压估计表现出较好的性能，因此浓差极化产生的过电势在某种程度上被嵌入到其他模型参数估计的结果中。严格意义上讲，参数估计的 OCV 包含部分浓差极化过电势，将其定义为基于参数估计 OCV（parametric estimation-based OCV，OCV_{PE}）。因此，通过在线估计 OCV 并利用 OCV_{VR}-SOC 和 OCV_{CT}-SOC 映射模型估计 SOC 将会引入由浓差极化过电势导致的系统误差。

受到前面分析过程的启发，如果利用 OCV_{PE} 建立 OCV-SOC 映射模型，那么很可能会得到精确的 SOC 估计结果。根据这个想法，本书作者团队提出一种新的 OCV-SOC 映射模型建立方法，即 OCV_{PE}-SOC 映射模型。新的映射模型通过工况循环实验中 OCV_{PE} 与相应真实的 SOC 建立。在本章中，真实的 SOC 通过基于工况循环电流和库仑效率（见 2.3.2 节结果）的安时积分法计算得到。考虑到 Arbin BT2000 电池测试系统具有较高精度（±0.05% FSR）的电流测量功能，因此在短时工况循环实验过程中，电流传感器精度导致的安时积分法累计误差可以忽略不计。另外，在线估计方法中参数的初始值设置为与 6.4.2 节中 "1. DST 工况循环实验" 中的参数估计结果仅有较小的偏置，这可以保证算法的回归过程足够短暂。

下面给出一个示例，图 6-25（a）为 40℃温度条件下 DST 工况循环实验 OCV_{PE} 和真实的 SOC 曲线。同时，以 OCV_{PE} 和真实的 SOC 数据分别作为变量和自变量的散点图绘制于图 6-25（b）中。这些数据具有很强的非线性，利用文献[4]中提及的模型来拟合这些数据，如下：

$$OCV_{PE}(SOC) = k_0 + k_1 SOC + k_2/SOC + k_3\ln(SOC) + k_4\ln(1-SOC) \quad (6\text{-}18)$$

其中，k_i 为拟合多项式系数（V），$i = 0,1,\cdots,4$。该模型可以描述这些数据的基本非线性趋势。拟合出的映射模型如图 6-25（b）中红线所示。

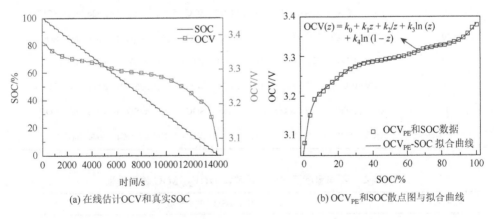

(a) 在线估计OCV和真实SOC　　　　(b) OCV_{PE}和SOC散点图与拟合曲线

图 6-25　40℃温度条件下 DST 工况循环 OCV_{PE}-SOC 映射模型建立

6.5.2　参数估计 OCV-SOC 温度模型的建立

通过 6.5.1 节介绍的在特定温度下建立 OCV_{PE}-SOC 映射模型的方法，可以将其推广至更宽的温度范围,进而获得不同温度下的OCV$_{PE}$-SOC映射模型。图6-26(a)和(b)分别为YB-B和YB-C在不同温度下的OCV$_{PE}$-SOC映射模型。另外,表6-1和表6-2对应给出了不同温度下OCV$_{PE}$-SOC映射模型的系数。

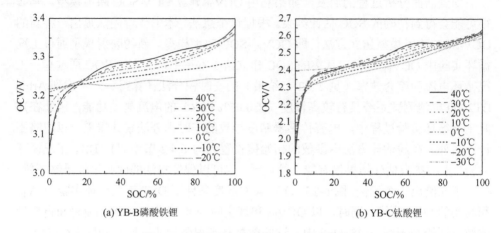

(a) YB-B磷酸铁锂　　　　　　　　　　　　　(b) YB-C钛酸锂

图 6-26　不同温度下 OCV$_{PE}$-SOC 映射模型

表 6-1　不同温度下 YB-B 磷酸铁锂 OCV$_{PE}$-SOC 映射模型

温度/℃	OCV$_{PE}$-SOC 映射模型
40	$OCV_{PE}(SOC) = 3.34 - 3.42e^{-2}SOC + 3.22e^{-4}/SOC + 5.34e^{-2}\ln(SOC) - 1.71e^{-2}\ln(1-SOC)$
30	$OCV_{PE}(SOC) = 3.34 - 3.98e^{-2}SOC + 1.08e^{-4}/SOC + 5.84e^{-2}\ln(SOC) - 1.73e^{-2}\ln(1-SOC)$
20	$OCV_{PE}(SOC) = 3.31 - 1.29e^{-2}SOC + 5.19e^{-4}/SOC + 4.36e^{-2}\ln(SOC) - 1.55e^{-2}\ln(1-SOC)$
10	$OCV_{PE}(SOC) = 3.28 + 1.01SOC + 1.01/SOC + 1.01\ln(SOC) + 0.99\ln(1-SOC)$
0	$OCV_{PE}(SOC) = 3.23 + 4.59e^{-2}SOC + 1.18e^{-5}/SOC + 5.64e^{-3}\ln(SOC) - 2.06e^{-2}\ln(1-SOC)$
−10	$OCV_{PE}(SOC) = 3.22 + 6.41e^{-2}SOC + 5.55e^{-5}/SOC + 2.21e^{-3}\ln(SOC) - 4.31e^{-4}\ln(1-SOC)$
−20	$OCV_{PE}(SOC) = 3.23 + 1.59e^{-2}SOC + 3.01e^{-5}/SOC + 2.83e^{-3}\ln(SOC) - 1.03e^{-3}\ln(1-SOC)$

表 6-2　不同温度下 YB-C 钛酸锂 OCV$_{PE}$-SOC 映射模型

温度/℃	OCV$_{PE}$-SOC 映射模型
40	$OCV_{PE}(SOC) = 2.45 + 0.16SOC - 2.63e^{-3}/SOC + 4.59e^{-2}\ln(SOC) - 1.62e^{-3}\ln(1-SOC)$
30	$OCV_{PE}(SOC) = 2.48 + 0.12SOC - 1.83e^{-3}/SOC + 5.26e^{-2}\ln(SOC) - 6.72e^{-3}\ln(1-SOC)$
20	$OCV_{PE}(SOC) = 2.45 + 0.14SOC - 2.4e^{-3}/SOC + 3.73e^{-2}\ln(SOC) - 8.79e^{-3}\ln(1-SOC)$
10	$OCV_{PE}(SOC) = 2.42 + 0.16SOC - 2.94e^{-3}/SOC + 2.77e^{-2}\ln(SOC) - 1.06e^{-2}\ln(1-SOC)$

续表

温度/℃	OCV$_{PE}$-SOC 映射模型
0	$OCV_{PE}(SOC) = 2.41 + 0.15SOC - 2.36e^{-3}/SOC + 3.45e^{-2}\ln(SOC) - 1.56e^{-2}\ln(1-SOC)$
−10	$OCV_{PE}(SOC) = 2.37 + 0.17SOC - 2.20e^{-4}/SOC + 3.26e^{-2}\ln(SOC) - 1.82e^{-2}\ln(1-SOC)$
−20	$OCV_{PE}(SOC) = 2.28 + 0.26SOC - 1.10e^{-4}/SOC - 4.20e^{-3}\ln(SOC) - 1.52e^{-2}\ln(1-SOC)$
−30	$OCV_{PE}(SOC) = 2.31 + 0.26SOC - 5.69e^{-4}/SOC - 2.99e^{-2}\ln(SOC) - 3.33e^{-3}\ln(1-SOC)$

为了建立 OCV$_{PE}$-SOC 温度模型（简记：OCV$_{PE}$-SOC-T），可以利用 OCV$_{PE}$-SOC 映射模型的 5 个参数与温度的关系，每个参数的温度模型可以利用 4 阶多项式的形式表达，如下：

$$k_i = a_{i0} + a_{i1} \times T + a_{i2} \times T^2 + a_{i3} \times T^3 + a_{i4} \times T^4 \quad i = 0,1,\cdots,4 \qquad (6\text{-}19)$$

其中，T 为环境温度（℃）；$a_{i0} \sim a_{i4}$ 为温度系数（V/℃）。YB-B 和 YB-C 的 OCV$_{PE}$-SOC-T 系数的拟合结果分别如表 6-3 和表 6-4 所示。

表 6-3　YB-B 磷酸铁锂 OCV$_{PE}$-SOC-T 系数的拟合结果

模型系数/V	温度系数/(V/℃)				
	a_{i0}	a_{i1}	a_{i2}	a_{i3}	a_{i4}
k_0	3.237	2.9×10^{-3}	9×10^{-5}	-2×10^{-6}	-5×10^{-9}
k_1	0.050	-2.6×10^{-3}	-1×10^{-4}	4×10^{-6}	-3×10^{-8}
k_2	2×10^{-5}	1×10^{-6}	2×10^{-7}	4×10^{-9}	-1×10^{-10}
k_3	7.3×10^{-3}	1.1×10^{-3}	5×10^{-5}	-2×10^{-7}	-2×10^{-8}
k_4	-9.2×10^{-3}	-8×10^{-4}	8×10^{-6}	1×10^{-6}	-2×10^{-8}

表 6-4　YB-C 钛酸锂 OCV$_{PE}$-SOC-T 系数的拟合结果

模型系数/V	温度系数/(V/℃)				
	a_{i0}	a_{i1}	a_{i2}	a_{i3}	a_{i4}
k_0	2.361	5.4×10^{-3}	2×10^{-5}	-3×10^{-6}	1×10^{-8}
k_1	0.198	-3.8×10^{-3}	-5×10^{-6}	2×10^{-6}	5×10^{-9}
k_2	2.1×10^{-3}	-1×10^{-4}	2×10^{-6}	6×10^{-8}	-1×10^{-9}
k_3	1.53×10^{-2}	9×10^{-4}	2×10^{-5}	5×10^{-7}	-3×10^{-8}
k_4	−0.015	4×10^{-4}	3×10^{-6}	-5×10^{-7}	9×10^{-9}

最终为了在线计算 SOC，YB-B 和 YB-C 的 OCV$_{PE}$-SOC-T 模型分别被离散化

为 201×71 和 201×81 的点阵（SOC 间隔 0.5%，温度间隔 1℃），并且存于表格中。图 6-27（a）和（b）分别为 YB-B 和 YB-C 的 OCV_{PE}-SOC-T 模型三维点阵图。利用线性插值的方式在表格中搜索相应 SOC 值。

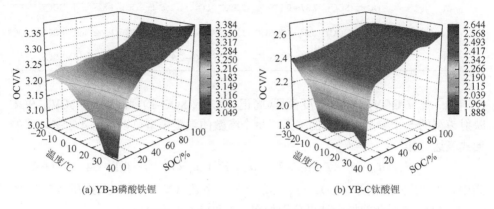

(a) YB-B磷酸铁锂　　　　　　　　　　　　　(b) YB-C钛酸锂

图 6-27　OCV_{PE}-SOC-T 模型三维点阵图

6.6　实　验　验　证

为了验证基于 DST 工况循环实验建立的 OCV_{PE}-SOC-T 映射模型的通用性，使用动态电流更复杂的 FUDS 工况循环进行实验验证。另外，利用 OCV_{VR}-SOC-T 和 OCV_{CT}-SOC-T 映射模型估计的 SOC 值与利用 OCV_{PE}-SOC-T 映射模型估计的 SOC 值进行对比，以此来验证 OCV_{PE}-SOC-T 映射模型的有效性。然后，分别在恒温和变温条件下进行 FUDS 工况循环实验验证，并且采用磷酸铁锂（YB-B）和钛酸锂（YB-C）两种类型电池对算法的适应性进行验证。

6.6.1　恒温实验验证

1. 磷酸铁锂电池恒温验证

图 6-28 为 YB-B 在 40℃恒温条件下 FUDS 工况循环实验基于 3 种 OCV-SOC-T 映射模型（即 OCV_{PE}-SOC-T、OCV_{VR}-SOC-T 和 OCV_{CT}-SOC-T）的 SOC 估计和 SOC 估计误差对比结果。图 6-28（a）为基于 3 种 OCV-SOC-40℃映射模型的 SOC 估计结果。图 6-28（b）为基于 3 种 OCV-SOC-40℃映射模型的 SOC 估计误差。如图 6-28 所示，基于 OCV_{PE}-SOC-40℃映射模型的 SOC 估计值精确地跟随 SOC 真值。基于 OCV_{VR}-SOC-40℃和 OCV_{CT}-SOC-40℃映射模型的 SOC 估计值与 SOC 真值之间存在一个较大的负向偏差。这个结果归结为两个原因。第一，浓差极化

的影响并没有包含在另外两种关系映射图中，这将导致在相同 SOC 点处 OCV_{VR} 和 OCV_{CT} 高于 OCV_{PE}。第二，LFP 在较宽的 SOC 范围呈现出平坦的 OCV 平台期。因此，即使一个极小的 OCV 偏差也将会导致较大的 SOC 估计波动。

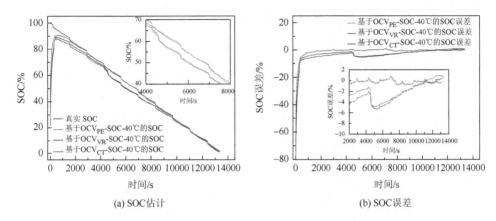

图 6-28　YB-B 在 40℃温度条件下基于 3 种 OCV-SOC-T 关系映射图 SOC 估计结果对比

　　图 6-29～图 6-34 为 YB-B 从 30℃到–20℃温度条件下 FUDS 循环工况实验基于 3 种 OCV-SOC-T 模型的 SOC 估计和 SOC 估计误差对比结果。SOC 估计误差的统计分析如表 6-5 所示，恒温实验中环境温度–20℃条件下，磷酸铁锂电池 SOC 估计最大绝对误差为 4.9%，均方根误差为 3.3%，与基于传统 OCV-SOC 映射模型的方法相比，最大绝对误差降低了 12.1 个百分点，均方根误差降低了 6.9 个百分点。此外，随着温度的降低 SOC 估计误差增大，这主要是由于低温条件下基于 AJEKF

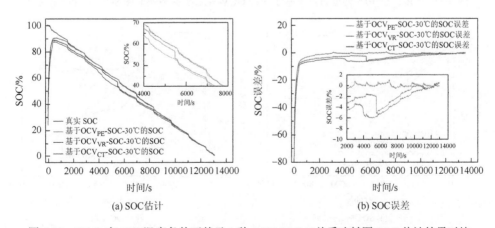

图 6-29　YB-B 在 30℃温度条件下基于 3 种 OCV-SOC-T 关系映射图 SOC 估计结果对比

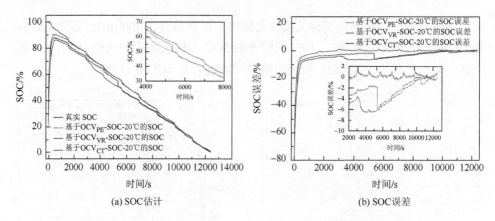

(a) SOC估计　　　　　　　　　　　　　　　(b) SOC误差

图 6-30　YB-B 在 20℃温度条件下基于 3 种 OCV-SOC-*T* 关系映射图 SOC 估计结果对比

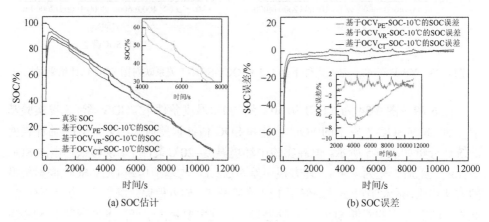

(a) SOC估计　　　　　　　　　　　　　　　(b) SOC误差

图 6-31　YB-B 在 10℃温度条件下基于 3 种 OCV-SOC-*T* 关系映射图 SOC 估计结果对比

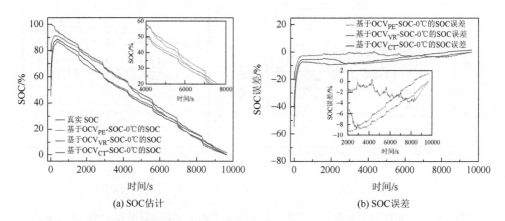

(a) SOC估计　　　　　　　　　　　　　　　(b) SOC误差

图 6-32　YB-B 在 0℃温度条件下基于 3 种 OCV-SOC-*T* 关系映射图 SOC 估计结果对比

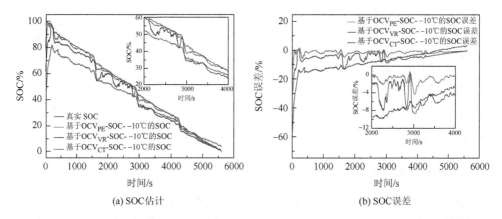

(a) SOC 估计　　　　　　　　　　　　　(b) SOC 误差

图 6-33　YB-B 在−10℃温度条件下基于 3 种 OCV-SOC-T 关系映射图 SOC 估计结果对比

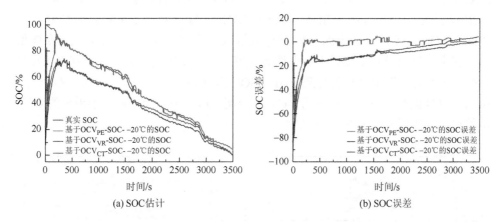

(a) SOC 估计　　　　　　　　　　　　　(b) SOC 误差

图 6-34　YB-B 在−20℃温度条件下基于 3 种 OCV-SOC-T 关系映射图 SOC 估计结果对比

算法的电压估计精度小于高温条件下的电压估计精度，因此低温条件下电压估计误差部分嵌入到参数估计 OCV 的结果中。在每个温度条件下，基于 OCV_{VR}-SOC-T 和 OCV_{CT}-SOC-T 模型 SOC 估计的最大绝对误差与均方根误差均大于基于 OCV_{PE}-SOC-T 模型的结果，这主要是由于低温条件下浓差极化和滞回特性产生的电压值增大。

表 6-5　YB-B 基于 3 种 OCV-SOC-T 关系映射图的 SOC 估计误差统计分析表

温度/℃	最大绝对误差/%			均方根误差/%		
	OCV_{PE}	OCV_{VR}	OCV_{CT}	OCV_{PE}	OCV_{VR}	OCV_{CT}
40	1.3	5.0	5.5	0.6	2.6	3.2
30	1.5	5.2	6.1	0.7	2.3	3.7
20	1.6	5.9	6.6	0.8	2.7	4.1
10	2.4	6.5	7.5	1.3	3.4	4.6

续表

温度/℃	最大绝对误差/%			均方根误差/%		
	OCV_{PE}	OCV_{VR}	OCV_{CT}	OCV_{PE}	OCV_{VR}	OCV_{CT}
0	4.0	8.9	9.5	2.2	5.8	5.6
−10	4.5	12.6	13.0	2.6	8.5	8.8
−20	4.9	16.5	17.0	3.3	9.5	10.2

2. 钛酸锂电池恒温验证

图 6-35 为 YB-C 在 40℃恒温条件下 FUDS 工况循环实验基于 3 种 OCV-SOC-T 映射模型（即 OCV_{PE}-SOC-T、OCV_{VR}-SOC-T 和 OCV_{CT}-SOC-T）的 SOC 估计和 SOC 估计误差对比结果。与磷酸铁锂电池的估计结果相似，基于 OCV_{PE}-SOC-40℃ 映射模型的 SOC 估计值精确地跟随 SOC 真值。基于 OCV_{VR}-SOC-40℃ 和 OCV_{CT}-SOC-40℃映射模型的 SOC 估计值与 SOC 真值之间存在一个较大的负向偏差。这个结果同样归结为以下两个原因。第一，浓差极化的影响并没有包含在另外两种关系映射图中，这将导致在相同 SOC 点处 OCV_{VR} 和 OCV_{CT} 高于 OCV_{PE}。第二，LTO 同样存在一个较宽的 OCV 平台期，这个平台期使得一个极小的 OCV 偏差也会导致较大的 SOC 估计波动。

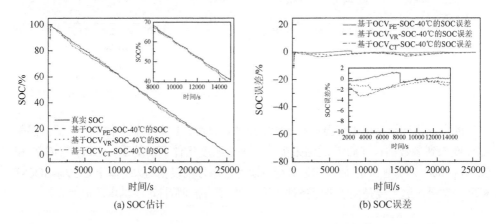

(a) SOC估计　　　　　　　　　　　　　　(b) SOC误差

图 6-35　YB-C 在 40℃温度条件下基于 3 种 OCV-SOC-T 关系映射图 SOC 估计结果对比

图 6-36～图 6-42 为从 30℃到−30℃温度条件下 FUDS 循环工况实验基于 3 种 OCV-SOC-T 模型的 SOC 估计和 SOC 估计误差对比结果。SOC 估计误差的统计分析如表 6-6 所示，恒温实验中环境温度−30℃条件下，钛酸锂电池 SOC 估计最大绝对误差为 3.9%，均方根误差为 1.2%，与基于传统 OCV-SOC 映射模型的方法相比，最大绝对误差降低了 9.7 个百分点，均方根误差降低了 8.0 个百分点。此外，

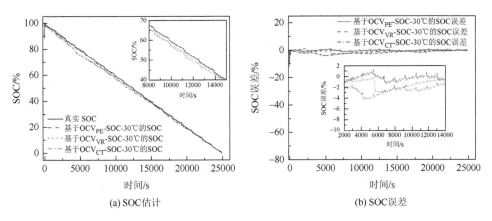

(a) SOC估计　　　　　　　　(b) SOC误差

图 6-36　YB-C 在 30℃温度条件下基于 3 种 OCV-SOC-T 关系映射图 SOC 估计结果对比

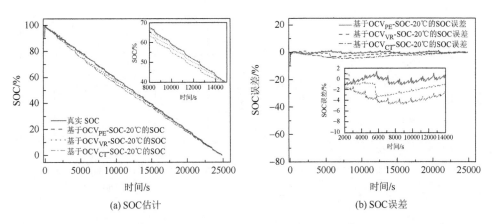

(a) SOC估计　　　　　　　　(b) SOC误差

图 6-37　YB-C 在 20℃温度条件下基于 3 种 OCV-SOC-T 关系映射图 SOC 估计结果对比

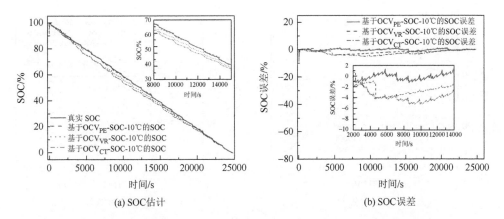

(a) SOC估计　　　　　　　　(b) SOC误差

图 6-38　YB-C 在 10℃温度条件下基于 3 种 OCV-SOC-T 关系映射图 SOC 估计结果对比

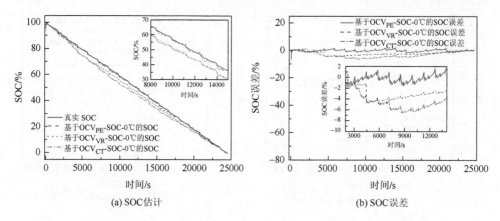

(a) SOC估计　　　　　　　　　　　　　(b) SOC误差

图 6-39　YB-C 在 0℃温度条件下基于 3 种 OCV-SOC-T 关系映射图 SOC 估计结果对比

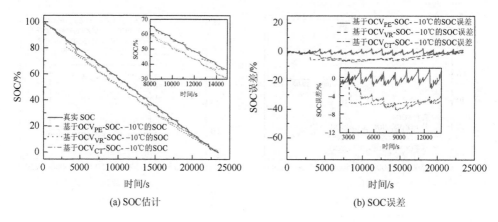

(a) SOC估计　　　　　　　　　　　　　(b) SOC误差

图 6-40　YB-C 在–10℃温度条件下基于 3 种 OCV-SOC-T 关系映射图 SOC 估计结果对比

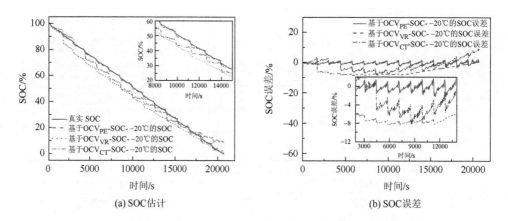

(a) SOC估计　　　　　　　　　　　　　(b) SOC误差

图 6-41　YB-C 在–20℃温度条件下基于 3 种 OCV-SOC-T 关系映射图 SOC 估计结果对比

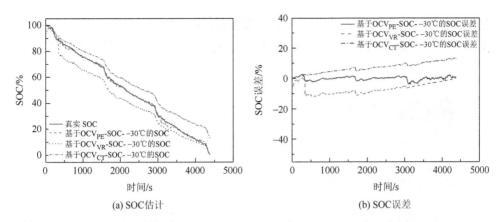

(a) SOC估计　　　　　　　　　　　　(b) SOC误差

图 6-42　YB-C 在–30℃温度条件下基于 3 种 OCV-SOC-*T* 关系映射图 SOC 估计结果对比

随着温度的降低 SOC 估计误差增大,这同样由于低温条件下基于 AJEKF 算法的电压估计精度小于高温条件下的电压估计精度,因此低温条件下电压估计误差部分嵌入到参数估计 OCV 的结果中。在每个温度条件下,基于 OCV$_{VR}$-SOC-*T* 和 OCV$_{CT}$-SOC-*T* 模型 SOC 估计的最大绝对误差和均方根误差均大于基于 OCV$_{PE}$-SOC-*T* 模型的结果,这同样由于低温条件下浓差极化和滞回特性产生的电压值增大。

表 6-6　YB-C 基于 3 种 OCV-SOC-*T* 关系映射图的 SOC 估计误差统计分析表

温度/℃	最大绝对误差/%			均方根误差/%		
	OCV$_{PE}$	OCV$_{VR}$	OCV$_{CT}$	OCV$_{PE}$	OCV$_{VR}$	OCV$_{CT}$
40	1.2	2.1	3.3	0.4	1.1	1.6
30	1.3	2.8	4.1	0.5	1.2	2.0
20	1.5	3.3	4.7	0.6	1.5	2.8
10	1.7	4.1	5.2	0.6	2.1	3.1
0	2.1	4.7	6.6	0.8	2.7	4.1
–10	2.5	6.3	7.2	0.9	4.7	4.2
–20	3.3	8.3	9.6	1.1	6.2	5.6
–30	3.9	11.2	13.6	1.2	8.5	9.2

6.6.2　变温实验验证

1. 磷酸铁锂电池变温验证

图 6-43 为 YB-B 在–20～40℃变温条件下 FUDS 工况循环实验的电压和电流曲线及温度变化曲线。图 6-43(a)为变温实验的电压和电流曲线。电池端电压的波动

幅度在温度升高的过程中缓慢缩减，这主要由电池内阻降低所导致。图 6-43（b）为变温条件下温度变化曲线。在测试的过程中环境温度从–20℃缓慢升高到40℃。

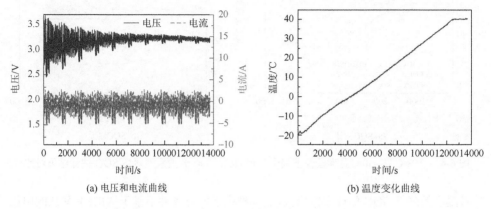

(a) 电压和电流曲线　　　　　　　　　　　(b) 温度变化曲线

图 6-43　YB-B 在–20～40℃变温条件下 FUDS 工况循环

图 6-44 为 YB-B 在–20～40℃变温条件下 FUDS 工况循环实验基于 3 种 OCV-SOC-T 映射模型（即 OCV_{PE}-SOC-T、OCV_{VR}-SOC-T 和 OCV_{CT}-SOC-T）的 SOC 估计和 SOC 估计误差对比结果。图 6-44（a）为基于 3 种 OCV-SOC-T 映射模型的 SOC 估计结果。图 6-44（b）为基于 3 种 OCV-SOC-T 映射模型的 SOC 估计误差。如图 6-44 所示，基于 OCV_{PE}-SOC-T 映射模型的 SOC 估计值能够较精确地跟随 SOC 真值。基于 OCV_{VR}-SOC-T 和 OCV_{CT}-SOC-T 映射模型的 SOC 估计值与 SOC 真值之间存在一个较大的负向偏差。其原因与恒温实验中的相同。

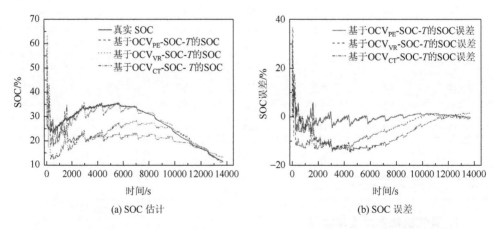

(a) SOC 估计　　　　　　　　　　　(b) SOC 误差

图 6-44　YB-B 在–20～40℃变温条件下 FUDS 工况循环实验 SOC 估计方法结果对比

　　SOC 估计误差的统计分析如表 6-7 所示,变温实验过程中,磷酸铁锂电池 SOC 估计最大绝对误差为 6.4%,均方根误差为 1.9%,与基于传统 OCV-SOC 映射模型的方法相比,最大绝对误差降低了 11.4 个百分点,均方根误差降低了 6.7 个百分点。

表 6-7　YB-B 在–20～40℃变温条件下基于 3 种 OCV-SOC-T 关系映射图的 SOC 估计误差分析表

方法	最大绝对误差/%	均方根误差/%
OCV$_{PE}$	6.4	1.9
OCV$_{VR}$	17.8	7.7
OCV$_{CT}$	14.5	8.6

2. 钛酸锂电池变温验证

　　本章钛酸锂电池变温验证与第 5 章钛酸锂电池变温验证采用相同的循环工况。图 6-45 为 YB-C 在–30～40℃变温条件下 FUDS 工况循环实验基于 3 种 OCV-SOC-T 映射模型的 SOC 估计和 SOC 估计误差对比结果。图 6-45（a）为基于 3 种 OCV-SOC-T 映射模型的 SOC 估计结果。图 6-45（b）为基于 3 种 OCV-SOC-T 映射模型的 SOC 估计误差。如图 6-45 所示,基于 OCV$_{PE}$-SOC-T 映射模型的 SOC 估计值能够较精确地跟随 SOC 真值。基于 OCV$_{VR}$-SOC-T 和 OCV$_{CT}$-SOC-T 映射模型的 SOC 估计值与 SOC 真值之间存在一个较大的误差。

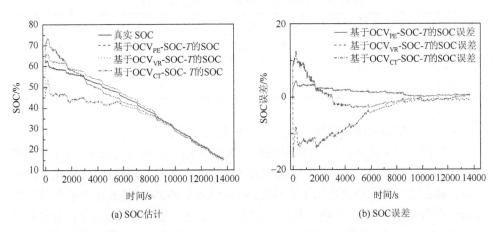

图 6-45　YB-C 在–30～40℃变温条件下 FUDS 工况循环实验 SOC 估计方法结果对比

　　SOC 估计误差的统计分析如表 6-8 所示,变温实验过程中,钛酸锂电池 SOC 估计最大绝对误差为 4.5%,均方根误差为 1.7%,与基于传统 OCV-SOC 映射模型的方法相比,最大绝对误差降低了 9.5 个百分点,均方根误差降低了 5.0 个百分点。

表 6-8　YB-C 在–30～40℃变温条件下基于 3 种 OCV-SOC-*T* 关系映射图的 SOC 估计误差分析表

	OCV_{PE}	OCV_{VR}	OCV_{CT}
最大绝对误差/%	6.4	17.8	14.5
均方根误差/%	1.9	7.7	8.6

6.6.3　实验结果对比分析

为了进一步分析第 5 章提出的基于多温度路径 OCV-扩展安时积分的电池 SOC 估计方法和本章提出的基于参数估计 OCV 的多温度电池 SOC 估计方法，按照实验用样本电池为磷酸铁锂电池和钛酸锂电池将以上两种算法在不同温度工况下的最大估计误差分别列入表 6-9 和表 6-10 中。

表 6-9　磷酸铁锂电池 SOC 估计实验结果对比

工况	多温度路径 OCV-扩展安时积分		基于参数估计 OCV	
	最大绝对误差/%	均方根误差/%	最大绝对误差/%	均方根误差/%
恒温工况	5.0	4.0	4.9	3.3
变温工况	4.2	1.2	6.4	1.9

表 6-10　钛酸锂电池 SOC 估计实验结果对比

工况	多温度路径 OCV-扩展安时积分		基于参数估计 OCV	
	最大绝对误差/%	均方根误差/%	最大绝对误差/%	均方根误差/%
恒温工况	4.1	3.8	4.0	1.2
变温工况	2.3	1.0	4.5	1.7

通过以上实验结果的对比分析，可以得到以下结论。

（1）在变温工况下，基于多温度路径 OCV-扩展安时积分的 SOC 估计精度高于基于参数估计 OCV 的多温度电池 SOC 估计方法。首先，多温度路径 OCV-SOC 模型在建立之初就充分考虑了不同温度路径对 OCV 的影响，使其在变温条件下能够估计出准确的 SOC 初始值。其次，扩展安时积分算法在迭代过程中，容量和库仑效率能够根据采集的温度进行实时更新。因此，扩展安时积分算法具有很好的温度适应性。最后，在变温工况过程中，参数估计的误差较大，导致估计出来的 OCV 波动较大。因此，基于参数估计 OCV 的多温度电池 SOC 估计方法误差较大。

（2）在恒温工况下，基于参数估计 OCV 的多温度电池 SOC 估计精度高于基于多温度路径 OCV-扩展安时积分的 SOC 估计方法。首先，在恒温工况下，基于自适应联合扩展卡尔曼滤波的参数估计精度较高,通过该方法获得的 OCV_{PE} 与实际的 OCV 具有较好的对应关系。其次,参数估计 OCV-SOC 温度模型的建立充分考虑了温度对 OCV_{PE} 的影响。最后,基于多温度路径 OCV-扩展安时积分的 SOC 估计方法的精度仍然依赖于初始 SOC 估计的精度。然而,在 OCV 的平台期,一个较小的 OCV 误差将会引起较大的 SOC 估计误差。

(3)钛酸锂电池的 SOC 估计精度高于磷酸铁锂电池的 SOC 估计精度。首先,钛酸锂电池的容量和容量损失受温度的影响均小于磷酸铁锂电池所受的影响。其次,钛酸锂电池库仑效率的温度敏感性小于磷酸铁锂电池。最后,钛酸锂电池的 OCP 温度偏移和不同温度下的 NROP 均小于磷酸铁锂电池。综上,针对本章所提出的两种 SOC 估计算法,钛酸锂电池的温度性能优于磷酸铁锂电池的温度性能。因此,钛酸锂电池的 SOC 估计精度高于磷酸铁锂电池的 SOC 估计精度。

比较分析结果表明,基于多温度路径 OCV-扩展安时积分的电池 SOC 估计方法在变温工况条件下估计精度更高,而基于参数估计 OCV 的多温度电池 SOC 估计方法在恒温工况条件下估计精度更高。

6.7　本 章 小 结

本章提出了基于参数估计 OCV 的多温度电池 SOC 估计方法,解决了宽温度范围下电池模型参数及 SOC 在线估计问题。首先,基于一阶 RC 模型利用 AJEKF 算法建立了电池模型参数和状态的在线估计方法,实现了在不同温度条件下电池模型参数和状态的精确估计问题。其次,建立了 OCV_{PE}-SOC 温度模型,该模型对磷酸铁锂电池和钛酸锂电池均适用,减小了基于传统 OCV-SOC 映射模型的 SOC 估计系统误差,实现了在不同温度下电池 SOC 的精确估计。最后,基于 3 种不同的 OCV-SOC-T 模型对 OCV_{PE} 进行 SOC 估计,并对 SOC 估计结果进行对比分析。实验表明,恒温实验中环境温度–20℃或–30℃条件下,磷酸铁锂电池和钛酸锂电池 SOC 估计最大绝对误差分别为 4.9%、3.9%,均方根误差分别为 3.3%、1.2%,与基于传统 OCV-SOC 映射模型的方法相比,最大绝对误差分别降低了 12.1 个百分点、9.7 个百分点,均方根误差分别降低了 6.9 个百分点、8.0 个百分点。变温实验中环境温度从–20℃或–30℃升高至 40℃的条件下,磷酸铁锂电池和钛酸锂电池 SOC 估计最大绝对误差分别为 6.4%、4.5%,均方根误差分别为 1.9%、1.7%,与基于传统 OCV-SOC 映射模型的方法相比,最大绝对误差分别降低了 11.4 个百分点、9.5 个百分点,均方根误差分别降低了 6.7 个百分点、5.0 个百分点。比较分析结果表明,基于多温度路径 OCV-扩展安时积分的电池 SOC 估计方法在变温工况条件下估计精度更高,而基于参数估计 OCV 的多温度电池 SOC 估计方法在恒温工况条件下估计精度更高。

参 考 文 献

[1] Hu X S, Cao D P, Egardt B. Condition monitoring in advanced battery management systems: Moving horizon estimation using a reduced electrochemical model[J]. IEEE-ASME Transactions on Mechatronics, 2018, 23 (1): 167-178.

[2] He H W, Xiong R, Fan J X. Evaluation of lithium-ion battery equivalent circuit models for state of charge estimation by an experimental approach[J]. Energies, 2011, 4 (4): 582-598.

[3] Kalman R E. A new approach to linear filtering and prediction problems[J]. Journal of Basic Engineering, 1960, 82D (1): 35-45.

[4] Plett G L. Extended Kalman filtering for battery management systems of LiPB-based HEV battery packs: Part 1. Background[J]. Journal of Power Sources, 2004, 134 (2): 252-261.

[5] Cox H. On the estimation of state variables and parameters for noisy dynamic systems[J]. IEEE Transactions on automatic control, 1964, 9 (1): 5-12.

[6] Xiong R, Sun F, Gong X, et al. Adaptive state of charge estimator for lithium-ion cells series battery pack in electric vehicles[J]. Journal of Power Sources, 2013, 242: 699-713.

[7] Xiong R, Sun F, Gong X, et al. A data-driven based adaptive state of charge estimator of lithium-ion polymer battery used in electric vehicles[J]. Applied Energy, 2014, 113: 1421-1433.

[8] Mohamed A, Schwarz K. Adaptive Kalman filtering for INS/GPS[J]. Journal of Geodesy, 1999, 73: 193-203.

[9] He H, Xiong R, Guo H. Online estimation of model parameters and state-of-charge of $LiFePO_4$ batteries in electric vehicles[J]. Applied Energy, 2012, 89 (1): 413-420.

[10] He H, Zhang X, Xiong R, et al. Online model-based estimation of state-of-charge and open-circuit voltage of lithium-ion batteries in electric vehicles[J]. Energy, 2012, 39 (1): 310-318.

[11] He H, Xiong R, Zhang X, et al. State-of-charge estimation of the lithium-ion battery using an adaptive extended Kalman filter based on an improved Thevenin model[J]. IEEE Transactions on Vehicular Technology, 2011, 60 (4): 1461-1469.

[12] Dai H F, Wei X Z, Sun Z C, et al. Online cell SOC estimation of Li-ion battery packs using a dual time-scale Kalman filtering for EV applications[J]. Applied Energy, 2012, 95: 227-237.

第7章 基于电化学-热-神经网络融合模型的 SOC 和 SOT 联合估计

7.1 引 言

在高动态环境下运行的电动汽车（electric vehicle，EV）和 HEV 中，电池状态的准确估计对确保电池的安全性和效率至关重要。在需要估计的电池状态中，SOC 和 SOT 具有很强的相关性，对车辆的续驶里程和安全性至关重要[1]。在极端温度和高电流条件下，电池动力学将变得高度非线性，进一步加速电池退化[2, 3]。因此，设计可靠的方法有效地联合估算电池 SOC 和 SOT 至关重要[4]。

为了实现合理的 SOC 估计，各种技术已经被探索和开发。得益于简单的性质，一些直接的计算方法自然地实现，例如，从预校准的 OCV-SOC 关系中映射 SOC[5, 6]，以及通过累计负载电流来监测电荷吞吐量[7, 8]。然而，由于静置时间过长以及对测量误差或噪声的累积影响，这些方法变得过于粗糙，难以获得可靠一致的结果，特别是在复杂的工作条件下。

此后，将机制模型［即集总 ECM[5, 7, 9]和电化学模型（electrochemical model，EM）[10]］与自适应滤波器［即 EKF[11]、UKF[12]、SPKF[13]、PF[14]和滑模观测器（sliding mode observer，SMO）[15]］相结合的方法也被用于改善 SOC 评估性能。一方面，ECM 是权衡仿真精度和复杂度的理想选择。为了更好地利用电池 EIS 特性，研究了分数阶形式的 ECM[16]。然而，ECM 通常是微观反应的宏观抽象，这意味着不能精细地反映电池内部的物理过程来重现电池行为[17]。同时，ECM 参数对 SOC、温度和老化等因素有明显的依赖性[18]，这些因素总是需要重新校准以保持适用性[19]。因此，也使用了一些参数和 SOC 的协同估计量和联合估计量[20, 21]。另一方面，EM 能够通过详细描述电化学动力学来提供高精度和适用性，但由于涉及非线性偏微分方程（partial differential equation，PDE）需要大量的计算量，因此很少用于实时应用。虽然通常采用适当的简化，但在实际车辆应用中，简化锂浓度分布过程的可靠计算仍然是一个关键挑战。

此外，机器学习技术，如前馈神经网络（feedforward neural network，FNN）[22]、深度神经网络[23]、长短期记忆递归神经网络[24]和高斯过程回归（Gaussian process regression，GPR）框架[25]，也被研究用于 SOC 估计。通过将物理模型与机器学习模型集成，文献[26]中也提供了混合电化学-神经网络模型。然而，这些方法通常需要大量的真实数据集才能达到可接受的泛化能力[27]。

对于 SOT 的估计，也有各种各样的技术报道。例如，基于直接测量的 EIS，可以提取电池阻抗的虚部、实部、相变、截距频率等几个变量，并与温度进行关联[28-30]。然而，由于需要额外的传感装置，基于 EIS 的方法不适合实际应用。根据热效应机制分析，可以根据电流、电压、环境温度等测量信号，通过数学问题定量计算电池温度[31-33]。另外，还设计了基于模型的观测器来估计电池内部温度分布[25, 34]。此外，文献[35]结合阻抗-温度关系和电池热模型，提出了一种综合的方法来重现电池内部温度。

由于电极的锂化程度对热模型的工作效果有重要影响，因此电池 SOC 通常在预测电池温度方面起着关键作用[36]。一些研究者也尝试同时进行 SOC 和 SOT 的联合估计。文献[37]将 ECM 参数描述为 SOT 和 SOC 的函数。文献[38]～[42]通过将 ECM 与热模型耦合来获得 SOT 和 SOC 相关参数。文献[37]通过将 ECM 与文献[43]导出的集总参数热模型耦合，提出了电-热电池模型。在文献[23]中，ECM 参数由集总热模型的温度预测误差和 ECM 的电压模拟误差调节。文献[44]借助极限学习机，合并多个集总子模型的输出以合成电池 SOC、温度和电压特征，这有效地提高了集总模型的准确性和鲁棒性。

一般而言，电池模型存在几个问题限制了它们在大电流和极端温度环境下的状态估计性能。例如，由于缺乏电池机制，ECM 仍然不能描述电池中复杂的电化学动力学行为。基于机制的电池模型由于计算量大，难以用于实时状态估计。同时，单纯的机器学习模型由于缺乏物理解释，其泛化能力容易受到影响。根据大多数基于经验数据的 SOC-SOT 耦合机制，当工作条件偏离所收集数据的情况下，仍然很难准确地捕获 SOC-SOT 的相互作用。因此，需要一种既考虑电池的电化学机制和热效应，又避免使用数值方法的电池模型。

针对上述研究的不足，本章提出了一种有效的电化学-热-神经网络（ETNN）模型，用于宽温度范围和大电流条件下的电池状态估计。为了实现这一点，首先通过将简化的单粒子（single particle，SP）模型与集总热模型耦合，建立了一个电化学-热子模型（ETSM）。然后，利用 FNN，提高了 ETSM 在大电流和极端温度环境下的精度。最后，采用 UKF 对电池 SOT 和 SOC 进行联合估计。本章的几个主要贡献可以总结如下。

（1）提出了一种面向实时控制的 ETNN 模型，该模型能够在较大电流环境下获得比 SP 模型更高的端电压预测精度。通过对不同温度下的电压残差进行训练，ETNN 模型也能在较宽的温度范围内提供较好的内部温度预测性能。

（2）提出了一种适用于宽温度范围和大电流环境下 SOC 和 SOT 联合估计的 ETNN-UKF 框架。大量的实验结果验证了该框架在–10～40℃的温度和 10C 倍率的电流阈值下的协同估计性能。

（3）ETNN-UKF 框架对于在寒冷地区具有高动态驾驶循环电动汽车的应用至关重要。该框架还提供了一种将物理电池模型和数据驱动模型相结合的思想，从而在计算成本和精度之间取得平衡。

本章其余章节安排如下：7.2 节讨论了 ETNN 模型框架。7.3 节和 7.4 节介绍了模型参数化和验证结果。7.5 节讨论了 ETNN-UKF 估计方法的结果。7.6 节给出了本章小结。

7.2　电化学-热-神经网络模型

本节描述了 ETNN 耦合模型。如图 7-1（a）所示，以 ETSM 为基础，提供近似的端电压 V_{sp} 和 T_c 值，同时集成 FNN 对高倍率、宽温度范围下的输出电压进行校正。下面将详细描述 ETNN 的各个子模型部分和状态空间的表示。

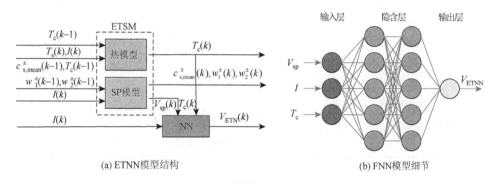

(a) ETNN模型结构　　　　　　　　　　(b) FNN模型细节

图 7-1　模型描述（彩图见书后插页）

7.2.1　电化学子模型

在本节研究中，电化学子模型属于一个典型的 SP 模型，描述了电池内部正极和负极之间的质量输运[45]。表 7-1 给出了该 SP 模型的主要偏微分方程（PDE）。利用式（7-1）～式（7-9）求出端电压 V_{sp} 的一个关键步骤是计算正负粒子 $c_{ss}^{\pm}$ 的电势。为了估计 $c_{ss}^{\pm}$，采用了文献[46]中主要使用二阶惯性过程的简化方法。需要知道的是，该方法能够以较低的计算量提供 $c_{ss}^{\pm}$ 准确的估计。该简化方法的具体步骤如表 7-2 所示。

表 7-1　SP 模型的控制方程[45]

物理意义	方程	
具有初始和边界条件的锂离子浓度分布	$\dfrac{\partial c_s^\pm}{\partial t} = \dfrac{1}{r}\dfrac{\partial}{\partial r}\left(D_s^\pm r^2\dfrac{\partial c_s^\pm}{\partial r}\right)$	(7-1)
	$c_s^\pm = c_{s,0}^\pm$　在 $t=0$ 和 $0<r<R_s^\pm$	(7-2)
	$D_s^\pm\dfrac{\partial c_s^\pm}{\partial r}=0$　在 $r=0$	(7-3)
	$D_s^\pm\dfrac{\partial c_s^\pm}{\partial r}=-j^\pm D_s^\pm$　在 $r=R_s^\pm$	(7-4)
孔壁通量	$j^\pm = \mp\dfrac{I(t)}{Aa_s^\pm FL^\pm}$	(7-5)
反应过电势	$\eta^\pm = \dfrac{RT}{\alpha F}\sinh^{-1}\left(\dfrac{F}{2i_0^\pm}j^\pm\right)$	(7-6)
交换电流密度	$i_0^\pm = r_{\text{eff}}^\pm\left(c_{ss}^\pm\right)^{0.5}\left[c_{e,0}\left(c_s^{\pm,\max}-c_{ss}^\pm\right)\right]^{0.5}$	(7-7)
端电压	$V_{sp}=U^+(\theta^+)-U^-(\theta^-)$ $+\eta^+-\eta^- -\left(\dfrac{R_{\text{SEI}}^+}{a_s^+L^+}+\dfrac{R_{\text{SEI}}^-}{a_s^-L^-}\right)I$ $\theta^\pm = \dfrac{c_{s,s}^\pm}{c_{s,\max}^\pm}$	(7-8)
阿伦尼乌斯方程	$\psi = \psi_{\text{ref}}\exp\left[\dfrac{E_\psi}{R}\left(\dfrac{1}{T}-\dfrac{1}{T_{\text{ref}}}\right)\right]$ ψ 为 $D_s^\pm$ 和 $r^\pm$	(7-9)

表 7-2　$c_{ss}^\pm$ 计算简化方法[46]

主要步骤

第 1 步：变量标准化

$$C_s = \frac{c_s}{c_{s,0}}\ ,\quad R=\frac{r}{R_s}\ ,\quad \tau=\frac{D_s t}{R_s^2}\ ,\quad J=\frac{jR_s}{D_s c_{s,0}} \tag{7-10}$$

$$\frac{\partial C}{\partial\tau}=\frac{1}{R^2}\frac{\partial}{\partial\tau}\left(R^2\frac{\partial C}{\partial R}\right) \tag{7-11}$$

$$C=1\ ,\quad \tau=0\ ,\quad 0<R<1 \tag{7-12}$$

$$\frac{\partial C}{\partial R}=0,\quad R=0 \tag{7-13}$$

$$\frac{\partial C}{\partial R}=-J\ ,\quad R=1 \tag{7-14}$$

主要步骤	

第 2 步：均值浓度计算

$$\frac{dC_{mean}}{dt} = -3J \tag{7-15}$$

$$C_{surface} = C_{mean} - \Delta C \tag{7-16}$$

$$\lim_{t \to \infty} \Delta C = \frac{J}{5} \tag{7-17}$$

第 3 步：近似
$$w(k+1) = Aw(k) + Bx(k) \tag{7-18}$$

$$\Delta C(k) = Dw(k) \tag{7-19}$$

其中，

$$w = \begin{bmatrix} w_1 & w_2 \end{bmatrix}, \quad x = \frac{J}{5}[11]^T, \quad A = \begin{pmatrix} e^{\frac{-\Delta t}{\tau_1}} & 0 \\ 0 & e^{\frac{-\Delta t}{\tau_2}} \end{pmatrix}, \quad B = \begin{pmatrix} 1 - e^{\frac{-\Delta t}{\tau_1}} & 0 \\ 0 & 1 - e^{\frac{-\Delta t}{\tau_2}} \end{pmatrix}, \quad D = \begin{bmatrix} \lambda_1 & \lambda_2 \end{bmatrix} \tag{7-20}$$

第 4 步：转换成通用形式

$$c_{s,mean}^{\pm}(k+1) = c_{s,mean}^{\pm}(k) - 3\frac{J^{\pm}}{R_s} \tag{7-21}$$

$$w_n^{\pm}(k+1) = e^{\frac{-\Delta t}{\tau_n}} w_n^{\pm}(k) - \frac{j^{\pm}R_s^{\pm}}{5D_s^{\pm}}\left(1 - e^{\frac{-\Delta t}{\tau_n}}\right), \quad n = 1,2 \tag{7-22}$$

$$c_{s,surface}^{\pm}(k+1) = c_{s,mean}^{\pm}(k) + \lambda_1 w_1^{\pm}(k) + \lambda_2 w_2^{\pm}(k) \tag{7-23}$$

7.2.2 热子模型

根据文献[43]，本节研究采用了一种有效的热子模型。根据所测得的电池外壳温度，该模型可以很好地捕捉到电池发热所引起的核心温度。该热子模型的详细方程如下：

$$C_c \frac{dT_c}{dt} = \dot{Q} + \frac{T_s - T_c}{R_c} \tag{7-24}$$

$$C_s \frac{dT_s}{dt} = \frac{T_{amb} - T_s}{R_u} - \frac{T_s - T_c}{R_c} \tag{7-25}$$

$$\dot{Q} = I(U - V) + I\left(T\frac{\partial U}{\partial T}\right) \tag{7-26}$$

其中，T_c 为核心温度；T_s 为表面温度；T_{amb} 为环境温度；C_c 和 C_s 分别为电池核心和外壳的热容；R_u 和 R_c 分别为电池在大气和外壳中的热阻。

由离散化后的方程式（7-24）和方程式（7-26）可得

$$T_c(k+1) = \frac{\dot{Q}(k)}{C_c}\Delta t + \frac{T_s(k) - T_c(k)}{C_c R_c} \qquad (7\text{-}27)$$

$$\dot{Q}(k) = I(k)[U(k) - V(k)] + I(k)\left[T(k)\frac{\partial U}{\partial T}\bigg|_k\right] \qquad (7\text{-}28)$$

7.2.3　FNN 模型及 ETNN 状态空间表达

在给定 ETSM 的情况下，利用测得的电池 I 和 T_s 粗略地计算出端电压。但是，因为 SP 模型忽略了锂离子在电解质中的分布，所以在低倍率下使用一般具有准确的估计精度，而在高倍率下精度会降低[46, 47]。为了进一步提高大电流环境下的估计精度，利用 FNN 分别基于 I、T_c 和 V_{sp} 来逼近实际的电池端电压。需要指出的是，FNN 已广泛应用于从难以建模的数据中捕获非线性映射。使用 I 作为输入的主要好处是在大电流条件下纠正了 ETSM 的端电压偏置。由于电池温度在电解质动力学中起着至关重要的作用，本章也采用 T_c 作为神经网络模型的输入。

图 7-1（b）给出了 FNN 的结构。该神经网络有两个隐藏层，每层有五个节点。每个节点中的激活函数是一个 Sigmoid 函数，定义为 $f(x) = \dfrac{1}{1 + e^{-x}}$。

将神经网络和 ETSM 与图 7-1 的框架相结合后，综合的 ETNN 模型可以用状态空间的形式表示为

$$X(k) = F\left[X(k-1), u(k-1)\right] \qquad (7\text{-}29)$$

$$V(k) = \mathrm{NN}[V_{sp}(X(k), I(k)), I(k), T_c(k)] \qquad (7\text{-}30)$$

和

$$X = \left[c_{s,\mathrm{mean}}, w_1^+, w_2^+, c_{s,\mathrm{mean}}^-, w_1^-, w_2^-, T_c\right]^T \qquad (7\text{-}31)$$

$$u = [I, T_s]^T \qquad (7\text{-}32)$$

其中，F 为由式（7-18）～式（7-23），式（7-27），式（7-28）推导出的状态空间方程，并且式（7-5）～式（7-9）将锂离子浓度、电压、温度联系起来。

7.3　实　验　设　计

本节讨论了 ETNN 模型参数化的相应实验。具体来讲，本节实验主要是为了获取 ETSM 的参数辨识、神经网络的训练、ETNN 的模型验证及 SOC-SOT 联合估计的数据集。

7.3.1　实验装置

实验中需要对端电压 V_{sp}、I、T_c、T_s 进行监控。Digatron BTS-600 和单体数据记录器用于测量所有的电池数据。之后，所有数据都将在一台配备英特尔 i7-7700 HQ 处理器的笔记本计算机上处理。

使用文献[48]中类似的方法来获得关于电池核心和表面温度的数据。具体地说，两个软包 A123 AMP20 电池与所附热电偶并联。一个热电偶附着在电池表面中心的每一侧来收集 T_s，一个热电偶插入到两个电池之间来测量温度，这被用作实际的电池核心温度。在两个电池之间填充一层导热硅脂，隔离空气，增强导热，使测得的温度接近实际核心温度。每个电池的容量为 20A·h，并联的电池组的容量为 40A·h。电池的上限截止电压为 3.6V，下限截止电压为 2.0V。

然后将电池组置于温箱中。图 7-2（a）为热电偶安装以及导线连接的详细结构。图 7-2（b）给出了相应的实验条件。

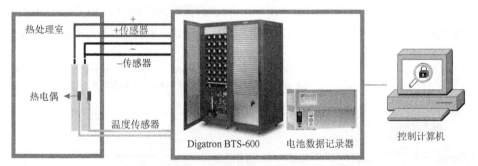

(a) 实验设备

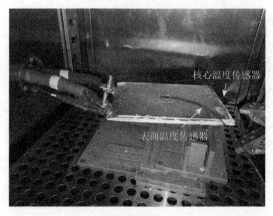

(b) 实验条件

图 7-2　实验平台

7.3.2　实验流程和数据集

应用几个驾驶循环来收集数据集。使用的驾驶循环来自文献[49]，美国环境保护署（Environmental Protection Agency，EPA）的驾驶循环，其中包括两个城市驾驶循环［城市动力测驾循环（urban dynamometer driving schedule，UDDS）和联邦城市行驶日程（federal urban driving schedule，FUDS）］和两个高速公路驾驶循环［高速公路燃油经济性测试（highway fuel economy test，HWFET）和美国联邦测试程序（United States 06，US06）］。数据集分别在–20℃、10℃、30℃和50℃进行神经网络训练，在–10℃、20℃和 40℃进行验证。验证温度范围覆盖了电池的大部分工作状态，而训练温度范围更广，覆盖了验证温度范围。这样的温度工况可以验证算法的泛化能力。每个特定的驾驶循环和环境温度的测试都遵循图 7-3（a）所示的程序。表 7-3 列出了关于训练和验证数据集的详细信息。这些循环的最大放电电流设置为 10C，这是由电池数据手册决定的。因此，并联电池组的最大放电电流为 400A，电流分布图如图 7-3（b）所示。需要注意的是，10℃下 UDDS 的数据没有用于 FNN 训练，因为它将用于以后比较来自文献[37]的电热模型的结果。

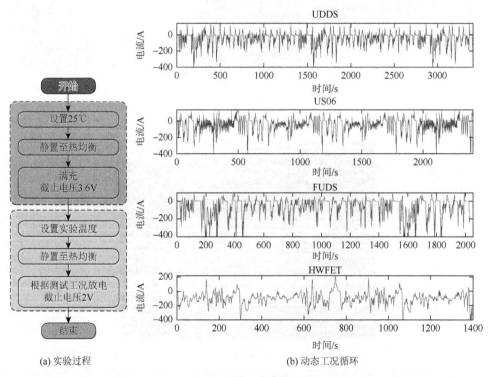

(a) 实验过程　　　　　　　　　　　　(b) 动态工况循环

图 7-3　实验流程

表 7-3　循环工况和温度大纲

参数	训练		验证	
	UDDS	US06	FUDS	HWFET
工况循环(电流倍率)	10C	10C	10C	10C
环境温度/℃	−20℃		−10℃	
	*	10℃	20℃	
	30℃		40℃	
	50℃			

*将 10℃下的 UDDS 与电热模型进行比较,不用于神经网络训练。

7.4　模 型 验 证

基于收集的数据集,首先对 ETSM 进行参数化,然后利用参数化的 ETSM 生成训练数据集,用于神经网络的端电压估计。

7.4.1　ETSM 参数辨识的方法

受许多研究的启发[50, 51],利用 GA 来辨识 ETSM 参数。这些研究已经验证了遗传算法的有效性,而且都成功地确定了伪二维模型和其他几个电化学模型的参数。

ETSM 的输出项为 T_c 和 V_{sp},GA 的损耗函数 Loss 定义为温度和电压的均方根误差 RMSE 之和,即

$$\text{Loss} = \sqrt{\frac{1}{n}\sum_{i=1}^{n}(V - V_{sp})^2} + \sqrt{\frac{1}{n}\sum_{i=1}^{n}(T_{c,\text{measured}} - T_c)^2} \qquad (7\text{-}33)$$

其中,n 为数据点的个数。

为了提高参数辨识效率,参考了开源软件中给出的参数值[50, 52]。模型参数化结果如表 7-4 所示。

表 7-4　参数辨识结果和参考值

符号	单位	参考值[25]	参数值	描述
A	m²	1	1.41	集流体区域
a_s^+	m²/m³	150000	271019.9	阳极电解质单位体积表面积
a_s^-	m²/m³	180000	182810.3	阴极电解质单位体积表面积
R^+	m	1×10^{-5}	5.95×10^{-6}	阳极粒子半径

续表

符号	单位	参考值[25]	参数值	描述
R^-	m	1×10^{-5}	1.03×10^{-5}	阴极粒子半径
L^+	m	1×10^{-4}	1.93×10^{-4}	阳极厚度
L^-	m	1×10^{-4}	5.73×10^{-5}	阴极厚度
$D_{s,ref}^+$	m²/s	1×10^{-14}	2.36×10^{-14}	25℃阳极粒子扩散系数
$D_{s,ref}^-$	m²/s	3.9×10^{-14}	7.8×10^{-14}	25℃阴极粒子扩散系数
$c_{s,max}^+$	mol/m³	51219	66177	最大阳极粒子锂浓度
$c_{s,max}^-$	mol/m³	24984	28263	最大阴极粒子锂浓度
c_e^+	mol/m³	1000	1664.7	阳极电解质锂浓度
c_e^-	mol/m³	1000	569.0	阴极电解质锂浓度
$E_{D_s^+}$	kJ/mol	18550	36495	阳极粒子扩散系数活化能
$E_{D_s^-}$	kJ/mol	42770	59489	阴极粒子扩散系数活化能
$r_{eff,ref}^+$	(A/m²)/(mol³/mol)	1×10^{-7}	1.96×10^{-7}	阳极动力学反应速率
$r_{eff,ref}^-$	(A/m²)/(mol³/mol)	1×10^{-5}	1.12×10^{-5}	阴极动力学反应速率
$E_{r_{eff}^+}$	kJ/mol	39570	75073	阳极动力学反应速率活化能
$E_{r_{eff}^-}$	kJ/mol	37480	43807	阴极动力学反应速率活化能
R_{SEI}^+	Ω/m²	0	0	阳极 SEI 电阻
R_{SEI}^-	Ω/m²	1×10^{-3}	2.3×10^{-3}	阴极 SEI 电阻
C_c	J/(mol·K)	10.0	23.6	电池核心热容
R_c	K/W	67.2	149.5	电池核心热阻

7.4.2 ETSM 验证结果

图 7-4 和图 7-5 给出了基于 ETSM 的电压估计结果。可以看出，ETSM 成功地捕获了所有环境温度下电池端电压的整体趋势。特别地，ETSM 的结果在 10℃、30℃和 50℃下与实际的电池端电压匹配良好。ETSM 估计的电压幅值小于–20℃时的实际端电压幅值。预测电压的 RMSE 如表 7-5 所示。从表 7-5 可以看出，对

于所有高于 10℃的实验，RMSE 均变小或接近 100mV；对于−20℃下的估计结果，RMSE 约为 200mV。

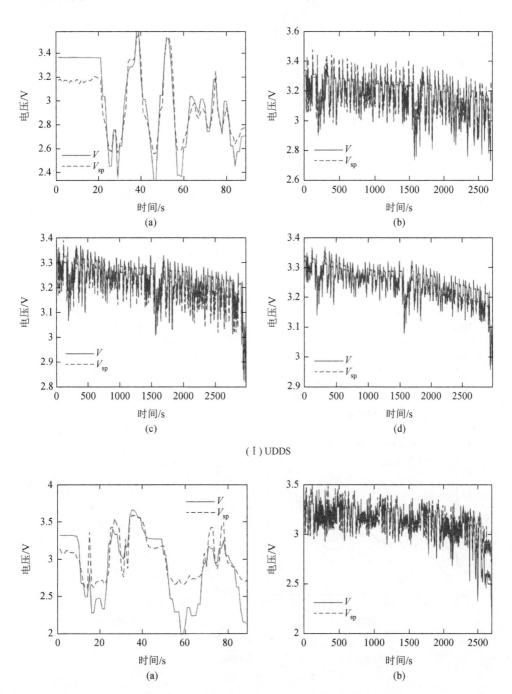

（Ⅰ）UDDS

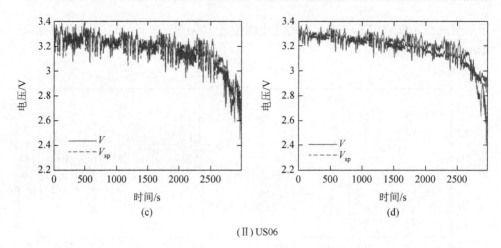

(Ⅱ) US06

图 7-4 在-20℃（a）、10℃（b）、30℃（c）和 50℃（d）环境温度下辨识模型电压和 T_c 输出

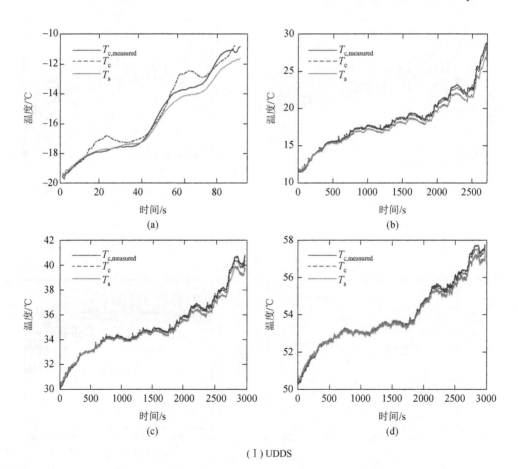

(Ⅰ) UDDS

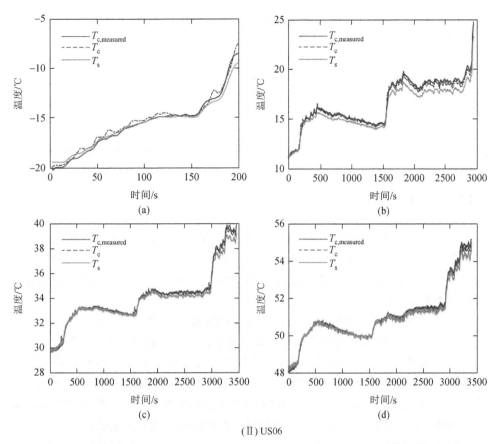

(Ⅱ) US06

图 7-5　环境温度为-20℃（a）、10℃（b）、30℃（c）和 50℃（d）时的模型 T_c 输出

表 7-5　在相同工况下 V_{sp} 的 RMSE

环境温度/℃	V_{sp} RMSE/mV	
	UDDS	US06
−20	206.4	187.5
10	75.4	104.9
30	51.3	52.1
50	59.67	64.9

　　从 T_c 的估算结果可以看出，在 10℃、30℃和 50℃下，核心温度的总体趋势与所有实验的参考值吻合较好。对于-20℃以下的实验，由于在较低温度下，放电时产生的热量要大得多，因此在某些点上，相应的温度与参考值相差较大。表 7-6 显示了预测核心温度的 RMSE。可以看出，所有的 RMSE 值都小于 1℃。对于 10℃ 或更高温度下的测试，RMSE 远远小于或接近 0.5℃。一般情况下，ETSM 模式能够较准确地捕获端电压和核心温度。

表 7-6　在相同工况下 T_c 的 RMSE

环境温度/℃	T_c RMSE/℃	
	UDDS	US06
−20	0.56	0.91
10	0.49	0.52
30	0.24	0.25
50	0.11	0.14

7.4.3　ETNN 验证结果

一旦 ETSM 建立起来，就可以开始训练 FNN。首先使用 ETSM 来生成相应的训练数据集。I 和 T_s 作为 ETSM 获取 V_{sp} 的输入。然后，I、T_c 和 V_{sp} 为 FNN 的输入，V 为目标值。基于 MATLAB 神经网络工具箱，整个神经网络模型训练过程耗时不到 2min。

在建立 ETSM 和 FNN 后，可以建立 ETNN 模型。图 7-6 和图 7-7（a）分别给出了 ETSM 和 ETNN 的输出电压。可以看出，ETNN 模型输出的电压比 ETSM 输出的电压更匹配，特别是在电流较大的情况下。ETSM 和 ETNN 模型的估计 T_c 结果如图 7-7（b）所示。在不同的电池工作温度区间，T_c 估计值可以很好地跟踪测量结果，即使是从−10℃开始。表 7-7 和表 7-8 分别列出了 V 和 T_c 的 RMSE。RMSE 结果表明，ETNN 模型的性能优于 ETSM，T_c 预测结果也令人满意。

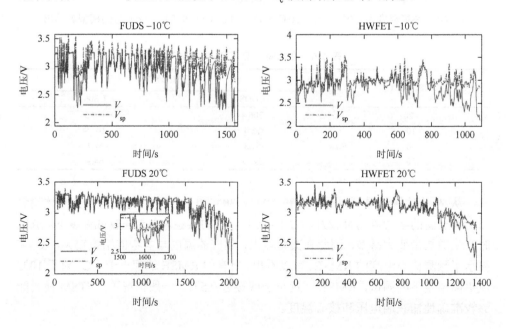

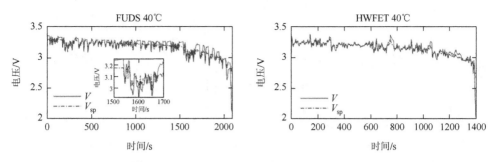

图 7-6　各种温度下的 ETSM 输出电压

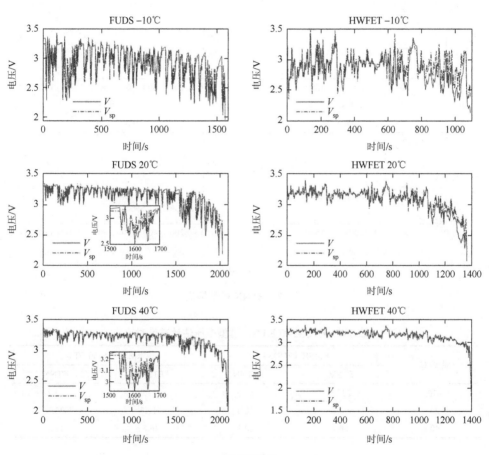

(a) 电压输出

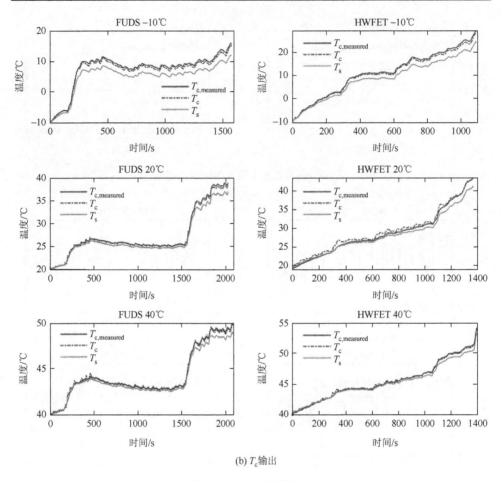

(b) T_c 输出

图 7-7 ETNN 模型输出

表 7-7 ETSM 和 ETNN 模型电压估计准度对比

温度/℃	RMSE（FUDS）		RMSE（HWFET）	
	ETSM	ETNN	ETSM	ETNN
−10	236.5	68.0	222.0	63.2
20	90.5	40.5	112.7	33.1
40	60.4	20.1	46.8	17.2

表 7-8 ETNN 模型 T_c 估计 RMSE 准度

温度/℃	RMSE（FUDS）	RMSE（HWFET）
−10	1.08	1.08
20	0.39	0.68
40	0.24	0.25

表 7-9 给出了该 ETNN 模型和耦合电热模型的估计结果[37]。由于相似的最大电流率和工作温度范围，ETNN 模型在 UDDS 驱动循环下的结果与基于 ECM 的模型结果进行了比较[37]。与基于 ECM 的电热模型相比，神经网络的端电压和核心温度的 RMSE 都要小得多。这一结果表明，ETNN 模型能够更准确地估计电池电压和核心温度。

表 7-9　ETNN 和基于 ECM 电化学模型对比[37]

模型	循环	RMSE	
		V/mV	T_c/℃
基于 ECM 的电热模型*	CD***循环（参数直接辨识）	45.4	0.56
	CD 循环（参数通过函数拟合）	48.6	0.62
ETNN 模型**	UDDS 循环	31.2	0.49

*核心温度范围为 5~23℃；**核心温度范围为 12~28℃；***CD 表示电量耗尽，最大 10C 倍率放电电流。

7.5　基于 UKF 的在线 SOC 和 SOT 联合估计

7.5.1　滤波器选择和结构

基于所建立的神经网络模型，可以对锂离子电池的 SOC 和 SOT 进行联合估计。由于 UKF 在非线性系统状态估计方面的良好性能，它被使用于该应用中。UKF 的一个明显的优点是不需要状态函数的导数，这使得它更适合这种情况，特别是在使用 FNN 时。

表 7-10 说明了 UKF 的主要步骤。然后，使用 7.2 节建立的 ETNN 框架，用状态模型实现 UKF，具体如下：

状态方程：$X(k) = F[X(k-1), u(k-1)]$，

量测方程：$V(k) = H\big(X(k), u(k)\big) = \mathrm{NN}\big(V_{sp}\big(X(k), I(k)\big), I(k), Tc(k)\big)$。

表 7-10　UKF 主要步骤

初始化：

$\hat{x}_0 = E[x_0] \quad P_0 = E\big[(\hat{x}_0 - x_0)(\hat{x}_0 - x_0)^{\mathrm{T}}\big]$

第 1 步计算 sigma 点：

$\chi_{k-1} = \big[\hat{x}_{k-1}\,\hat{x}_{k-1} + \gamma\sqrt{P_{k-1}}\,\hat{x}_{k-1} - \gamma\sqrt{P_{k-1}}\big]$

状态预测：

$\chi_{k|\,k-1} = F\big[\chi_{k|\,k-1}\big]$

$$\overline{x_{\overline{k}}} = \sum_{i=0}^{2L} W_i^{(m)} \chi_{i,k|k-1}$$

$$P_{\overline{k}} = \sum_{i=0}^{2L} W_i^{(c)} \left[\chi_{i,k|k-1} - \overline{x_{\overline{k}}} \right] \left[\chi_{i,k|k-1} - \overline{x_{\overline{k}}} \right]^{\mathrm{T}}$$

量测更新：

$$\overline{y}_{k|k-1} = H \left[\chi_{k|k-1} \right]$$

$$\overline{y_{\overline{k}}} = \sum_{i=0}^{2L} W_i^{(m)} y_{i,k|k-1}$$

$$P_{\overline{y_{\overline{k}}}\overline{y_{\overline{k}}}} = \sum_{i=0}^{2L} W_i^{(m)} \left[y_{i,k|k-1} - \overline{y_{\overline{k}}} \right] [y_{i,k|k-1} - \overline{y_{\overline{k}}}]^{\mathrm{T}}$$

$$P_{x_k, y_k} = \sum_{i=0}^{2L} W_i^{(c)} \left[\chi_{i,k|k-1} - \overline{x_{\overline{k}}} \right] [\chi_{i,k|k-1} - \overline{x_{\overline{k}}}]^{\mathrm{T}}$$

计算卡尔曼增益以及更新状态估计和协方差：

$$K = P_{x_k y_k} P_{\overline{y_{\overline{k}}}\overline{y_{\overline{k}}}}^{-1}$$

$$\overline{x_k^-} = \overline{x_{\overline{k}}} + K \left(y_k - \overline{y_{\overline{k}}} \right)$$

$$P_k = P_{\overline{k}} - K P_{\overline{y_{\overline{k}}}\overline{y_{\overline{k}}}} K^{\mathrm{T}}$$

7.5.2　验证结果

在不同温度范围的 FUDS 驱动循环下，对 ETNN-UKF 方法进行了验证。在正确的初始条件下，通过安时积分法得到参考荷电状态。用核心热电偶直接测量参考 SOT。在初始 SOC 和 SOT 中引入误差，对 ETNN-UKF 方法进行性能评估。

为了验证 SOC 估计的准确性，将 ETNN-UKF 方法与初始 SOC 误差为 20% 的安时积分法进行了比较。根据图 7-8（a）的估计结果，ETNN-UKF 能够对不同环

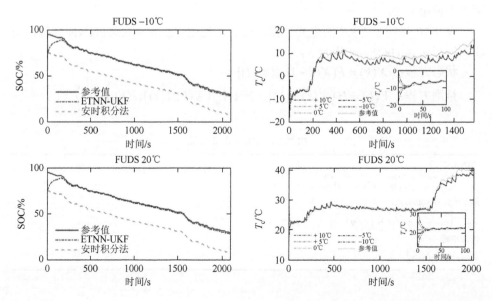

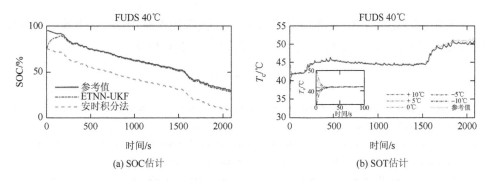

图 7-8　初始误差条件下基于 ETNN-UKF 的 SOC-SOT 联合估计

境温度下的初始 SOC 误差进行校正。估计的 SOC 需要大约 300s 的时间才能收敛到实际的 SOC 值。在稳定状态下（300s 后），SOC 估计值的 RMSE 分别为 0.44%、0.62% 和 0.90%，环境温度分别为 -10℃、20℃ 和 40℃。

图 7-8（b）给出了不同初始条件下 SOT 估计误差的收敛速度。可以看出，在没有初始值误差的情况下，T_c 的估计误差只需要不到 25s 就可以收敛到 ETNN 模型得到的值。SOT 估计误差收敛速度远快于 SOC 估计误差。在环境温度为 -10℃、20℃ 和 40℃ 时，稳态 SOT 估计值的 RMSE 分别为 1.08℃、0.68℃ 和 0.25℃，这与没有 UKF 的模型输出非常接近。

7.6　本　章　小　结

本章建立了适用于大电流和极端温度条件下的锂离子电池的 ETNN 模型。ETNN 模型采用机器学习方法，同时采用简化的 SP 模型和集总参数热模型考虑电池的电化学机制。因此，电池机制可以集成到 ETNN，而可接受的计算量可以保证实时应用。

为了详细说明 ETNN 模型的建立，将 ETSM 参数化来近似端电压。将输入为 I、T_c 和 V_{sp} 的神经网络与 ETSM 串联，提高了电压估计的精度。验证结果表明，ETNN 模型能够在 -10~40℃ 的大范围环境温度下准确估计电池端电压和核心温度。电压估计值的 RMSE 仅为 ETSM 的 34%~50%。核心温度的估算也令人满意，RMSE 小于 1.5℃。ETNN 模型在不同温度下的精度和泛化能力也优于电热模型。

提出 ETNN 后，将 ETNN 与 UKF 相结合，实现电池 SOC 与 SOT 的联合估计。实验表明，在大电流和极端温度条件下，ETNN-UKF 可以准确地联合估计 SOC 和 SOT。在 -10~40℃ 范围内，稳态 SOC 估计值的 RMSE 均小于 1%。环境温度为 -10℃ 时，SOT 估计误差为 1.08℃，20~40℃ 时，SOT 估计误差小于 0.7℃。结果还表明,该算法能够快速消除 SOT 和 SOC 中的初始误差。因此,这个基于 ETNN 的模型可以有效地用于实际环境中 SOC 和 SOT 的联合估计。

参 考 文 献

[1]　Feng F, Hu X S, Hu L, et al. Propagation mechanisms and diagnosis of parameter inconsistency within Li-ion battery packs[J]. Renewable & Sustainable Energy Reviews, 2019, 112: 102-113.

[2]　Liu K L, Hu X S, Wei Z B, et al. Modified Gaussian process regression models for cyclic capacity prediction of lithium-ion batteries[J]. IEEE Transactions on Transportation Electrification, 2019, 5 (4): 1225-1236.

[3]　Liu K L, Li Y, Hu X S, et al. Gaussian process regression with automatic relevance determination kernel for calendar aging prediction of lithium-ion batteries[J]. IEEE Transactions on Industrial Informatics, 2020, 16 (6): 3767-3777.

[4]　Hu X S, Feng F, Liu K L, et al. State estimation for advanced battery management: Key challenges and future trends[J]. Renewable & Sustainable Energy Reviews, 2019, 114: 109334.

[5]　Zheng F, Xing Y, Jiang J, et al. Influence of different open circuit voltage tests on state of charge online estimation for lithium-ion batteries[J]. Applied Energy, 2016, 183: 513-525.

[6]　Feng F, Lu R, Zhu C. A combined state of charge estimation method for lithium-ion batteries used in a wide ambient temperature range[J]. Energies, 2014, 7 (5): 3004-3032.

[7]　Xie J L, Ma J C, Bai K. Enhanced coulomb counting method for state-of-charge estimation of lithium-ion batteries based on Peukert's law and coulombic efficiency[J]. Journal of Power Electronics, 2018, 18 (3): 910-922.

[8]　Liu K L, Li K, Peng Q, et al. A brief review on key technologies in the battery management system of electric vehicles[J]. Frontiers of Mechanical Engineering, 2019, 14 (1): 47-64.

[9]　Hu X, Li S, Peng H. A comparative study of equivalent circuit models for Li-ion batteries[J]. Journal of Power Sources, 2012, 198 (198): 359-367.

[10]　Hu X, Cao D, Egardt B. Condition monitoring in advanced battery management systems: Moving horizon estimation using a reduced electrochemical model[J]. IEEE/ASME Transactions on Mechatronics, 2017, 23 (1): 167-178.

[11]　Feng F, Lu R, Wei G, et al. Online estimation of model parameters and state of charge of LiFePO$_4$ batteries using a novel open-circuit voltage at various ambient temperatures[J]. Energies, 2015, 8 (4): 2950-2976.

[12]　Li Y W, Wang C, Gong J F. A multi-model probability SOC fusion estimation approach using an improved adaptive unscented Kalman filter technique[J]. Energy, 2017, 141: 1402-1415.

[13]　Plett G L. Sigma-point Kalman filtering for battery management systems of LiPB-based HEV battery packs. Part 2: Simultaneous state and parameter estimation[J]. Journal of Power Sources, 2006, 161 (2): 1369-1384.

[14]　Ye M, Guo H, Cao B B. A model-based adaptive state of charge estimator for a lithium-ion battery using an improved adaptive particle filter[J]. Applied Energy, 2017, 190: 740-748.

[15]　Xiong B Y, Zhao J Y, Su Y X, et al. State of charge estimation of vanadium redox flow battery based on sliding mode observer and dynamic model including capacity fading factor[J]. IEEE Transactions on Sustainable Energy, 2017, 8 (4): 1658-1667.

[16]　Sabatier J, Francisco J M, Guillemard F, et al. Lithium-ion batteries modeling: A simple fractional differentiation based model and its associated parameters estimation method[J]. Signal Process, 2015, 107: 290-301.

[17]　Feng F, Lu R, Wei G, et al. Identification and analysis of model parameters used for LiFePO$_4$ cells series battery

pack at various ambient temperature[J]. IET Electrical Systems in Transportation，2016，6（2）：50-55.

[18]　Zou C F，Hu X S，Dey S，et al. Nonlinear fractional-order estimator with guaranteed robustness and stability for lithium-ion batteries[J]. IEEE Transactions on Industrial Electronics，2018，65（7）：5951-5961.

[19]　Xiong R，He H，Zhao K. Research on an online identification algorithm for a thevenin battery model by an experimental approach[J]. International Journal of Green Energy，2015，12（3）：272-278.

[20]　Dai H，Wei X，Sun Z，et al. Online cell SOC estimation of Li-ion battery packs using a dual time-scale Kalman filtering for EV applications[J]. Applied Energy，2012，95：227-237.

[21]　Kim I S. A technique for estimating the state of health of lithium batteries through a dual-sliding-mode observer[J]. IEEE Transactions on Power Electronics，2010，25（4）：1013-1022.

[22]　He W，Williard N，Chen C C，et al. State of charge estimation for Li-ion batteries using neural network modeling and unscented Kalman filter-based error cancellation[J]. International Journal of Electrical Power & Energy Systems，2014，62：783-791.

[23]　Chemali E，Kollmeyer P J，Preindl M，et al. State-of-charge estimation of Li-ion batteries using deep neural networks：A machine learning approach[J]. Journal of Power Sources，2018，400：242-255.

[24]　Chemali E，Kollmeyer P J，Preindl M，et al. Long short-term memory networks for accurate state-of-charge estimation of Li-ion batteries[J]. IEEE Transactions on Industrial Electronics，2018，65（8）：6730-6739.

[25]　Sahinoglu G O，Pajovic M，Sahinoglu Z，et al. Battery state-of-charge estimation based on regular/recurrent Gaussian process regression[J]. IEEE Transactions on Industrial Electronics，2017，65（5）：4311-4321.

[26]　Park S，Zhang D，Moura S. Hybrid electrochemical modeling with recurrent neural networks for Li-ion batteries[C]. American Control Conference（ACC），2017：3777-3782.

[27]　Feng F，Hu X S，Liu J F，et al. A review of equalization strategies for series battery packs：Variables，objectives，and algorithms[J]. Renewable & Sustainable Energy Reviews，2019，116：109464.

[28]　Spinner N S，Love C T，Rose-Pehrsson S L，et al. Expanding the operational limits of the single-point impedance diagnostic for internal temperature monitoring of lithium-ion batteries[J]. Electrochimica Acta，2015，174：488-493.

[29]　Beelen H，Raijmakers L H J，Donkers M C F，et al. An improved impedance-based temperature estimation method for Li-ion batteries[J]. IFAC-PapersOnLine，2015，48（15）：383-388.

[30]　Raijmakers L H J，Danilov D L，Van Lammeren J P M，et al. Sensorless battery temperature measurements based on electrochemical impedance spectroscopy[J]. Journal of Power Sources，2014，247：539-544.

[31]　Guo G F，Long B，Cheng B，et al. Three-dimensional thermal finite element modeling of lithium-ion battery in thermal abuse application[J]. Journal of Power Sources，2010，195（8）：2393-2398.

[32]　Panchal S，Dincer I，Agelin-Chaab M，et al. Experimental and simulated temperature variations in a LiFePO$_4$-20 Ah battery during discharge process[J]. Applied Energy，2016，180：504-515.

[33]　Liu K L，Li K，Yang Z L，et al. Battery optimal charging strategy based on a coupled the thermoelectric model[C]. IEEE Congress on Evolutionary Computation（CEC）held as part of IEEE World Congress on Computational Intelligence（IEEE WCCI），2016：5084-5091.

[34]　Liu K L，Li K，Peng Q，et al. Data-driven hybrid internal temperature estimation approach for battery thermal management[J]. Complexity，2018：9642892.

[35]　Richardson R R，Ireland P T，Howey D A. Battery internal temperature estimation by combined impedance and surface temperature measurement[J]. Journal of Power Sources，2014，265：254-261.

[36]　Fei F，Rengui L，Chunbo Z. State of charge estimation of Li-ion battery at low temperature[J]. Transactions of

China Electrotechnical Society, 2014, 29 (7): 53-58.

[37] Lin X, Perez H E, Mohan S, et al. A lumped-parameter electro-thermal model for cylindrical batteries[J]. Journal of Power Sources, 2014, 257: 1-11.

[38] Liu K L, Hu X S, Yang Z L, et al. Lithium-ion battery charging management considering economic costs of electrical energy loss and battery degradation[J]. Energy Conversion and Management, 2019, 195: 167-179.

[39] Liu K L, Li K, Zhang C. Constrained generalized predictive control of battery charging process based on a coupled thermoelectric model[J]. Journal of Power Sources, 2017, 347: 145-158.

[40] Liu K L, Zou C F, Li K, et al. Charging pattern optimization for lithium-ion batteries with an electrothermal aging model[J]. IEEE Transactions on Industrial Informatics, 2018, 14 (12): 5463-5474.

[41] Mesbahi T, Rizoug N, Bartholomeus P, et al. Dynamic model of Li-ion batteries incorporating electrothermal and ageing aspects for electric vehicle applications[J]. IEEE Transactions on Industrial Electronics, 2018, 65 (2): 1298-1305.

[42] Saw L H, Ye Y, Tay A A O. Electro-thermal characterization of lithium iron phosphate cell with equivalent circuit modeling[J]. Energy Conversion and Management, 2014, 87: 367-377.

[43] Lin X, Perez H E, Siegel J B, et al. Online parameterization of lumped thermal dynamics in cylindrical lithium ion batteries for core temperature estimation and health monitoring[J]. IEEE Transactions on Control Systems Technology, 2012, 21 (5): 1745-1755.

[44] Tang X P, Yao K, Liu B Y, et al. Long-term battery voltage, power, and surface temperature prediction using a model-based extreme learning machine[J]. Energies, 2018, 11 (1): 16.

[45] Northrop P W C, Ramadesigan V, De S, et al. Coordinate transformation, orthogonal collocation, model reformulation and simulation of electrochemical-thermal behavior of lithium-ion battery stacks[J]. Journal of the Electrochemical Society, 2011, 158 (12): 1461-1477.

[46] Han X, Ouyang M, Lu L, et al. Simplification of physics-based electrochemical model for lithium ion battery on electric vehicle. Part I: Diffusion simplification and single particle model[J]. Journal of Power Sources, 2015, 278: 802-813.

[47] Moura S J, Chaturvedi N A, Krstic M. PDE estimation techniques for advanced battery management systems—Part I: SOC estimation[C]. American Control Conference (ACC), 2012: 559-565.

[48] Zhang C, Li K, Deng J, et al. Improved realtime state-of-charge estimation of LiFePO$_4$ battery based on a novel thermoelectric model[J]. IEEE Transactions on Industrial Electronics, 2017, 64 (1): 654-663.

[49] Si X S, Wang W B, Hu C H, et al. A wiener-process-based degradation model with a recursive filter algorithm for remaining useful life estimation[J]. Mechanical Systems and Signal Processing, 2013, 35 (1-2): 219-237.

[50] Marcicki J, Canova M, Conlisk A T, et al. Design and parametrization analysis of a reduced-order electrochemical model of graphite/LiFePO$_4$ cells for SOC/SOH estimation[J]. Journal of Power Sources, 2013, 237 (3): 310-324.

[51] Forman J C, Moura S J, Stein J L, et al. Genetic identification and fisher identifiability analysis of the Doyle-Fuller-Newman model from experimental cycling of a LiFePO$_4$ cell[J]. Journal of Power Sources, 2012, 210 (4): 263-275.

[52] Huang H Y, Meng J H, Wang Y H, et al. A comprehensively optimized lithium-ion battery state-of-health estimator based on local Coulomb counting curve[J]. Applied Energy, 2022, 322: 119469.

第8章 动力电池组不一致性演化机制及诊断方法

8.1 引　言

动力电池系统是电动车的核心，通常由成百上千的单体经过串联、并联的方式组成，从而提供电动车正常行驶所需的能量和功率。电动车的性能并不是由单体性能决定的，而是由整个电池组的性能决定，成组后的电池组能量密度、安全性、耐久性相比于单体都会有一定程度的下降，导致这种现象的主要原因是电池组单体间存在不一致性。

电池组的不一致性现象主要来自两个方面。一方面是生产制造上，电池的生产工艺流程是复杂的，包括电芯制作、极片制作、电池组装三大阶段[1, 2]。同一批生产出的电池电极厚度、电解质浓度、SEI 膜的形成等不可避免地存在差异，导致电池的初始参数容量、SOC、内阻、自放电率等存在不一致，因此必须筛选之后成组，同时装配过程也将带来接触内阻的差异。虽然筛选之后的单体之间差异较小，但随着使用时间增长，电池经过循环充放电之后老化，这种差异就会逐渐增大。另一方面来源于使用过程，电动汽车长期工作在动态负载下，初始参数的差异将导致单体的充放电倍率、SOC 工作区间存在不一致[3, 4]。电池摆放位置、通风散热条件不同，导致电池组内的单体工作温度不同[5-7]。此外，电池的充放电倍率、温度、放电深度（depth of discharge，DOD）等外部因素会进一步影响内部参数的变化，如高温会加速电池的老化现象，扩大电池组不一致性。

目前，关于电池组不一致性研究领域缺少全面的综述文献。文献[8]对电池组不一致性成因、表现形式、评价方法及缓解不一致性的手段做了简要综述。文献[9]概述了锂离子动力电池一致性评价方法，强调特征选择的重要性。由于现有文献基本都只是对电池组进行不一致性评价，这种方式只能定性评价，而不能定量不一致性程度并溯源不一致性原因，所以本章提出不一致性诊断的概念。其定义为：评价电池组不一致性程度、找寻不一致性现象的主要原因的全过程。图 8-1为电池组不一致性诊断的整体流程。

鉴于电池组不一致性存在的必然性和复杂性，为了更为全面、及时地反映这一重要领域发展态势，本章围绕动力电池组不一致性演化机制、模型、特征提取和诊断方法四个方面展开较为系统的综述，并对当前该领域存在的问题和相关研究方向作了讨论。重点描述现有文献中所提出的思路和方法，旨在为电池组的寿命预测和均衡策略等方面提供依据，提高电池管理系统的技术和性能，也可为退役电池的梯次利用提供电池关键信息。

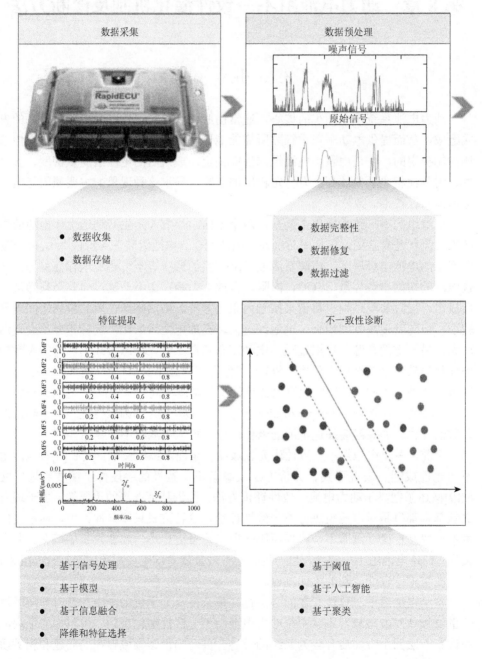

图 8-1　锂离子电池组参数不一致的诊断过程

本章其余章节安排如下：8.2 节对电池组不一致性产生原因和演化机制作了较为详细的分析。8.3 节总结了现有的考虑参数不一致性的电池组模型。8.4 节概括了特征提取的基本方法，并强调了特征降维和特征选择的重要性。8.5 节综述了电池组不一致性评价和诊断方法。最后，8.6 节给出了本章的小结。

8.2 电池组参数不一致性演化机制

不一致诊断的实质是在不一致研究机制的基础上，对不一致的产生原因与特征进行分类，并找出二者之间的对应关系。不一致诊断是由果求因的逆过程，特征量与不一致原因并非是一一对应的关系，而是多果多因的复杂对应关系。不一致诊断过程就是基于传感器数据的提取特征量来推断某个或某几个可能产生不一致的原因。由于不一致的产生原因之间存在着复杂的耦合关系，在不一致诊断实例中，很难精确确定不一致的产生原因。本章旨在确定特征量与直接主导不一致的一次原因的对应关系，使两者间的对应关系简洁化、清晰化，为不一致的诊断决策提供一定的理论依据。

电池组的不一致性体现在初始参数的不一致和使用过程中参数的不一致。初始参数的不一致体现在容量不一致、内阻不一致、SOC 不一致、库仑效率不一致、自放电率不一致和开路电压不一致上，这是由电池单体制造时的误差造成的，即单体电池的内部差异。这种不一致性是无法避免的，会对电池组早期的一致性产生很大的影响。随着电池组循环次数的增加，各参数间相互作用，各单体间的一致性将会逐渐恶化。由于各单体工作环境及初始参数存在差异，并联各支路电流，各单体 DOD 及各单体温差也会逐渐产生差异，由此引起了使用过程中参数的不一致性，即单体电池的外部差异。电池组内各单体参数相互影响、相互耦合，形成复杂的关系网络。图 8-2 是本章的不一致性演化机制和特征提取整体结构框图，包括电池组内各单体的内部参数和外部参数的耦合关系、不一致的反馈传播机制及特征提取参数，化繁为简，展现了后文在机制分析和特征提取的相关内容。

8.2.1 内部参数不一致性

电池组内部参数差异即由电池组本身设计引起的参数差异，主要由两部分构成，制造方面的差异及装配连接方面的差异。电池的生产工艺复杂，任何一道工序的微小误差都可能在使用过程中被无限放大，进而影响电池的使用性能[2]。由于电池制造过程中会因工艺精度的限制造成各电池单体初始参数差异，主要表现为容量差异（capacity difference, ΔC）、内阻差异（internal resistance difference, ΔR_i）、

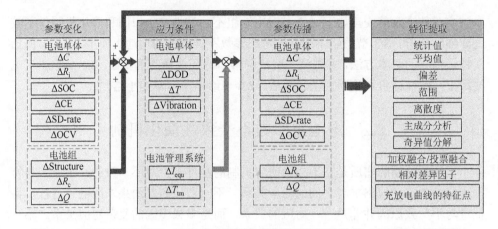

图 8-2　内部和外部参数不一致、相互影响传播和特征提取的总图（彩图见书后插页）

荷电状态差异（state-of-charge difference，ΔSOC）、库仑效率差异（Coulomb efficiency difference，ΔCE）、自放电率差异（self-discharge rate difference，ΔSD-rate）及开路电压差异（open circuit voltage difference，ΔOCV）。

　　容量和内阻也被认为是评价老化的重要参数。由于生产过程中的制造公差[3]，同一批出厂电池初始容量一般呈正态分布[6]，尽管成组前有分选过程，但依然无法避免初始容量的不一致。即使使用过程中外部条件完全相同，在日历老化和循环老化的作用下，组内老化速率依然存在差异，由此产生电池组内的容量不一致问题。电池内阻主要由欧姆内阻和极化内阻两部分组成。欧姆内阻是由电池的正负极电池材料、隔膜材料、电解质和组成电池零件的电阻组成[8]。在生产过程中，正负极电池材料和电解液的均匀性以及搅拌涂布等生产工艺误差会引起电池组内欧姆内阻差异[10]。极化内阻是由电池内部电化学反应时的极化反应引起的。因为单体极化内阻受单体 SOC 的影响[11]，所以 ΔSOC 可能导致极化内阻不一致。SD-rate 一般取决于石墨电极的粒子直径或比表面积[12]，于是电极制造的微小差异可能会产生 ΔSD-rate。开路电压 OCV 即电池断路时电池的正负电极电势之差，OCV 与电池 SOC 存在一定的对应关系[10]，因此，影响 SOC 不一致的参数也会影响 OCV 的不一致。除此之外，并联支路电流差异也会导致 ΔOCV，ΔOCV 易使电池组充放电循环时产生过充过放等安全问题。

　　由于电池单体能量密度的限制，电池组一般由成百上千个单体串联或并联连接而成。串联可以提高电池组电压，并联可以提高电池组容量。当单纯的串联或者并联方式不能满足实际需求时，通常采用混联的连接方式，即先串联后并联或先并联后串联。ΔStructure 即代表电池组内不同的连接方式差异，会影响电池组内其他参数的一致性问题。从连接可靠性角度，文献[13]认为电池组采用先并联后串联的连接方法可靠性更高。文献[14]认为先串联后并联适用于电池组单体数量多的电池组，有助于放电终点时 SOC 的一致性，而先并联后串联适用于更小的电池组，有利于电池组放出更多的电量；在单体不一致的影响下，先并联后串联电池组的单体容量衰减速率明显快于先串联后并联电池组。

目前，电池单体一般通过焊接的方法装配连接，由于不同的焊接技术，焊点的数量、接触压力、接触粗糙度等参数都容易造成接触内阻差异（contact resistance difference，ΔR_c）。同时，在实车环境下，随着汽车不规则的振动，变化的接触压力也会引起接触内阻的不一致[15]。更大的接触内阻会增加支路产热量，由此产生 ΔQ。常温下充放电循环时，接触内阻产热量最大；低温循环时，反应热和焦耳热占主要部分[11]。同时，为降低电池组内产热对电池性能的影响，一般会采用某种冷却方式以带走各单体的产热，但由于各单体布置位置的差异，各单体的冷却效果存在很大差异，由此产生 ΔQ；同时不均匀的热量与温度也会引起电池组内容量衰减的不一致[16]。

8.2.2　外部参数不一致性

电池组外部因素差异即由电池组使用过程中引起的参数不一致。对于电池单体而言，存在并联支路电流差异（ΔI）、放电深度差异（depth-of-discharge difference，ΔDOD）和温度差异（ΔT）。如果再考虑 BMS 的管理差异性，还存在均衡电流差异（ΔI_{equ}）和热管理温差（ΔT_{tm}）。

并联电路中支路电流很容易出现不一致现象，即使流过各单体的初始电流相同，温度、电压或者其他外部因素的变化都可能导致支路电流差异[17]。如果不及时采用均衡管理，电流不一致程度会逐渐加剧。根据基尔霍夫定律，并联支路电流与电阻成反比。当并联单体内阻存在差异时，ΔI 必然存在。接触内阻也会影响支路电流的分布情况[17]。当两电池单体阻值相同、容量不同时，ΔI 依然存在[18]。虽然在充放电初期阻值及各支路电流相同，但容量小的单体在充放电过程中其 SOC 上升或下降更快，其对应的 OCV 也有相同的变化。容量小的单体支路电流会相应减小以平衡 SOC 和 OCV 的差异，导致 ΔI 的不一致。文献[19]将不同程度的老化单体并联以模拟不一致性的演化过程，在循环过程中容量相差 20%的单体支路电流差异最大能达到 40%。

DOD 即电池放电量与电池额定容量之比。若串联连接的电池组存在容量差异，电流相同，会导致 ΔDOD；若电池组采用并联连接，电阻或容量存在差异都会引起支路电流差异，由此导致 ΔDOD。

电池组内结构及冷却系统的布置会影响单体的冷却效果，进而影响单体的温度[14]。在循环过程中，各单体经历不同程度的充放电过程，电池组内温度不均。为减小电池组内温差，一般采用主动或被动的冷却方式，冷却系统的布置以及电池的分布位置都会影响电池温度。因此，电池组内温差的控制需要有良好的热管理系统，在 3～5℃温差内的电池组的一致性相对较好，而温差大于 8℃时，电池组的一致性会变得较差，加快电池老化速率[20]。文献[11]认为电池在循环过程中，接触内阻产热量最大，所以接触内阻的差异会产生 ΔQ，进而造成各单体温度的不均匀。

电池组内参数不一致几乎是无法避免的，因此有必要采用均衡管理系统和热管理系统尽可能降低外部参数的不一致性[21]。均衡管理分为主动均衡和被动均衡两类，每隔一段时间对单体进行均衡管理会降低电池组不一致性，缓解电池组的老化进程。电池组内各单体的均衡电流与电压差异和具体的均衡策略有关，所以一般存在 ΔI_{equ}；当各单体状态逐渐平衡时，均衡电流一般降为零[22]。电池组内热管理方法一般分为被动冷却方式和主动冷却方式两大类，目前常用的方式是传统的空气冷却和液体冷却以及新兴的相变材料（phase change materials，PCM）冷却[23, 24]。虽然一般认为被动冷却方式在控制电池组内温度均匀性方面比主动冷却方式效果更好[23]，但 ΔT_{tm} 是热管理无法避免的，只能尽量控制温差在可接受的范围内。

8.2.3　不一致性传播机制及特征表达

电池单体各参数间并不相互独立，而是存在复杂的耦合关系，不仅有电池组内部参数间的耦合和外部参数间的耦合，还有内外因参数间的交叉耦合。正是因为电池组一致性具有耦合性的特点[20]，所以其内在的机制难以完整地说明分析。本小节旨在解释说明各参数间主要的一次作用关系，忽略耦合性不大的参数关系。

库仑效率即同循环中放电容量与充电容量之比，锂离子电池的 CE 几乎为 100%[25]，电池单体的 CE 很难直接测量，但 CE 与 SOC 的关系对电池组性能有很大的影响。文献[26]认为，ΔCE 会导致 ΔSOC，而且随着循环的进行，会使 ΔSOC 产生累积的离散效果。文献[27]认为，ΔSOC 是否会影响 ΔCE 取决于电池类型及制造过程，成组前应经过测试，选取 ΔCE 与 ΔSOC 呈负相关性的单体，以降低成组后 SOC 的不一致。自放电率是用来衡量电池荷电保持的能力。电池组内 ΔCE 和 ΔSD-rate 会直接影响单体容量。若电池组内采用串联的连接方式，在相同的电流作用下容量低的单体 SOC 下降更快，由此产生 ΔSOC。因为单体极化内阻受单体 SOC 的影响[11]，所以 SOC 不一致可能导致极化内阻不一致。文献[16]从 5 并 95 串的电池组实验推断，电池组内 SOC 不一致可能与 ΔT、ΔC 和 ΔCE 有关。虽然容量和内阻被认为是衡量老化过程的两个重要参数，但文献[16]以两组并联退役电池为例，电池组 A 容量一致性更好而电池组 B 内阻一致性更好，证明二者的一致性间并无必然联系。图 8-3（a）简洁地说明了以上内部因素间的耦合关系。

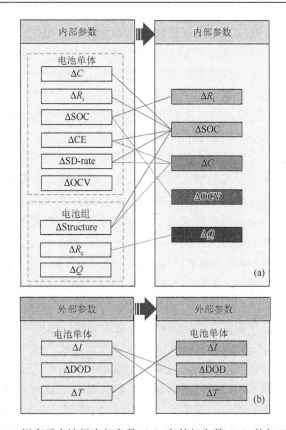

图 8-3　锂离子电池组内部参数（a）和外部参数（b）的相互影响

由于温度高的单体内阻小而温度低的单体内阻大，电池组内的温度差异会导致并联各支路电流的差异。当并联各支路电流存在不一致时，相同时间内各单体放电量存在差异，从而产生 ΔDOD。图 8-3（b）说明了上述外因间的耦合关系。

电池组的内外部参数间存在复杂的交叉耦合关系，参数不一致性会相互作用并形成反馈作用，加剧电池组内各参数的不一致程度，这是参数不一致性在电池组中的演化趋势。温度是电池组参数中耦合性最高的参数，温度不一致几乎影响其他所有参数的变化[10]。锂离子电池的库仑效率很高，现有文献还未涉及温度对库仑效率的影响。文献[20]认为随着温度的升高，由于高温下副反应的发生，库仑效率会降低。温度会影响库仑效率，库仑效率直接影响 SOC，会使 SOC 值呈逐渐发散的趋势，电池组内 SOC 一致性越来越差。温度也会影响单体的自放电率，一般在高温下单体的自放电率也更大[12]。若电池组内温度不均，自放电率也会表现出不一致性，直接影响电池组内容量不一致。温度也是影响内阻不一致的重要因素，通过实车数据分析得出，温度和内阻标准差呈强负相关[28]。

尽管其他参数差异也会导致内阻不一致性，但温度这一参数对内阻的不一致影响最大[28]。其中，文献[11]通过模型仿真认为温度对极化内阻有很大的影响。随着温度的升高，单体的内阻会减小，进一步会产生并联支路电流差异或串联单体电压差异[7]。温度这一参数也能反映电池的老化性能[29, 30]，在电池组内温度不一致的影响下，电池单体的容量、内阻等参数都会表现出不一致性。除此之外，文献[16]通过柱状图说明电池组内各单体的容量与其安装位置的关系，冷却散热与单体的位置息息相关，散热条件不同导致的温差较大单体一般容量衰减更快。并联电池组内温差会导致放电支路电流的不一致，也会加速电池组内容量损失。电池组内容量差异随着温差的增大而增大，在低温环境下容量不一致尤其明显[7]。

经文献[31]中实验验证，在单体内阻不一致的并联电路中，支路电流大的单体产生更多的热量，表面温度也越高。由此产生的组内温度差异会对内阻不一致产生正反馈作用，加剧电池组内的不一致程度[32]。同时，接触内阻对电池组的老化性能有很大的影响，温度会随着接触内阻的增大而升高，同时温度上升又会对接触内阻产生正反馈作用[33]。在循环过程中，放电初期电池组内参数微小的不一致性在放电末期会被放大。并联内阻不一致会引起支路电流不一致，尤其是充放电末期的支路电流[34]。SOC 和温度对极化内阻差异的影响比放电倍率对其的影响更大[11]。

文献[17]认为，并联电路支路电流差异会直接导致严重的 ΔSOC 和 ΔOCV，这会严重危害电池组的使用寿命。文献[34]推断，不均衡的支路电流直接影响各并联单体的容量衰减率，进而造成容量不一致。同时，这种非线性的电流变化也会引起电池组内温度不均匀的现象[35]。引起 ΔI 的原因已在 8.2 节提到。

电池组的连接方式对参数的一致性有很重要的影响。文献[36]把 12 个锰酸锂电池串联连接，单体间电压不一致主要由制造过程中初始电压不一致、放电倍率、温度和 SOC 造成的。当 SOC 在 0.4~0.8 之间变化时，电池组内电压的一致性较好。在相同的循环条件下，串联单体数目越多，循环寿命明显降低，电池各参数的不一致性程度也会变大[37]。对于并联连接的电池组而言，并联单体数目越多，支路电流不一致性会随之降低，有利于延长电池组的循环寿命[19]。并联单体数目越多，内阻不一致对 SOC 不一致的影响也会越小[38]。很多现有文献[17, 27, 34, 35, 39-41]都提到了并联电路的自平衡机制，随着循环的进行，并联电路中各参数的不一致程度会有逐渐收敛的趋势，自平衡现象在低温 5℃ 左右最为明显[39]，高温下可能会出现失效。经文献[35]中实验证实，三个电池单体并联进行 500 次充放电循环，容量不一致和内阻不一致程度分别减小了 30% 和 15%，收敛趋势明显。图 8-4 表示上述外因间的耦合关系及内外因间的交叉耦合关系。

本节上述内容已详细介绍了电池组内各参数间的耦合反馈关系，不一致诊断即由故障找原因的逆向过程，所以理清不一致的复杂机制是不一致诊断的基础。不一致机制分析的最终目标就是解释选取的特征量与一次原因间的对应关系，以指导不一致诊断的后续操作。表 8-1 说明了常见的特征参数不一致与其可能的一次原因的对应关系。

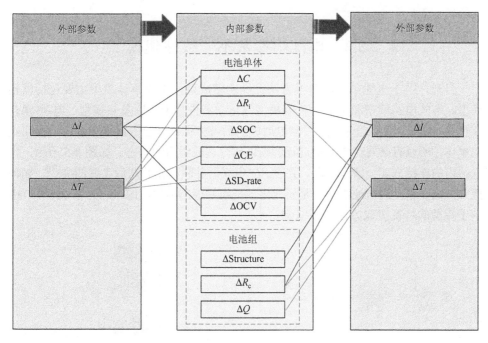

图 8-4　内外参数相互影响

表 8-1　参数不一致的直接原因及对应特征

	基于信号处理		基于模型	
不一致 特征	温度不一致	电压不一致（串联）	内阻不一致	SOC 不一致
统计量	● 极差[42, 43]	● 极差[43, 44] ● 标准差[43-46] ● 相对极差[44] ● 相对电压差异系数[47]	● 标准差[15, 28] ● 相对内阻差异系数[47] ● 内阻偏差、内阻方 　差偏差[48]	● 标准差[46] ● 离散度[44, 46] ● 变化率[48]
不一致 机制	● 不均匀热管理系统 　导致温度不一致 ● 接触内阻不一致， 　产热不均造成温度 　不一致 ● 并联内阻差异引起 　支路电流差异，不 　均匀产热引起温度 　不一致	● 串联单体内阻不一致 ● 电池组内温度不均导 　致内阻不一致，进而 　导致电压不一致 ● SOC 影响极化内阻， 　进而导致串联电路的 　电压不一致	● 温度和内阻呈负 　相关 ● SOC 会影响极化 　内阻	● 温度影响库仑效率，进而影 　响 SOC，造成 SOC 不一致 ● 单体容量不一致，在相同充 　放电电流的作用下，必然存 　在 SOC 不一致 ● 并联内阻差异引起支路电 　流不一致，进而导致 SOC 　不一致 ● 自放电率不一致直接影响 　容量不一致
不一致 直接原 理类别	● ΔQ；ΔR_c；ΔR_i； 　ΔT	● ΔR_i；ΔT；ΔSOC	● ΔT（影响最大）； 　ΔSOC	● ΔT；ΔCE；ΔC；ΔR_i； 　ΔI；ΔSD-rate

8.3　电池组参数不一致性建模

目前，关于电池单体的建模方法已经比较成熟，电池单体模型主要包括黑箱模型、等效电路模型和电化学机制模型等电学特性模型，以及热模型、电-热耦合模型和电-热-老化耦合模型[49]。但电池成组后各方面性能已不能简单地等效类比电池单体，所以有必要对电池组进行建模以研究其成组后的状态。如图 8-5 所示，电池组内的连接方式一般有串联、并联、先串联后并联和先并联后串联四类[50]。如何建立准确高精度的电池组模型是研究电池成组性能的前提，同时也为本章 8.4 节中基于模型的特征提取方法打下基础。

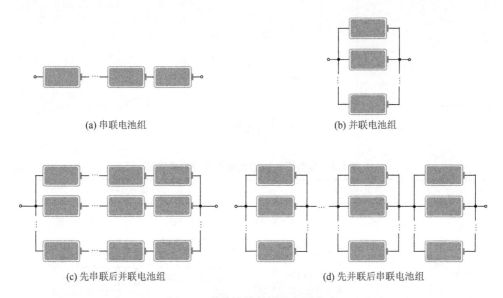

(a) 串联电池组　　　　　　　　(b) 并联电池组

(c) 先串联后并联电池组　　　　(d) 先并联后串联电池组

图 8-5　单体连接的四种主要方式

以串联电池组为例，串联电池组模型可分为单体联合模型、电压最大最小模型和均值加偏差模型三类。单体联合模型可以进一步分为大单体模型和多单体模型两类[50-52]。大单体模型是不考虑成组单体电池之间的不一致性差异，将整个串联电池组视为一个具有高电压、大电阻、大容量的单体模型。这种模型计算量小，可以描述电池组的动态行为，但不能刻画每一个单体的行为。多单体模型则是对电池组中所有电池单体用相同的电池模型建模，而采用差异性的模型参数来描述每个单体的特性。该模型虽然计算量大，但可以描述电池组和其中每一个单体的动态行为。电压最大最小模型是以充电最先充满和放电最先放空的两个单体代表整个电池组的状态[41,53]，所以对电池组的状态估计就简化为两个单体的状态估计问题。

　　为平衡模型的计算精度和计算量,很多现有文献提到了均值加偏差模型[54-59]。单体均值模型(cell mean model,CMM)是指在电池组中筛选出最能代表电池组平均状态的单体或者模拟仿真一个电池单体[37],电压值为组内各串联单体电压的均值[55, 58, 60, 61]。单体偏差模型(cell difference model,CDM)是在电池组模型中考虑了参数的不一致性,如 SOC 不一致、内阻不一致、容量不一致、RC 不一致等,比较单体参数与电池组均值模型参数的差异。CDM 一般分为四类,其中考虑的不一致参数数目逐渐增多,模型的复杂性和准确性也随之增加。文献[55]中 CDM#1 只考虑了 SOC 的不一致,而文献[61]的 CDM#3 考虑了 SOC、内阻和容量三方面不一致。但由于容量是基于 SOC 估计值进一步估计得出的,计算准确性不高而且计算量大,所以现有文献[56-59]中应用最广泛的是 CDM#2,考虑了 SOC 和内阻两方面的不一致,实现了模型精度和计算量的平衡。显然,CDM#4 考虑的不一致参数最多,是精度最高的偏差模型,但现有文献还未涉及。通过 8.2 节不一致机制部分的分析,若在 CDM 中考虑更多的耦合性较高的参数不一致,电池组偏差模型的精度将会进一步提高,所以 CDM#5 在考虑常规四种不一致参数的基础上,增加考虑了 ΔT、ΔCE、ΔSD-rate 等高耦合性的参数。图 8-6 总结了现有的均值加偏差模型的结构并展望了精度更高的偏差模型。表 8-2 总结了现有文献中的串联电池组模型及相关结构。

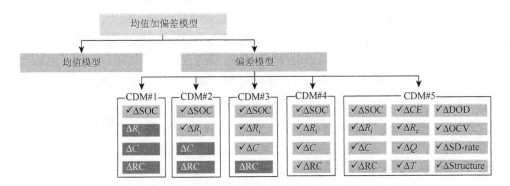

图 8-6　均值加偏差模型分类

表 8-2　现有关于串联单体的研究综述

参考文献	模型	拓扑结构	考虑不一致因素
[50]	SCM	串联;3p3s	✓(ΔC,ΔR_i)
[51]	SCM	串联	✓(ΔC,ΔR_i)
[52]	SCM	串联	×
[53]	$V_{max}+V_{min}$	10s	✓(equ)

参考文献	模型	拓扑结构	考虑不一致因素
[61]	CMM + CDM#3	串联	✓（ΔSOC，ΔR_i，ΔC）
[56]	CMM + CDM#2	12s	✓（ΔSOC，ΔR_i）
[58]	CMM + CDM#2	串联	✓（ΔSOC，ΔR_i）
[59]	CMM + CDM#2	8s	✓（ΔSOC，ΔR_i）
[55]	CMM + CDM#1	96s	✓（ΔSOC）
[57]	CMM + CDM#2	12s	✓（ΔSOC，ΔR_i）

注：s 表示串联，p 表示并联。

并联电池组的建模方法与串联电池组差别不小，因为并联支路电流差异（ΔI）与其他参数耦合性较高，必须在建模时加以考虑。同时，并联单体常通过焊接的方式相连，由焊接工艺而产生接触内阻，为提高并联电池组精度，ΔR_c 也应该被考虑。

8.4　数据处理和特征提取

动力电池组数据处理和特征提取是不一致性诊断的前提。在讨论过电池组不一致性演化机制后，可以知道电池组中不一致性现象是制造和使用两方面造成的。由于受到外部及内部因素的影响，初始性能存在差异的电池在不断充放电过程中特征参数也会发生改变，且随着电池副反应的发生，电池组中各单体的参数，如容量、内阻等的差异逐渐增大，从而影响了整个电池包的性能和寿命。因此，如何对单体参数进行快速获取，如何从众多单体数据中提取有效的不一致性特征，从而为不一致性诊断提供依据，增加诊断结果的信任度，是本节的重点。

8.4.1　数据获取和预处理

数据采集就是采集传感器输出的模拟信号并转换成计算机能识别的数字信号，是从一个或多个信号获取和存储对象信息，用于状态监测和诊断的过程[62]。新能源汽车实际运行环境复杂多变，为保证动力电池能够安全、高效的工作，一个有效的电池管理系统是必需的。电池管理系统中通常装有电压传感器、电流传感器和温度传感器，可以实时监测电池的工作电压、电流、温度，计算机会将这些数据信号存储下来，作为估计电池状态、评价与诊断电池组一致性的依据。

鉴于实际运行工况的复杂性，在实际的数据采集中，采集到的数据通常具有杂乱性、重复性和不完整性，这就是平常所说的"脏"数据，通常不能直接拿来使用，需要经过一定的处理，这就是数据的预处理。数据预处理的目的是为特征提取和诊断提供简洁、准确的数据样本，提高诊断的速度和准确性，通常包括数据完整性检查、数据修复、数据滤波等过程[63-65]。电池管理系统在采样时会受到来自发动机、发电机、电动机、数据传输线等未知干扰的影响，其测量噪声和系统噪声是复杂多变的，因此数据预处理过程是必须的[66]。文献[67]利用离散小波变换的方法对采集到的充放电电压信号去除噪声干扰，基于降噪后的数据结合扩展卡尔曼滤波实现等效电路模型 SOC 的估计。类似地，文献[68]利用小波变换的方式对非平稳的电流、电压信号进行去噪处理，再结合自适应扩展卡尔曼滤波估计电池 SOC，该方法相比于未使用小波变换的方法，电池 SOC 估计误差下降了 1.5%。

8.4.2　特征提取

特征提取是动力电池组不一致性诊断的关键环节，特征或状态指标的选择和提取是准确可靠的故障诊断的基石。由于从传感器获取的数据多而复杂，需要利用某些特征提取的手段将这些数据进行最优选择、数据重构得到新的有用特征。动力电池组不一致性特征提取方法分为：基于信号处理的特征提取，基于模型的特征提取，基于信息融合的特征提取、特征降维和特征选择。

1. 基于信号处理的方法

信号处理的特征提取方法一般包括时域分析法、频域分析法和时频域分析法三种。在电池领域中，信号处理的常见手段是时域分析法。时域分析法是从时间波形和幅值上直接观察状态信息的形状和强度，对某些特征参量可利用一些指标来判断，如平均值、标准差、方差、极差等。

动力电池的电压具有实时性强、易于测量等优点，常直接提取电池的电压信号，将组内各单体工作电压的标准差，电池组的电压极差、电压相对极差作为电池组不一致性特征。电压标准差可以表示电压的变化程度，电压极差和相对极差可用于反映电池组实际使用过程中电池组的实际利用率，具体表达如下[44-46]：

$$
\begin{cases}
U_{av} = \dfrac{\displaystyle\sum_{i=1}^{n} U_i}{n} \\[4mm]
\sigma = \sqrt{\dfrac{\displaystyle\sum_{i=1}^{n}(U_i - U_{av})^2}{n-1}}
\end{cases}
\tag{8-1}
$$

$$
\begin{cases}
\Delta V = V_{max} - V_{min} \\[2mm]
\xi_\Delta = \dfrac{\Delta V}{\overline{V}} \times 100\%
\end{cases}
\tag{8-2}
$$

其中，n 为电池总个数；U_i 为第 i 个电池电压；U_{av} 为电池组平均电压；ΔV 为电压极差；ξ_Δ 为电压相对极差。

温度是影响电池性能和寿命的主要原因，电池组内的温差越大，不一致性越严重。为保证电池组的高性能和长寿命，一般要求电池组内温差控制在 3～5℃。文献[42]和[43]取电池组串中最高电池温度和最低电池温度的差值，将温度极差作为分析电池性能的辅助因素。此外，何洪文和余晓江[47]采用相对电压差异系数和相对内阻差异系数来评价动力电池的一致性，差异系数变化幅度越小，电池组的一致性越好。差分电压分析（differential voltage analysis，DVA）曲线[69]和增量容量分析（incremental capacity analysis，ICA）曲线[16, 70]可表征电池老化情况，曲线峰的宽度和高度差异反映了电池反应动力学的变化，不同状态性能电池的曲线的特征不同。动力电池的充放电特性曲线涵盖了电池参数之间的耦合关系，能够表征电池内部变化，曲线间的差异可以体现电池单体间的一致性程度，因此，可以对充放电曲线进行特征点的选取[71-73]。

2. 基于模型的方法

基于模型的特征提取是从系统本质特征出发，对不一致性特征进行实时提取。该方法通常与模型参数直接相关。根据特征来源不同，基于模型的特征提取方法又可以分为参数估计方法和状态估计方法。

参数估计方法可认为不一致性的演化过程是模型参数不一致的变化过程，可以借助模型中某些参数的变化情况来表征电池组不一致性，如内阻等。文献[28]基于建立的一阶 RC 模型，参数辨识出模型的内阻，计算内阻标准差，观察标准差与累积容量和温度的关系，发现温度的变化对内阻的影响是相当大的。Zheng等[15]为辨识电压故障原因，建立了均值＋差异的电池组模型，采用最小二乘法得出每个单体的内阻值。Zhang 等[48]建立 2p4s 的等效电路模型，通过计算内阻偏差和内阻方差的偏差，根据两个数值的大小和变化趋势辨识容量故障。状态估计方法常见的是估计 SOC、SOP。Wang 等[74]利用一阶 RC 模型，采用一种改进的稳健回归方法，分析了开路电压、内阻和充电曲线三种可信区间的演化特征，用于综合评估基于可信区间的电池系统的多参数不一致状态。文献[75]基于一阶 RC 等效电路模型和无迹卡尔曼滤波算法在线估计 SOC，基于电池参数模型，考虑温度影响提出温度补偿函数对模型进行修正，可实现在线 SOP 的估计，将其作为不一致性诊断的指标。文献[44]基于简化的电化学复合模型，采用粒子滤波算法动态估算 SOC 的值，将 SOC 离散度作为特征。SOC 离散度评价模型由整体离散度和极限离散度组成，ε 用于对电池组整体的 SOC 离散度特性进行描述，即所有电池单体 SOC 的标准差，极限离散度有正向极限离散度和负向极限离散度，可以用来表示突出个体，具体表达如下[44, 46]：

$$\begin{cases} \varepsilon = \sqrt{\sum_{i=1}^{n} \dfrac{\left(\mathrm{SOC}_i - \mathrm{SOC}_\mathrm{m}\right)^2}{n}} \\ \varepsilon_{\mathrm{p}^+} = \mathrm{SOC}_\mathrm{max} - \mathrm{SOC}_\mathrm{m} \\ \varepsilon_{\mathrm{p}^-} = \mathrm{SOC}_\mathrm{min} - \mathrm{SOC}_\mathrm{m} \end{cases} \tag{8-3}$$

其中，ε 为电池组的整体离散度；n 为电池组的单体数目；SOC_i 为组内第 i 个单体的荷电状态；SOC_m 为电池组平均荷电状态；$\varepsilon_{\mathrm{p}^+}$ 为电池组正向极限离散度；$\varepsilon_{\mathrm{p}^-}$ 为电池组负向极限离散度；$\mathrm{SOC}_\mathrm{max}$ 为电池单体荷电状态最大值；$\mathrm{SOC}_\mathrm{min}$ 为电池单体荷电状态最小值。

3. 基于信息融合的方法

信息融合的目的是通过对多源信息加以自动分析和综合，以获得比单源信息更为可靠的结论。信息融合按照融合时信息的抽象层次可分为数据层融合、特征层融合和决策层融合。目前，主要应用的是决策层融合方法和特征层融合方法[76]。信息融合的算法包括贝叶斯推理、D-S 证据方法、权重/表决融合算法等[64]。电池组不一致性的特征提取多采用权重/表决融合算法。

郑方丹[75]将主观的德尔菲打分和客观的灰色关联度测算结合起来，将电池的多参数灰色关联模型融合，得到每个单体的关联度，克服了以单一指标作为评价标准的片面性，实现了对大容量能量型动力电池的性能评价。Duan 等[77]在获得串联的 12 个单体的容量、内阻、恒流充电容量和恒压充电容量比值 3 个指标的基础上，结合熵权法的思想计算每个特征所占的权重，将这 3 个指标进行融合，用融合后的单特征表示每个单体性能。

8.4.3　特征降维和特征选择

特征降维和特征选择的本质都是在尽可能多地保留原有信息的基础上减少特征的数目，从而降低计算复杂度和提高算法的泛化能力。二者的不同之处在于特征降维的原理是对原有的特征进行重构，选取其中的主元，形成新的特征，常见的有主元分析、奇异值分解；特征选择是对现有的特征进行优选，其特征是原有特征的子集。

电池组的内部不一致性参数有很多，通常难以将这些参数变量同时进行考虑，鉴于此，为既能保证不一致性特征的完整性，又减小系统的复杂度，近期文献提出主成分分析（PCA）的方法降维，在减少需要分析的指标的同时，尽量减少原指标包含信息的损失，以达到对所收集数据进行全面分析的目的。Wang 等[78]采集每个单体的 SOC、SOH、SOP、电压、内阻、温度共 6 个参数

值，然后采用 PCA 的降维思想，取累计贡献率达 85%～95%的特征值对应的主
元，得到 4 个重构后的特征，再利用这 4 个参数指标建立多参数评价函数，实
现不一致性的诊断。

8.5 参数不一致性诊断方法

电池组不一致性诊断的过程应该是不一致性评价和寻求不一致性原因两部
分，因此诊断方法如图 8-7 所示，分为基于阈值的不一致性诊断、基于人工智能
的不一致性诊断、基于聚类的不一致性诊断。

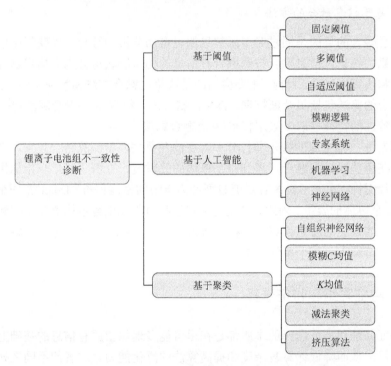

图 8-7　锂离子电池组参数不一致性诊断方法的分类

8.5.1　基于阈值的诊断方法

在电池组不一致性诊断中，要判断电池组的不一致性程度必须与不一致性阈
值相比较。当整个电池组的不一致性程度没有超出所设定的阈值范围时，判断其
正常，否则，需要采取相对应的措施减少电池组的不一致性，如均衡管理、热管
理等。

阈值的选择通常分为固定阈值、多阈值、自适应阈值。

固定阈值是指给定的阈值是一个固定的常数，只需将偏差值直接与该阈值相比较。Xia 等[79]提出电压曲线相关系数法检测故障电池，相关系数低于 0.5 则认为有故障。Zhang 等[48]将内阻偏差值与 15%对比，超过该阈值则认为发生容量衰减故障。进一步，85%的阈值与内阻方差的偏差对比判断故障原因是接触故障或者老化不一致故障。固定阈值的方法简单、易于理解，缺点是把实际问题简单化，存在较高的虚警率。

多阈值的方法是在固定阈值的基础上增加阈值个数，能在一定程度上克服固定阈值的缺点，提高诊断的正确率，但需要确定多个阈值。Duan 等[77]提出双阈值的方法，在采用熵权法得到每个单体得分后对整体求标准差，可以看到随着循环次数的增加，标准差越来越大，标准差小于 20%认为是轻度不一致，20%～30%是中度不一致，而大于 30%就是重度不一致，此时电池组需要均衡以改善整体的工作性能。Wang 等[80]采用 Z 分数方法定量评价电压故障，用 2 个系数阈值达到实时预警和诊断异常单体电压。文献[44]和[45]采用 3 个阈值 σ_1、σ_2、σ_3，用于评判的电压标准差值用 σ 表示，按照不一致性程度分为以下四个维护层次：

$$\begin{cases} \sigma \leqslant \sigma_1, & 正常充放电 \\ \sigma_1 < \sigma \leqslant \sigma_2, & 均衡维护 \\ \sigma_2 < \sigma \leqslant \sigma_3, & 电池重组 \\ \sigma > \sigma_3, & 报废处置 \end{cases} \tag{8-4}$$

自适应阈值的思想是随着系统的状态和环境的不同，进行诊断的阈值是不断变化的，显然，自适应阈值是更加合适的阈值选择方法。但目前这方面还未有相关文献的研究。

8.5.2　基于人工智能的诊断方法

人工智能是计算机科学的一个重要组成部分，主要任务是让计算机模拟人类的智能活动，使其具有应用知识、逻辑推理、解决实际问题的能力。基于人工智能的诊断方法被广泛应用在各领域的故障诊断中，具体包括专家系统、神经网络、机器学习和模糊逻辑等。

目前，在电池组的不一致性诊断方面应用到的主要是基于模糊逻辑的诊断方法，专家系统需要大量的专家知识和推理方法，而神经网络和机器学习的诊断方法目前尚未发现，有望成为未来的研究重点。文献[43]基于模糊估计，建立一致性指标与一致性性能等级的模糊关系矩阵，采用熵权法和经验法结合得到各指标权重，将运行数据、一致性指标、一致性等级进行融合，根据最大隶属度原则实现该时间段内储能系统的一致性评估。在判断电池组一致性时会考虑到多方面的因素或判断准则，层次分析法能够将复杂的决策问题层次化，逐层比较各种关联因素的重要性。文献[42]将模糊综合评价法与层次分析法相结合，建立综合性能、电池组一致性评估、单体性能 3 个层次的评估指标体系，健康、亚健康、严重、恶劣四个模糊一致性评价等级，根据经验法确定各层次下的一致性指标权重，从而可以对该体系下的电池组运行性能进行评价。

8.5.3　基于聚类的诊断方法

聚类是一种无监督学习算法，将相似的对象归到同一个簇中，将不相似的事物划分到不同类别，常见的有自组织神经网络（self-organization map，SOM）、模糊 C 均值（fuzzy C-means）、K 均值（K-means）等。

SOM 算法本质是只有输入层和隐藏层的神经网络，隐藏层的节点代表需要聚成的类别，训练采用"竞争学习方式"。He 等[81, 82]、Raspa 等[83]均构造了 SOM 自组织映射模型，选择温度差、内阻、容量等电池参数作为模型输入，经过反复训练从而将电池分类。文献[71]采集充放电电压特性曲线，选取曲线特征点作为分类特征，基于模糊 C 均值的方法完成 4 分类。类似地，基于充放电电压特性曲线，文献[72]采用减法聚类的方法，文献[73]采用挤压算法均可实现电池的聚类。由于电池组不一致性的存在，电池之间存在差异，基于上述的聚类算法可以将同种性质的电池归为一类，但是不足之处在于聚类之后的每个簇的共同特征是模糊的，这需要进一步的研究。

8.6　本　章　小　结

动力电池作为 EV/PHEV 的主要动力源，其性能和工作状态直接关系到整车的安全可靠行驶及续驶里程。限于单体电池的电压和容量，必须将成百个单体串并联成组，以满足车辆行驶的功率、能量需求。由于制造工艺和使用环境的差异，电池组间不可避免存在不一致性，从而导致成组后的电池耐久性、安全性的下降。

本章根据电池组不一致性的研究现状，对现有的研究成果和技术做了较为系统的总结。从动力电池组不一致性来源及其工作中的演化方面综述了内部因素、外部因素及内外间的耦合关系；总结了现有的电池组模型，指出建立高保真的不一致性模型的重要性；对特征提取方法和诊断方法进行了分类概括，指出电池组不一致性诊断的必要性；给出了电池组不一致性研究领域存在的问题和相关工程应用。鉴于锂离子电池系统的复杂性，开展电池组的不一致性研究是困难的，本章通过梳理已有的方法、思路，旨在激发具有创新性的诊断方法，为不一致性相关研究领域的有效开展提供依据。

参 考 文 献

[1] Baumhoefer T，Bruehl M，Rothgang S，et al. Production caused variation in capacity aging trend and correlation to initial cell performance[J]. Journal of Power Sources，2014，247：332-338.

[2] Dubarry M，Vuillaume N，Liaw B Y. Origins and accommodation of cell variations in Li-ion battery pack modeling[J]. International Journal of Energy Research，2010，34（2）：216-231.

[3] Schuster S F，Brand M J，Berg P，et al. Lithium-ion cell-to-cell variation during battery electric vehicle operation[J]. Journal of Power Sources，2015，297：242-251.

[4] Wang Z P，Sun F C，Lin C. An analysis on the influence of inconsistencies upon the service life of power battery packs[J]. Transactions of Beijing Institute of Technology，2006，26（7）：577-580.

[5] Chiu K C，Lin C H，Yeh S F，et al. Cycle life analysis of series connected lithium-ion batteries with temperature difference[J]. Journal of Power Sources，2014，263：75-84.

[6] Paul S，Diegelmann C，Kabza H，et al. Analysis of ageing inhomogeneities in lithium-ion battery systems[J]. Journal of Power Sources，2013，239：642-650.

[7] Yang N，Zhang X，Shang B，et al. Unbalanced discharging and aging due to temperature differences among the cells in a lithium-ion battery pack with parallel combination[J]. Journal of Power Sources，2016，306：733-741.

[8] Dai H，Wang N，Wei X，et al. A research review on the cell inconsistency of Li-ion traction batteries in electric vehicles[J]. Automotive Engineering，2014，36（2）：181-188.

[9] Jin W R，Pang J，Tang L，et al. Research progress in evaluation methods of consistency of Li-ion power battery[J]. Battery Bimonthly（Chinese），2014，44（1）：53-56.

[10] 郑岳久. 车用锂离子动力电池组的一致性研究[D]. 北京：清华大学，2014.

[11] Wu B，Yufit V，Marinescu M，et al. Coupled thermal-electrochemical modelling of uneven heat generation in lithium-ion battery packs[J]. Journal of Power Sources，2013，243：544-554.

[12] Utsunomiya T，Hatozaki O，Yoshimoto N，et al. Influence of particle size on the self-discharge behavior of graphite electrodes in lithium-ion batteries[J]. Journal of Power Sources，2011，196（20）：8675-8682.

[13] Wang Z，Sun F. Study of the EV battery pack reliability and asymmetry[J]. Vehicle & Power Technology，2002（4）：11-15.

[14] 刘仲明. 锂离子电池组不一致性及热管理的模拟研究[D]. 天津：天津大学，2014.

[15] Zheng Y，Han X，Lu L，et al. Lithium ion battery pack power fade fault identification based on Shannon entropy in electric vehicles[J]. Journal of Power Sources，2013，223（1）：136-146.

[16] Jiang Y，Jiang J，Zhang C，et al. Recognition of battery aging variations for LiFePO$_4$ batteries in 2nd use applications combining incremental capacity analysis and statistical approaches[J]. Journal of Power Sources，2017，360：180-188.

[17] Offer G J，Yufit V，Howey D A，et al. Module design and fault diagnosis in electric vehicle batteries[J]. Journal of Power Sources，2012，206：383-392.

[18] Brand M J，Hofmann M H，Steinhardt M，et al. Current distribution within parallel-connected battery cells[J]. Journal of Power Sources，2016，334：202-212.

[19] Gong X，Xiong R，Mi C C. Study of the characteristics of battery packs in electric vehicles with parallel-connected lithium-ion battery cells[J]. IEEE Transactions on Industry Applications，2015，51：8.

[20] Zhou L，Zheng Y，Ouyang M，et al. A study on parameter variation effects on battery packs for electric vehicles[J]. Journal of Power Sources，2017，364：242-252.

[21] Li S，Mi C，Zhang M Y. A high efficiency active battery balancing circuit using multi-winding transformer[J]. IEEE Transactions on Industry Applications，2013，49（1）：198-207.

[22] Altemose G. A battery electronics unit（BEU）for balancing lithium-ion batteries[C]. SAE International Power Systems Conference，2008.

[23] Rao Z，Wang S. A review of power battery thermal energy management[J]. Renewable & Sustainable Energy Reviews，2011，15（9）：4554-4571.

[24] Sabbah R，Kizilel R，Selman J R，et al. Active（air-cooled）vs. passive（phase change material）thermal management of high power lithium-ion packs：Limitation of temperature rise and uniformity of temperature distribution[J]. Journal of Power Sources，2008，182（2）：630-638.

[25] Zheng Y，Lu L，Han X，et al. LiFePO$_4$ battery pack capacity estimation for electric vehicles based on charging cell voltage curve transformation[J]. Journal of Power Sources，2013，226：33-41.

[26] Zhang C，Jiang Y，Jiang J，et al. Study on battery pack consistency evolutions and equilibrium diagnosis for serial-connected lithium-ion batteries[J]. Applied Energy，2017，207：510-519.

[27] Zheng Y，Ouyang M，Lu L，et al. Study on the correlation between state of charge and coulombic efficiency for commercial lithium ion batteries[J]. Journal of Power Sources，2015，289：81-90.

[28] Zhang C，Cheng G，Ju Q，et al. Study on battery pack consistency evolutions during electric vehicle operation with statistical method[J]. Energy Procedia，2017，105：3551-3556.

[29] 孙红丽，何永贵，张文建，等. 马尔科夫模型在企业人力资源供给预测中的应用[J]. 华北电力大学学报，2004（5）：56-58.

[30] 王小林，郭波，程志君. 融合多源信息的维纳过程性能退化产品的可靠性评估[J]. 电子学报，2012，40（5）：977-982.

[31] Gogoana R，Pinson M B，Bazant M Z，et al. Internal resistance matching for parallel-connected lithium-ion cells and impacts on battery pack cycle life[J]. Journal of Power Sources，2014，252：8-13.

[32] Zhang Y，Zhao R，Dubie J，et al. Investigation of current sharing and heat dissipation in parallel-connected lithium-ion battery packs[C]. Energy Conversion Congress and Exposition，2017：1-8.

[33] Campestrini C，Keil P，Schuster S F，et al. Ageing of lithium-ion battery modules with dissipative balancing compared with single-cell ageing[J]. Journal of Energy Storage，2016，6：142-152.

[34] Shi W，Hu X，Jin C，et al. Effects of imbalanced currents on large-format LiFePO$_4$/graphite batteries systems connected in parallel[J]. Journal of Power Sources，2016，313：198-204.

[35] Pastor-Fernández C，Bruen T，Widanage W D，et al. A study of cell-to-cell interactions and degradation in parallel strings：Implications for the battery management system[J]. Journal of Power Sources，2016，329：574-585.

[36] Zhang Y，Xu J，Yang S，et al. Battery module capacity fade model based on cell voltage inconsistency and probability distribution[J]. Advances in Mechanical Engineering，2017，9（9）：463-476.

[37] Sun F，Xiong R. A novel dual-scale cell state-of-charge estimation approach for series-connected battery pack used in electric vehicles[J]. Journal of Power Sources，2015，274：582-594.

[38] Zhang H，Wang T，Lu R，et al. Study on the impedance increase fault of parallel connected batteries based on

simscape model simulation[C]. Vehicle Power and Propulsion Conference，2015：1-6.

[39] Fang Q，Wei X，Dai H. A study of parameter inconsistency evolution pattern in parallel-connected battery modules[R]. SAE Technical Paper，2017.

[40] Guo M，White R E. Thermal model for lithium ion battery pack with mixed parallel and series configuration[J]. Journal of the Electrochemical Society，2011，158（10）：1166-1176.

[41] Zhong L，Zhang C，He Y，et al. A method for the estimation of the battery pack state of charge based on in-pack cells uniformity analysis[J]. Applied Energy，2014，113：558-564.

[42] Chen H，Diao J，Bai K，et al. Research on evaluation indicators for a comprehensive assessment of operating status of lithium battery energy storage[J]. Electric Power，2016，49（5）：149-156.

[43] Jia X，Li X，Wang H，et al. Research on consistency assessment method for energy storage battery based on operating data fusion[J]. Distribution & Utilization，2017，34（4）：29-35.

[44] 潘俊铖. 基于粒子滤波的锂电池 SOC 估算及单体一致性评价研究[D]. 绵阳：西南科技大学，2017.

[45] 许铀，宗志坚，高群，等. 一种电动汽车锂离子动力电池组一致性评估及维护方法[J]. 中山大学学报（自然科学版），2014，53（5）：25-28.

[46] 王佳元，孙泽昌，魏学哲，等. 电动汽车动力电池分选方法研究[J]. 电源技术，2012，36（1）：94-98.

[47] 何洪文，余晓江. 电动车辆动力电池的性能评价[J]. 吉林大学学报（工学版），2006，36（5）：659-663.

[48] Zhang H，Pei L，Sun J，et al. Online diagnosis for the capacity fade fault of a parallel-connected lithium ion battery group[J]. Energies，2016，9（5）：387.

[49] Hu X. Review of modeling techniques for lithium-ion traction batteries in electric vehicles[J]. Journal of Mechanical Engineering，2017，53（16）：20.

[50] Cordoba-Arenas A，Onori S，Rizzoni G. A control-oriented lithium-ion battery pack model for plug-in hybrid electric vehicle cycle-life studies and system design with consideration of health management[J]. Journal of Power Sources，2015，279：791-808.

[51] Dubarry M，Vuillaume N，Liaw B Y. From single cell model to battery pack simulation for Li-ion batteries[J]. Journal of Power Sources，2009，186（2）：500-507.

[52] Sun F，Xiong R，He H，et al. Model-based dynamic multi-parameter method for peak power estimation of lithium-ion batteries[J]. Applied Energy，2012，96（3）：378-386.

[53] Zhang Z，Cheng X，Lu Z Y，et al. SOC estimation of lithium-ion battery pack considering balancing current[J]. IEEE Transactions on Power Electronics，2017，33（3）：2216-2226.

[54] 陈虹. 模型预测控制[M]. 北京：科学出版社，2013.

[55] Dai H，Wei X，Sun Z，et al. Online cell SOC estimation of Li-ion battery packs using a dual time-scale Kalman filtering for EV applications[J]. Applied Energy，2012，95：227-237.

[56] Gao W，Zheng Y，Ouyang M，et al. Micro-short-circuit diagnosis for series-connected lithium-ion battery packs using mean-difference model[J]. IEEE transactions on industrial electronics，2018，66（3）：2132-2142.

[57] Li J，Barillas J K，Guenther C，et al. Multicell state estimation using variation based sequential Monte Carlo filter for automotive battery packs[J]. Journal of Power Sources，2015，277：95-103.

[58] Zheng Y，Gao W，Ouyang M，et al. State-of-charge inconsistency estimation of lithium-ion battery pack using mean-difference model and extended Kalman filter[J]. Journal of Power Sources，2018，383：50-58.

[59] Zheng Y，Ouyang M，Lu L，et al. Cell state-of-charge inconsistency estimation for LiFePO$_4$ battery pack in hybrid electric vehicles using mean-difference model[J]. Applied Energy，2013，111：571-580.

[60] Deng Y，Xiong F，Yang B，et al. State-of-charge inconsistency estimation for Li-ion battery pack using

electrochemical model[C]. Chinese Automation Congress (CAC), 2017: 6959-6964.

[61] Plett G L. Efficient battery pack state estimation using bar-delta filtering[C]. International Battery, Hybrid and Fuel Cell Electric Vehicle Symposium (EVS), 2009: 1-8.

[62] Lin W, Zhou S, Wang X. The development and application of the data acquisition system[J]. Electrical Measurement & Instrumentation, 2004, 53 (7): 1169-1170.

[63] Famili A, Shen W M, Weber R, et al. Data preprocessing and intelligent data analysis[J]. Intelligent Data Analysis, 1997, 1 (1): 3-23.

[64] Vachtsevanos G, Lewis F, Roemer M, et al. Intelligent Fault Diagnosis and Prognosis for Engineering Systems[M]. Hoboken: Wiley, 2006.

[65] Niu G. Data-Driven Technology for Engineering Systems Health Management[M]. Singapore: Springer, 2017.

[66] Hu X, Li S, Peng H, et al. Robustness analysis of state-of-charge estimation methods for two types of Li-ion batteries[J]. Journal of Power Sources, 2012, 217 (11): 209-219.

[67] Lee S, Kim J. Discrete wavelet transform-based denoising technique for advanced state-of-charge estimator of a lithium-ion battery in electric vehicles[J]. Energy, 2015, 83: 462-473.

[68] Zhang Z, Cheng X, Lu Z, et al. SOC estimation of lithium-ion batteries with AEKF and wavelet transform matrix[J]. IEEE Transactions on Power Electronics, 2017, 32 (10): 7626-7634.

[69] Wang L, Pan C, Liu L, et al. On-board state of health estimation of LiFePO$_4$ battery pack through differential voltage analysis[J]. Applied Energy, 2016, 168: 465-472.

[70] Weng C, Cui Y, Sun J, et al. On-board state of health monitoring of lithium-ion batteries using incremental capacity analysis with support vector regression[J]. Journal of Power Sources, 2013, 235 (4): 36-44.

[71] Guo L, Liu G W. Research of lithium-ion battery sorting method based on fuzzy C-means algorithm[J]. Advanced Materials Research, 2011, 354-355: 983-988.

[72] 王佳元, 孙泽昌, 魏学哲, 等. 电动汽车动力电池分选方法研究[J]. 电源技术, 2012, 36 (1): 94-98.

[73] Wang Q, Cheng X Z, Wang J. A new algorithm for a fast testing and sorting system applied to battery clustering[C]. International Conference on Clean Electrical Power (ICCEP), 2017: 397-402.

[74] Wang Q, Wang Z, Zhang L, et al. A novel consistency evaluation method for series-connected battery systems based on real-world operation data[J]. IEEE Transactions on Transportation Electrification, 2020, 7 (2): 437-451.

[75] 郑方丹. 基于数据驱动的多时间尺度锂离子电池状态评估技术研究[D]. 北京交通大学, 2017.

[76] Zhou D, Hu Y. Fault diagnosis techniques for dynamic systems[J]. Acta Automatica Sinica, 2009, 35 (6): 748-758.

[77] Duan B, Li Z, Gu P, et al. Evaluation of battery inconsistency based on information entropy[J]. Journal of Energy Storage, 2018, 16: 160-166.

[78] Wang L, Wang L, Liao C, et al. Research on multi-parameter evaluation of electric vehicle power battery consistency based on principal component analysis[J]. Journal of Shanghai Jiaotong University (Science), 2018, 23: 711-720.

[79] Xia B, Shang Y, Nguyen T, et al. A correlation based fault detection method for short circuits in battery packs[J]. Journal of Power Sources, 2017, 337: 1-10.

[80] Wang Z, Hong J, Peng L, et al. Voltage fault diagnosis and prognosis of battery systems based on entropy and Z-score for electric vehicles[J]. Applied Energy, 2017, 196: 289-302.

[81] He F, Shen W X, Song Q, et al. Self-organising map based classification of LiFePO$_4$ cells for battery pack in

EVs[J]. International Journal of Vehicle Design，2015，69：1-4.

[82]　He F，Shen W X，Song Q，et al. Clustering LiFePO$_4$ cells for battery pack based on neural network in EVs[C]. 2014 IEEE Conference and Expo Transportation Electrification Asia-Pacific（ITEC Asia-Pacific），2014：1-5.

[83]　Raspa P，Frinconi L，Mancini A，et al. Selection of lithium cells for EV battery pack using self-organizing maps[J]. Journal of Automotive Safety & Energy，2011，2（2）：157.

第9章　串联电池组结构模型综合评价方法

9.1　引　言

为了满足电动汽车的能量和功率需求，通常需要将数百甚至数千个电池单元串联和/或并联连接，这就需要 BMS 来确保电池组在所有条件下安全可靠地运行[1]。BMS 中一个关键但具有挑战性的任务是为电池组选择合适的模型，因为电池组的准确监测和有效管理高度依赖于 PM[2]。

电池组的连接拓扑主要可分为四种类型：串联、并联、先串联后并联和先并联后串联。在串联连接的电池组中，已经开发了用于电池状态估计和电池均衡的各种模型，并且重要的是选择正确的电池模型以实现令人满意的性能[3-7]。在并联连接的电池组中，电池模型不仅用于分析每个并联分支的电流与单个电池之间的不一致性，还用于老化分析和故障诊断[8, 9]。在先串联后并联和先并联后串联两种电池组中，电池模型主要用于电池参数估计[10-12]，在大多数情况下可以进一步简化为串联或并联电池组的模型。

在文献中已经提出了用于串联连接的电池组的各种电池组结构模型（pack structure model，PSM）。这些 PSM 主要可分为四类：①大单体模型（big cell model，BCM）；②多单体模型（multi-cell model，MCM）；③最大-最小模型（$V_{max} + V_{min}$ model，VVM）；④均值-偏差模型（mean + difference model，MDM）[13]。在 BCM 中，整个电池组被视为单个大电池，而不考虑电池组的内部结构。以这种方式，可以使用文献[14]中开发的各种单体模型（cell model，CM）。例如，Castano 等[15]忽略了电池组的结构，并对整个电池组使用基于一阶 RC 的 ECM。Sepasi 等[16, 17]使用二阶 RC 模型近似电池组行为。Liu 等[18]使用 PNGV 高容量模型来近似电池组，并使用三种不同的算法，即 OCV 方法、内阻校正方法和 KF 方法，比较模型状态估计的准确性。

在 MCM 中，相同的电池 CM 通常应用于电池组中的每个电池，分别辨识每个电池单元的模型参数。例如，Zheng 等[19]使用一种简单的 Rint 模型来估计串联电池组中每个电池的剩余容量。基于一阶 RC 模型，Roscher 等[20]使用 RLS 算法来辨识每个电池的参数，并进一步导出电池 PM。在基于三阶 RC 模型对串联连接的电池组进行建模后，文献[21]中比较了三种不同算法（即直接电阻估计算法、扩展卡尔曼滤波器和 RLS）的 SOH 估计精度。

VVM 主要用于防止电池组的过充电和过放电。在 VVM 中，电池组通常由用于充电的最大电压单元和用于放电的最小电压单元表示，以便降低模型复杂度。Chun 等[22]提出了放电过程的 V_{min} 模型，并通过将 OCV-SOC 曲线拟合到 V_{min} 电池的数据来估计电池组的 SOC。Hua 等[23]选用一阶 RC 模型建立电池组的"最弱"单体模型，并运用非线性观测滤波器进行了线下长时间尺度 SOH 估计和线上 SOC 实时估计。Li 等[24]开发了用于电池组的 VVM，通过考虑电压极限来计算 SOC 和容量。

MDM 广泛用于串联连接的电池组。例如，Plett [25]提出了一种均值-偏差模型，该方法通过一个均值模型加多个偏差修正模型来描述电池组动态行为。基于一阶 RC 模型和 Rint 模型，Zheng 等[26]分别提出了单体均值模型 CMM 和 CDM。进而，利用一个 CMM 和多个 CDM 组合开发了 96 个单体串联的电池组 MDM。Dai 等[27]使用 MDM 在双时间尺度中估计电池组的状态。Li 等[28]建立了一个类似的均值＋偏差模型，并使用 RLS 在线辨识模型参数。Gao 等[29]将 MDM 运用于电池组故障诊断，结合 PSO 算法实现了在线故障诊断。

出于不同的目的，如电池管理、热管理、充电管理和均衡管理，已经为串联的电池组开发了各种电池 PM。串联电池 PM 迫切需要综合评价方法（comprehensive evaluation method，CEM）为不同应用场景下的模型选择提供有用的指导。另外，在相同的参数辨识和操作条件下，也没有对这些电池 PM 进行客观和公平的比较。为了解决以上研究空白，本章提供了电池 PM 的 CEM。具体而言，本章的几个主要贡献可以总结如下。

（1）受综合评价方法的启发，提出了一种用于串联电池 PM 的实用综合评价方法（practical comprehensive evaluation method，PCEM）。采用层次分析法（analytic hierarchy process，AHP）构建了一个考虑精度、老化、温度适应性和计算复杂性的指标体系。通过文献回顾，目前还没有从上述四个指标对电池 PM 进行综合评价的研究。

（2）详细介绍了四种具有代表性的串联电池组 PSM 构建过程，总结了基于这四种 PSM 和三种电池 CM 的 17 种模型。这些包括已发表的模型和衍生的一些模型，没有出现在现有的文献。为了确保公平地比较，采用相同的 RLS 在线参数辨识和电压估计方法，该方法适用于所有模型，并总结了详细的过程。

（3）从精度和计算复杂度两个方面对电池 PM 进行比较分析。考虑各种健康和环境温度条件进行准确度评估。从电池单体和电池组两个层面对估计精度进行评估。通过实验收集真实的电池测试数据进行模型对比。深入分析和讨论了每种模型的优缺点。

（4）利用提出的 CEM 对 17 个电池 PM 进行评级，选出综合性能最好的 PM。CEM 可以帮助技术人员在实际应用场景中进行更合理的模型选择。

本章其余章节安排如下：9.2 节介绍了 CEM 及其指标体系构建、指标权重分配、评分标准配置和指标合成法。9.3 节将介绍串联电池组的四类结构模型。9.4 节中针对四种模型给出它们参数辨识的算法。9.5 节介绍串联电池组的实验平台搭建、实验流程的安排及实验数据的采集。9.6 节提供了测量的电池组参数，并通过车辆循环工况评估了每个模型在精度和计算成本方面的性能。9.7 节给出了 17 种电池 PM 的综合评价结果（comprehensive evaluation result，CER），并确定了性能最佳的电池 PM。9.8 节给出本章小结。

9.2　综合评价方法

各种 CM（如 Rint、一阶 RC 和二阶 RC）可以在四种电池 PSM 的每一种中使用。这些 PSM 和 CM 的排列和组合已经导致现有电池 PM 的数量急剧增加。学术界和工业界都需要从广泛的电池 PM 中选择实用的模型。因此，有必要对电池 PM 性能的关键特征进行分析、比较和细化，并构建代表这些特征的指标。在指标体系的帮助下，可以对每个电池 PM 进行综合评估，帮助从业者在实际应用场景中做出更理性的决策。

9.2.1　指标体系构建

从全面认识客观事物的角度出发，综合评价指标体系（comprehensive evaluation index system，CEIS）应尽量采用多指标，避免遗漏。然而，指标数量的增加不一定伴随着信息的相应增加。此外，使用过多的指标可能会降低做出有意义的综合分析和判断的能力，从而无法有效地提取、分解和利用附加信息。因此，只有在指标能够有效地提供新信息或提供确定的知识时，才有必要增加指标的数量。一般，CEIS 的设计必须遵循以下原则：①系统化原则；②一致性原则；③可测性原则；④独立性原则；⑤可比性原则[30]。

准确性是电池 PM 实用性的基本要求，也是电池 PM 最常用的评价指标。电池 PM 应具有考虑环境温度变化和电池运行过程中老化的适应性，这也需要定量评估。电池 PM 的计算复杂性决定了其能否应用于 BMS，这是实际和综合评估中需要考虑的最重要的方面。基于上述考虑和电池管理专家的意见，使用 AHP 和德尔菲方法[31, 32]，建立了一套完整的电池 PM 实用性 CEIS，如图 9-1 所示。

图 9-1 所示的 CEIS 包括四个一级指标：精度、老化适应性、温度适应性和计算复杂性。每个一级指标又包含多个子指标，从不同侧面反映了电池 PM 的特性。准确性、老化适应性、温度适应性均包含电池和电池组两个二级指标。

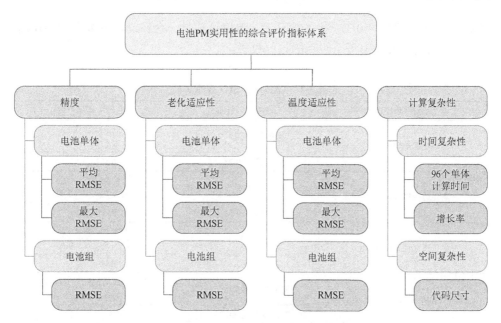

图 9-1 电池 PM 实用性 CEIS（彩图见书后插页）

电池单体包含两个三级指标：平均 RMSE 和最大 RMSE。电池组包含一个三级指标：RMSE。计算复杂性包括时间和空间复杂性。时间复杂性包括两个三级指标：96 个单体计算时间，以及在 4～216 个单体之间计算时间的增长率。空间复杂性包括一个三级指标：代码尺寸。

9.2.2 指标权重分配

从评价目标的角度看，各指标在 CEIS 中的作用并不是同等重要的。为了体现各评价指标在 CEIS 中的作用和重要性，在 CEIS 确定后，有必要对各指标赋予权重。权重是对被评估的事物总体中的因素的相对重要性的定量度量。各级指标权重的集合构成了综合评价指标权重体系。

指标权重大多数用归一化向量表示，同一层次的指标权重之和应为 1。假设有两个指标参与比较，如果它们同等重要，则可以使用向量[0.5，0.5]$^\text{T}$ 来表示它们的权重。如果前者比后者更重要，则前者的权重值更大。因此，权重向量可以是[0.6，0.4]$^\text{T}$，并且两个权重的和是 1。由于本章涉及的指标数量不是很大，权重可以由专家直接确定。同时，指标权重的设置还应考虑电池 PM 的应用场景、内部参数和外部环境的影响。

本章主要对电池 PM 的实用性进行评价。在咨询了多位专家后得出的结论是，在真实的车辆应用场景中，计算复杂度性最重要，精度次之，适应性略低。权重确定如下：精度 = 0.3，老化适应性和温度适应性 = 0.15，计算复杂度 = 0.4。表 9-1 显示了 CEIS 中每个级别的指标权重。

表 9-1　综合评价指标权重体系

一级指标和权重	二级指标和权重	三级指标和权重
精度（0.3）	单体（0.7）	平均 RMSE（0.6） 最大 RMSE（0.4）
	电池组（0.3）	RMSE（1）
老化适应性（0.15）	单体（0.7）	平均 RMSE（0.6） 最大 RMSE（0.4）
	电池组（0.3）	RMSE（1）
温度适应性（0.15）	单体（0.7）	平均 RMSE（0.6） 最大 RMSE（0.4）
	电池组（0.3）	RMSE（1）
计算复杂度（0.4）	时间复杂度（0.7）	96 个单体计算时间（0.5） 增长率（0.5）
	空间复杂度（0.3）	代码尺寸（1）

9.2.3　评分标准配置

评分标准构成了评价指标价值的尺度。将原始指标值映射到评分标准中的得分值，这种映射关系形成指标评分标准。各底层指标的评分标准集构成指标评分标准体系。

确定指标评分标准的方法有很多种。本章使用一阶线性回归。针对具体指标，选取一系列典型评分值和对应的指标值，基于一阶线性回归方法得到指标评分标准。以精度的单体平均 RMSE 为例，说明指标评分标准的确定方法。单体平均 RMSE 是成本指标，其中较大的值指示较低的模型准确度。对于 0.35mV、0.8mV、1.5mV、2.4mV 和 3.5mV 的 RMSE，指标得分可分别设置为 100、80、60、40 和 0。表 9-2 显示了电池 PM 的 CEIS 中的指标评分标准。

表 9-2　电池 PM 的 CEIS 中的指标评分标准体系

指标			评分标准				
			100	80	60	40	0
精度	单体	平均 RMSE	电压/mV	0.35	0.8	1.5	2.4	3.5
		最大 RMSE	电压/mV	0.35	1.0	1.9	3.0	4.5
	电池组	RMSE	电压/mV	0.95	2.7	4.6	6.8	11.5

续表

指标				评分标准				
				100	80	60	40	0
老化适应性	单体	平均 RMSE	电压/mV	0.7	2.4	4.2	6.1	10.0
		最大 RMSE	电压/mV	1.0	4.5	8.1	11.8	19.5
	电池组	RMSE	电压/mV	2.0	5.8	9.8	13.9	22.5
温度适应性	单体	平均 RMSE	电压/mV	1.5	4.8	8.6	12.9	23.0
		最大 RMSE	电压/mV	2.7	10.2	18.4	27.2	47
	电池组	RMSE	电压/mV	4.9	12.6	20.5	29.1	48.0
计算复杂度	时间复杂度	96 个单体计算时间	时间/s	0.38	0.63	0.9	1.2	32.5
		增长率	倍率/(s/cell)	0.25	0.75	1.4	2.2	330
	空间复杂度	代码尺寸	尺寸/byte	1090	1440	1800	2168	2930

9.2.4　指标合成法

通常需要设计多级指标来描述给定评价对象的特性。每个层次中的每个指标需要由多个下级指标来表征，如图 9-1 所示。为了获得系统的 CER，需要从底层指标开始，然后逐层获得上层指标值，直到获得顶层的综合评价[33]。这是实施 AHP 方法的过程，可以通过以下公式完成：

$$s = \sum_{j=1}^{n} s_j w_j \tag{9-1}$$

其中，s 为任何非底层指标的得分；n（$n \geqslant 1$）为指标 s 的下层指标的数量；s_j 为下层索引 j（$1 \leqslant j \leqslant n$）的得分；$w_j$ 为下层指标 j 的权重。可以根据较低层指标分数 s_j 和权重 w_j 的加权和来计算较高层指标分数 s。

9.3　串联电池组结构模型

在本节中，详细总结了不同类型的电池 PM。所有的模型都是基于一阶 RC 电池 CM 描述的。基于 Rint 和二阶 RC 的电池 PM 可以类似地描述。所有模型将在本节末尾进行总结。

9.3.1　大单体模型

BCM 是不考虑成组单体电池之间的不一致性差异，认为电池组中各单体的参数具有很好的一致性，将整个串联电池组视为一个具有高电压、大电阻、大容量的 CM。因此，此模型不考虑整个电池包的内部连接情况，而用与单体相同的方法采用一个单体的 ECM 来进行电池包的特性描述，其状态空间方程可写为[15]

$$\dot{U}_{P,N} = -\frac{1}{R_{P,N}C_{P,N}}U_{P,N} + \frac{1}{C_{P,N}}I \tag{9-2}$$

$$U_{T,N} = U_{OCV,N} - U_{P,N} - IR_{O,N} \tag{9-3}$$

其中，$U_{OCV,N}$ 为 BCM 的 OCV；I 为负载电流，放电时为正，充电时为负；$U_{T,N}$ 和 $R_{O,N}$ 分别为端电压和欧姆电阻。RC 网络用于描述弛豫效应，包括极化电阻 $R_{P,N}$ 和极化电容 $C_{P,N}$。$U_{P,N}$ 表示 $C_{P,N}$ 两端的极化电压。BCM 不考虑电池组的内部连接，并且类似的建模方法可以用于并联、先串联后并联和先并联后串联连接的电池组。

9.3.2　多单体模型

在 MCM 中，通常将相同的电池 CM 应用于电池组中的每个电池，并且分别辨识每个电池的模型参数。如图 9-2 所示，串联电池组的负载电流 I 对于其组成电池单体是相同的，导致电池单体级模型的相同输入，并且每个电池单体的参数可以通过来自每个电池单体的电压响应来辨识。利用所辨识的参数，可以求解每个单体的以下状态空间方程[34, 35]：

$$\dot{U}_{P,k} = -\frac{1}{R_{P,k}C_{P,k}}U_{P,k} + \frac{1}{C_{P,k}}I \tag{9-4}$$

$$U_{T,k} = U_{OCV,k} - U_{P,k} - R_{O,k}I \tag{9-5}$$

其中，$U_{OCV,k}$ 和 I 分别为第 k 个电池的 OCV 和负载电流；$U_{T,k}$ 和 $R_{O,k}$ 分别为第 k 个电池的端电压和欧姆电阻。RC 网络用于描述弛豫效应，包括极化电阻 $R_{P,k}$ 和极化电容 $C_{P,k}$。$U_{P,k}$ 表示 $C_{P,k}$ 两端的极化电压。

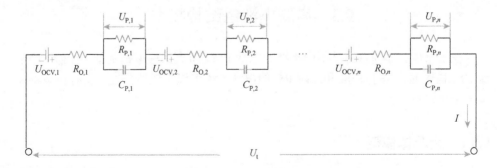

图 9-2　多单体模型

9.3.3 最大-最小模型

在实际的电池应用中，由电芯不一致引起的过充电和过放电会严重影响电池组的安全性和寿命。许多研究人员提出了均衡策略来缓解这个问题[36,37]。使用适当的电池 PM，如 VVM，是避免过充电和过放电的有效方法。如图 9-3 所示，在充电期间，具有最大电压的电池总是第一个达到充电截止（end of charge，EOC）状态，而具有最小电压的电池是在放电期间第一个达到放电截止（end of discharge，EOD）状态。因此，具有最大电压的单体可以用于表示充电期间的电池组，而具有最小电压的单体可以用于表示放电期间的电池组。

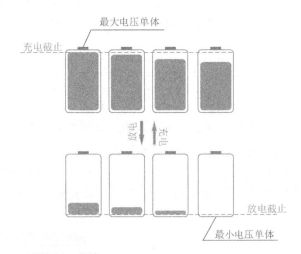

图 9-3　电池组 VVM 中 V_{max} 和 V_{min} 单体在充放电过程中的状态

然而，在使用该模型时，应该考虑用于在电池组中的大量电池中搜索具有最大和最小电压电池的额外计算成本。VVM 的状态空间方程可以写成[36,37]：

$$\dot{U}_{\text{P,max}} = -\frac{1}{R_{\text{P,max}}C_{\text{P,max}}}U_{\text{P,max}} + \frac{1}{C_{\text{P,max}}}I \tag{9-6}$$

$$U_{\text{T,max}} = U_{\text{OCV,max}} - U_{\text{P,max}} - R_{\text{O,max}}I \tag{9-7}$$

$$\dot{U}_{\text{P,min}} = -\frac{1}{R_{\text{P,min}}C_{\text{P,min}}}U_{\text{P,min}} + \frac{1}{C_{\text{P,min}}}I \tag{9-8}$$

$$U_{\text{T,min}} = U_{\text{OCV,min}} - U_{\text{P,min}} - R_{\text{O,min}}I \tag{9-9}$$

其中，$U_{\text{OCV,max}}$ 和 $U_{\text{OCV,min}}$ 分别为具有最大和最小电压电池的 OCV；$U_{\text{T,max}}$、$U_{\text{T,min}}$ 和 $R_{\text{O,max}}$、$R_{\text{O,min}}$ 分别为具有最大和最小电压电池的端电压和欧姆电阻。RC 网络

用于描述弛豫效应，包括极化电阻 $R_{P,max}$ 、 $R_{P,min}$ 和极化电容 $C_{P,max}$ 、 $C_{P,min}$ 。变量 $U_{P,max}$ 和 $U_{P,min}$ 分别为 $C_{P,max}$ 和 $C_{P,min}$ 两端的极化电压。

9.3.4 均值-偏差模型

在 MDM 中，整个电池组由一个 CMM 加上多个 CDM 表示。平均模型主要表示电池组的整体动态行为。其参数由所有单体参数的平均值确定。不同类型的基本模型（Rint、一阶 RC 和二阶 RC）在 CMM 中有不同的用途。每个差异模型表示单个单体与平均值模型之间的差异。现有 CMM 和 CDM 的分类见文献[26]、[29]和[38]。CMM 像单电池模型一样工作，而 CMM 与每个电池之间的差异在 CDM 中被捕获，如 SOC 不一致、内阻不一致、容量不一致和 RC 不一致。

为了确保公平比较，本章中的 CMM 同样采用一阶 RC 的 ECM，从而得到的状态方程如下：

$$\dot{U}_{P,m} = -\frac{1}{R_{P,m}C_{P,m}}U_{P,m} + \frac{1}{C_{P,m}}I \qquad (9\text{-}10)$$

$$U_{T,m} = U_{OCV,m} - U_{P,m} - R_{O,m}I \qquad (9\text{-}11)$$

其中， $U_{OCV,m}$ 、 $U_{T,m}$ 、 $U_{P,m}$ 、 $R_{O,m}$ 、 $C_{P,m}$ 和 $R_{P,m}$ 分别为 CMM 的 OCV、端电压、极化电压、欧姆电阻、极化容量和极化电阻。

图 9-4 为四种不同类型的 CDM，其中 ΔSOC、ΔR、ΔC 和 ΔRC 分别表示 SOC 差、内阻差、容量差和 RC 差，并且标记 "√" 表示该元素包括在模型中。具体地，

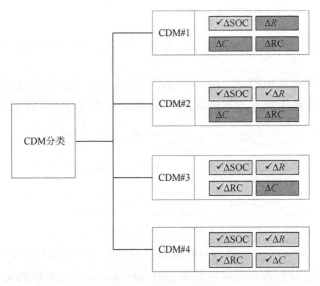

图 9-4 CDM 分类图

CDM#1 仅考虑 SOC 差异。CDM#2 包括 SOC 和内阻两者。CDM#3 包括 SOC 差、内阻差和 RC 差，而 CDM#4 考虑所有的四个要素。CDM#1 和 CDM#2 的详细信息可参见文献[26]和[27]。CDM#3 尚未在已发表的文章中使用，但也需要对其准确性和复杂性进行全面分析。CDM#4 是最全面的模型；然而，其计算成本非常高，并且容量差的估计高度依赖于 SOC 差的估计准确性，其中 SOC 差对电池组一致性具有显著影响。因此，本节研究将重点关注 CDM#1、CDM#2 和 CDM#3，它们考虑了电池组中的严重不一致性。它们的状态方程如表 9-3 所示。

表 9-3　CDM#1、CDM#2 和 CDM#3 的状态方程

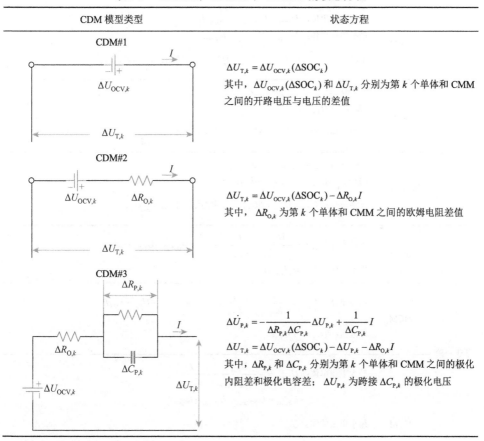

CDM 模型类型	状态方程
CDM#1	$\Delta U_{\mathrm{T},k} = \Delta U_{\mathrm{OCV},k}(\Delta\mathrm{SOC}_k)$ 其中，$\Delta U_{\mathrm{OCV},k}(\Delta\mathrm{SOC}_k)$ 和 $\Delta U_{\mathrm{T},k}$ 分别为第 k 个单体和 CMM 之间的开路电压与电压的差值
CDM#2	$\Delta U_{\mathrm{T},k} = \Delta U_{\mathrm{OCV},k}(\Delta\mathrm{SOC}_k) - \Delta R_{\mathrm{O},k}I$ 其中，$\Delta R_{\mathrm{O},k}$ 为第 k 个单体和 CMM 之间的欧姆电阻差值
CDM#3	$\Delta\dot{U}_{\mathrm{P},k} = -\dfrac{1}{\Delta R_{\mathrm{P},k}\Delta C_{\mathrm{P},k}}\Delta U_{\mathrm{P},k} + \dfrac{1}{\Delta C_{\mathrm{P},k}}I$ $\Delta U_{\mathrm{T},k} = \Delta U_{\mathrm{OCV},k}(\Delta\mathrm{SOC}_k) - \Delta U_{\mathrm{P},k} - \Delta R_{\mathrm{O},k}I$ 其中，$\Delta R_{\mathrm{P},k}$ 和 $\Delta C_{\mathrm{P},k}$ 分别为第 k 个单体和 CMM 之间的极化内阻差和极化电容差；$\Delta U_{\mathrm{P},k}$ 为跨接 $\Delta C_{\mathrm{P},k}$ 的极化电压

综上所述，描述了基于一阶 RC CM 的不同类型的电池 PM。然而，如文献[14]中所总结的，选择不同的 CM 将产生各种电池 PM。在本章中，三种类型的 CM，即 Rint 模型、一阶 RC 模型和二阶 RC 模型，是最常用的，建立电池 PM 的 BCM、MCM、VVM 和 MDM。这 17 个电池 PM 的详细描述总结在表 9-4 中。值得注意

的是，其中一些模型已经在已发表的文章中使用，而其他模型则是新衍生的。此外，MDM#3 不涉及基于 Rint 的电池 PM，因为它对于比 CMM 更复杂的 CDM 似乎没有意义。

表 9-4　17 个电池 PM 总结

模型		状态描述
基于 Rint	BCM	电池组：$U_{T,N} = U_{OCV,N} - R_{O,N}I$　　　电池单体：$U_{T,k} = U_{T,N}/n$
	MCM	电池单体：$U_{T,k} = U_{OCV,k} - R_{O,k}I$　　　电池组：$U_{T,N} = \sum_{k=1}^{n} U_{T,k}$
	VVM	最大电压单体：$U_{1,\max} = U_{OCV,\max} - R_{O,\max}I$ 最小电压单体：$U_{T,\min} = U_{OCV,\min} - R_{O,\min}I$ 电池单体：$U_{T,k} = (U_{T,\max} + U_{T,\min})/2$　　　电池组：$U_{T,N} = \sum_{k=1}^{n} U_{T,k}$
	MDM#1	CMM：$U_{T,m} = U_{OCV,m} - R_{O,m}I$ CDM：$\Delta U_{T,k} = \Delta U_{OCV,k}$ 电池单体：$U_{T,k} = U_{T,m} + \Delta U_{T,k}$　　　电池组：$U_{T,N} = \sum_{k=1}^{n} U_{T,k}$
	MDM#2	CMM：$U_{T,m} = U_{OCV,m} - R_{O,m}I$ CDM：$\Delta U_{T,k} = \Delta U_{OCV,k} - \Delta R_{O,k}I$ 电池单体：$U_{T,k} = U_{T,m} + \Delta U_{T,k}$　　　电池组：$U_{T,N} = \sum_{k=1}^{n} U_{T,k}$
基于一阶 RC	BCM	电池组：$\dot{U}_{P,N} = -\dfrac{U_{P,N}}{R_{P,N}C_{P,N}} + \dfrac{I}{C_{P,N}}$，$U_{T,N} = U_{OCV,N} - U_{P,N} - R_{O,N}I$ 电池单体：$U_{T,k} = U_{T,N}/n$
	MCM	电池单体：$\dot{U}_{P,k} = -\dfrac{U_{P,k}}{R_{P,k}C_{P,k}} + \dfrac{I}{C_{P,k}}$，$U_{T,k} = U_{OCV,k} - U_{P,k} - R_{O,k}I$ 电池组：$U_{T,N} = \sum_{k=1}^{n} U_{T,k}$
	VVM	最大电压单体：$\dot{U}_{P,\max} = -\dfrac{U_{P,\max}}{R_{P,\max}C_{P,\max}} + \dfrac{I}{C_{P,\max}}$ $U_{T,\max} = U_{OCV,\max} - U_{P,\max} - R_{O,\max}I$ 最小电压单体：$\dot{U}_{P,\min} = -\dfrac{U_{P,\min}}{R_{P,\min}C_{P,\min}} + \dfrac{I}{C_{P,\min}}$ $U_{T,\min} = U_{OCV,\min} - U_{P,\min} - R_{O,\min}I$ 电池单体：$U_{T,k} = (U_{T,\max} + U_{T,\min})/2$　　　电池组：$U_{T,N} = \sum_{k=1}^{n} U_{T,k}$

续表

模型	状态描述

基于一阶 RC — MDM#1

CMM：$\dot{U}_{P,m} = -\dfrac{U_{P,m}}{R_{P,m}C_{P,m}} + \dfrac{I}{C_{P,m}}$ ，$U_{T,m} = U_{OCV,m} - U_{P,m} - R_{O,m}I$

CDM：$\Delta U_{T,k} = \Delta U_{OCV,k}$

电池单体：$U_{T,k} = U_{T,m} + \Delta U_{T,k}$　　　　电池组：$U_{T,N} = \sum\limits_{k=1}^{n} U_{T,k}$

基于一阶 RC — MDM#2

CMM：$\dot{U}_{P,m} = -\dfrac{U_{P,m}}{R_{P,m}C_{P,m}} + \dfrac{I}{C_{P,m}}$ ，$U_{T,m} = U_{OCV,m} - U_{P,m} - R_{O,m}I$

CDM：$\Delta U_{T,k} = \Delta U_{OCV,k} - \Delta R_{O,k}I$

电池单体：$U_{T,k} = U_{T,m} + \Delta U_{T,k}$　　　　电池组：$U_{T,N} = \sum\limits_{k=1}^{n} U_{T,k}$

MDM#3

CMM：$\dot{U}_{P,m} = -\dfrac{U_{P,m}}{R_{P,m}C_{P,m}} + \dfrac{I}{C_{P,m}}$ ，$U_{T,m} = U_{OCV,m} - U_{P,m} - R_{O,m}I$

CDM：$\Delta \dot{U}_{P,k} = -\dfrac{\Delta U_{P,k}}{\Delta R_{P,k}\Delta C_{P,k}} + \dfrac{I}{\Delta C_{P,k}}$ ，$\Delta U_{T,k} = \Delta U_{OCV,k} - \Delta U_{P,k} - \Delta R_{O,k}I$

电池单体：$U_{T,k} = U_{T,m} + \Delta U_{T,k}$　　　　电池组：$U_{T,N} = \sum\limits_{k=1}^{n} U_{T,k}$

基于二阶 RC — BCM

电池组：$\dot{U}_{P1,N} = -\dfrac{U_{P1,N}}{R_{P1,N}C_{P1,N}} + \dfrac{I}{C_{P1,N}}$ ，

$\dot{U}_{P2,N} = -\dfrac{U_{P2,N}}{R_{P2,N}C_{P2,N}} + \dfrac{I}{C_{P2,N}}$ ，$U_{T,N} = U_{OCV,N} - U_{P1,N} - U_{P2,N} - R_{O,N}I$

电池单体：$U_{T,k} = U_{T,N}/n$

MCM

电池单体：$\dot{U}_{P1,k} = -\dfrac{U_{P1,k}}{R_{P1,k}C_{P1,k}} + \dfrac{I}{C_{P1,k}}$ ，

$\dot{U}_{P2,k} = -\dfrac{U_{P2,k}}{R_{P2,k}C_{P2,k}} + \dfrac{I}{C_{P2,k}}$ ，$U_{T,k} = U_{OCV,k} - U_{P1,k} - U_{P2,k} - R_{O,k}I$

电池组：$U_{T,N} = \sum\limits_{k=1}^{n} U_{T,k}$

VVM

最大电压单体：$\dot{U}_{P1,max} = -\dfrac{U_{P1,max}}{R_{P1,max}C_{P1,max}} + \dfrac{I}{C_{P1,max}}$ ，

$\dot{U}_{P2,max} = -\dfrac{U_{P2,max}}{R_{P2,max}C_{P2,max}} + \dfrac{I}{C_{P2,max}}$ ，

$U_{T,max} = U_{OCV,max} - U_{P1,max} - U_{P2,max} - R_{O,max}I$

最小电压单体：$\dot{U}_{P,min} = -\dfrac{U_{P,min}}{R_{P,min}C_{P,min}} + \dfrac{I}{C_{P,min}}$ ，

$\dot{U}_{P,max} = -\dfrac{U_{P,max}}{R_{P,max}C_{P,max}} + \dfrac{I}{C_{P,max}}$ ，

$U_{T,min} = U_{OCV,min} - U_{P,min} - R_{O,min}I$

电池单体：$U_{T,k} = \left(U_{T,max} + U_{T,min}\right)/2$　　　电池组：$U_{T,N} = \sum\limits_{k=1}^{n} U_{T,k}$

模型		状态描述
基于二阶 RC	MDM#1	CMM: $\dot{U}_{P1,m} = -\dfrac{U_{P1,m}}{R_{P1,m}C_{P1,m}} + \dfrac{I}{C_{P1,m}}$, $\dot{U}_{P2,m} = -\dfrac{U_{P2,m}}{R_{P2,m}C_{P2,m}} + \dfrac{I}{C_{P2,m}}$ $U_{T,m} = U_{OCV,m} - U_{P1,m} - U_{P2,m} - R_{O,m}I$ CDM: $\Delta U_{T,k} = \Delta U_{OCV,k}$ 电池单体: $U_{T,k} = U_{T,m} + \Delta U_{T,k}$　　　　电池组: $U_{T,N} = \sum\limits_{k=1}^{n} U_{T,k}$
	MDM#2	CMM: $\dot{U}_{P1,m} = -\dfrac{U_{P1,m}}{R_{P1,m}C_{P1,m}} + \dfrac{I}{C_{P1,m}}$, $\dot{U}_{P2,m} = -\dfrac{U_{P2,m}}{R_{P2,m}C_{P2,m}} + \dfrac{I}{C_{P2,m}}$ $U_{T,m} = U_{OCV,m} - U_{P1,m} - U_{P2,m} - R_{O,m}I$ CDM: $\Delta U_{T,k} = \Delta U_{OCV,k} - \Delta R_{O,k}I$ 电池单体: $U_{T,k} = U_{T,m} + \Delta U_{T,k}$　　　　电池组: $U_{T,N} = \sum\limits_{k=1}^{n} U_{T,k}$
	MDM#3	CMM: $\dot{U}_{P1,m} = -\dfrac{U_{P1,m}}{R_{P1,m}C_{P1,m}} + \dfrac{I}{C_{P1,m}}$, $\dot{U}_{P2,m} = -\dfrac{U_{P2,m}}{R_{P2,m}C_{P2,m}} + \dfrac{I}{C_{P2,m}}$ $U_{T,m} = U_{OCV,m} - U_{P1,m} - U_{P2,m} - R_{O,m}I$ CDM: $\Delta \dot{U}_{P,k} = -\dfrac{\Delta U_{P,k}}{\Delta R_{P,k}\Delta C_{P,k}} + \dfrac{I}{\Delta C_{P,k}}$, $\Delta U_{T,k} = \Delta U_{OCV,k} - \Delta U_{P,k} - \Delta R_{O,k}I$ 电池单体: $U_{T,k} = U_{T,m} + \Delta U_{T,k}$　　　　电池组: $U_{T,N} = \sum\limits_{k=1}^{n} U_{T,k}$

注：二阶 RC 模型中的下标 1 和 2 分别表示第一个和第二个 RC 电路。下标 n 和 k 分别表示电池单体数和第 k 个电池单体。

9.4　电池组模型参数辨识

在本节中，讨论在线参数辨识和电压估计方法。同样，将详细介绍基于一阶 RC 模型的程序，并在本节末尾的表格中总结其他模型。

模型参数的准确辨识对于电池状态估计非常重要[7,40]。确定 OCV 是电池 PM 参数辨识的第一步。OCV 可以由 SOC 的函数表示。在文献[41]中，已经介绍了五种典型的 OCV-SOC 函数，并且得出结论，通过使用多项式方程可以实现高拟合精度：

$$U_{OCV} = \alpha_1 s^6 + \alpha_2 s^5 + \alpha_3 s^4 + \alpha_4 s^3 + \alpha_5 s^2 + \alpha_6 s + \alpha_7 \tag{9-12}$$

其中，s 为 SOC 值；α_1、α_2、α_3、α_4、α_5、α_6、α_7 为拟合系数。

SOC 可以通过以下公式计算：

$$SOC(t) = SOC(t_0) + \int_{t_0}^{t} \frac{\eta I(t)}{C} dt \tag{9-13}$$

其中，$SOC(t)$ 和 $SOC(t_0)$ 分别为在时间 t 和初始时间 t_0 的 SOC 值；η 为库仑效率；C 为标称容量。

　　RLS 算法由于在线参数辨识的稳定性和有效性而被广泛用于电池参数辨识[42]。在本章研究中，所有模型的参数在线辨识使用带遗忘因子的 RLS 算法。为了使用 RLS 辨识算法，将一阶 RC ECM 离散化如下：

$$U_{\mathrm{P},i} = U_{\mathrm{P},i-1}\exp(-\Delta t/\tau) + [1-\exp(-\Delta t/\tau)]R_{\mathrm{P}}I_{i-1} \tag{9-14}$$

$$U_{\mathrm{T},i} = U_{\mathrm{OCV},i} - U_{\mathrm{P},i} - R_{0,i}I_i \tag{9-15}$$

其中，下标 i 为时间步长；Δt 为采样时间间隔；$\tau = R_{\mathrm{P}}C_{\mathrm{P}}$，表示 RC 网络的时间常数。通过将式（9-14）代入式（9-15）并定义 $E = U - U_{\mathrm{OCV}}$，可以导出以下等式：

$$E_{\mathrm{T},i} = \exp\left(-\frac{\Delta t}{\tau}\right)E_{\mathrm{T},i-1} + (-R_0)I_i + \left\{\exp\left(-\frac{\Delta t}{\tau}\right)R_0 - \left[1-\exp\left(-\frac{\Delta t}{\tau}\right)\right]R_{\mathrm{P}}\right\}I_i$$

$$\tag{9-16}$$

导出以下等效形式：

$$E_{\mathrm{T},i} = \beta_1 E_{\mathrm{T},i-1} + \beta_2 I_i + \beta_3 I_{i-1} \tag{9-17}$$

其中，β_1、β_2、β_3 为电池 PM 参数的函数，即

$$\begin{cases} \beta_1 = \exp(-\Delta t/\tau) \\ \beta_2 = -R_0 \\ \beta_3 = \exp(-\Delta t/\tau)R_0 - \left[1-\exp(-\Delta t/\tau)\right]R_{\mathrm{P}} \end{cases} \tag{9-18}$$

进而参数 R_0、R_{P}、C_{P} 可由式（9-18）得到：

$$\begin{cases} R_0 = -\beta_2 \\ R_{\mathrm{P}} = (\beta_1\beta_2 + \beta_3)/(\beta_1 - 1) \\ C_{\mathrm{P}} = (1-\beta_1)\Delta t/\left[(\beta_1\beta_2 + \beta_3)\ln(\beta_1)\right] \end{cases} \tag{9-19}$$

　　为运用 RLS 算法，将方程写为 $y_i = \Phi_i\theta_i$ 形式：

$$\begin{cases} y_i = E_{\mathrm{T},i} \\ \Phi_i = \left[E_{\mathrm{T},i-1}\ I_i\ I_{i-1}\right] \\ \theta_i = \left[\beta_1\ \beta_2\ \beta_3\right]^{\mathrm{T}} \end{cases} \tag{9-20}$$

其中，Φ_i 和 θ_i 分别为数据矩阵和参数矩阵。然后，可以使用 RLS 算法来辨识电池 PM 的参数。Rint 模型、一阶 RC 模型和二阶 RC 模型的详细 RLS 算法总结见表 9-5。

表 9-5　基于 RLS 的 Rint、一阶 RC、二阶 RC 模型的参数辨识方法[35, 42]

过程	方法
（i）初始化：	
Rint 模型	$\Phi = \left[E_{i-1}\right], \theta = \left[\beta_1\right], K, P, \lambda$
一阶 RC 模型	$\Phi_i = \left[E_{\mathrm{T},i-1}\ I_i\ I_{i-1}\right], \theta_i = [\beta_1\ \beta_2\ \beta_3]^{\mathrm{T}}, K, P, \lambda$
二阶 RC 模型	$\Phi_i = \left[E_{\mathrm{T},i-1}\ E_{\mathrm{T},i-2}\ I_i\ I_{i-1}\ I_{i-2}\right]$　　　　$\theta_i = [\beta_1\ \beta_2\ \beta_3\ \beta_5\ \beta_6]^{\mathrm{T}}, K, P, \lambda$

过程	方法
（ii）计算算法增益：	$K_i = \left(P_{i-1}\varPhi_i^{\mathrm{T}}\right)\Big/\left(\lambda + \varPhi_i^{\mathrm{T}}P_{i-1}\varPhi_i\right)$
（iii）计算误差协方差矩阵：	$P_i = \left(P_{i-1} - K_i\varPhi_i^{\mathrm{T}}P_{i-1}\right)\Big/\lambda$
（iv）更新参数矩阵：	$\theta_i = \theta_{i-1} + K_i\left(E_{\mathrm{T},i} - \varPhi_{i-1}\theta_{i-1}\right)$
（v）更新估计电压：	$U_{\mathrm{T},i} = \varPhi_i\theta_i + U_{\mathrm{OCV},i}$

应当注意，该辨识过程适用于 BCM、MCM 和 VVM 的参数辨识和电压估计。然而，对于 MDM，该辨识过程只能用于 CMM，因为 CDM 具有不同的电压估计过程。对于表 9-3 中的三种类型的 CDM，ΔU_{T} 的值应当被添加到每个单体的电压估计。CDM#1 中的变量 ΔU_{T} 通过每个单体与 CMM 之间的 OCV 差 $\Delta U_{\mathrm{OCV},k} = U_{\mathrm{OCV},k} - U_{\mathrm{OCV},m}$ 来计算，该 OCV 差是在线计算的。在 CDM#2 中，需要计算每个电池与 CMM 之间的欧姆内阻差 $\Delta R_{\mathrm{O},k} = R_{\mathrm{O},k} - R_{\mathrm{O},m}$。在 CDM#3 中，还应当估计每个单体与 CMM 之间的 RC 差。由于每个单体和 CMM 之间的差异变化缓慢，CDM 的在线估计需要长的时间间隔。CMM 和一个 CDM 将每秒在线估算一次。使用 RLS 的每个模型（一阶 RC 模型是基本模型）的详细计算过程总结在表 9-6 中。

表 9-6　各模型的在线参数辨识和电压估计方法

（1）BCM 参数辨识和电压估计 [42]
　　（i）初始化：$\varPhi,\theta,K,P,\lambda$
　　当 $i = 1, 2, \cdots$
　　（ii）计算算法增益：$K_i = \left(P_{i-1}\varPhi_i^{\mathrm{T}}\right)\Big/\left(\lambda + \varPhi_i^{\mathrm{T}}P_{i-1}\varPhi_i\right)$
　　（iii）计算误差协方差矩阵：$P_i = \left(P_{i-1} - K_i\varPhi_i^{\mathrm{T}}P_{i-1}\right)\Big/\lambda$
　　（iv）更新参数矩阵：$\theta_i = \theta_{i-1} + K_i\left(E_{\mathrm{T},i} - \varPhi_{i-1}\theta_{i-1}\right)$
　　（v）更新估计电压：$U_{\mathrm{T},i} = \varPhi_i\theta_i + U_{\mathrm{OCV},N,i}$, 　　$U_{\mathrm{T},k,i} = U_{\mathrm{T},i}/n$

（2）MCM 参数辨识和电压估计 [35, 42]
　　（i）初始化：$\varPhi_k,\theta_k,K_k,P_k,\lambda_k$
　　当 $i = 1, 2, \cdots$
　　（ii）计算方法增益：$K_{k,i} = \left(P_{k,i-1}\varPhi_{k,i}^{\mathrm{T}}\right)\Big/\left(\lambda + \varPhi_{k,i}^{\mathrm{T}}P_{k,i-1}\varPhi_{k,i}\right)$
　　（iii）计算误差协方差矩阵：$P_{k,i} = \left(P_{k,i-1} - K_{k,i}\varPhi_{k,i}^{\mathrm{T}}P_{k,i-1}\right)\Big/\lambda$
　　（iv）更新参数矩阵：$\theta_{k,i} = \theta_{k,i-1} + K_{k,i}\left(E_{\mathrm{T},i} - \varPhi_{k,i-1}\theta_{k,i-1}\right)$
　　（v）更新估计电压：$U_{\mathrm{T},k,i} = \varPhi_{k,i}\theta_{k,i} + U_{\mathrm{OCV},k,i}$, 　$U_{\mathrm{T},i} = \sum_{k=1}^{n}U_{\mathrm{T},k,i}$

（3）VVM 参数辨识和电压估计 [42, 43]
　　（i）初始化：$\varPhi_{\max},\theta_{\max},K_{\max},P_{\max},\varPhi_{\min},\theta_{\min},K_{\min},P_{\min},\lambda$
　　当 $i = 1, 2, \cdots$
　　（ii）排序和滤波：$U_{\mathrm{T,max},i}$ 和 $U_{\mathrm{T,min},i}$

　　（iii）计算算法矩阵：$K_{\max,i} = \left(P_{\max,i-1}\varPhi_{\max,i}^{\mathrm{T}}\right)\Big/\left(\lambda + \varPhi_{\max,i}^{\mathrm{T}}P_{\max,i-1}\varPhi_{\max,i}\right)$

$$K_{\min,i} = \left(P_{\min,i-1}\varPhi_{\min,i}^{\mathrm{T}}\right)\Big/\left(\lambda + \varPhi_{\min,i}^{\mathrm{T}}P_{\min,i-1}\varPhi_{\min,i}\right)$$

　　（iv）计算误差协方差矩阵：$P_{\max,i} = \left(P_{\max,i-1} - K_{\max,i}\varPhi_{\max,i}^{\mathrm{T}}P_{\max,i-1}\right)\Big/\lambda$

$$P_{\min,i} = \left(P_{\min,i-1} - K_{\min,i}\varPhi_{\min,i}^{\mathrm{T}}P_{\min,i-1}\right)\Big/\lambda$$

　　（v）更新参数矩阵：$\theta_{\max,i} = \theta_{\max,i-1} + K_{\max,i}\left(E_{\mathrm{T},\max,i} - \varPhi_{\max,i-1}\theta_{\max,i-1}\right)$

$$\theta_{\min,i} = \theta_{\min,i-1} + K_{\min,i}\left(E_{\mathrm{T},\min,i} - \varPhi_{\min,i-1}\theta_{\min,i-1}\right)$$

　　（vi）更新估计电压：$U_{\mathrm{T},\max,i} = \varPhi_{\max,i}\theta_{\max,i} + U_{\mathrm{OCV},\max,i}$

$$U_{\mathrm{T},\min,i} = \varPhi_{\min,i}\theta_{\min,i} + U_{\mathrm{OCV},\min,i}$$

$$U_{\mathrm{T},k,i} = \left(U_{\mathrm{T},\max,i} + U_{\mathrm{T},\min,i}\right)\Big/2 \ \ (k \neq \min\,\&\,\max), \ U_{\mathrm{T},i} = \sum_{k=1}^{n}U_{\mathrm{T},k,i}$$

（4）MDM 参数辨识和电压估计 [25, 42, 44]

　　（i）初始化：$\varPhi_m, \theta_m, K_m, P_m, \lambda, \Delta\varPhi_k, \Delta\theta_k, \Delta K_k, \Delta P_k$

a. CMM 参数辨识和电压估计

当 $i = 1, 2, \cdots$

　　（i）计算平均电压：$U_{\mathrm{T},m,i} = \sum_{k=1}^{n}U_{\mathrm{T},k,i}\Big/n$

　　（ii）计算算法增益：$K_{m,i} = \left(P_{m,i-1}\varPhi_{m,i}^{\mathrm{T}}\right)\Big/\left(\lambda + \varPhi_{m,i}^{\mathrm{T}}P_{i-1}\varPhi_{m,i}\right)$

　　（iii）计算误差协方差矩阵：$P_{m,i} = \left(P_{m,i-1} - K_{m,i}\varPhi_{m,i}^{\mathrm{T}}P_{m,i-1}\right)\Big/\lambda$

　　（iv）更新参数矩阵：$\theta_{m,i} = \theta_{m,i-1} + K_{m,i}\left(E_{\mathrm{T},m,i} - \varPhi_{m,i-1}\theta_{m,i-1}\right)$

　　（v）更新估计电压：$U_{\mathrm{T},m,i} = \varPhi_{m,i}\theta_{m,i} + U_{\mathrm{OCV},m,i}$

b. CDM 参数辨识和电压估计

　　（i）电压计算：$U_{\mathrm{T},k,i} = U_{\mathrm{T},k,i-1}$

当 $k = \mathrm{odd}(i/4)$（每秒选择一个单体来更新参数）

　　（ii）计算算法增益：$\Delta K_{k,i} = \left(\Delta P_{k,i-1}\Delta\varPhi_{k,i}^{\mathrm{T}}\right)\Big/\left(\lambda + \Delta\varPhi_{k,i}^{\mathrm{T}}\Delta P_{k,i-1}\Delta\varPhi_{k,i}\right)$

　　（iii）计算误差协方差矩阵：$\Delta P_{k,i} = \left(\Delta P_{k,i-1} - \Delta K_{k,i}\Delta\varPhi_{k,i}^{\mathrm{T}}\Delta P_{k,i-1}\right)\Big/\lambda$

　　（iv）更新参数矩阵：$\Delta\theta_{k,i} = \Delta\theta_{k,i-1} + \Delta K_{k,i}\left(\Delta E_{\mathrm{T},k,i} - \Delta\varPhi_{k,i-1}\Delta\theta_{k,i-1}\right)$

　　（v）更新估计电压：$\Delta U_{\mathrm{T},k,i} = \Delta\varPhi_{k,i}\Delta\theta_{k,i} + \Delta U_{\mathrm{OCV},k,i}$

$$U_{\mathrm{T},k,i} = U_{\mathrm{T},m,i} + \Delta U_{\mathrm{OCV},k,i}, \ \ U_{\mathrm{T},i} = \sum_{k=1}^{n}U_{\mathrm{T},k,i}$$

注：下标 max 和 min 分别表示最大电压和最小电压的单体。$U_{\mathrm{T},k,i}$ 表示第 k 个单体在第 i 个采样时间的电压，$U_{\mathrm{T},i}$ 表示电池组的端电压。另外，本章设 $\lambda = 0.95$。

9.5　实　验　设　计

9.5.1　实验平台

　　实验平台如图 9-5（a）所示，由 Digatron 电池测试仪、数据采集仪、计算机（配置为 Windows10 操作系统，Intel Core i7-7700HQ 版 CPU，8GB RAM，MATLAB版本为 2016a）、环境试验箱和实验电池组构成。整个实验在室温（约 25℃）状态下进行，数据采集仪能监测每个单体及整包的电压、电流、温度等信息，采集频率在实验中设定为 1Hz。电池包由四个三元电池［正极材料为 Li(NiCoMn)O$_2$（Ni：Mn：Co = 8：1：1，摩尔比），负极材料为石墨］单体串联组成，每个单体的额定容量为 177A·h，额定电压 3.61V，上限截止电压和下限截止电压分别为 4.2V 和 2.8V。

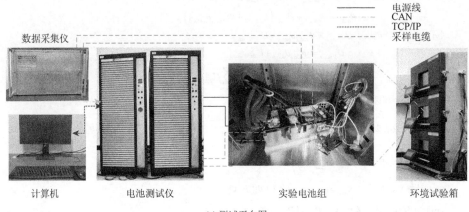

(a) 测试平台图

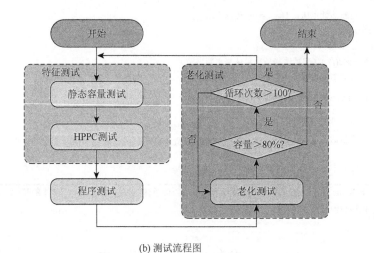

(b) 测试流程图

图 9-5　电池组测试系统与测试流程

9.5.2　测试流程和数据集

图 9-5（b）给出了测试流程，其由特性测试、程序测试和老化测试组成。静态容量测试用于校准电池的容量并拟合其 OCV-SOC 曲线（在 C/20 的电流下）。

HPPC 数据用于电池参数辨识。使用程序测试来测试电池在不同负载曲线和工作条件下的性能。本章中,在不同程度的老化和环境温度下进行 DST 测试验证模型。老化测试用于加速电池组的老化速率。一个多级恒流充电和放电工况的老化测试,100 次老化循环后,判断容量损失是否大于 20%;如果不是,则继续循环;如果是,则结束循环。在本章中,为了全面评估不同的电池 PM,首先,使用新电池组的测试数据进行验证;其次,在 25℃下进行 700 次循环(约 20%的容量损失)并采集数据进行验证;最后,700 次循环后在−20℃下进行实验获取数据并验证。比较了不同模型的电压估计精度、辨识与估计的计算成本。将实时测量值与通过 9.3 节中描述的模型的 RLS 算法获得的估计电压进行比较。RMSE 可以度量观测值与真实值之间的偏差。计算每个模型的 RMSE。通过考虑每个模型的运行时间来评估计算成本。

9.6　结果与讨论

在本节中,首先介绍了在不同老化和温度条件下基于 RLS 的电压估计结果,并评估模型的准确性。然后,讨论了基于计算时间的模型复杂度,比较评估方法。在本节的最后,将讨论所提出的模型的合适应用。

9.6.1　不同条件下的对比分析

在本节中,评估基于 RLS 在不同老化和温度条件下的模型精度。考虑了三种不同的情况:案例 1:室温(25℃)下的新电池组;案例 2:室温下老化的电池组(约 20%容量损失);案例 3:低温(−20℃)下老化的电池组。

在本章中,DST 工作工况用于验证。一个周期的负载电流如图 9-6(a)所示,重复工况直到一个电池单体达到其下限截止电压(2.8V)。图 9-6(b)〜(g)

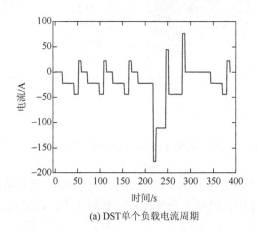

(a) DST单个负载电流周期

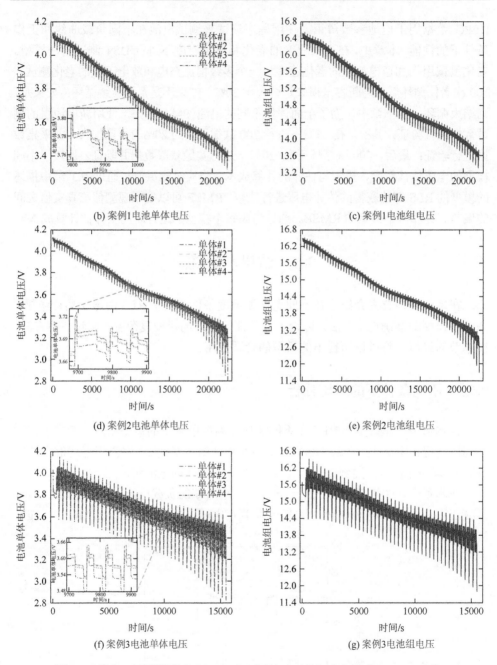

图 9-6　单个 DST 周期的电流（a）和不同情况下的相应电压［（b）～（g）］

中给出了不同工况下的电池单体和电池组电压。值得注意的是，案例 1 中使用的相同循环用于案例 2 中，以便于公平比较。案例 3 中，在 DST 之前加载恒定的放电电流（C/3），因为大的电压范围将容易导致过充电。从电压曲线可以看出，电池单体之间的不一致性随着老化而增加，并且在较低的环境温度下产生更大的不一致性。此外，在案例 3 中电压的较大变化是明显的。RMSE 值对一组估计内的误差波动非常敏感，可以很好地反映估计结果的精度。因此，获得根据不同模型的每个电池单体和电池组的估计电压的 RMSE 值，以评估其准确性。

1. 案例 1 对比分析

首先，在电池单体之间具有良好一致性的情况下，使用新电池组来评估模型的准确性。图 9-7（a）～（e）示出了基于这 17 个电池 PM 的每个电池单体和电池组的 RMSE 结果。图 9-8（a）～（c）示出了基于三个基本模型系列中的不同 PSM 的每个电池单体和电池组的 RMSE 结果。

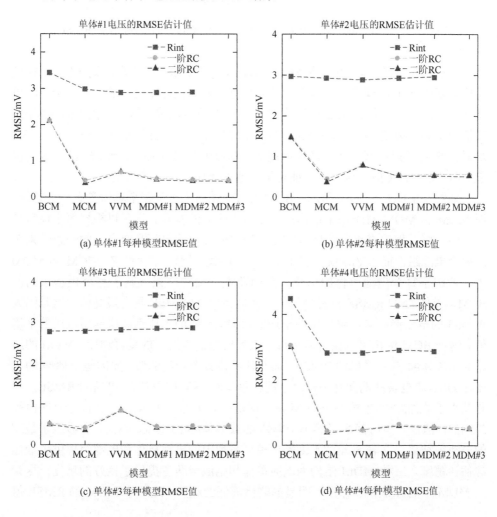

(a) 单体#1每种模型RMSE值　　　　　　　　(b) 单体#2每种模型RMSE值

(c) 单体#3每种模型RMSE值　　　　　　　　(d) 单体#4每种模型RMSE值

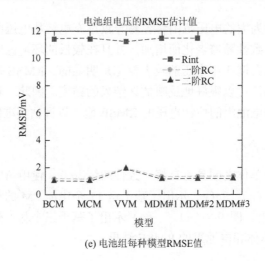

(e) 电池组每种模型RMSE值

图 9-7　案例 1 中电池单体 ［（a）～（d）］ 和电池组（e）的每种模型的 RMSE 值

　　显然，与基于一阶 RC（模型系列 B）和基于二阶 RC（模型系列 C）的模型相比，基于 Rint 的模型（模型系列 A）具有最差的估计精度。然而，对于电池单体和电池组水平，其 RMSE 仍然分别小于 5mV 和 12mV，这在可接受的限度内。其他两个系列模型（系列 B 和系列 C）的 RMSE 值较小，分别小于 3mV 和 2.5mV。从系列 B 到系列 C 显示出小的下降趋势。其原因是二阶 RC 电池 CM 的精度略优于一阶 RC 电池 CM，这进一步证实了电池 CM 比较研究的结果。

　　如图 9-8（a）～（c）所示，BCM 和 VVM 结果对于每个单体具有显著差异，而 MCM 和 MDM 对于每个单体没有显示出明显的差异。这可以根据每个模型结构中的建模过程的思想来解释。BCM 仅通过假设电池单元具有良好的一致性来关注整个电池组，而 VVM 仅计算 V_{min} 单体和 V_{max} 单体。然而，在 MCM 和 MDM 中，考虑了每个电池单体的信息，从而获得一致的结果。基于整个模型系列的 BCM，单体#3 的 RMSE 具有最低值，而单体#4 的 RMSE 具有最高值。这是因为单体#3 的电压接近电池组电压的平均值，而单体#4 的电压远离电池组电压的平均值。这种 BCM 结构可以获得基于每个系列模型的电池组的良好精度。VVM 的结果显示单体#4 具有最低的 RMSE，而其他单体具有较高的值。原因是单体#4 的电压在 DST 放电条件期间几乎是最小的。单体#1 具有比单体#4 更高的 RMSE，但是其小于单体#2 和单体#3 的 RMSE。这是因为单体#1 的电压在大部分时间内是最高的，但在一段时间内仍然小于单体#2 或单体#3 的电压。然而，它显示了最差的电池组结果。这表明 MCM 为每个模型系列中的电池单体和电池组提供了最佳的估计精度。三种 MDM 结构为电池单体和电池组两者提供了良好的精度，尽管从 MDM#1 到 MDM#3 存在不明显的略微降低的趋势。这三个 MDM 的 RMSE 值接近于每个模型系列中的 MCM 的 RMSE 值，并且为单个电池单体提供了稳定的结果。

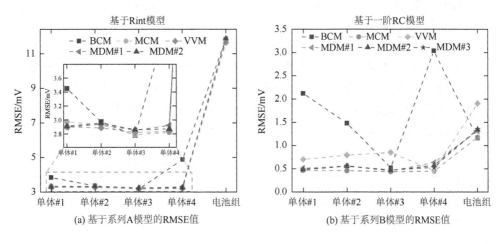

(a) 基于系列A模型的RMSE值　　　　　(b) 基于系列B模型的RMSE值

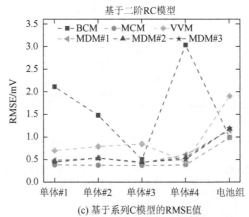

(c) 基于系列C模型的RMSE值

图 9-8　案例 1 中单体和电池组三种模型的 RMSE 值

然而，如前所述，尽管每个 PSM 和每个模型系列之间存在一些差异，但在案例 1 中，所有电池 PM 都提供了可接受的精度。因此，下面基于不同程度的老化和环境温度条件进行进一步的验证。

2. 案例 2 对比分析

在电池组应用中，如功率和电阻之类的特性在老化过程期间会发生很大的变化，这可能对电池组的可使用性产生重大影响。电池 PM 应该具有良好的老化适应性，确保整个生命周期的准确性。因此，在本节中，将讨论上述模型对于已经老化的电池组的准确性（达到约 20% 的容量损失）。值得注意的是，输入电流与案例 1 中的输入电流保持相同。

　　如图 9-9（d）和（e）所示，在电池单体之间产生更大的不一致性，并且出现更大的电压波动间隔。因此，基于图 9-9（a）～（e）所示的三个系列模型，每个电池单体和电池组的 RMSE 结果都比案例 1 的 RMSE 结果大。类似地，图 9-10（a）～（c）示出了基于三个基本模型系列中的不同 PSM 的每个电池单体和电池组的 RMSE 结果。在老化期间存在复杂的变化过程，其中单体#1 似乎是具有高不一致性和低电压的最差电池。同时，单体#2 和单体#3 保持良好的一致性，并且单体#4 在大部分时间具有较高的电压。

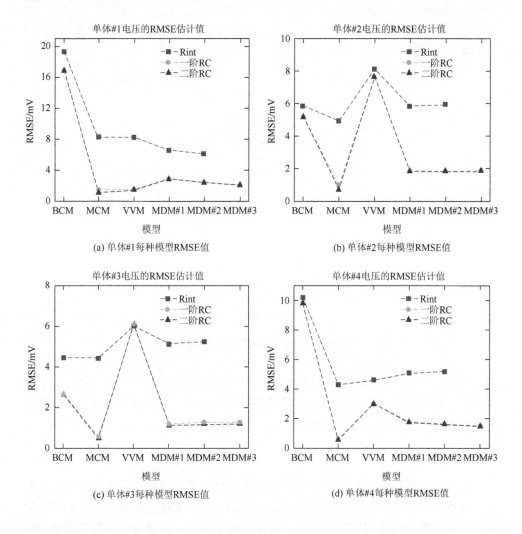

(a) 单体#1每种模型RMSE值　　　　　　　　(b) 单体#2每种模型RMSE值

(c) 单体#3每种模型RMSE值　　　　　　　　(d) 单体#4每种模型RMSE值

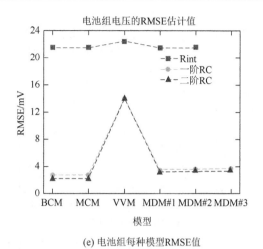

(e) 电池组每种模型RMSE值

图 9-9　案例 2 电池单体［(a) ～ (d)］和电池组 (e) 的每种模型的 RMSE 值

除了单体#2 和单体#3 的 VVM 之外，系列 A 的 RMSE 仍然明显大于系列 B
和系列 C 的 RMSE。这是因为，在这种情况下，VVM 为电压在最大值和最小值
之间的电池单体提供更差的估计。系列 B 和系列 C 的区别仍然不是很明显。可
以在图中看到一个有趣的现象，其中基于 Rint 的 MDM 提供比 MCM 更好估计。
这是因为 CDM 具有长时间尺度，并且基于 Rint 的模型具有弱估计，当电池的
电压波动变得剧烈时，由此导致单体#1 获得的结果。图 9-10 展示了在模型系列
A 中所有结构的电池组的 RMSE 都超过 21mV，这意味着系列 A 对老化的适应
性差。对于系列 B 和系列 C，BCM 为电压远离电池组平均电压的电池提供了更
差的估计，VVM 为在电池组的最大电压和最小电压之间的电池提供了更差

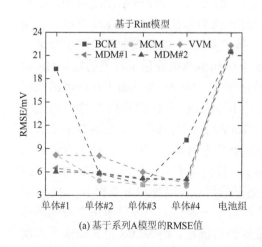

(a) 基于系列A模型的RMSE值

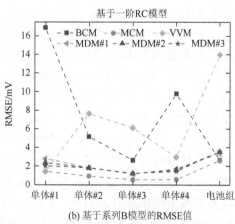

(b) 基于系列B模型的RMSE值

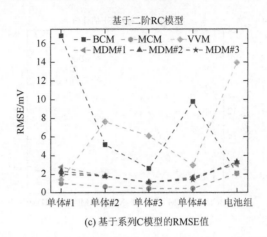

(c) 基于系列C模型的RMSE值

图 9-10　案例 2 的三种模型系列的单体和电池组的 RMSE 值

的估计。MCM 仍然提供了最佳估计值，MDM 对于老化电池组也具有令人满意的结果。三种 MDM 似乎具有更明显的差异，特别是单体#1，其具有最大的不一致性。这是由于 MDM#2 和 MDM#3 的差异不显著，并且 MDM#1 的 RMSE 不比其他两个的 RMSE 大很多。因此，可以得出结论，SOC 的不一致性是老化过程中最大的影响因素，内阻也起重要作用，而 RC 的差异不是很明显。MCM 和 MDM 中的电池单体和电池组的 RMSE 均小于 4 mV，显示出对老化和不一致性的良好适应性。

3. 案例 3 对比分析

电池组的工作温度因气候和位置而异[45-48]。因此，模型应在低环境温度下进行验证，以评估其适应性。本节将在–20℃的环境温度下评估上述模型，结果如图 9-11 和图 9-12 所示。所有模型的 RMSE 似乎都在增加，这意味着这种极端的工作条件会使这些模型的准确性降低。基于系列 A 的模型似乎失去了效果，系列 B 和系列 C 中的 VVM 也为一些电池单体和电池组提供了较差的估计。BCM 也失去了对单体#1 和单体#4 的影响。结果表明，MCM 对低温工作环境的适应性最好。MDM 还可以具有良好的适应性，因为在系列 B 和系列 C 中，电池单体和电池组的 RMSE 分别小于 10mV 和 12mV。在这种情况下，系列 B 和系列 C之间的差异相应增加，这在电池组 RMSE 中尤为明显。此外，三种 MDM 显示出更大的准确性差异，特别是对于单体#1，其在四个单体中具有更好的不一致性。在这种情况下，结果表明系列 A 模型不适用。在另外两个系列中，BCM 可以为电池组提供良好的估计，VVM 对具有高不一致性的电池显示出良好的准确性，MCM 对电池单体和电池组都具有最好的准确性，而 MDM 也显示出令人满意的结果，三种结构之间存在一些差异。

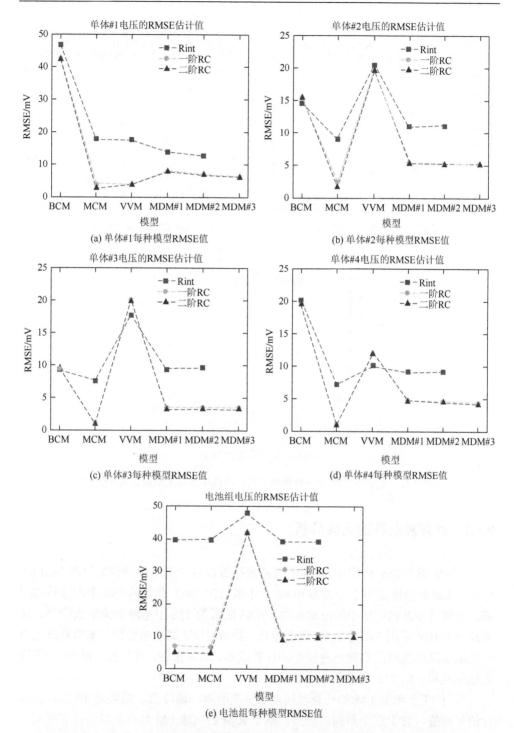

图 9-11　案例 3 每种模型的电池单体 [(a) ～ (d)] 和电池组 (e) 的 RMSE

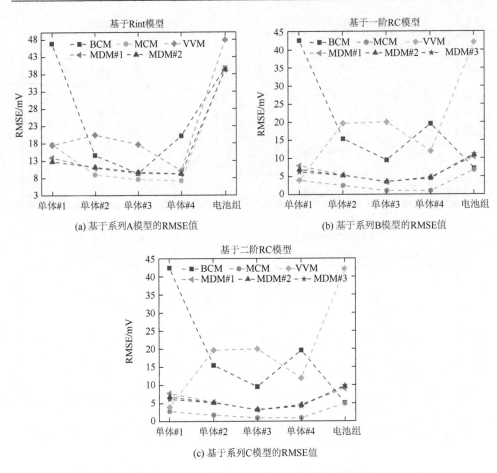

图 9-12　案例 3 中基于三种模型系列的电池单体和电池组的 RMSE 值

9.6.2　计算复杂性的比较分析

在 EV 或 PHEV 应用中,电池组通常包括数以百计的单体。例如,日产 Leaf EV 中的 24kW·h 电池组由 2 个并联和 96 个串联(P2S96)配置的 192 个电池单体组成。雪佛兰 Volt PHEV 中的电池组由 P96S3 配置的 288 个电池单体组成[49, 50]。比亚迪唐 PHEV 采用 216 个 3.3V 电芯串联,组成 712V 高压电池组。本节将讨论用于两组串联电池组的实验电池模型的计算成本。具体来讲,将分析一组 96 个串联电池单元和一组 216 个串联电池单元。

所有 17 个电池 PM 的计算时间如表 9-7 所示。请注意,结果是 10 次计算运行的平均值。对于三个系列的模型,基于 Rint 的电池 PM 具有最短的计算时间,而基于二阶 RC 的电池 PM 具有最长的计算时间。从一阶到二阶基于 RC 的电池

PM 的微小增加是明显的。至于四个 PSM，BCM 需要的时间最少，因为在估计中仅考虑了电池组。MCM 具有最长的计算时间，并且时间会随着电池单体数量的增加而迅速增加，这可能限制其在线利用率。VVM 的计算时间大约是 BCM 的两倍，因为需要估计两个特征单体。MDM 也需要很长时间，并且从 MDM#1 到 MDM#3 的小幅增加是明显的。

表 9-7　4 芯、96 芯和 216 芯电池组的电压估计时间

模型		时间/s			尺寸/kb
		4 单体串联	96 单体串联	216 单体串联	
基于 Rint	BCM	0.366	0.387	0.419	1.097
	MCM	1.433	30.800	69.005	1.359
	VVM	0.631	0.712	0.777	2.379
	MDM#1	0.684	0.791	0.879	2.029
	MDM#2	0.781	0.917	1.065	2.088
基于一阶 RC	BCM	0.374	0.396	0.430	1.299
	MCM	1.454	31.567	70.495	1.420
	VVM	0.698	0.785	0.814	2.835
	MDM#1	0.701	0.793	0.895	2.051
	MDM#2	0.821	0.929	1.112	2.108
	MDM#3	0.891	1.108	1.274	2.919
基于二阶 RC	BCM	0.376	0.408	0.432	1.420
	MCM	1.482	32.300	70.687	1.569
	VVM	0.702	0.790	0.817	2.839
	MDM#1	0.708	0.801	0.916	2.162
	MDM#2	0.828	0.942	1.221	2.223
	MDM#3	0.895	1.119	1.361	2.926

从三个系列的模型来看，基于 Rint 的电池 PM 具有最小的空间复杂性。一阶 RC 电池 PM 的空间复杂度与二阶相似，但略高。从四个 PSM 的角度来看，BCM 具有最低的空间复杂度，并且 MCM 具有稍高的空间复杂度，其中 VVM 和 MDM#3 需要最多。MDM#1 和 MDM#2 相似，处于中等水平。

9.7　综合评价结果

根据 9.5 节的实验数据和 9.2 节的 CEM，对基于系列 A、系列 B、系列 C 的 17 种电池 PM 和 4 种 PSM 进行了综合评价。评价结果根据系列 A、系列 B、系列

C 以及四种 PSM 进行比较，如图 9-13（a）和（b）所示。同时表 9-8 显示了基于系列 A、系列 B 和系列 C 的 MDM#1 模型的 CER。

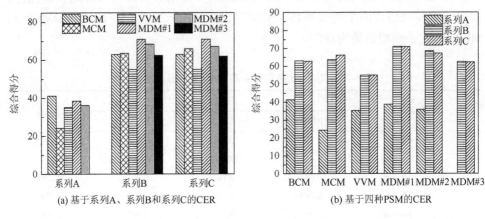

(a) 基于系列A、系列B和系列C的CER　　　　(b) 基于四种PSM的CER

图 9-13　根据系列 A、系列 B 和系列 C 的 17 种电池 PM（a）以及四种 PSM（b）的 CER

表 9-8　基于系列 A、系列 B 和系列 C 的 MDM#1 的 CER

指标		内容	值	得分
精确度	单体	平均 RMSE 电压/mV	11.47/1.30/1.15	0.22/91.73/95.40
		最大 RMSE 电压/mV	2.90/0.54/0.52	15.00/78.75/79.49
	电池组	RMSE 电压/mV	2.94/0.63/0.61	29.81/81.24/82.63
老化适应性	单体	平均 RMSE 电压/mV	21.53/3.39/3.09	4.00/87.95/90.54
		最大 RMSE 电压/mV	5.65/1.92/1.88	35.50/74.15/74.57
	电池组	RMSE 电压/mV	6.54/2.85/2.82	58.91/78.15/78.30
温度适应性	单体	平均 RMSE 电压/mV	39.21/10.32/8.94	17.68/80.98/85.82
		最大 RMSE 电压/mV	10.85/5.41/5.25	46.45/70.68/71.47
	电池组	RMSE 电压/mV	13.95/8.00/7.80	61.33/75.64/76.15
计算复杂度	时间复杂度	96 个单体计算时间 时间/s	0.79/0.79/0.80	61.87/61.74/61.23
		增长率 速率/(s/cell)	0.92/0.91/0.99	68.24/68.53/66.18
	空间复杂度	尺寸 尺寸/byte	2029/2051/2162	37.94/37.01/32.34
综合评估结果			38.55/71.06/71.02	

注：值和得分列中的三个数字（$x/y/z$）分别代表基于系列 A、系列 B 和系列 C 的 MDM#1 的值和得分。

如图 9-13（a）所示，系列 A 的综合得分最低，而系列 B 和系列 C 的综合得分相对接近。在案例 1、案例 2 和案例 3 中，系列 A 的效果不如系列 B 和系列 C。

系列 A 在时间复杂性方面优于系列 B 和系列 C，但没有明显的优势。它虽然在空间复杂性方面有一些优势，但是在评价体系中的权重相对较低。系列 B 和系列 C 在上述三个案例中的表现相似，系列 C 的表现略好于系列 B，但在计算复杂度方面，系列 B 的表现略好于系列 C，总之，系列 B 和系列 C 的综合性能比较接近。

　　基于系列 B 和系列 C，从四种 PSM 的角度进行了进一步的分析，如图 9-13 (b) 所示。VVM 的综合得分最低。无论单体还是电池组在上述三种情况下都表现得很差。此外，VVM 的空间复杂性也很高。BCM 和 MCM 的综合得分比较接近，但都处于中等水平。BCM 在电池组性能方面表现良好，计算复杂度低。然而，电池单体性能较差，降低了其综合得分。MCM 在单体和电池组性能方面表现良好，但计算复杂度高，降低了其综合得分。三个 MDM 的综合得分都比较好，从 MDM#1 到 MDM#3 综合性能逐渐下降。三个 MDM 在系列 B 和系列 C 中的表现相似，在上述三种情况下，基于系列 B 的三个 MDM 的性能略低于系列 C 模型。然而，就计算复杂度而言，基于系列 B 的 MDM 优于基于系列 C 的 MDM。总之，基于系列 B 和系列 C 的 MDM#1 的综合性能最好。如果要求计算复杂度低，可以选择基于系列 B 的 MDM#1。如果对准确性和适应性有要求，可以选择基于系列 C 的 MDM#1。

9.8　本章小结

　　本章对基于 Rint、一阶 RC 和二阶 RC 系列的 17 种电池 PM 和 4 种 PSM 进行了综合评价。首先，提出了一个基于综合评价方法的 CEM。其次，详细讨论了每个模型的细节和相应的参数辨识过程。然后，在单体和电池组的层面上验证了电池 PM 的准确性、老化和温度适应性。此外，从时间和空间复杂度方面验证了电池 PM 的计算复杂度。最后，对所有的电池 PM 给出了综合评价结果。以下是主要的结论。

　　（1）在三种情况下，无论在单体还是电池组层面的建模上，大多数基于系列 A 的电池 PM 比基于系列 B 和系列 C 的电池 PM 性能差。基于系列 B 和系列 C 的电池 PM 的性能相似，但基于系列 C 的电池 PM 一般比系列 B 的略好。在单体层面，BCM 和 VVM 的性能最差，而 MCM 的性能最好。MDM 的性能比 MCM 略差，三种 MDM 的性能差别不大。在电池组层面上，VVM 的表现最差。BCM 和 MCM 表现最好，MDM 表现稍差，三种 MDM 差别不大。

　　（2）基于系列 A 的电池 PM 的计算复杂度比基于系列 B 和系列 C 的低。系列 B 和系列 C 的计算复杂度相似，但系列 B 略好于系列 C。BCM 在时间和空间复杂度方面都有绝对优势。在时间复杂度方面，MCM 最差。VVM 和 MDM#3 的空间复杂性最差。MDM#1 和 MDM#2 具有中等的时间和空间复杂性。

（3）系列 A 模型的综合得分最差，而系列 B 和系列 C 的得分相似。在这两个系列中，VVM 的综合得分最低。BCM 和 MCM 的综合得分比较接近，都是中等水平。三种类型的 MDM 的综合得分较好，尤其是 MDM#1 模型的综合得分。如果对计算复杂度要求较高，最好选择基于系列 B 的 MDM#1；如果对精度和适应性要求较高，可以选择基于系列 C 的 MDM#1。

（4）在一些特定应用场景中，其他几个 PSM 可以发挥其独特的优势。BCM 可用于计算复杂度要求高、看重电池组的准确性和适应性、电池组离散性相对较低的场景。VVM 可用于对电池组安全要求较高的情况，避免过充电和过放电。MCM 可用于优先考虑单体和电池组精度和适应性以及计算复杂性不太重要的情形。

参 考 文 献

[1] Tang X，Wang Y，Zou C，et al. A novel framework for lithium-ion battery modeling considering uncertainties of temperature and aging[J]. Energy Conversion and Management，2019，180：162-170.

[2] Nam W，Kim J Y，Oh K Y. The characterization of dynamic behavior of Li-ion battery packs for enhanced design and states identification[J]. Energy Conversion and Management，2018，162：264-275.

[3] Feng F，Lu R，Zhu C. Equalisation strategy for serially connected LiFePO$_4$ battery cells[J]. IET Electrical Systems in Transportation，2016，6（4）：246-252.

[4] Feng F，Song K，Lu R G，et al. Equalization control strategy and SOC estimation for LiFePO$_4$ battery pack[J]. Transactions of China Electrotechnical Society，2015，30（1）：22-29.

[5] Jiang B，Dai H，Wei X，et al. Joint estimation of lithium-ion battery state of charge and capacity within an adaptive variable multi-timescale framework considering current measurement offset[J]. Applied Energy，2019，253：113619.

[6] Feng F，Hu X S，Liu J F，et al. A review of equalization strategies for series battery packs：Variables，objectives，and algorithms[J]. Renewable & Sustainable Energy Reviews，2019，116：109464.

[7] Hu X S，Feng F，Liu K L，et al. State estimation for advanced battery management：Key challenges and future trends[J]. Renewable & Sustainable Energy Reviews，2019，114：109334.

[8] Bruen T，Marco J. Modelling and experimental evaluation of parallel connected lithium ion cells for an electric vehicle battery system[J]. Journal of Power Sources，2016，310：91-101.

[9] Shi W，Hu X，Jin C，et al. Effects of imbalanced currents on large-format LiFePO$_4$/graphite batteries systems connected in parallel[J]. Journal of Power Sources，2016，313：198-204.

[10] Cordoba-Arenas A，Onori S，Rizzoni G. A control-oriented lithium-ion battery pack model for plug-in hybrid electric vehicle cycle-life studies and system design with consideration of health management[J]. Journal of Power Sources，2015，279：791-808.

[11] Dubarry M，Devie A，Liaw B Y. Cell-balancing currents in parallel strings of a battery system[J]. Journal of Power Sources，2016，321：36-46.

[12] Wang L M，Zhao X L，Liu L，et al. Battery pack topology structure on state-of-charge estimation accuracy in electric vehicles[J]. Electrochimica Acta，2016，219：711-720.

[13] Feng F，Hu X S，Hu L，et al. Propagation mechanisms and diagnosis of parameter inconsistency within Li-ion battery packs[J]. Renewable & Sustainable Energy Reviews，2019，112：102-113.

[14]　Hu X，Li S，Peng H. A comparative study of equivalent circuit models for Li-ion batteries[J]. Journal of Power Sources，2012，198（198）：359-367.

[15]　Castano S，Gauchia L，Voncila E，et al. Dynamical modeling procedure of a Li-ion battery pack suitable for real-time applications[J]. Energy Conversion and Management，2015，92：396-405.

[16]　Sepasi S，Roose L R，Matsuura M M. Extended Kalman filter with a fuzzy method for accurate battery pack state of charge estimation[J]. Energies，2015，8（6）：5217-5233.

[17]　Sepasi S，Ghorbani R，Liaw B Y. Improved extended Kalman filter for state of charge estimation of battery pack[J]. Journal of Power Sources，2014，255：368-376.

[18]　Liu X Y，Li W L，Zhou A G. PNGV equivalent circuit model and SOC estimation algorithm for lithium battery pack adopted in AGV vehicle[J]. IEEE Access，2018，6：23639-23647.

[19]　Zheng Y，Ouyang M，Lu L，et al. On-line equalization for lithium-ion battery packs based on charging cell voltages：Part 1. Equalization based on remaining charging capacity estimation[J]. Journal of Power Sources，2014，247（2）：676-686.

[20]　Roscher M A，Bohlen O S，Sauer D U. Reliable state estimation of multicell lithium-ion battery systems[J]. IEEE Transactions on Energy Conversion，2011，26（3）：737-743.

[21]　Mathew M，Janhunen S，Rashid M，et al. Comparative analysis of lithium-ion battery resistance estimation techniques for battery management systems[J]. Energies，2018，11（6）：1490.

[22]　Chun S Y C，Cho B H，Kim J. A state-of-charge and capacity estimation algorithm for lithium-ion battery pack utilizing filtered terminal voltage[J]. World Electric Vehicle Journal，2015，7：71-75.

[23]　Hua Y，Cordoba-Arenas A，Warner N，et al. A multi time-scale state-of-charge and state-of-health estimation framework using nonlinear predictive filter for lithium-ion battery pack with passive balance control[J]. Journal of Power Sources，2015，280：293-312.

[24]　Li J，Greye B，Buchholz M，et al. Interval method for an efficient state of charge and capacity estimation of multicell batteries[J]. Journal of Energy Storage，2017，13：1-9.

[25]　Plett G L. Efficient battery pack state estimation using bar-delta filtering[C]. International Battery，Hybrid and Fuel Cell Electric Vehicle Symposium（EVS），2009：1-8.

[26]　Zheng Y，Ouyang M，Lu L，et al. Cell state-of-charge inconsistency estimation for LiFePO$_4$ battery pack in hybrid electric vehicles using mean-difference model[J]. Applied Energy，2013，111：571-580.

[27]　Dai H，Wei X，Sun Z，et al. Online cell SOC estimation of Li-ion battery packs using a dual time-scale Kalman filtering for EV applications[J]. Applied Energy，2012，95：227-237.

[28]　Li J，Klee Barillas J，Guenther C，et al. Multicell state estimation using variation based sequential Monte Carlo filter for automotive battery packs[J]. Journal of Power Sources，2015，277：95-103.

[29]　Gao W，Zheng Y，Ouyang M，et al. Micro-short circuit diagnosis for series-connected lithium-ion battery packs using mean-difference model[J]. IEEE Transactions on Industrial Electronics，2018，66（3）：2132-2142.

[30]　王成山，罗凤章. 配电系统综合评价的理论与方法[M]. 北京：科学出版社，2012.

[31]　Golden B L，Wasil E A，Harker P T. The Analytic Hierarchy Process[M]. Berlin：Springer-Verlag，1989.

[32]　Okoli C，Pawlowski S D. The Delphi method as a research tool：An example，design considerations and applications[J]. Information & Management，2004，42（1）：15-29.

[33]　Xiao J，Gao H X，Ge X Y，et al. Evaluation method and case study of urban medium voltage distribution network[J]. Power System Technology，2005，20：77-81.

[34]　Wei J W，Dong G Z，Chen Z H，et al. System state estimation and optimal energy control framework for multicell

lithium-ion battery system[J]. Applied Energy，2017，187：37-49.

[35]　Zhang X，Wang Y，Liu C，et al. A novel approach of remaining discharge energy prediction for large format lithium-ion battery pack[J]. Journal of Power Sources，2017，343：216-225.

[36]　Lim K，Bastawrous H A，Duong V H，et al. Fading Kalman filter-based real-time state of charge estimation in LiFePO$_4$ battery-powered electric vehicles[J]. Applied Energy，2016，169：40-48.

[37]　Lee S，Kim J，Lee J，et al. State-of-charge and capacity estimation of lithium-ion battery using a new open-circuit voltage versus state-of-charge[J]. Journal of Power Sources，2008，185（2）：1367-1373.

[38]　Hu L，Hu X，Che Y，et al. Reliable state of charge estimation of battery packs using fuzzy adaptive federated filtering[J]. Applied Energy，2020，262：114569.

[39]　Liu F，Yu D，Su W，et al. Multi-state joint estimation of series battery pack based on multi-model fusion[J]. Electrochimica Acta，2023，443：141964.

[40]　Feng F，Lu R，Wei G，et al. Identification and analysis of model parameters used for LiFePO$_4$ cells series battery pack at various ambient temperature[J]. IET Electrical Systems in Transportation，2016，6：50-55.

[41]　Hu X，Li S，Peng H，et al. Robustness analysis of state-of-charge estimation methods for two types of Li-ion batteries[J]. Journal of Power Sources，2012，217：209-219.

[42]　Wang Y，Zhang C，Chen Z. On-line battery state-of-charge estimation based on an integrated estimator[J]. Applied Energy，2017，185：2026-2032.

[43]　Zhang Z，Cheng X，Lu Z Y，et al. SOC estimation of lithium-ion battery pack considering balancing current[J]. IEEE Transactions on Power Electronics，2018，33（3）：2216-2226.

[44]　Zheng Y，Gao W，Ouyang M，et al. State-of-charge inconsistency estimation of lithium-ion battery pack using mean-difference model and extended Kalman filter[J]. Journal of Power Sources，2018，383：50-58.

[45]　Feng F，Lu R，Wei G，et al. Online estimation of model parameters and state of charge of LiFePO$_4$ batteries using a novel open-circuit voltage at various ambient temperatures[J]. Energies，2015，8（4）：2950-2976.

[46]　Feng F，Lu R，Zhu C. A combined state of charge estimation method for lithium-ion batteries used in a wide ambient temperature range[J]. Energies，2014，7（5）：3004-3032.

[47]　Feng F，Teng S，Liu K，et al. Co-estimation of lithium-ion battery state of charge and state of temperature based on a hybrid electrochemical-thermal-neural-network model[J]. Journal of Power Sources，2020，455：227935.

[48]　Feng F，Lu R G，Zhu C B. State of charge estimation of Li-ion battery at low temperature[J]. Transactions of China Electrotechnical Society，2014，29（7）：53-58.

[49]　U. S. Department of Energy I N L. Nissan Leaf-VIN 0356 advanced vehicle testing-beginning-of-test battery testing results[Z/OL]. 2011. https://www.energy.gov/sites/prod/files/2014/02/f8/battery_leaf_0356.pdf.

[50]　U. S. Department of Energy I N L. Chevrolet volt-VIN 3929 advanced vehicle testing-beginning-of-test battery testing results[Z/OL]. 2013. https://www.energy.gov/sites/prod/files/2014/02/f7/battery_volt_3929.pdf..

第 10 章　基于自适应模糊联邦滤波器的电池组可靠 SOC 估计

10.1　引　　言

首先，从现有研究成果中可发现，多数研究对电池组 SOC 的估计仅局限于特征单体（简化的大单体、最大最小电压单体、均值单体）或每个单体的 SOC 估计，而缺乏对于整组 SOC 精确和可靠的估计。其次，由于电池组内部单体数量庞大并且存在不一致性，电池组 SOC 估计的不一致适应性问题仍然有待解决。再次，单体 SOC 的估计误差会对整组 SOC 估计造成巨大影响，需要发展降低错误信息对融合估计影响的方法。最后，电池组 SOC 估计的研究中没有对全 SOC 范围内的完整充放电过程进行估计验证。

为了解决上述的研究缺陷，本章提出一种基于自适应模糊联邦滤波器（adaptive fuzzy federal filter，AFFF）的串联电池组可靠 SOC 估计方法。利用联邦滤波器结合串联电池组 MDM 的 SOC 估计算法，提供单体 SOC 和整组 SOC 的在线精确和可靠的估计，具有创新和实际应用意义。主要的贡献如下。

（1）自适应联邦滤波器用于串联电池组 SOC 估计。局部滤波器估计单体 SOC，主滤波器融合单体 SOC 得到整组 SOC，并根据单体 SOC 估计精度自适应调整信息分配系数，使整组 SOC 估计具有更高的可靠性。

（2）基于模糊系统的电池组 SOC 不一致性自适应方法。以 CMM 的 SOC 和 CDM 的 SOC 标准差为电池组 SOC 分布特征量，构建模糊规则，自适应输出单体 SOC 融合权重，提高融合估计结果精度和不一致适应性。

（3）基于仿真和实验，给出了不同的单体初始 SOC 不一致性分布情况下，全 SOC 范围内完整充放电过程的电池组 SOC 估计结果。讨论了基于 AFFF 的电池组 SOC 估计方法相较于常规方法的精度优势。

（4）在局部滤波器产生较大测量误差情况下，验证了基于 AFFF 的电池组 SOC 估计的容错性。

本章其余章节安排如下：10.2 节介绍串联电池组均值 + 偏差模型的建模过程，阐述 RLS 的 CMM 和 CDM 的参数辨识方法。10.3 节详细阐述基于 AFFF 的串联电池组 SOC 估计方法的具体步骤。10.4 节详细介绍为验证本章提出的串联电池组 SOC 估计方法而设计的实验流程与仿真流程。10.5 节将会根据仿真与实验数据，验证基于本章提出的数据融合的电池组 SOC 估计方法和常规方法对整组 SOC 估计的精度优势，并且给出每个单体 SOC 估计结果，讨论基于 AFFF 的估计容错性。最后，10.6 节给出本章小结。

10.2　模型和参数辨识

串联电池组由多个电池单体串联而成，电池组的模型既需要对整组进行描述，也需要对每个单体进行刻画。串联电池组 MDM 采用一个 CMM 和 N（电池单体数）个 CDM 构成。本章选取的 MDM 如图 10-1 所示[1]，CMM 为一阶 RC 模型，CDM 为 Rint 模型。电池组的参数辨识是进行状态估计的先决条件。RLS 能够用于电池参数在线辨识，实现参数实时更新[2]。本章采用 RLS 辨识 MDM 参数。

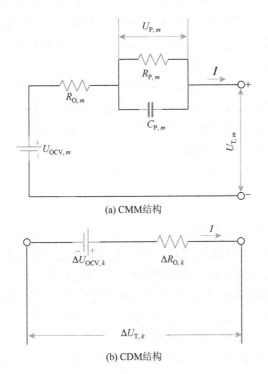

(a) CMM结构

(b) CDM结构

图 10-1　均值 + 偏差模型结构

10.2.1　CMM 建模及参数辨识

CMM 可采用单体等效电路模型中的一种，文献[3]对比分析了 12 种单体等效电路模型的精度、计算复杂度和鲁棒性。一阶 RC 模型具有精度高、复杂度较低、鲁棒性好等优点，因此被用于本章的 CMM 建模。CMM 的各参数由串联电池组内部所有单体的测量电压均值和测量电流值作为输入，通过 RLS 辨识得到。模型的状态方程可写为[2]

$$\dot{U}_{\mathrm{P},m} = -\frac{1}{R_{\mathrm{P},m}C_{\mathrm{P},m}}U_{\mathrm{P},m} + \frac{1}{C_{\mathrm{P},m}}I \tag{10-1}$$

$$U_{\mathrm{T},m} = U_{\mathrm{OCV},m} - U_{\mathrm{P},m} - R_{\mathrm{O},m}I \tag{10-2}$$

其中，$U_{\mathrm{T},m}$ 为 CMM 的端电压（单体电压和的均值）；$R_{\mathrm{P},m}$、$C_{\mathrm{P},m}$ 分别为 RC 回路的极化内阻和极化电容；$U_{\mathrm{P},m}$ 为 RC 回路两端电压；$R_{\mathrm{O},m}$ 为欧姆内阻；I 为电路中瞬时电流（规定放电时为正，充电时为负）；$U_{\mathrm{OCV},m}$ 为开路电压。开路电压和SOC 之间的关系可由多项式关系拟合[4]：

$$U_{\mathrm{OCV}} = \alpha_1 \mathrm{SOC}^6 + \alpha_2 \mathrm{SOC}^5 + \alpha_3 \mathrm{SOC}^4 + \alpha_4 \mathrm{SOC}^3 + \alpha_5 \mathrm{SOC}^2 + \alpha_6 \mathrm{SOC} + \alpha_7 \tag{10-3}$$

其中，α_1、α_2、α_3、α_4、α_5、α_6、α_7 为拟合系数。

为采用 RLS 进行参数辨识，需要离散化上述 CMM 的状态方程。定义$E_{\mathrm{T},m} = U_{\mathrm{T},m} - U_{\mathrm{OCV},m}$，则离散方程可写为

$$E_{\mathrm{T},m,k} = \mathrm{e}^{-\Delta t/\tau}E_{\mathrm{T},m,k-1} + (-R_{\mathrm{O},m})I_k + \left[\mathrm{e}^{-\Delta t/\tau}R_{\mathrm{O},m} - (1-\mathrm{e}^{-\Delta t/\tau})R_{\mathrm{P},m}\right]I_{k-1} \tag{10-4}$$

其中，k 为采样时间。定义输出矩阵 $y_{m,k}$、数据矩阵 $\varPhi_{m,k}$ 和参数矩阵 $\theta_{m,k}$：

$$y_{m,k} = E_{\mathrm{T},m,k} \tag{10-5}$$

$$\varPhi_{m,k} = \left[E_{\mathrm{T},m,k-1}\ I_k\ I_{k-1}\right] \tag{10-6}$$

$$\theta_{m,k} = [\beta_1\ \beta_2\ \beta_3]^{\mathrm{T}} \tag{10-7}$$

则式（10-3）可写为

$$y_k = \varPhi_k\theta_k \tag{10-8}$$

由此可运用 RLS 进行 CMM 的在线参数辨识。辨识流程如表 10-1 所示。

表 10-1　基于 RLS 的 MDM 参数辨识方法

（1）CMM 参数辨识[2]

（i）初始化：$\varPhi_m, \theta_m, K_m, P_m, \lambda_m$

（ii）计算均值电压：$U_{\mathrm{T},m,k} = \sum\limits_{i=1}^{n}U_{\mathrm{T},k}^i \Big/ n$

（iii）计算算法增益：$K_{m,k} = \left(P_{m,k-1}\varPhi_{m,k}^{\mathrm{T}}\right)\Big/\left(\lambda_m + \varPhi_{m,k}^{\mathrm{T}}P_{k-1}\varPhi_{m,k}\right)$

（iv）计算误差协方差矩阵：$P_{m,k} = \left(P_{m,k-1} - K_{m,k}\varPhi_{m,k}^{\mathrm{T}}P_{m,k-1}\right)\Big/\lambda_m$

（iv）更新参数矩阵：$\theta_{m,k} = \theta_{m,k-1} + K_{m,k}\left(E_{\mathrm{T},m,k} - \varPhi_{m,k-1}\theta_{m,k-1}\right)$

（2）CDM 参数辨识[6]

（i）初始化：$\Phi_i, \theta_i, K_i, P_i, \lambda_i$

（ii）计算差值电压：$\Delta U_{\mathrm{T},k}^i = U_{\mathrm{T},k}^i - U_{\mathrm{T},m,k}$

（iii）计算算法增益：$K_{i,k} = \left(P_{i,k-1}\Delta\Phi_{i,k}^{\mathrm{T}}\right)\Big/\left(\lambda_i + \Delta\Phi_{i,k}^{\mathrm{T}}P_{i,k-1}\Delta\Phi_{i,k}\right)$

（iv）计算误差协方差矩阵：$P_{i,k} = \left(P_{i,k-1} - K_{i,k}\Delta\Phi_{i,k}^{\mathrm{T}}P_{i,k-1}\right)\Big/\lambda_i$

（iv）更新参数矩阵：$\Delta\theta_{i,k} = \Delta\theta_{i,k-1} + K_{i,k}\left(\Delta U_{\mathrm{T},k}^i - \Delta\Phi_{i,k-1}\Delta\theta_{i,k-1}\right)$

注：i 表示第 i 个单体，k 表示采样时间。λ 是遗忘因子，其中 $\lambda_m = 0.95$ 和 $\lambda_i = 0.98$。

10.2.2　CDM 建模及参数辨识

电池组内部单体间的参数存在差异，导致单体间的 SOC 也不尽相同，模型的建立需要刻画单体间的不一致性。电池组内部单体的 OCV 不一致和内阻不一致是两个变化显著的不一致参量，并且对单体 SOC 的估计结果有显著影响。在 CMM 的基础上，建立基于 Rint 的 CDM。对每个单体均采用相同的 CDM 建模，进而可运行相同的参数辨识和 SOC 估计算法，能够有效简化建模和估计流程。CDM 的状态方程可写为[5]

$$\Delta U_{\mathrm{T}}^i = \Delta U_{\mathrm{OCV}}^i - \Delta R_{\mathrm{O}}^i I \tag{10-9}$$

其中，ΔU_{T}^i 为单体 i 与 CMM 间的端电压差值（规定大于 $U_{\mathrm{T},m}$ 为正，小于 $U_{\mathrm{T},m}$ 为负）；$\Delta U_{\mathrm{OCV}}^i$ 为单体 i 与 CMM 间的开路电压差值（规定大于 $U_{\mathrm{OCV},m}$ 为正，小于 $U_{\mathrm{OCV},m}$ 为负）；ΔR_{O}^i 为单体 i 与 CMM 间的欧姆内阻差值（规定大于 $R_{\mathrm{O},m}$ 为正，小于 $R_{\mathrm{O},m}$ 为负）。

类似地，为辨识 CDM 参数，需要将式（10-9）离散化为

$$\Delta U_{\mathrm{T},k}^i = \Delta U_{\mathrm{OCV},k}^i - \Delta R_{\mathrm{O}}^i I_k \tag{10-10}$$

其中，k 为采样时间。与 CMM 类似，定义输出矩阵 Δy_k^i、数据矩阵 $\Delta\Phi_k^i$ 和参数矩阵 $\Delta\theta_k^i$：

$$\Delta y_k^i = \Delta U_{\mathrm{T},k}^i \tag{10-11}$$

$$\Delta\Phi_k^i = \begin{bmatrix} 1 & I_k \end{bmatrix} \tag{10-12}$$

$$\Delta\theta_k^i = \begin{bmatrix} \Delta U_{\mathrm{OCV},k}^i & \Delta R_{\mathrm{O}}^i \end{bmatrix}^{\mathrm{T}} \tag{10-13}$$

则式（10-10）可写为

$$\Delta y_k^i = \Delta\Phi_k^i \Delta\theta_k^i \tag{10-14}$$

由式（10-14）可运用 RLS 进行 CDM 参数在线辨识，具体流程如表 10-1 所示。并且可发现 CDM 需要辨识的参数矩阵维度较小，可适当减小整个电池组模型参数辨识的计算量。

10.3　电池组 SOC 估计算法

10.3.1　电池组融合估计算法

1. 电池组 SOC 不一致性

电池组内部单体间初始 SOC 不一致是影响电池组不一致性程度的重要因素，会对电池组的 SOC 和能量利用率产生重要影响[7]。导致电池组内部单体间 SOC 不一致的原因主要有初始制造、库仑效率、温度和充放电率等[8]。如图 10-2 所示，若每个单体间的初始 SOC 存在差异，会导致串联电池组整组的可充、放电量与单体间存在较大差异。电池组的可用容量可由单体最小可充电量和单体最小可放电量之和组成[9]，即

$$
\begin{aligned}
C_{\text{pack}} &= \min_{1 \leqslant i \leqslant n}(\text{SOC}_i C_i) + \min_{1 \leqslant j \leqslant n}[(1 - \text{SOC}_j)C_j] \\
&= C_{\text{min\_r}} + C_{\text{min\_c}}
\end{aligned}
\tag{10-15}
$$

其中，i 为整个电池组中具有最小可放电量的单体数量；j 为整个电池组中具有最小可充电量的单体数量；$C_{\text{min\_r}}$ 和 $C_{\text{min\_c}}$ 分别为电池组中的最小剩余电量和最小可充电量。因此，可得到电池组 SOC 的定义为[9]

$$
\begin{aligned}
\text{SOC}_{\text{pack}} &= \frac{\min\limits_{1 \leqslant i \leqslant n}(\text{SOC}_i C_i)}{\min\limits_{1 \leqslant i \leqslant n}(\text{SOC}_i C_i) + \min\limits_{1 \leqslant j \leqslant n}[(1 - \text{SOC}_j)C_j]} \\
&= \frac{\min\limits_{1 \leqslant i \leqslant n}(\text{SOC}_i C_i)}{C_{\text{pack}}}
\end{aligned}
\tag{10-16}
$$

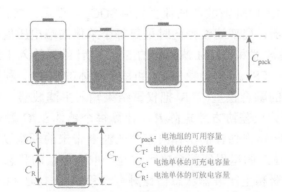

C_{pack}：电池组的可用容量
C_{T}：电池单体的总容量
C_{C}：电池单体的可充电容量
C_{R}：电池单体的可放电容量

图 10-2　SOC 不一致条件下电池组状态

　　单体间的各种不一致性会对整组的参数和状态产生重要影响。所以，电池组的 SOC 估计需要每个时刻各单体的信息融合而成。本章采取单体数据融合的方法来求得电池组整组 SOC。需要说明的是，电池组 SOC 的标准定义式在本章中被用来基于安时积分法得到标准的电池组 SOC，从而作为各种算法得到电池组 SOC 的对比参考值。

2. 基于自适应模糊联邦滤波器的电池组 SOC 估计算法

　　串联电池组由多个单体串联而成，电池组的状态会受到每个单体的影响，如何有效利用每个单体 SOC，准确并可靠地获取整组 SOC 是需要解决的问题。多源信息融合算法收集不同传感器信息进行综合处理，以获得最优估计的一种信息处理机制[10]。本章选择的联邦滤波器是一种分布式多源融合系统，既能够利用每个局部滤波器进行单体的状态估计，又能够利用主滤波器进行信息融合输出整组的最优状态估计值。另外，单体 SOC 不一致性会影响整组 SOC 的融合精度，通常电池组 SOC 分布表现为近似正态分布[11, 12]和偏分布的形式[7, 13]，本章选择对数正态分布进行描述，其通过调整参数能够实现以上两种分布形式。然后，每个单体 SOC 的融合权重是联邦滤波器需要确定的重要参数。根据直观的人工经验，电池组 SOC 在高区间，应该增加高 SOC 的融合权重；反之，增加低 SOC 的融合权重。当电池组 SOC 在均值区间，应该根据电池组 SOC 分布的概率密度函数确定融合权重。模糊系统能够将以上人工经验描述成相应的数学关系。本章利用模糊系统，以电池组 SOC 统计量为输入，分布参数为输出，得到以对数正态分布概率密度函数为基准的融合权重，能够自适应不同的电池组 SOC 分布。基于以上分析，本章提出基于 AFFF 的电池组 SOC 估计。

　　图 10-3（a）为本章中电池组 SOC 估计采用的 AFFF 结构。在每一个采样点，CMM 先结合 CMM 滤波器估计平均值 SOC_m。然后，将得到 SOC_m 的值输入每个局部滤波器，局部滤波器同时采集每个单体的端电压值，估计每个单体 SOC_i。各局部滤波器和 CMM 滤波器的 SOC 估计结果输入主滤波器和模糊系统（fuzzy system，FS）。FS 接受 SOC_m 和每个单体的 SOC_i，利用模糊规则自适应分配每个单体的融合权重。FS 把权重结果输入主滤波器，主滤波器同时根据每个单体的估计误差协方差矩阵 P_i，计算每个单体 SOC_i 融合的动态信息分配系数，降低某些错误估计的单体给整个滤波器带来的影响以提高 AFFF 的容错性。这样，AFFF 的运用便能精确可靠地获取电池组的状态估计及每个单体状态。局部滤波器和主滤波器状态估计融合流程如图 10-3（b）所示，需要说明的是，图中仅以两个滤波器作为说明，而实际系统包括多个局部滤波器。CMM 滤波器估计 SOC_m 和局部滤波器估计 SOC_i 的详细过程请分别参见 10.3.2 节和 10.3.3 节。

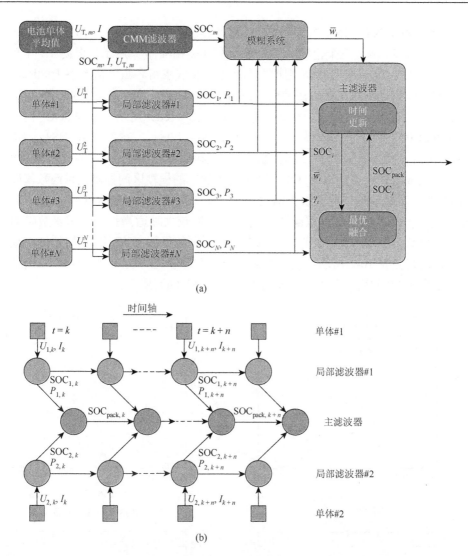

图 10-3　（a）自适应模糊联邦滤波器的模型结构；（b）状态估计融合过程

单体 SOC 融合权重函数采用对数正态分布，如图 10-4（a）所示，权重函数为[14]

$$f(x,\mu,\sigma) = \begin{cases} \dfrac{1}{\sqrt{2\pi}\sigma x}\exp\left[-\dfrac{1}{2\sigma^2}(\ln x - \mu)^2\right], & x > 0 \\ 0, & x \leqslant 0 \end{cases} \qquad (10\text{-}17)$$

其中，x 为输入变量；$f(x,\mu,\sigma)$ 为输出变量；μ、σ 为确定对数正态分布密度函数的两个参数，其值大小通过以 SOC_m 和 σ_{SOC} 为输入的 FS 确定。SOC_m 分为（PB，

PM，PS，ZR，NS，NM，NB）七个论域，隶属度函数如图 10-4（b）所示。σ_{SOC} 则分为（P，Z，N）三个论域，隶属度函数如图 10-4（c）所示，根据 3σ 原则可以认为 SOC_i 标准差超过 0.06 则根据电池组定义式求得容量大概率小于 80%，即不能继续作为电动汽车动力源使用。FS 的输出 μ 划分为（PB，PM，PS，ZR，NS，NM，NB）七个论域，隶属度函数如图 10-4（d）所示。μ 与 SOC_m 构成单输入单输出的 FS。σ 划分为（PB+，PB，PB−，PS+，PS，PS−，NS+，NS，NS−，NB+，NB，NB−）十二个论域，隶属度函数如图 10-4（e）所示。σ 与 SOC_m 和 σ_{SOC} 构成双输入单输出的 FS。FS 根据 SOC_m 的模糊区间控制权重函数偏度，SOC_m 处于高值和低值区间权重函数分别右偏和左偏；根据单体 SOC_i 估计值的标准差 σ_{SOC} 模糊区间控制权重函数峰度，σ_{SOC} 值较大时适当扩大权重函数峰的宽度，相反则缩小峰的宽度。这样可以自适应不同的单体 SOC 分布特性。FS 系统的模糊规则如表 10-2 所示。利用 MATLAB 模糊逻辑工具包，采用重心法的解模糊方法生成 FS 的输入输出结果如图 10-4（f）和（g）所示。

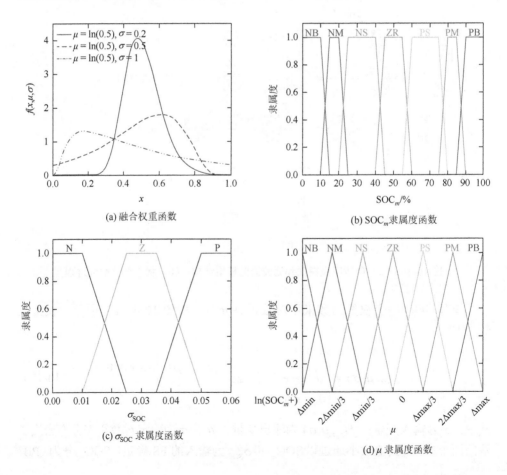

(a) 融合权重函数

(b) SOC_m 隶属度函数

(c) σ_{SOC} 隶属度函数

(d) μ 隶属度函数

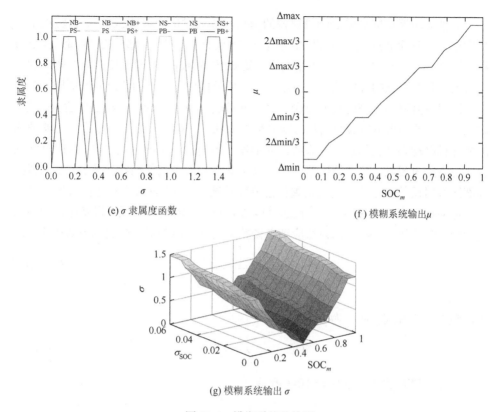

(e) σ 隶属度函数　　　　　　　　　　(f) 模糊系统输出μ

(g) 模糊系统输出 σ

图 10-4　模糊系统结构图

表 10-2　模糊控制逻辑

μ & σ	SOC$_m$						
σ$_{SOC}$	NB	NM	NS	ZR	PS	PM	PB
N	NB & PB–	NM & PS–	NS & NS–	ZR & NB–	PS & NS–	PM & PS–	PB & PB–
Z	NB & PB	NM & PS	NS & NS	ZR & NB	PS & NS	PM & PS	PB & PB
P	NB & PB+	NM & PS+	NS & NS+	ZR & NB+	PS & NS+	PM & PS+	PB & PB+

注：模糊输出的模糊区间 NB-PB 意义同模糊输入，此外＋表示增大峰区间，相反–则表示缩小峰区间。

权重函数确定后，根据每个单体的估计 SOC$_{i,k}$ 值计算出每个单体的融合权重，如下式：

$$w_i = f(\text{SOC}_i, \mu, \sigma) \tag{10-18}$$

归一化有

$$\overline{w}_i = w_i \bigg/ \sum_{i=1}^{N} w_i \tag{10-19}$$

局部滤波器可能会受到测量误差的影响，导致对电池单体SOC_i估计结果出现较大误差，从而通过融合过程影响整个电池组SOC_{pack}的估计结果。联邦滤波器各局部滤波器间相互独立，本章采用的无重置式结构能进一步避免局部滤波器间的交叉污染，具有较强的容错能力。但是，传统基于预设固定值的信息分配原则，在局部滤波器受到噪声污染时会通过融合对主滤波器造成一定影响，缺乏自适应能力。因此，需要动态自适应调整信息分配系数的方法，以在实际运用中根据局部滤波器的估计精度动态调整信息分配系数。局部滤波器的估计精度可以通过 EKF 算法的误差协方差P_i反映，较大的误差会使P_i大于其余精度较高的局部滤波器。本章根据局部滤波器误差协方差P_i动态调整信息分配系数，以使主滤波器信息融合过程中能够自适应局部滤波器的误差，并且通过自适应分配系数的调整减小误差对融合结果的影响。信息分配系数γ_i的自适应动态调整采用计算误差矩阵轨迹的方式确定，即

$$\gamma_i = \frac{\text{trace}\left[P_i^{-1}\right]}{\sum_{i=1}^{N} \text{trace}\left[P_i^{-1}\right]} \tag{10-20}$$

主滤波器融合SOC_m估计为

$$SOC_{pack} = \sum_{i=1}^{N} \gamma_i \bar{w}_i SOC_i \tag{10-21}$$

整个 AFFF 估计流程如表 10-3 所示。

表 10-3 联邦滤波器估计过程

（i）初始化：$k = 0$

CMM 滤波器：$SOC_{m,0}, P_{m,0}$

局部滤波器：$SOC_{i,0}, P_{i,0}$

模糊系统：$w_{i,0}, \bar{w}_{i,0}, \sigma_{SOC,0}, \mu_0, \sigma_0$

主滤波器：$SOC_{pack,0}, \gamma_{i,0}$

（ii）状态估计：当 $k = 1, 2, 3, \cdots, \quad i = 1, 2, 3, \cdots$

CMM 滤波器：

输入测量参数：$U_{T,m,k} = \sum_{i=1}^{N} U_{T,k}^i \Big/ N, \quad I_k$

CMM 状态估计：$SOC_{m,k}, P_{m,k}$

局部滤波器：

输入测量参数：$\Delta U_{T,k}^i = U_{T,k}^i - U_{T,m,k}, \quad I_k$

CDM 状态估计：$SOC_{i,k} = \Delta SOC_{i,k} + SOC_{m,k}, \quad P_{i,k}$

主滤波器：

时间更新：$SOC_{pack,k} = SOC_{pack,k-1} - \eta I / C_{pack}$

（iii）模糊权重分布：当 $k = 1, 2, 3, \cdots, \quad i = 1, 2, 3, \cdots$

计算单体 SOC 标准差：$\sigma_{SOC,k} = \sqrt{\sum_{i=1}^{N} \left(SOC_{i,k} - SOC_{m,k}\right)^2}$

计算模糊输出：μ_k, σ_k

计算单体融合权重：$w_{i,k} = f\left(\mathrm{SOC}_{i,k}, \mu_k, \sigma_k\right)$

标准化权重：$\bar{w}_{i,k} = w_{i,k} \Big/ \sum\limits_{i=1}^{N} w_{i,k}$

（iv）主滤波器估计

计算信息分布系数：$\gamma_i = \dfrac{\mathrm{trace}\left[P_i^{-1}\right]}{\sum\limits_{i=1}^{N} \mathrm{trace}\left[P_i^{-1}\right]}$

融合电池组 SOC 估计：$\mathrm{SOC}_{\mathrm{pack},k} = \sum\limits_{i=1}^{N} \gamma_{i,k} \bar{w}_{i,k} \mathrm{SOC}_{i,k}$

设 $k = k+1$，跳到步骤（ii）

注：i 表示第 i 个单体，k 表示采样时间。

10.3.2　基于 CMM 的 SOC 估计算法

电池组的 SOC 状态不能通过直接测量得到，因此需要通过测量电压和电流等利用最优算法间接估计得到。EKF 算法具有精度高和计算量小的特点，被广泛运用于电池组状态估计。EKF 的状态方程和观测方程的一般离散化形式可写为[15]

$$\begin{cases} x_k \approx A_{k-1} x_{k-1} + \left[f\left(\hat{x}_{k-1}, u_{k-1}\right) - A_{k-1}\hat{x}_{k-1} \right] + w_{k-1} \\ y_k \approx C_k x_k + \left[h\left(\hat{x}_k, u_k\right) - C_k \hat{x}_k \right] + v_k \end{cases} \tag{10-22}$$

其中，x 为系统的状态向量；u 为系统输入向量；y 为系统输出向量；w 和 v 为均值为 0 且相互独立的高斯白噪声，分别代表 EKF 的系统白噪声和测量白噪声。它们的协方差分别用 Q 和 R 表示。

电池的 SOC 定义为剩余可用容量占总容量的比值[16]，离散化方程为

$$\mathrm{SOC}_{m,k} = \mathrm{SOC}_{m,k-1} - \frac{\eta I_{k-1} \Delta t}{C_m} \tag{10-23}$$

其中，η 为库仑效率（一般取 $\eta = 1$）；C_m 为电池容量。

联合离散化状态方程，将系统的状态方程和测量方程用式（10-24）表达，即

$$\begin{cases} \begin{bmatrix} \mathrm{SOC}_{m,k} \\ U_{\mathrm{P},m,k} \end{bmatrix} = \begin{bmatrix} 1 & 0 \\ 0 & \exp(-\Delta t / \tau) \end{bmatrix} \begin{bmatrix} \mathrm{SOC}_{m,k-1} \\ U_{\mathrm{P},m,k-1} \end{bmatrix} + \begin{bmatrix} -\Delta t / C_m \\ \left[1 - \exp(-\Delta t / \tau)\right] R_{\mathrm{P},k} \end{bmatrix} I_{k-1} \\ U_{\mathrm{T},m,k} = U_{\mathrm{OCV},m,k} - U_{\mathrm{P},m,k} - R_{\mathrm{O},m} I_k \end{cases} \tag{10-24}$$

定义状态矩阵 $\boldsymbol{x}_m = \begin{bmatrix} \mathrm{SOC}_m & U_{\mathrm{P},m} \end{bmatrix}$，输入矩阵 $u_m = I$，输出矩阵 $y_m = U_{\mathrm{T},m}$，并定义矩阵：

$$A_{m,k} = \begin{bmatrix} 1 & 0 \\ 0 & \exp(-\Delta t / \tau_{m,k}) \end{bmatrix}$$

$$B_{m,k} = \begin{bmatrix} -\Delta t / C_m \\ \left[1 - \exp(-\Delta t / \tau_{m,k})\right] R_{P,m,k} \end{bmatrix}$$

$$C_{m,k} = \begin{bmatrix} \dfrac{\mathrm{d}U_{\mathrm{OCV},m,k}(\mathrm{SOC}_{m,k})}{\mathrm{d}(\mathrm{SOC}_{m,k})} & -1 \end{bmatrix}$$

$$D_{m,k} = U_{\mathrm{OCV},m,k} - U_{\mathrm{F},m,k} - R_{\mathrm{O},m,k}\boldsymbol{u}_{m,k} - \boldsymbol{C}_{m,k}\boldsymbol{x}_{m,k}$$

则 CMM 的状态空间方程可简化为

$$\begin{cases} x_{m,k} = A_{m,k-1}x_{m,k-1} + B_{m,k-1}u_{m,k-1} \\ y_{m,k} = C_{m,k}x_{m,k} + D_{m,k} \end{cases} \tag{10-25}$$

基于 EKF 的 CMM 的 SOC 估计过程如表 10-4 所示[15, 17]。

表 10-4　利用 EKF 基于 MDM 的 SOC 估计

（1）CMM SOC 估计[5, 19, 21]

（i）初始化：$x_{m,0}, P_{m,0}, Q_m, R_m, K_{m,0}, A_{m,0}, B_{m,0}, C_{m,0}, D_{m,0}, k = 0$

（ii）先验估计：当 $k = 1, 2, 3, \cdots$

　　状态估计更新：$\hat{x}_{m,k}^- = A_{m,k}x_{m,k-1} + B_{m,k}u_{m,k-1}$

　　误差协方差更新：$P_{m,k}^- = A_{m,k}P_{m,k-1}A_{m,k}^{\mathrm{T}} + Q_m$

（iii）量测更新，计算误差向量：$e_{m,k} = y_{m,k} - h\left(\hat{x}_{m,k}^-, u_{m,k}\right)$

（iv）计算卡尔曼增益矩阵：$K_{m,k} = P_{m,k}^- C_{m,k}^{\mathrm{T}}(C_{m,k}P_{m,k}^- C_{m,k}^{\mathrm{T}} + R_m)^{-1}$

（v）后验估计：

　　状态更新：$\hat{x}_{m,k}^+ = \hat{x}_{m,k}^- + K_{m,k}e_{m,k}$

　　误差协方差矩阵更新：$P_{m,k}^+ = \left(I - K_{m,k}C_{m,k}\right)P_{m,k}^+$

（vi）时间更新：$k = k + 1$，跳到步骤（ii）

（1）CDM SOC 估计[5, 19, 20]

（i）初始化：$X_0^i, \Delta x_0^i, P_0^i, Q_i, R_i, K_0^i, C_0^i, D_0^i, k = 0$

（ii）先验估计：当 $k = 1, 2, 3, \cdots$

　　状态估计更新：$\Delta \hat{x}_k^{i-} = \Delta x_{k-1}^i$

　　误差协方差矩阵更新：$P_k^{i-} = P_{k-1}^i + Q_i$

（iii）量测更新，计算误差向量：$e_k^i = \Delta y_k^i - h\left(\Delta \hat{x}_k^{i-}, u_k\right)$

（iv）计算卡尔曼增益矩阵：$K_k^i = P_k^{i-} C_k^{i\mathrm{T}}(C_k^i P_{m,k}^- C_k^{i\mathrm{T}} + R_i)^{-1}$

（v）后验估计：

　　状态估计：$\Delta \hat{x}_k^{i+} = \Delta \hat{x}_k^{i-} + K_k^i e_k^i$　　$\hat{X}_k^{i+} = \Delta \hat{x}_k^{i+} + \hat{x}_{m,k}^+$

　　误差协方差估计：$P_{m,k}^+ = \left(I - K_{m,k}C_{m,k}\right)P_{m,k}^-$

（vi）时间更新：$k = k + 1$，跳到步骤（ii）

注：i 表示第 i 个单体，k 表示采样时间，X^i 表示第 i 个单体的 SOC，Δx^i 表示第 i 个单体与 CMM 的 SOC 差值。

10.3.3　基于 CDM 的 SOC 估计算法

CDM 的状态方程离散化写为[5, 18]

$$\Delta \text{SOC}_k^i = \Delta \text{SOC}_{k-1}^i \tag{10-26}$$

其中，k 为第 k 次采样点；i 为第 i 个单体。测量方程为

$$h\left(\Delta x_k^i\right) = \Delta U_{\text{OCV},k}^i - \Delta R_{\text{O},k}^i I_k \tag{10-27}$$

定义矩阵：

$$C_k^i = \frac{dU_{\text{OCV},k}^i\left(\Delta \text{SOC}_k^i\right)}{d\left(\Delta \text{SOC}_k^i\right)} = \frac{dU_{\text{OCV},k}^i\left(\Delta \text{SOC}_k^i + \text{SOC}_{m,k}\right)}{d\left(\Delta \text{SOC}_k^i + \text{SOC}_{m,k}\right)} \tag{10-28}$$

$$D_k^i = \Delta U_{\text{OCV},k}^i - \Delta R_{\text{O},k}^i u_{m,k} - C_k^i \Delta x_k^i \tag{10-29}$$

则每个单体的状态方程和测量方程均能写成标准化的 EKF 状态方程和测量方程，估计流程如表 10-4 所示。

在偏差模型中状态方程只有 ΔSOC_k^i 一个状态量，且在估计中可以省去复杂的雅可比矩阵的计算过程，这给整个电池组 SOC 估计算法的计算复杂程度带来极大的简化。在本章中，偏差模型与均值模型的估计时间尺度都采用短时间尺度（每秒估计）。若采用文献[19]和[20]提出的长时间维度下的偏差模型状态估计，虽然能减少计算量，但是当某一时刻电池组内的某一个单体的状态发生较大变化时，会导致整组估计出现较大的误差。

10.4　实验和仿真设计

电池组的验证区别于电池单体，需要考虑单体间不一致的影响。为验证本章提出的基于 AFFF 的串联电池组 SOC 估计方法估计结果的精度和可靠性，设计仿真和实验流程，分别在初始 SOC 符合正态分布和威布尔分布下进行仿真测试，在偏分布和近似正态分布下实验测试，获得在不同条件下的仿真和实验数据，验证该方法的精度和容错性以及泛化能力。

10.4.1　仿真平台

为验证多个单体组成的串联电池组的 SOC 估计精度，本章基于 MATLAB

Simulink 和 Autolion-st 电池仿真软件搭建仿真平台，构建 12 个单体的串联电池组仿真模型。电池单体的容量设置为 2.2A·h，电压设置为上限截止电压 4.2V，下限截止电压 2.8V，测试温度设置为 25℃，采样频率为 1Hz。仿真流程为循环动态工况放电测试和充电工况，循环动态工况采用 DST 工况和 FUDS 工况，充电工况电流采用标准五段式充电电流（1.25C 电流充电至电压达到 3.78V，降电流至 0.85C 充电至电压达到 4.08V，再降电流至 0.5C 充电至电压达到 4.125V，降电流至 0.2C 充电至电压达到 4.135V，再降至 0.1C 充电至电压达到 4.2V 时截止）。仿真测试的初始 SOC 分布设置符合正态分布（均值为 0.9475，标准差为 0.0236）和威布尔分布（均值为 0.9696，标准差为 0.0146），如图 10-5 所示。

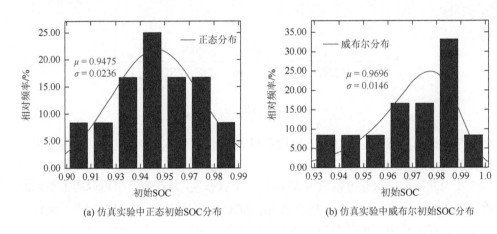

(a) 仿真实验中正态初始SOC分布　　　　　　(b) 仿真实验威布尔初始SOC分布

图 10-5　仿真实验串联电池组初始 SOC 设置

10.4.2　实验平台

实验装置如图 10-6（a）所示，主要包括：Digatron 测试仪及数据采集仪，Chroma 电池电压模拟器，四个三元电池单体串联电池组［正极材料为 $Li(Ni_{0.8}Co_{0.1}Mn_{0.1})O_2$，负极材料为石墨］，个人计算机（PC）（配置为 Windows 10 系统加 Intel Core i7-7700HQ 版 CPU，16GB RAM，MATLAB 版本为 2016a）和温箱。数据采集仪的采样频率设置为 1Hz，温箱设定为 25℃，Chroma 电池电压模拟器有 16 个独立通道，可给电池组内单体单独充放电以设置单体初始 SOC 不一致。电池单体额定容量为 177A·h，额定电压为 3.61V，上限截止电压和下限截止电压分别为 4.2V 和 2.8V。

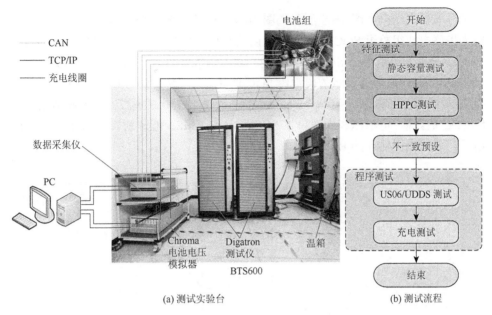

(a) 测试实验台　　　　　　　　　　　(b) 测试流程

图 10-6　电池组实验平台和实验流程

实验流程如图 10-6（b）所示，首先进行电池组的特征测试，包括静态容量测试获得单体容量和 HPPC 测试获取特性参数。动态循环测试包括 US06 和 UDDS 循环测试，标准五段式充电电流同仿真测试设置一致。为使单体间的初始 SOC 不一致性较大，采用 Chroma 单独给单体充放电进行不一致预设，本章两种单体初始 SOC 不一致设定如表 10-5 所示。

表 10-5　实验中电池组 SOC 分布

电池单体	正态分布/%	偏分布/%
单体#1	95.89	91
单体#2	99.5	95
单体#3	99.6	95
单体#4	99.6	98
均值	98.65	94.75
标准差	1.84	2.87

10.5　实　验　结　果

10.5.1　12 个串联电池组仿真结果

基于在线参数辨识的威布尔分布仿真结果如图 10-7 所示，采用离线参数值的正态分布仿真结果如图 10-8 所示。图 10-7（a）和（b），图 10-8（a）和（b）分别为串联电池组整组 SOC 估计曲线和误差曲线；图 10-7（c）和（d），图 10-8（c）和（d）分别为电池单体 SOC 估计曲线和误差曲线。其中"Reference"为参考值，"CMM"为均值单体表示的电池组 SOC 估计值，"VVM"为最大最小电压模型得到的电池组 SOC 估计值，"Fusion"则为由本章提出的基于 AFFF 得到的电池组 SOC 估计值。电池组和电池单体 SOC 估计的 RMSE 值分别如表 10-6 和表 10-7 所示，单体电压估计的 RMSE 如表 10-7 所示。

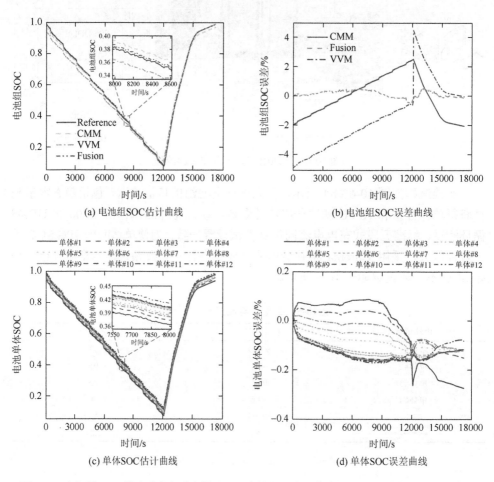

(a) 电池组SOC估计曲线　　　　　　　　　(b) 电池组SOC误差曲线

(c) 单体SOC估计曲线　　　　　　　　　(d) 单体SOC误差曲线

图 10-7　在初始 SOC 符合威布尔分布情况下，电池组和电池单体的 SOC 估计曲线和误差曲线

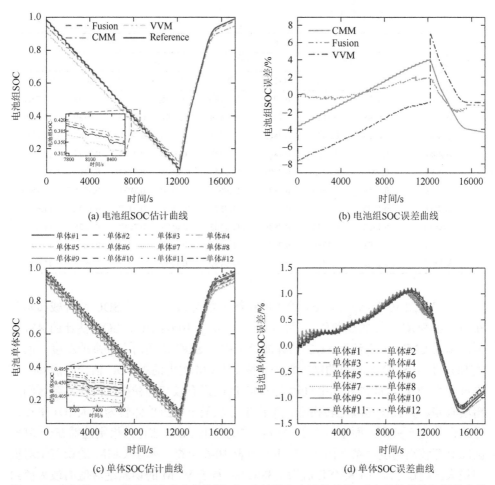

(a) 电池组SOC估计曲线　　　　　　　(b) 电池组SOC误差曲线

(c) 单体SOC估计曲线　　　　　　　　(d) 单体SOC误差曲线

图 10-8　在初始 SOC 服从正态分布的情况下，电池组和电池单体的 SOC 估计曲线与误差曲线

表 10-6　每种方法电池组 SOC 估计的 RMSE（单位：%）

方法	威布尔分布（在线）	威布尔分布（离线）	正态分布（在线）	正态分布（离线）
CMM	1.3851	2.1066	2.2329	2.7823
VMM	2.6281	2.4191	4.1525	3.9163
Fusion	0.2716	1.0955	0.5334	1.4010

表 10-7　电池单体 SOC 和电压估计 RMSE

单体编号	威布尔分布				正态分布			
	在线		离线		在线		离线	
	SOC/%	电压/mV	SOC/%	电压/mV	SOC/%	电压/mV	SOC/%	电压/mV
单体#1	0.1390	0.8998	0.8062	12.5131	0.1044	0.4502	0.7313	11.7111
单体#2	0.0731	0.6417	0.7862	11.9261	0.0524	0.4627	0.7172	11.6483

续表

单体 编号	威布尔分布				正态分布			
	在线		离线		在线		离线	
	SOC/%	电压/mV	SOC/%	电压/mV	SOC/%	电压/mV	SOC/%	电压/mV
单体#3	0.0609	0.3788	0.7798	11.8786	0.0756	0.9218	0.7143	11.7884
单体#4	0.0748	0.3136	0.7845	11.8444	0.1602	0.5846	0.7130	11.5925
单体#5	0.0928	0.2893	0.7802	11.9285	0.0585	0.4019	0.7157	11.6259
单体#6	0.1213	0.3050	0.7825	11.9223	0.0729	0.3844	0.7175	12.7224
单体#7	0.1271	0.3275	0.7794	11.9643	0.0506	0.5253	0.7104	11.6807
单体#8	0.1354	0.3696	0.7835	11.9685	0.1110	0.8972	0.7376	12.1569
单体#9	0.1378	0.3831	0.7834	11.9571	0.0910	0.4157	0.7134	11.6305
单体#10	0.1352	0.3693	0.7839	11.9605	0.0698	0.3813	0.7125	11.6404
单体#11	0.1401	0.3968	0.7833	11.9454	0.1898	0.8889	0.7025	11.4786
单体#12	0.1302	0.5415	0.7792	11.9487	0.1735	0.7046	0.6956	11.6002

观察由图 10-7（a）和（b）给出的在线参数辨识下，初始 SOC 符合威布尔分布电池组 SOC 估计曲线和估计误差曲线，以及表 10-6 给出的 SOC 估计的 RMSE 值。基于 CMM 的电池组 SOC 估计能够在中间 SOC 范围内有较高的精度，而在大 SOC 和小 SOC 区间内的精度较差。基于 VVM 的电池组 SOC 估计则能够在放电过程小 SOC 区间内和充电过程大 SOC 区间内有较高的精度，而在其余区间内精度较差。并且在充放电转换点，特征单体从最小电压单体转为最大电压单体，导致误差有一突变。而本章基于 AFFF 的电池组 SOC 估计结果则能够在全 SOC 区间具有较高精度。结合图 10-7（b）和表 10-6 可得，基于 CMM 的误差绝对值的最大值超过 2%，而 RMSE 值为 1.3851%；基于 VVM 的误差绝对值的最大值约 5%，RMSE 值为 2.6281%；基于 AFFF 的误差一直保持在 1%以内，且 RMSE 值仅为 0.2617%，远小于常规 CMM 和 VVM 方法。同时表 10-6 也给出了基于离线参数的估计结果，发现基于 CMM 和数据融合方法的估计精度有所降低，VVM 反而有些许提高。这是由于单体的 SOC 估计精度下降，但是 VVM 采用的是一个单体 SOC，在与整组的标准值比较时，精度反而有可能会有小幅度提高。而基于 CMM 是通过均值单体的估计结果表示，基于 AFFF 是通过融合所有单体估计结果表示，所以在离线参数下整组 SOC 估计精度下降。但基于数据融合的电池组 SOC 估计 RMSE 值仍小于 1.1%，能够满足车用精度需求。

观察由图 10-7（c）和（d）给出的在线参数辨识下，初始 SOC 符合威布尔分布的电池单体 SOC 估计曲线和估计误差曲线，以及表 10-7 给出的单体 SOC 估计和电压估计的 RMSE 值。基于 AFFF 单体 SOC 估计误差在全 SOC 范围内保持在 0.3%以内，SOC 估计 RMSE 值小于 0.2%，单体电压估计 RMSE 值小于 1mV。而基于离线参数辨识的单体 SOC 估计 RMSE 值有增大，但仍都小于 0.9%，单体电压估计的 RMSE 值也都小于 13mV，能够满足实际车用需求。

　　观察由图 10-8（a）和（b）给出的离线参数值下，初始 SOC 符合正态分布的电池组 SOC 估计曲线和估计误差曲线，以及表 10-6 给出的 SOC 估计的 RMSE 值。该结果曲线与威布尔分布结果曲线相似。然而，本组正态分布的单体间初始 SOC 差异比威布尔分布差异大，因此由表 10-6 给出的 RMSE 值也大于威布尔分布的。但常规方法 CMM 和 VVM 的变化相对基于数据融合的变化更大。具体地，基于 CMM 的误差绝对值的最大值接近 4%，RMSE 增大至 2.7823%；VVM 的误差绝对值的最大值接近 8%，RMSE 增大至 3.9163%；而基于 AFFF 的误差仍保持在 2% 以内，RMSE 值仍小于 1.5%。因此本章提出的基于 AFFF 的电池组 SOC 估计相较于常规方法具有更好的初始 SOC 不一致适应性。

　　观察由图 10-8（c）和（d）给出的离线参数值下，初始 SOC 符合正态分布的电池单体 SOC 估计曲线和估计误差曲线，以及表 10-7 给出的单体 SOC 估计和电压估计的 RMSE 值。可以发现，在离线参数值下对单体 SOC 估计误差有所增大，但误差绝对值仍小于 1.5%，RMSE 值小于 0.8%，能够满足实际车用需求。观察单体 SOC 估计误差，单体放电过程中低 SOC 区间估计值大于真实值，而充电过程高 SOC 区间估计值小于真实值，这就是为什么基于 VVM 的离线参数值下的整组 SOC 估计 RMSE 值小于在线参数辨识下的整组 SOC 估计 RMSE 值。

10.5.2　4 个串联电池组实验结果

　　为验证本章提出的电池组 SOC 估计方法的实际应用效果，通过两组电池实验工况下的数据分析估计结果。电池组单体初始 SOC 分布方式已经由前面实验设计给出。10.5.1 节中仿真结果给出近似正态分布的离线参数辨识下的 SOC 估计结果曲线，以及近似威布尔分布的在线参数辨识下的 SOC 估计结果曲线。为使结果不显得重复冗余，本节的电池组实验环境下的验证则给出偏分布离线参数辨识下的 SOC 估计结果曲线，而近似正态分布则给出在线参数辨识下的 SOC 估计结果曲线。同样，电池组和电池单体在不同方法下的估计 RMSE 值分别由表 10-8 和表 10-9 给出。

表 10-8　每种方法电池组 SOC 估计 RMSE（单位：%）

方法	偏分布（在线）	偏分布（离线）	正态分布（在线）	正态分布（离线）
CMM	1.3048	1.5347	1.8369	2.0348
VMM	1.8589	2.0319	2.9848	3.1624
Fusion	0.5390	1.0314	0.4105	0.5845

表 10-9　单体 SOC 和电压估计 RMSE

单体编号	偏分布				正态分布			
	在线		离线		在线		离线	
	SOC/%	电压/mV	SOC/%	电压/mV	SOC/%	电压/mV	SOC/%	电压/mV
单体#1	0.1604	5.9512	0.4033	20.0961	0.1453	7.8380	0.4455	23.3731
单体#2	0.1985	4.1812	0.7334	21.4988	0.1411	6.3224	0.4322	19.5269
单体#3	0.3227	6.0107	0.6306	23.2160	0.1458	6.5255	0.3688	17.2664
单体#4	0.3613	6.2195	0.4687	24.9205	0.1582	6.6845	0.4086	20.6174

图 10-9 为串联电池组四个单体电池初始 SOC 为偏分布形态，在 UDDS 工况中，基于离线参数值的估计结果。观察图 10-9（a）所示的电池组 SOC 结果曲线可发现，基于传统方法对电池组 SOC 估计缺乏全范围内高精度估计，而本章提出的基于 AFFF 的电池组 SOC 估计方法能够在全 SOC 范围内，整个充放电过程精确估计电池整组 SOC。图 10-9（b）为常规方法和基于数据融合方法的电池组 SOC 估计误差曲线，同样可发现常规方法很难在全 SOC 范围具有较高精度，而本章方法能在全 SOC 范围使误差保持在 1.5%以内。图 10-9（c）和（d）分别为由 AFFF 结合 CDM 估计出的电池组内每个单体电压和单体 SOC。表 10-9 给出了单体 SOC 和电压估计误差 RMSE 值，可以看出基于 AFFF 的精度较高，能够有效估计每个单体状态。

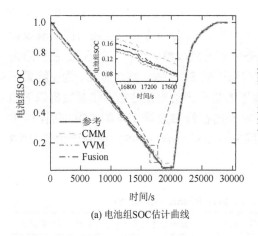

(a) 电池组SOC估计曲线

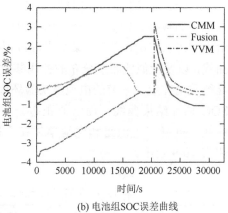

(b) 电池组SOC误差曲线

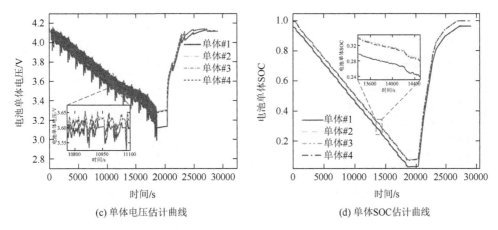

(c) 单体电压估计曲线　　　　　　　(d) 单体SOC估计曲线

图 10-9　在初始 SOC 服从偏分布的情况下，电池组和电池单体的估计曲线与误差曲线

　　图 10-10 给出了电池组内单体初始 SOC 符合近似正态分布时，基于在线参数辨识的电池组 US06 工况下的估计结果。在电池单体 SOC 分布更加离散时，观察图 10-10（a）和（b）可发现基于 AFFF 的整组 SOC 估计结果相较于常规方法具有更好的适应性，仍然能够将估计误差有效控制在 1% 以内，而常规方法的精度则变得更差。可以预见在实际车用电池单体更多并且 SOC 分布更离散时，本章方法具有更加明显的估计优势。图 10-10（c）为基于在线参数辨识的估计电压曲线，相较于离线结果，在低 SOC 区间能够更好地估计单体电压。如图 10-10（d）所示的单体 SOC 估计结果表明，在 SOC 离散程度较大时仍然能够在全 SOC 范围内精确实时估计每个单体 SOC。

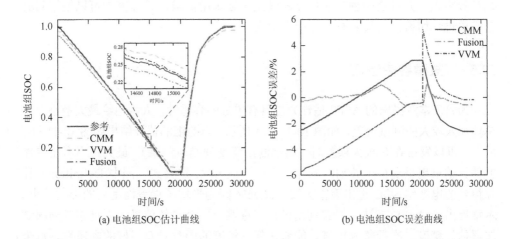

(a) 电池组SOC估计曲线　　　　　　　(b) 电池组SOC误差曲线

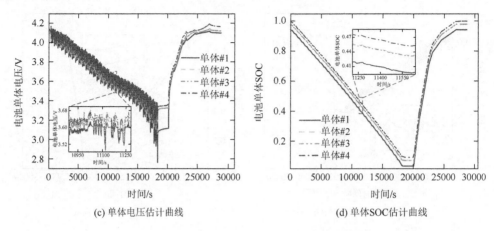

(c) 单体电压估计曲线　　　　　　　(d) 单体SOC估计曲线

图 10-10　在初始 SOC 服从正态分布的情况下，电池组和电池单体的估计曲线与误差曲线

基于不同方法的电池组 SOC 估计误差 RMSE 值如表 10-8 所示。可以发现，本章提出的基于 AFFF 的电池组 SOC 估计方法精度优于常规方法，而且基于在线参数辨识的估计精度优于离线参数辨识的估计精度。表 10-9 给出了本章提出的基于 MDM 模型结合 AFFF 结构的电池单体 SOC 和电压估计结果。能够发现在不同的分布情况下，基于本章方法的单体 SOC 在在线参数辨识情况下 RMSE 值为 0.4%以内，在离线参数辨识情况下 RMSE 值在 1%以内。而电压估计结果在在线参数辨识情况下 RMSE 小于 8mV，在离线参数辨识情况下 RMSE 小于 25mV。因此可以得出，本章提出的方法能够提供两种不同情况下的电池组状态估计方法，在需要更高精度时可以选择在线参数辨识，而需要更快计算结果时则可以选择离线参数辨识。并且这两种方法均能够满足实际车用需求，具体方法可以根据驾驶者需要进行切换，更加具有实际应用意义。

10.5.3　故障容错验证

为验证本章提出的 AFFF 估计方法具有更好的容错性，人为地给最大最小电压单体加入较大的测量误差，如图 10-11（a）所示。电池组的估计结果如图 10-11（b）所示，可以发现在有较大误差时（局部滤波器受到噪声污染），最大最小电压单体的估计结果也呈现很大波动。同样，由电池组 SOC 定义式（图中 Definition）计算得到的电池组 SOC 也出现很大波动。CMM 因为平均了误差而受到的影响较小。本章提出的 AFFF 方法，能够利用模糊权重融合每个单体信息，并且通过局部滤波器估计精度二次调整权重值，能够在保证精度的同时具有很好的容错性。每个单体 SOC 估计结果如图 10-11（c）所示，最大最小电压单体波动较大，而其余单体受 CMM 影响有较小波动但会很快恢复，同样说明了 AFFF 具有很好的容错性，个别局部滤波器的噪声污染对其余局部滤波器及主滤波器的影响很小。这些令人满意的结果显示了巨大的实际应用潜力。该方法不仅可以提高电池组 SOC 的估算精度，而且可以提供每个单体电池的 SOC。在电动汽车和插电式混合动力汽车中，经常会有一些噪声测量影响，这种方法很好地解决了实际应用中的问题。为了进一步证明所提方法相对于传统的库仑计数方法的优越性，设置了 5% 的初始 SOC 误差，结果如图 10-11（d）所示。结果表明，库仑计数法受初始 SOC 误差的影响较大（RMSE 为 9.21%）。AFFF 方法在初始 SOC 误差（RMSE 为 0.65%）下仍能准确估计电池组 SOC，表明该方法具有更好的容错性。

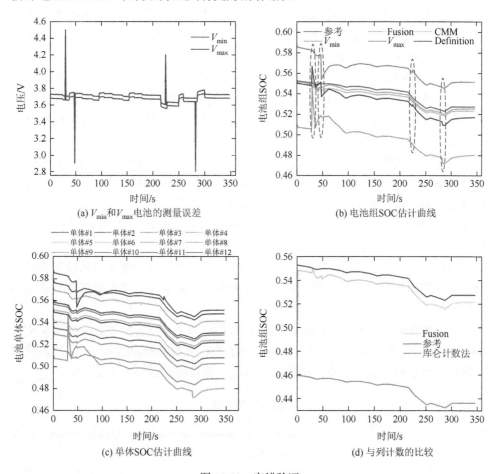

图 10-11　容错验证

10.6　本　章　小　结

串联电池组模型和状态估计是 BMS 的基础和重要组成部分。本章主要做出以下工作：①建立 MDM 串联电池组模型，基于 RLS 辨识电池组参数；②结合 AFFF，提出基于局部滤波器的单体 SOC 估计方法和主滤波器的融合电池组 SOC 估计方法；③根据 FS 调整电池组单体 SOC 融合估计权重，根据不同 SOC_m 区间和分布标准差动态调整权重函数，根据单体估计精度自适应动态分配信息融合系数以获得更加精确的整组 SOC 估计；④细化 CMM 和 CDM 基于 EKF 算法的 SOC 估计方法；⑤在仿真和实验条件下，单体初始 SOC 分布符合不同形式时验证所提出的方法，并且对比讨论本章方法相较于常规方法的精度和可靠性的优势。基于以上工作，主要得出以下贡献和结论。

（1）串联电池组 MDM 与 AFFF 的结合，能够有效提高滤波器的效率。采用模糊控制自适应权重分配和基于局部滤波器估计精度的自适应动态信息分配系数，得到整组 SOC 的精确和可靠的估计。

（2）模型参数辨识设定为在线参数辨识和离线参数辨识两档模式。在实际应用中可以根据计算速度和精度的需要采用不同的参数形式以更好地满足应用需求。并且实际车用 SOC 多在线性区间，因此可以很容易将局部滤波器时间尺度加大，进一步降低计算量。

（3）基于 AFFF 的估计方法对在线参数辨识和离线参数辨识，电池组 SOC 时的 RMSE 值分别小于 0.6% 和 1.5%。能够在全 SOC 范围内精确估计整组 SOC，且具有更好的不一致自适应能力。单体 SOC 估计的 RMSE 值分别小于 0.4% 和 1%；电压的 RMSE 值分别小于 8mV 和 25mV，能够实现单体 SOC 的在线精确估计。

（4）AFFF 的运用使得电池组 SOC 估计能够有效避免个别单体估计误差较大而带来的整组估计影响，具有更好的容错能力，且能够同时实现局部滤波器故障诊断的作用。

（5）本章提出基于 AFFF 的电池组 SOC 估计方法可以方便地在分布式架构的 BMS 上推广应用。本章只给出了小模组级别的应用案例验证结果，但是按照同样的思路，可以推广到更多电池组成的电池组，多模组的乘用车和商用车。

参 考 文 献

[1]　Zheng Y，Ouyang M，Lu L，et al. Cell state-of-charge inconsistency estimation for LiFePO₄ battery pack in hybrid electric vehicles using mean-difference model[J]. Applied Energy，2013，111：571-580.

[2]　Wang Y，Zhang C，Chen Z. On-line battery state-of-charge estimation based on an integrated estimator[J]. Applied Energy，2017，185：2026-2032.

[3]　Hu X，Li S，Peng H. A comparative study of equivalent circuit models for Li-ion batteries[J]. Journal of Power Sources，2012，198：359-367.

[4]　Hu X，Li S，Peng H，et al. Robustness analysis of state-of-charge estimation methods for two types of Li-ion batteries[J]. Journal of Power Sources，2012，217：209-219.

[5]　Zheng Y, Gao W, Ouyang M, et al. State-of-charge inconsistency estimation of lithium-ion battery pack using mean-difference model and extended Kalman filter[J]. Journal of Power Sources, 2018, 383: 50-58.

[6]　Ouyang M, Zhang M, Feng X, et al. Internal short circuit detection for battery pack using equivalent parameter and consistency method[J]. Journal of Power Sources, 2015, 294: 272-283.

[7]　Zhang C, Jiang Y, Jiang J, et al. Study on battery pack consistency evolutions and equilibrium diagnosis for serial-connected lithium-ion batteries[J]. Applied Energy, 2017, 207: 510-519.

[8]　Feng F, Hu X, Hu L, et al. Propagation mechanisms and diagnosis of parameter inconsistency within Li-ion battery packs[J]. Renewable & Sustainable Energy Reviews, 2019, 112: 102-113.

[9]　Zhong L, Zhang C, He Y, et al. A method for the estimation of the battery pack state of charge based on in-pack cells uniformity analysis[J]. Applied Energy, 2014, 113: 558-564.

[10]　Carlson N A. Federated filter for fault-tolerant integrated navigation systems[C]. Position Location and Navigation Symposium (PLANS), 1988: 110-119.

[11]　Rumpf K, Naumann M, Jossen A. Experimental investigation of parametric cell-to-cell variation and correlation based on 1100 commercial lithium-ion cells[J]. Journal of Energy Storage, 2017, 14: 224-243.

[12]　Paul S, Diegelmann C, Kabza H, et al. Analysis of ageing inhomogeneities in lithium-ion battery systems[J]. Journal of Power Sources, 2013, 239: 642-650.

[13]　Jiang Y, Jiang J, Zhang C, et al. Recognition of battery aging variations for LiFePO$_4$ batteries in 2nd use applications combining incremental capacity analysis and statistical approaches[J]. Journal of Power Sources, 2017, 360: 180-188.

[14]　Ma G J, Wang Z D, Liu W B, et al. A two-stage integrated method for early prediction of remaining useful life of lithium-ion batteries[J]. Knowledge-Based Systems, 2023, 259: 110012.

[15]　Plett G L. Extended Kalman filtering for battery management systems of LiPB-based HEV battery packs[J]. Journal of Power Sources, 2004, 134 (2): 277-292.

[16]　Ma G J, Zhang Y, Cheng C, et al. Remaining useful life prediction of lithium-ion batteries based on false nearest neighbors and a hybrid neural network[J]. Applied Energy, 2019, 253: 113626.

[17]　Sepasi S, Ghorbani R, Liaw B Y. Improved extended Kalman filter for state of charge estimation of battery pack[J]. Journal of Power Sources, 2014, 255: 368-376.

[18]　Fang Q, Wei X, Dai H. A remaining discharge energy prediction method for lithium-ion battery pack considering SOC and parameter inconsistency[J]. Energies, 2019, 12 (6): 987-1011.

[19]　Dai H, Wei X, Sun Z, et al. Online cell SOC estimation of Li-ion battery packs using a dual time-scale Kalman filtering for EV applications[J]. Applied Energy, 2012, 95: 227-237.

[20]　Plett G L. Efficient battery pack state estimation using bar-delta filtering[C]. International Battery, Hybrid and Fuel Cell Electric Vehicle Symposium (EVS), 2009: 1-8.

[21]　Gao W, Zheng Y, Ouyang M, et al. Micro-short-circuit diagnosis for series-connected lithium-ion battery packs using mean-difference model[J]. IEEE Transactions on Industrial Electronics, 2019, 66 (3): 2132-2142.

第 11 章 基于多时间尺度 SOC 和容量估计的锂离子电池组被动均衡策略

11.1 引　言

受限于锂离子电池正、负极材料的电势特性,锂离子单体电压通常在 2~4.2V 之间,无法满足大规模应用场景(如电动汽车和工业储能)的需求。因此,需要将成百上千个单体通过串、并联方式组合形成电池组。在电池组使用过程中,由于外部工作环境和内部特性参数的差异性,电池组的循环寿命呈指数趋势下降,远低于单体的循环寿命。为了减缓电池组的差异性,提高电池组的容量,延长循环寿命,均衡管理是电池健康管理中必不可少的组成部分[1]。

根据能量转移方式,均衡硬件电路被分为主动均衡电路和被动均衡电路。主动均衡电路能够将可释放容量高的单体的电量转移给可释放容量低的单体。该方法具有电能损耗小和速度快等优点。然而,主动均衡电路成本高、体积大和电路复杂等问题,使得其工业化推广应用受到阻碍。被动均衡电路通过并联在电池两端的分流电阻将多余的电能以热能的形式消耗,从而达到电池组的均衡。该方法具有成本低、结构简单和易控制等优点,在电动汽车和储能系统中广泛使用[2, 3]。

与被动均衡硬件电路成熟的发展相比,高效能的均衡策略发展相对落后。根据均衡变量,可以将均衡策略分为:基于电压、基于 SOC 和基于容量的均衡策略。基于电压的均衡策略以电池运行过程中正、负极两端的电压为控制变量,通过制定策略实现电池组各单体电压达到一致或在阈值范围内[4]。该方法具有可直接测量、测量精度高和控制算法简单等优点。然而,电压不能精确表征电池内部状态的差异性,容易导致过均衡,增加了均衡能耗和均衡时间。基于 SOC 的均衡策略是以电池的 SOC 作为均衡变量,其均衡目标是电池组各单体 SOC 达到一致或在阈值范围内。该方法具有电池组电能得到充分利用,避免放电深度不同导致老化速率差异性,缩短均衡时间等优点。然而,在电池全寿命周期内,随着电池的退化,其特性参数也会发生改变,SOC 的准确估计相对困难[5]。基于容量的均衡策略是以总容量、可充电容量或可释放容量作为均衡变量,均衡目标是实现电池组总容量的最大化,提高电池组的容量利用率。该方法具有能够实现电池组容量最大化、避免过均衡带来的均衡能耗高和均衡时间长的问题。然而,准确的容量估计实现较难,并且这要以准确的 SOC 估计为前提[2, 6, 7]。

　　无论是基于 SOC 还是基于容量的均衡策略，都需要高准确度的 SOC 和容量估计。准确估计 SOC 和容量的前提是选择合适的电池组模型。在前面的章节中分析了 4 种电池组模型，包括 BCM、MCM、VVM 和 MDM。MDM 包含 CMM 和单体差异模型 CDM，能够在合适的计算复杂度下准确描述电池组动态行为而被推荐[8]。进一步基于 MDM，利用联邦滤波器，将 CMM 装载到 EKF 中估计平均 SOC，将 CDM 装载到局部滤波器中估计差异 SOC。最终，实现高斯和威布尔两种不一致分布电池组各单体 SOC 的准确估计[9]。Plett 提出基于增强自校正单体模型（enhanced self-correcting cell model，ESCM）利用双扩展卡尔曼滤波器（dual extend Kalman filter，DEKF）实现 SOC 和容量的联合估计。该方法在电池单体的 SOC 和容量估计上取得了较好的效果[10-12]。然而，将该方法推广至电池组 SOC 和容量估计，近似利用基于 ESCM 的 MCM 电池组模型，这将会出现模型计算复杂度高的问题。Hua 等在上述思路的启发下，在长时间尺度上利用双非线性预测滤波器（dual nonlinear predictive filter，DNPF）估计各单体的 SOC、内阻和容量以减小计算复杂度。经过容量筛选，在短时间尺度上利用单非线性预测滤波器（single nonlinear predictive filter，SNPF）对最小容量单体进行 SOC 估计[13]。该方法是在电池组容量达到被动均衡电池组理论容量后，利用最小容量单体 SOC 等效电池组 SOC。然而，该方法无法实时获取除了最小容量单体之外的其他单体 SOC，无法指导均衡策略。

　　现有关于电池组被动均衡策略存在以下问题：首先，传统的 MDM 虽然有较好的准度和合适的计算复杂度，但是 CMM 缺少实际物理映射，并且在每一次迭代中都需要计算均值，仍然存在优化空间；其次，在计算复杂度合理的前提下，对电池组中每个单体 SOC 和容量进行高准确度的估计仍然存在挑战；最后，传统的基于电压和 SOC 的均衡策略，只能实现电池组容量最大化、均衡能耗和均衡时间最小化的部分性能指标，难以兼顾上述性能指标，实现高效能均衡策略。

　　针对上述研究的不足，本章提出了一种基于多时间尺度 SOC 和容量估计的锂离子电池组被动均衡策略。具体而言，本章的几个主要贡献可以总结如下：

　　（1）提出单体最小容量-差异模型（min capacity-differential model，MCDM）。该模型由单体最小容量模型（cell min capacity model，CMCM）和 CDM 构成，能够在多时间尺度下准确描述电池组中最小容量和其他所有单体的动态行为，以及兼顾模型的物理意义、准度和计算复杂度。

　　（2）基于 MCDM，利用 DEKF，能够在多时间尺度下准确估计电池组中每个单体 SOC 和容量，该算法能够兼顾准度和计算复杂度。

　　（3）提出基于 SOC 和容量的均衡策略。该策略能够实现兼顾电池组容量最大化、均衡能耗和首次均衡时间最小化的性能指标，实现全寿命周期高效能均衡。

　　本章其余章节安排如下：11.2 节介绍了基于多时间尺度的电池组 SOC 和容量

估计的均衡策略。建立的 MCDM 由 CMCM 和 CDM 构成，能够准确描述电池组内最小容量单体和其他所有单体的动态行为。基于 MCDM，采用 DEKF，在多时间尺度上实现单体 SOC 和容量估计。基于准确的 SOC 和容量估计建立了均衡策略。11.3 节介绍了仿真验证过程。在电池组全寿命周期过程，对 SOC 和容量估计结果进行验证。从电池组容量、均衡能耗和首次均衡时间 3 个指标，对基于电压、基于 SOC 和基于 SOC 与容量的均衡策略进行对比。11.4 节给出了本章小结。

11.2　多时间尺度的电池组 SOC 和容量估计的均衡策略

在这部分内容中，首先介绍了基于多时间尺度的电池组 SOC 和容量估计均衡策略的整体架构。其次，介绍了本章提出的电池组 MCDM。再次，详细阐述了多时间尺度电池组 SOC 和容量估计算法。最后，给出了均衡策略执行过程。

11.2.1　整体架构

算法的整体架构如图 11-1（a）所示，包括 3 个部分：高精度 MCM 部分，用于模拟全寿命周期电池组动态、退化和均衡行为。SOC 和容量估计部分，基于 CMCM 利用 DEKF（记为：CMCM DEKF）估计最小容量单体 SOC 和参数（记为：SOC EKF #min 和 PAR EKF #min），将后验 SOC 载入容量估计 EKF（记为：CAP EKF #min），获得最小容量单体容量估计。基于 CDM 利用 DEKF（记为：CDM DEKF）估计其他单体（记为#i，#i 从#1 到#N–1，不包括#min，N 为单体数量）ΔSOC 和Δ参数（记为：ΔSOC EKF #i 和ΔPAR EKF #i），将后验ΔSOC 和后验 SOC 共同载入容量估计 EKF（记为：CAP EKF #i），获得其他单体容量估计。均衡策略部分，基于每个单体的 SOC 和容量后验估计，计算每个电池需要均衡的安时积分量，输出均衡电流给以上各个部分（记为：EQU #min 和 EQU #i）。

为了减少算法的计算复杂度，为不同的部分设计了多时间尺度的执行时序，如图 11-1（b）所示。"SCLK"主时钟周期为 1s，所有部分执行周期均为主时钟周期的整数倍。MCM 需要高保真模拟电池组，"Cell #min + Cell #i"执行周期与主时钟周期保持同步，为 1s。SOC 和容量估计部分包含 CMCM 和 CDM 部分。CMCM DEKF 和容量 EKF 是其他单体 EKF 的基础，"CMCM DEKF + CAP EKF #min"执行周期与主时钟周期保持同步，为 1s。CDM 的差异 SOC 和差异参数都是慢变量，因此，"CDM DEKF + CAP EKF #i"执行周期为(N–1)s。均衡部分需要所有单体 SOC 和容量估计结果，"EQU #min + EQU #i"执行周期与"CDM DEKF + CAP EKF #i"周期保持同步，为(N–1)s。由于容量估计需要一段时间回归，因此在前期容量回归过程中不进行均衡。

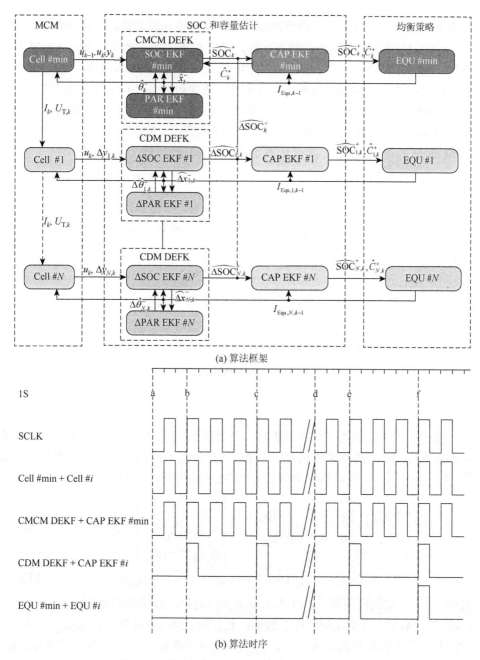

(a) 算法框架

(b) 算法时序

图 11-1　算法框架和时序（彩图见书后插页）

11.2.2　MCDM

传统的串联电池组 MDM 由一个 CMM 和多个 CDM 组成。CMM 输出电压在数值上与所有单体电压的平均值对应，每次都需要计算均值，增加计算复杂度。另外，CMM 没有与之对应的物理实体，缺乏明确的物理意义。借鉴 MDM 建模思想，本书作者团队提出 MCDM，利用 CMCM 替换 CMM，这样不仅避免平均值的计算，并且 CMCM 与最小容量单体形成映射关系，有明确的物理意义。此外，CDM 由 N 个减少到 $N{-}1$ 个。在前面章节中，对比研究了基于 Rint、一阶 RC 和二阶 RC 的四种电池组模型。根据之前的研究结果，CMCM 选为一阶 RC 模型，CDM 选为 Rint 模型[8, 14]。本章所选用的 MCDM 如图 11-2 所示。

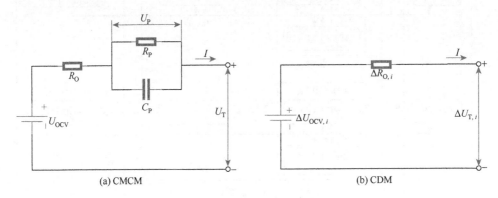

图 11-2　MCDM 电池组模型

1. CMCM

由于一阶 RC 模型能够兼顾准度、计算复杂度和退化适应性，被广泛应用在电池管理算法中。在本章中选择一阶 RC 模型来将 CMCM 加载到 MCDM 中，如图 11-2（a）所示。考虑均衡电流的 CMCM 状态空间方程列写如下：

$$\begin{bmatrix} \mathrm{SOC}_k \\ U_{\mathrm{P},k} \end{bmatrix} = \begin{bmatrix} 1 & 0 \\ 0 & \mathrm{e}^{-\Delta t/\tau_k} \end{bmatrix} \begin{bmatrix} \mathrm{SOC}_{k-1} \\ U_{\mathrm{P},k-1} \end{bmatrix} + \begin{bmatrix} \dfrac{\eta \Delta t}{C_{k-1}} \\ -\dfrac{3600}{} \\ (1-\mathrm{e}^{-\Delta t/\tau_k})R_{\mathrm{P},k} \end{bmatrix}(I_{k-1}+I_{\mathrm{Equ},k-1}) \quad (11\text{-}1)$$

$$U_{\mathrm{T},k}=U_{\mathrm{OCV},k}(\mathrm{SOC}_k)-U_{\mathrm{P},k}-R_{\mathrm{O},k}(I_k+I_{\mathrm{Equ},k-1}) \quad (11\text{-}2)$$

其中，k 为当前执行周期，$k-1$ 为上一个执行周期；Δt 为执行周期时长；SOC_k 为 CMC 荷电状态；η 为 CMC 库仑效率；C_{k-1} 为 CMC 的容量；I_k 和 $I_{\mathrm{Equ},k-1}$ 分别为主回路中的电流和均衡电流，正号为放电，负号为充电；$U_{\mathrm{T},k}$ 为 CMC 端电压；$R_{\mathrm{P},k}$ 和 τ_k 分别为 RC 电路的极化内阻和时间常数；$U_{\mathrm{P},k}$ 为 RC 电路的端电压；$R_{\mathrm{O},k}$ 为欧姆内阻；$U_{\mathrm{OCV},k}$ 为 OCV。OCV 和 SOC 之间的关系可以用多项式函数来拟合，列写如下：

$$U_{\mathrm{OCV}}=\alpha_1\mathrm{SOC}^6+\alpha_2\mathrm{SOC}^5+\alpha_3\mathrm{SOC}^4+\alpha_4\mathrm{SOC}^3+\alpha_5\mathrm{SOC}^2+\alpha_6\mathrm{SOC}^1+\alpha_7 \quad (11\text{-}3)$$

其中，$\alpha_1 \sim \alpha_7$ 为拟合系数。

2. CDM

在电池的退化过程中，OCV 和欧姆内阻的变化占主导地位[15]。另外，根据本书作者团队之前的工作，基于 Rint 模型的 CDM 能够兼顾准度和计算复杂度。因此，选择 Rint 模型来建立 CDM，如图 11-2（b）所示。CDM 的状态空间方程列写如下：

$$\Delta U_{\mathrm{T},i,k} = \Delta U_{\mathrm{OCV},i,k}(\Delta \mathrm{SOC}_{i,k}) - \Delta R_{\mathrm{O},i,k}(I_k + I_{\mathrm{Equ},i,k-1}) \tag{11-4}$$

其中，$\Delta U_{\mathrm{T},i,k}$ 为第 i 个电池和 CMC 之间的端电压差异（正号表示大于 $U_{\mathrm{T},k}$，负号表示小于 $U_{\mathrm{T},k}$）；$\Delta U_{\mathrm{OCV},i,k}$ 为第 i 个电池和 CMC 之间的 OCV 差异（正号表示大于 $U_{\mathrm{OCV},k}$，负号表示小于 $U_{\mathrm{OCV},k}$）；$\Delta \mathrm{SOC}_{i,k}$ 为第 i 个电池和 CMC 之间的 SOC 差异（正号表示大于 SOC_k，负号表示小于 SOC_k）；$\Delta R_{\mathrm{O},i,k}$ 为第 i 个电池和 CMC 之间的欧姆内阻差异（正号表示大于 $R_{\mathrm{O},k}$，负号表示小于 $R_{\mathrm{O},k}$）。

11.2.3　多时间尺度电池组 SOC 和容量估计

本节将分别介绍基于 CMCM 和 CDM 的多时间尺度电池组 SOC 和容量估计。

1. 基于 CMCM 的 SOC 和容量估计

1）SOC 和参数估计

CMCM 中的状态变量 SOC_k 和 $U_{\mathrm{P},k}$ 不仅依赖于之前的短时间历史数据，而且随着系统控制变量的变化而迅速变化。与之相对，CMCM 中的参数会随着电池老化出现缓慢变化，表明系统参数在短时间内是稳定的。在选择算法时，需要考虑电池状态与参数的变化率差异较大的情况，最好分别进行传递和修正。因此，选择 DEKF 算法，为建立更加独立的系统参数和状态估计路径提供了一种有效的方法[16-18]。

DEKF 的过程如图 11-1 所示，其中 $\hat{x}_k^-$ 为系统的状态向量的先验估计；$\hat{\theta}_k^-$ 为系统的参数向量的先验估计，两者相互交替迭代更新。表 11-1 提供了 DEKF 算法的细节，其由两个精巧集成的 EKF 组成。首先，在选定 CMCM 的基础上，用 DEKF 方法建立状态方程、参数方程和测量方程。在 11.2.2 节中 "1. CMCM" 中给出了 CMCM 的状态方程和状态量测方程，在这里状态矩阵 $x_k = \begin{bmatrix} \mathrm{SOC}_k & U_{\mathrm{P},k} \end{bmatrix}$，输入矩阵 $u_k = I_{k-1} + I_{\mathrm{Equ},k-1}$，输出矩阵 $y_k = U_{\mathrm{T},k}$，并增加真实系统 ω_k 和 v_k 噪声输入。对于参数方程，参数矩阵 $\theta_k = [R_{\mathrm{O},k} \quad R_{\mathrm{P},k} \quad \tau_k]$。假设两个采样点之间各参数值不变，但它们可能会随着时间的推移缓慢变化，这将由一个小的虚构过程噪声 r_k 进行建模。

参数量测方程是 CMCM 输出估计加上估计误差 e_k。联合系统的非线性状态空间方程将由式（11-5）～式（11-7）组成：

$$\begin{bmatrix} SOC_k \\ U_{P,k} \end{bmatrix} = \begin{bmatrix} 1 & 0 \\ 0 & e^{-\Delta t/\tau_k} \end{bmatrix} \begin{bmatrix} SOC_{k-1} \\ U_{P,k-1} \end{bmatrix} + \begin{bmatrix} -\dfrac{\eta \Delta t}{C_{k-1}} \\ \dfrac{3600}{(1-e^{-\Delta t/\tau_k})R_{P,k}} \end{bmatrix} (I_{k-1} + I_{Equ,k-1}) + \omega_k \quad (11\text{-}5)$$

$$[R_{O,k} \ R_{P,k} \ \tau_k] = [R_{O,k-1} \ R_{P,k-1} \ \tau_{k-1}] + r_k \quad (11\text{-}6)$$

$$U_{T,k} = U_{OCV,k} - U_{P,k} - R_{O,k}(I_k + I_{Equ,k-1}) + v_k / e_k \quad (11\text{-}7)$$

表 11-1 基于双扩展卡尔曼滤波的 SOC 和 CMCM 参数估计

非线性状态空间模型*

$x_k = f(x_{k-1}, u_k, \theta_k) + \omega_k$, $\theta_k = \theta_{k-1} + r_k$

$y_k = g(x_k, u_k, \theta_k) + v_k$, $d_k = g(x_k, u_k, \theta_k) + e_k$

定义

$$A_{k-1} = \frac{\partial f\left(x_{k-1}, u_{k-1}, \hat{\theta}_k^-\right)}{\partial x_{k-1}}\Bigg|_{x_{k-1}=\hat{x}_k^-} \ , \quad C_k^x = \frac{\partial g\left(x_k, u_k, \hat{\theta}_k^-\right)}{\partial x_k}\Bigg|_{x_k=\hat{x}_k^-}$$

$$C_k^\theta = \frac{dg\left(\hat{x}_k^-, u_k, \theta\right)}{d\theta}\Bigg|_{\theta=\hat{\theta}_k^-}$$

初始化

当 $k=0$，设置

$$\hat{\theta}_0^+ = E[\theta_0] \ , \quad P_{\theta,0}^+ = E\left[\left(\theta_0 - \hat{\theta}_0^+\right)\left(\theta_0 - \hat{\theta}_0^+\right)^T\right]$$

$$\hat{x}_0^+ = E[x_0] \ , \quad P_{x,0}^+ = E\left[\left(x_0 - \hat{x}_0^+\right)\left(x_0 - \hat{x}_0^+\right)^T\right]$$

计算过程

当 $k=1, 2, \cdots$ 计算

权重滤波器时间更新

$$\hat{\theta}_k^- = \hat{\theta}_{k-1}^+$$

$$P_{\theta,k}^- = P_{\theta,k-1}^+ + Q_r$$

状态滤波器时间更新

$$\hat{x}_k^- = f\left(\hat{x}_{k-1}^+, u_{k-1}, \hat{\theta}_k^-\right)$$

$$P_{x,k}^- = A_{k-1}P_{x,k-1}^+A_{k-1}^T + Q_w$$

状态滤波器量测更新

$$K_k^x = P_{x,k}^-\left(C_k^x\right)^T\left[C_k^x P_{x,k}^-\left(C_k^x\right)^T + Q_v\right]^{-1}$$

$$\hat{x}_k^+ = \hat{x}_k^- + K_k^x\left[y_k - g\left(\hat{x}_k^-, u_k, \hat{\theta}_k^-\right)\right]$$

$$P_{x,k}^+ = \left(I - K_k^x C_k^x\right)P_{x,k}^-$$

续表

权重滤波器量测更新

$$K_k^\theta = P_{\theta,k}^- (C_k^\theta)^{\mathrm{T}} \left[C_k^\theta P_{\theta,k}^- (C_k^\theta)^{\mathrm{T}} + Q_e \right]^{-1}$$

$$\hat{\theta}_k^+ = \hat{\theta}_k^- + K_k^\theta \left[y_k - g\left(\hat{x}_k^-, u_k, \hat{\theta}_k^- \right) \right]$$

$$P_{\theta,k}^+ = \left(I - K_k^\theta C_k^\theta \right) P_{\theta,k}^-$$

* ω_k、v_k、r_k 和 e_k 是独立的、零均值的高斯噪声过程，协方差矩阵分别为 Q_ω、Q_v、Q_r、Q_e。另外，K 为卡尔曼滤波增益，P 为误差协方差矩阵。

　　在计算过程中，表 11-1 中定义的雅可比矩阵见式（11-8）～式（11-12）：

$$A_{k-1} = \begin{bmatrix} 1 & 0 \\ 0 & \mathrm{e}^{-\Delta t/\hat{\tau}_k^-} \end{bmatrix} \tag{11-8}$$

$$C_k^x = \left[\dfrac{\mathrm{d} U_{\mathrm{OCV},k}\left(\widehat{\mathrm{SOC}}_k^- \right)}{\mathrm{d}\left(\widehat{\mathrm{SOC}}_k \right)} \quad -1 \right] \tag{11-9}$$

$$C_k^\theta = \left[-(I_k + I_{\mathrm{Equ},k-1}) - (1 - \mathrm{e}^{-\Delta t/\hat{\tau}_k^-})(I_{k-1} + I_{\mathrm{Equ},k-1}) \dfrac{\Delta t}{(\hat{\tau}_k^-)^2} \mathrm{e}^{-\Delta t/\hat{\tau}_k^-} \left[\hat{R}_{\mathrm{P},k}^-(I_{k-1} + I_{\mathrm{Equ},k-1}) - \hat{U}_{\mathrm{P},k-1}^- \right] \right]$$

$$+ \left[\dfrac{\mathrm{d} U_{\mathrm{OCV},k}\left(\widehat{\mathrm{SOC}}_k^- \right)}{\mathrm{d}\left(\widehat{\mathrm{SOC}}_k^- \right)} \quad -1 \right] \dfrac{\mathrm{d}\hat{x}_k^-}{\mathrm{d}\theta} \tag{11-10}$$

$$\dfrac{\mathrm{d}\hat{x}_k^-}{\mathrm{d}\theta} = \begin{bmatrix} 0 & 0 & 0 \\ 0 & (1 - \mathrm{e}^{-\Delta t/\hat{\tau}_k^-})(I_{k-1} + I_{\mathrm{Equ},k-1}) & \dfrac{\Delta t}{(\hat{\tau}_k^-)^2} \mathrm{e}^{-\Delta t/\hat{\tau}_k^-} \left[\hat{U}_{\mathrm{P},k-1}^+ - \hat{R}_{\mathrm{P},k}^- \left(I_{k-1} + I_{\mathrm{Equ},k-1} \right) \right] \end{bmatrix}$$

$$+ \begin{bmatrix} 1 & 0 \\ 0 & \mathrm{e}^{-\Delta t/\hat{\tau}_k^-} \end{bmatrix} \left(\dfrac{\mathrm{d}\hat{x}_{k-1}^-}{\mathrm{d}\theta} - K_{k-1}^x C_{k-1}^\theta \right)$$

$$\tag{11-11}$$

$$\dfrac{\mathrm{d}\hat{x}_1^-}{\mathrm{d}\theta}\bigg|_{\hat{\tau}_1^-} = \begin{bmatrix} 0 & 0 & 0 \\ 0 & (1 - \mathrm{e}^{-\Delta t/\hat{\tau}_1^-})I_1 & \dfrac{\Delta t}{(\hat{\tau}_1^-)^2} \mathrm{e}^{-\Delta t/\hat{\tau}_1^-} \left(\hat{U}_{\mathrm{P},k-1}^+ - \hat{R}_{\mathrm{P},1}^- I_1 \right) \end{bmatrix} \tag{11-12}$$

其中，Δt 为每一个执行周期。

2）容量估计

容量虽然也可以作为一个电池参数放入 DEKF 中进行估计，但是作为均衡策略的重要控制变量，其准度、稳定性和可靠性至关重要。因此，本章将容量从其他参数中剥离出来，单独进行估计[19]。借鉴 DEKF 中的参数估计方法，容量同样可以作为一个缓变参数进行估计。参数方程中，参数矩阵 $\theta_{C,k} = [C_k]$。量测方程中，输入矩阵 $u_{C,k} = \widehat{SOC}_k^+ - \widehat{SOC}_{k-1}^+$，输出矩阵 $y_{C,k} = \eta\Delta t(I_{k-1} + I_{Equ,k-1})$。容量估计的非线性状态空间方程和对应的雅可比矩阵将由式（11-13）～式（11-15）组成：

$$[C_k] = [C_{k-1}] + r_{C,k} \tag{11-13}$$

$$\eta\Delta t(I_{k-1} + I_{Equ,k-1}) = -\left(\widehat{SOC}_k^+ - \widehat{SOC}_{k-1}^+\right)C_{k-1} \times 3600 + e_{C,k} \tag{11-14}$$

$$C_k^C = \left[-\left(\widehat{SOC}_k^+ - \widehat{SOC}_{k-1}^+\right) \times 3600\right] \tag{11-15}$$

2. 基于 CDM 的 SOC 和容量估计

1）SOC 和参数估计

与基于 CMCM 的 SOC 和参数估计类似，同样选择 DEKF 来对 CDM 的状态和参数进行估计。表 10-2 提供了基于 CDM 的 DEKF 算法的细节。首先，需要确定状态方程、参数方程和测量方程。在状态方程中，状态矩阵为 $\Delta x_{i,k} = [\Delta SOC_{i,k}]$。与参数估计原理类似，假设在两个执行周期单体#$i$ 与 CMC 的 SOC 差异保持不变，但是随着时间的推移会缓慢变化，这将由一个小的虚拟噪声 $\omega_{i,k}$ 来驱动。在 11.2.2 节中 "2. CDM" 中给出了 CDM 的状态量测方程，在这里输入矩阵 $u_{i,k} = I_k + I_{Equ,i,k-1}$，输出矩阵 $\Delta y_{i,k} = \Delta U_{T,i,k}$，并增加真实系统 $v_{i,k}$ 噪声输入。对于参数方程，参数矩阵 $\Delta\theta_{i,k} = [\Delta R_{O,i,k}]$。假设两个采样点之间各参数值不变，但它们可能会随着时间的推移缓慢变化，虚构噪声 $r_{i,k}$ 将对此进行建模。参数量测方程是 CMCM 输出估计加上估计误差 $e_{i,k}$。联合系统的非线性状态空间方程将由式（11-16）～式（11-18）组成：

$$[\Delta SOC_{i,k}] = [\Delta SOC_{i,k-1}] + \omega_{i,k} \tag{11-16}$$

$$[\Delta R_{O,i,k}] = [\Delta R_{O,i,k-1}] + r_{i,k} \tag{11-17}$$

$$\Delta U_{T,i,k} = \Delta U_{OCV,i,k} - \Delta R_{O,i,k}(I_k + I_{Equ,i,k-1}) + v_{i,k} / e_{i,k} \tag{11-18}$$

在计算过程中，表 11-2 中定义的雅可比矩阵见式（11-19）～式（11-22）：

$$C_{i,k}^{\Delta x} = \frac{\mathrm{d}\Delta U_{\mathrm{OCV}_{i,k}}\left(\widehat{\Delta SOC}_{i,k}^{-}\right)}{\mathrm{d}\left(\widehat{\Delta SOC}_{i,k}^{-}\right)} = \frac{\mathrm{d}U_{\mathrm{OCV}_{i,k}}\left(\widehat{SOC}_k^{-} + \widehat{\Delta SOC}_{i,k}^{-}\right)}{\mathrm{d}\left(\widehat{SOC}_k^{-} + \widehat{\Delta SOC}_{i,k}^{-}\right)} \tag{11-19}$$

$$C_{i,k}^{\Delta \theta} = \left[-\left(I_k + I_{\mathrm{Equ},i,k-1}\right)\right] + \frac{\mathrm{d}U_{\mathrm{OCV}_{i,k}}\left(\widehat{SOC}_k^{-} + \widehat{\Delta SOC}_{i,k}^{-}\right)}{\mathrm{d}\left(\widehat{SOC}_k^{-} + \widehat{\Delta SOC}_{i,k}^{-}\right)}\frac{\mathrm{d}\Delta \hat{x}_k^{-}}{\mathrm{d}\Delta \theta} \tag{11-20}$$

$$\frac{\mathrm{d}\Delta \hat{x}_{i,k}^{-}}{\mathrm{d}\Delta \theta_i} = \left(\frac{\mathrm{d}\Delta \hat{x}_{i,k-1}^{-}}{\mathrm{d}\Delta \theta_i} - K_{i,k-1}^{\Delta x} C_{i,k-1}^{\Delta \theta}\right) \tag{11-21}$$

$$\left.\frac{\mathrm{d}\Delta \hat{x}_{k,1}^{-}}{\mathrm{d}\Delta \theta_i}\right|_{\Delta \hat{\theta}_{i,1}^{-}} = 0 \tag{11-22}$$

表 11-2　基于双扩展卡尔曼滤波的 SOC 和 CDM 参数估计

非线性状态空间模型*：

$\Delta x_{i,k} = \Delta x_{i,k-1} + \omega_{i,k}$ ，　$\Delta \theta_{i,k} = \Delta \theta_{i,k-1} + r_{i,k}$

$\Delta y_{i,k} = g_\Delta(\Delta x_{i,k}, u_k, \Delta \theta_{i,k}) + v_{i,k}$ ，　$\Delta d_{i,k} = g_\Delta(\Delta x_{i,k}, u_k, \Delta \theta_{i,k}) + e_{i,k}$

定义：

$$C_{i,k}^{\Delta x} = \left.\frac{\partial g_\Delta\left(\Delta x_{i,k}, u_k, \Delta \hat{\theta}_{i,k}^{-}\right)}{\partial \Delta x_{i,k}}\right|_{\Delta x_{i,k} = \Delta \hat{x}_{i,k}^{-}} ，\quad C_{i,k}^{\Delta \theta} = \left.\frac{\mathrm{d}g_\Delta\left(\Delta \hat{x}_{i,k}^{-}, u_k, \Delta \theta\right)}{\mathrm{d}\Delta \theta}\right|_{\Delta \theta = \Delta \hat{\theta}_{i,k}^{-}}$$

初始化：

当 $k = 0$，设置

$$\Delta \hat{\theta}_{i,0}^{+} = E\left[\Delta \theta_{i,0}\right] ，\quad P_{\Delta \theta_i,0}^{+} = E\left[\left(\Delta \theta_{i,0} - \Delta \hat{\theta}_{i,0}^{+}\right)\left(\Delta \theta_{i,0} - \Delta \hat{\theta}_{i,0}^{+}\right)^{\mathrm{T}}\right]$$

$$\Delta \hat{x}_{i,0}^{+} = E\left[\Delta x_{i,0}\right] ，\quad P_{\Delta x_i,0}^{+} = E\left[\left(\Delta x_{i,0} - \Delta \hat{x}_{i,0}^{+}\right)\left(\Delta x_{i,0} - \Delta \hat{x}_{i,0}^{+}\right)^{\mathrm{T}}\right]$$

计算过程：

当 $k = 1, 2, \cdots$ 计算

权重滤波器时间更新：

$$\Delta \hat{\theta}_{i,k}^{-} = \Delta \hat{\theta}_{i,k-1}^{+}$$

$$P_{\Delta \theta_i,k}^{-} = P_{\Delta \theta_i,k-1}^{+} + Q_{i,r}$$

状态滤波器时间更新：

$$\Delta \hat{x}_{i,k}^{-} = \Delta \hat{x}_{i,k-1}^{+}$$

$$P_{\Delta x_i,k}^{-} = P_{\Delta x_i,k-1}^{+} + Q_{i,w}$$

状态滤波器量测更新：

$$K_{i,k}^{\Delta x} = P_{\Delta x_i,k}^{-}\left(C_{i,k}^{\Delta x}\right)^{\mathrm{T}}\left[\left(C_{i,k}^{\Delta x} P_{\Delta x_i,k}^{-} C_{i,k}^{\Delta x}\right)^{\mathrm{T}} + Q_{i,v}\right]^{-1}$$

$$\Delta \hat{x}_{i,k}^{+} = \Delta \hat{x}_{i,k}^{-} + K_{i,k}^{\Delta x}\left[\Delta y_{i,k} - g_\Delta\left(\Delta \hat{x}_{i,k}^{-}, u_k, \Delta \hat{\theta}_{i,k}^{-}\right)\right]$$

$$P_{\Delta x_i,k}^{+} = \left(1 - K_{i,k}^{\Delta x} C_{i,k}^{\Delta x}\right) P_{\Delta x_i,k}^{-}$$

权重滤波器量测更新：

$$K_{i,k}^{\Delta\theta} = P_{\Delta\theta_i,k}^- \left(C_{i,k}^{\Delta\theta}\right)^{\mathrm{T}} \left[C_{i,k}^{\Delta\theta} P_{\Delta\theta_i,k}^- \left(C_{i,k}^{\Delta\theta}\right)^{\mathrm{T}} + Q_{i,e}\right]^{-1}$$

$$\Delta\hat{\theta}_{i,k}^+ = \Delta\hat{\theta}_{i,k}^- + K_{i,k}^{\Delta\theta}\left[\Delta y_{i,k} - g_\Delta\left(\Delta\hat{x}_{i,k}^-, u_k, \Delta\hat{\theta}_{i,k}^-\right)\right]$$

$$P_{\Delta\theta_i,k}^+ = \left(1 - K_{i,k}^{\Delta\theta} C_{i,k}^{\Delta\theta}\right) P_{\Delta\theta_i,k}^-$$

* $\omega_{i,k}$、$v_{i,k}$、$r_{i,k}$ 和 $e_{i,k}$ 是独立的、零均值的高斯噪声过程，协方差矩阵分别为 $Q_{i,\omega}$、$Q_{i,v}$、$Q_{i,r}$、$Q_{i,e}$。另外，K_i 为卡尔曼滤波增益，P_i 为误差协方差矩阵。

2）容量估计

借鉴基于 CMCM 的容量估计。在 CDM 中，容量同样可以作为一个缓变参数进行估计。参数方程中，参数矩阵 $\theta_{C,i,k} = \left[C_{i,k}\right]$。量测方程中，输入矩阵 $u_{C,i,k} = \widehat{SOC}_{i,k}^+ - \widehat{SOC}_{i,k-1}^+$，可以分解为 $u_{C,i,k} = \widehat{SOC}_k^+ - \widehat{SOC}_{k-1}^+ + \widehat{\Delta SOC}_{i,k}^+ - \widehat{\Delta SOC}_{i,k-1}^+$，输出矩阵 $y_{C,i,k} = \Delta t(I_{k-1} + I_{\mathrm{Equ},i,k-1})$。容量估计的非线性状态空间方程和对应的雅可比矩阵将由式（11-23）～式（11-26）组成：

$$\left[C_{i,k}\right] = \left[C_{i,k-1}\right] + r_{i,k} \tag{11-23}$$

$$\eta\Delta t(I_{k-1} + I_{\mathrm{Equ},i,k-1}) = -\left(\widehat{SOC}_{i,k}^+ - \widehat{SOC}_{i,k-1}^+\right)(C_{i,k-1}) \times 3600 + u_{i,k} \tag{11-24}$$

$$\eta\Delta t(I_{k-1} + I_{\mathrm{Equ},i,k-1}) = -\left(\widehat{SOC}_k^+ - \widehat{SOC}_{k-1}^+ + \widehat{\Delta SOC}_{i,k}^+ - \widehat{SOC}_{i,k-1}^+\right)(C_{i,k-1}) \times 3600 + u_{i,k} \tag{11-25}$$

$$C_k^{Ci} = \left[-\left(\widehat{SOC}_k^+ - \widehat{SOC}_{k-1}^+ + \widehat{\Delta SOC}_{i,k}^+ - \widehat{\Delta SOC}_{i,k-1}^+\right) \times 3600\right] \tag{11-26}$$

11.2.4　均衡策略

在准确估计各单体 SOC 和容量的基础上，进一步设计基于 SOC 和容量的均衡策略。本章选择被动均衡电路，后面的讨论均在被动均衡的前提下。选择 3 个不同容量不同初始 SOC 的单体为例来阐述这个过程，这 3 个电池标号依次为#1～#3，总容量依次为 90A·h、95A·h、100A·h，如图 11-3 所示。在均衡前，3 个电池初始 SOC 分别为 88.89%、78.95%、95%。根据式（11-27）和式（11-28）：

$$C_{\mathrm{R},i,k} = C_{\mathrm{T},i,k} \times SOC \tag{11-27}$$

$$C_{\mathrm{C},i,k} = C_{\mathrm{T},i,k} \times (1 - SOC) \tag{11-28}$$

计算出单体可释放容量 $C_{R,i,k}$ 分别为 80A·h、75A·h、95A·h，单体可充电容量 $C_{C,i,k}$ 分别为 10A·h、20A·h、5A·h。根据式（11-29）～式（11-31）：

$$C_{R,\text{Pack},k} = \min(C_{R,i,k}) \tag{11-29}$$

$$C_{C,\text{Pack},k} = \min(C_{C,i,k}) \tag{11-30}$$

$$C_{T,\text{Pack},k} = C_{R,\text{Pack},k} + C_{C,\text{Pack},k} \tag{11-31}$$

计算出电池组可释放容量 $C_{R,\text{Pack},k}$、电池组可充电容量 $C_{C,\text{Pack},k}$ 和电池组总容量 $C_{T,\text{Pack},k}$ 分为 75A·h、5A·h 和 80A·h，如图 11-3（a）所示。在被动均衡条件下，电池组容量小于 CMC 容量，表明电池组并未处于均衡状态，需要进一步进行均衡。

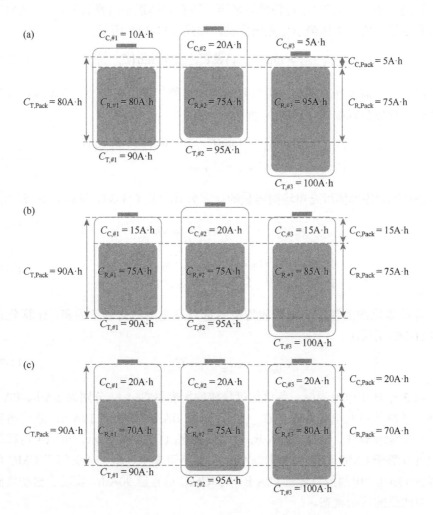

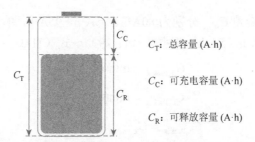

C_T: 总容量 (A·h)

C_C: 可充电容量 (A·h)

C_R: 可释放容量 (A·h)

图 11-3 基于 SOC 和容量的均衡策略：（a）均衡前 $C_{T,Pack,k} < C_{T,min,k}$；（b）均衡后
$C_{R,min,k} = min(C_{R,i,k}) \& C_{C,min,k} = min(C_{C,i,k})$；（c）均衡后 $C_{C,1,k} = C_{C,min,k} = \cdots = C_{C,N,k}$

在被动均衡条件下，电池组容量等于 CMC 容量即达到均衡状态。这需要同时满足两个条件：①CMC 可释放容量等于所有单体最小可释放容量；②CMC 可充电容量等于所有单体最小可充电容量，如式（11-32）所示：

$$C_{R,min,k} = min(C_{R,i,k}) \& C_{C,min,k} = min\left(C_{C,i,k}\right) \tag{11-32}$$

进一步，需要计算各单体所需要的均衡容量。根据条件①，各单体可释放均衡容量的计算公式如式（11-33）所示：

$$\begin{cases} C_{Equ,R,i,k} = C_{R,i,k} - min(C_{R,i,k}) & C_{R,i,k} \leqslant C_{R,min,k} \\ C_{Equ,R,i,k} = 0 & C_{R,i,k} > C_{R,min,k} \end{cases} \tag{11-33}$$

根据条件②，各单体可充电均衡容量的计算公式如式（11-34）和式（11-35）所示：

$$C_{C,i,k} = C_{C,i,k-1} + C_{Equ,R,i,k} \tag{11-34}$$

$$\begin{cases} C_{Equ,C,i,k} = C_{C,min,k} - C_{C,i,k} & C_{C,i,k} \leqslant C_{C,min,k} \\ C_{Equ,C,i,k} = 0 & C_{C,i,k} > C_{C,min,k} \end{cases} \tag{11-35}$$

各单体总均衡容量为可释放均衡容量与可充电均衡容量的和，计算公式如式（11-36）所示：

$$C_{Equ,i,k} = C_{Equ,R,i,k} + C_{Equ,C,i,k} \tag{11-36}$$

以 3 个样本电池为例，各单体可释放均衡容量 $C_{Equ,R,i,k}$ 分别为 5A·h、0A·h、0A·h，各单体可充电均衡容量 $C_{Equ,C,i,k}$ 分别为 0A·h、0A·h、10A·h，总均衡容量 $C_{Equ,i,k}$ 分别为 5A·h、0A·h、10A·h。均衡后如图 11-3（b）所示，电池组可释放容量 75A·h 等于 CMC 可释放容量 75A·h，电池组可充电容量 15A·h 等于 CMC 可充电容量 15A·h，电池组总容量 90A·h 等于 CMC 总容量 90A·h，实现了被动均衡条件下电池组的均衡状态。

从图 11-3（b）可以看出，电池组各单体无论是可释放容量还是可充电容量都没有达到一致，这是一种宽约束的均衡策略，并且计算过程相对复杂。然而，工程实践中通常采用以上均衡策略的一个特例，即可释放容量或可充电容量一致。以可充电容量一致为例说明，可释放容量一致过程类似，不再赘述。各单体可充电容量一致判断条件如式（11-37）所示：

$$C_{C,1,k} = C_{C,\min,k} = \cdots = C_{C,N,k} \tag{11-37}$$

均衡容量计算公式如式（11-38）所示：

$$C_{Equ,i,k} = \max(C_{C,i,k}) - C_{C,i,k} \tag{11-38}$$

同样，以 3 个样本为例，可充电容量 $C_{C,i,k}$ 分别为 10A·h、20A·h、5A·h，均衡容量 $C_{Equ,i,k}$ 分别为 10A·h、0A·h、15A·h，如图 11-3（c）所示。虽然，相比前面的均衡策略，首次均衡消耗的电量会大一些，但是计算复杂度会降低，因此本章采用后者。

11.3　仿 真 验 证

对电池组进行全寿命周期的实验验证存在巨大挑战，包括单体数量多、实验时间长和实验数据大，这些都不利于原理阶段的验证。另外，实验验证难以得到单体准确的 SOC 和容量，这会导致估计算法缺少基准值。因此，本章通过仿真的手段验证所提出的估计算法和均衡策略。

11.3.1　实验设计

在这一小节中，介绍电池组仿真模型和实验计划的设计过程。

1. 电池组仿真模型

为了高保真地模拟电池组全寿命周期的动态行为，采用基于一阶 RC 的 MCM。在仿真工况中，采用 DST 作为放电工况，放电至电池组中单体最低电压达到下限截止电压或最低 SOC 达到 0%。采用 1C 恒流充电作为充电工况，充电至电池组中单体最高电压达到上限截止电压或最高 SOC 达到 100%。为了保证模拟的逼真性，模型参数的设置以真实电池组全寿命周期退化过程参数为指导。电池组由 4 个正极材料为 $Li(Ni_{0.8}Co_{0.1}Mn_{0.1})O_2$、负极材料为石墨的单体组成。每个单体的标称容量和电压分别为 177A·h 和 3.61V，上限和下限截止电压分别为 4.2V 和 2.8V。该电池组经历大约 700 次循环，CMC 的容量达到寿命截止条件，即初始容量的 80%。在真实电池组参数的指导下，仿真 MCM 参数设置如下。

初始 SOC：正态随机给定，均值：93.5%，方差：1.3%；平均值：93.5%，最大值：95%，最小值：92%，差异：3.16%。

初始容量 $C_{T,i,1}$：正态随机给定，均值：177A·h，方差：2A·h；平均值：176.923A·h，最大值：180.186A·h，最小值：173.843A·h，差异：3.52%。

容量退化率 $C_{Loss,i,k}$：本章的容量衰减模型采用 Wang 等提出的经验模型[20]，其公式为

$$C_{Loss} = k_C Ah^{0.55} \tag{11-39}$$

其中，k_C 为容量衰减系数，仿真实验中服从正态分布。电池组进行 700 次循环，容量损失大约为 20%，对应衰减系数均值为 0.0413。容量衰减通常无法筛选，因此方差给定较大，为 0.005。最大 k_C 为 0.0448，最小 k_C 为 0.0378，均值为 0.0412，约有 15.55%差异。

初始欧姆电阻 $R_{O,i,1}$：真实电池组初始欧姆电阻均值为 0.349mΩ，方差为 0.005mΩ。在仿真实验中给定正态分布，均值、方差与真实值相同。初始欧姆电阻最大值为 0.354mΩ，最小值为 0.336，差异为 5.07%。

增长率 $R_{Loss,i,k}$：本章的欧姆内阻增长模型采用 Matsushima 提出的线性经验模型[21]，其公式为

$$R_{Loss} = k_R Ah \tag{11-40}$$

其中，k_R 为欧姆内阻增长系数。仿真实验中欧姆内阻增长系数大小与容量衰减系数大小相关，最大 k_R 为 0.0448，最小 k_R 为 0.0378，均值为 0.0412，约有 15.55%差异。

极化电阻 $R_{P,i}$：4 个单体电池极化电阻仿真实验与初始真实值相同，并且全寿命周期保持不变。

时间常数 τ_i：4 个单体电池时间常数仿真实验与初始真实值相同，并且全寿命周期保持不变。

库仑效率 η_i：4 个单体电池库仑效率真实值非常接近 1。在仿真实验中给定正态分布，均值为 0.9995，方差为 0.0001。4 个单体的仿真库仑效率最大值为 0.99967%，最小值为 0.99930%，差异为 0.04%，在全寿命周期保持不变。

均衡电流：4 个单体电池的均衡电流均为 100mA，并且全寿命周期保持不变。电池组仿真模型参数如表 11-3 所示。

表 11-3　电池组仿真模型参数表

序号	初始 SOC/%	初始容量 /(A·h)	容量 退化率/%	初始欧姆 电阻/mΩ	欧姆电阻 增长率/ ×10^{-11}%	极化 电阻/mΩ	时间 常数/s	库仑效率 /%	均衡 电流 /mA
单体#1	92	175.991	0.0361	0.342	2.297	0.293	38.398	0.99944	100
单体#2	94	177.670	0.0390	0.347	2.517	0.297	45.135	0.99953	100

续表

序号	初始 SOC/%	初始容量 /(A·h)	容量 退化率/%	初始欧姆 电阻/mΩ	欧姆电阻 增长率/ ×10⁻¹¹%	极化 电阻/mΩ	时间 常数/s	库仑效率 /%	均衡 电流 /mA
单体#3	93	180.186	0.0413	0.354	2.752	0.395	52.851	0.99967	100
单体#4	95	173.843	0.0343	0.336	2.174	0.315	41.152	0.99930	100

2. 实验安排

实验大纲包括两个部分：电池组 SOC 和容量估计与均衡性能。第 1 部分电池组 SOC 和容量估计利用第 1 次循环的新电池组和第 672 次循环（倒数第 2 次循环，最后 1 次循环不完整）的老电池组 SOC 及容量仿真数据作为参考值，对多时间尺度电池组 SOC 和容量估计算法进行验证。

第 2 部分均衡性能利用全寿命周期电池组容量、均衡能耗和首次均衡时间性能指标，对基于电压、SOC 与 SOC 和容量的 3 种均衡策略进行综合的比较分析。为了使每种均衡策略都能尽可能实现均衡变量的一致性，均衡截止阈值设置尽可能小，以避免其带来的均衡性能下降。完整的均衡性能实验大纲如表 11-4 所示。

表 11-4　均衡性能实验大纲和对比性能

均衡策略	均衡截止阈值	均衡性能
基于电压	$\Delta V < 10\text{mV}$	电池组容量/均衡能耗/均衡时间
基于 SOC	$\Delta\text{SOC} < 0.1\%$	电池组容量/均衡能耗/均衡时间
基于 SOC 和容量	$\Delta C_c < 0.1\text{A}\cdot\text{h}$	电池组容量/均衡能耗/均衡时间

11.3.2　电池组 SOC 和容量估计结果

第 1 次循环的新电池组的 SOC 和容量估计结果如图 11-4 所示，第 672 次循环的老电池组的估计结果如图 11-5 所示。图 11-4（a）和（b）、图 11-5（a）和（b）分别为单体 SOC 估计曲线和误差曲线。图 11-4（c）和（d）、图 11-5（c）和（d）分别为单体容量估计曲线和误差曲线。在本小节中"单体#1～#4 真实值"是由 MCM 生成的真实值，"单体#1～#4 估计值"是由多时间尺度电池组 SOC 和容量估计值，"单体#1～#4 误差"是由真实值与估计值的差值得到。新电池组和老电池组估计的 SOC 与容量的 RMSE 如表 11-5 所示。

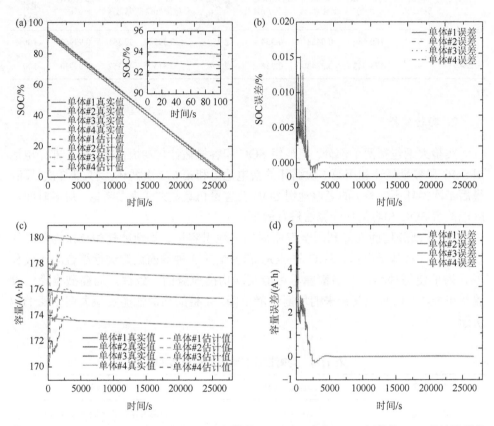

图 11-4　新电池组 SOC 和容量估计：（a）新单体 SOC 估计曲线；（b）新单体 SOC 估计误差曲线；（c）新单体容量估计曲线；（d）新单体容量估计误差曲线

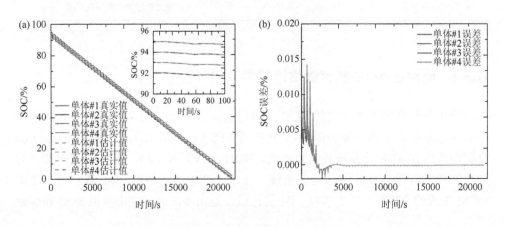

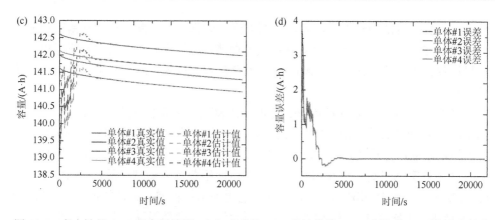

图 11-5　老电池组 SOC 和容量估计：（a）老单体 SOC 估计曲线；（b）老单体 SOC 估计误差曲
线；（c）老单体容量估计曲线；（d）老单体容量估计误差曲线

表 11-5　新电池组和老电池组的单体 SOC 和容量估计的 RMSE 值

电池号	新电池		老电池	
	SOC/%	容量/(A·h)	SOC/%	容量/(A·h)
单体#1	2.1434×10^{-6}	0.1365	2.1978×10^{-6}	0.1099
单体#2	2.3775×10^{-6}	0.1521	2.4536×10^{-6}	0.1009
单体#3	2.2037×10^{-6}	0.1617	2.2703×10^{-6}	0.1078
单体#4	2.2791×10^{-6}	0.1381	2.7529×10^{-6}	0.1050
平均	2.1924×10^{-6}	0.1471	2.3547×10^{-6}	0.1059

　　如图 11-4 所示，给出了新电池组的单体 SOC 和容量估计结果。从图 11-4（a）
的单体 SOC 估计结果可以看出，多时间尺度估计方法能够在全 SOC 范围提供准
确的 SOC 估计。从其插图能够看出算法的回归速度很快，在 10s 以内算法回归到
真值。图 11-4（b）展示了单体 SOC 估计误差曲线。从结果可以看出本章所提出
的方法可以保持 SOC 估计误差在 0.015%以内。从图 11-4（c）的单体容量估计结
果可以看出，所提出方法能够在 4000s 左右回归到真值，从此之后一直紧紧跟随
真值。图 11-4（d）展示了单体容量估计误差曲线。从结果可以看出本章所提出的
方法可以保持容量估计误差在 6A·h（3.39%全量程）以内。
　　如图 11-5 所示，给出了老电池组的单体 SOC 和容量估计结果。从图 11-5（a）
的单体 SOC 估计结果可以看出，所提出的方法同样能够在全 SOC 范围提供准确
的 SOC 估计，并且能够在 10s 内回归到真值。图 11-5（b）展示了单体 SOC 估计
误差曲线。从结果可以看出本章所提出的方法同样可以保持 SOC 估计误差在
0.015%以内，与新电池组估计结果相近。从图 11-5（c）的单体容量估计结果可以

看出，所提出方法同样能够在 4000s 左右回归到真值，从此之后一直紧紧跟随真值。图 11-5（d）展示了单体容量估计误差曲线，从结果可以看出本章所提出的方法可以保持容量估计误差在 4A·h（2.84%全量程）以内。这个结果比新电池组的估计结果准度高。

表 11-5 列出了新电池组和老电池组的单体 SOC 与容量估计的 RMSE 值。新电池组单体 SOC 估计的最大 RMSE 为 2.3775×10^{-6}%，平均 RMSE 为 2.1924×10^{-6}%。老电池组单体 SOC 估计的最大 RMSE 为 2.7529×10^{-6}%，平均 RMSE 为 2.3547×10^{-6}%，两者估计准度都很高，并且相差无几。新电池组单体容量估计的最大 RMSE 为 0.1617A·h，平均 RMSE 为 0.1471A·h。老电池组单体容量估计的最大 RMSE 为 0.1099A·h，平均 RMSE 为 0.1059A·h。两者估计准度都很高，老电池组略高于新电池组，这主要是由于老电池组容量差异性更小。因此，可以得出以下结论，本章所提出的方法在新电池组和老电池组上准度都很高，能够在全寿命周期准确有效地估计每个单体的 SOC 和容量。

11.3.3　均衡性能分析

1. 电池组容量

基于电压、SOC 及 SOC 和容量的均衡策略全寿命周期电池组容量对比结果如图 11-6 所示。图 11-6（a）为基于电压的均衡策略电池组容量。图 11-6（b）为基于 SOC 的均衡策略电池组容量。图 11-6（c）为基于 SOC 和容量的均衡策略电池组容量。图 11-6（d）为 3 种均衡策略电池组容量对比。在本小节中"单体#1～#4 容量"是由 MCM 生成的真实值单体容量，"电池组理论容量"是被动均衡下电池组容量理论值，其数值上等于最小单体容量，"电池组真实容量"是由 3 种均衡策略均衡后得到的真实容量，"循环次数"为电池组循环数。

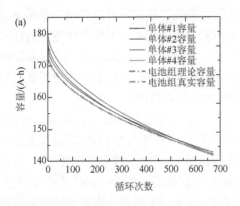 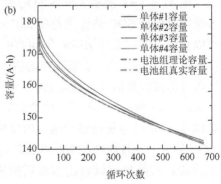

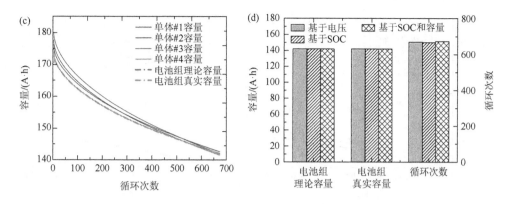

图 11-6　基于电压、SOC 及 SOC 和容量均衡策略的电池组容量对比：（a）基于电压均衡策略的电池组容量；（b）基于 SOC 均衡策略的电池组容量；（c）基于 SOC 和容量均衡策略的电池组容量；（d）3 种均衡策略电池组容量对比

从图 11-6（a）～（c）的电池组容量结果可以看出，基于电压、SOC 及 SOC 和容量的 3 种均衡策略均能够快速回归到电池组容量理论值，并且在全寿命周期紧紧跟随理论值。从图 11-6（d）的电池组容量对比结果可以看出，3 种均衡策略的电池组理论值和真实值都达到了标称容量 177A·h 的 80%，即 141.6A·h。然而，3 种均衡策略的全寿命周期的循环次数分别为 670 次、665 次和 673 次，基于电压和 SOC 的均衡策略循环次数小于基于 SOC 和容量的均衡策略循环次数，这主要由于前两种均衡策略的均衡能耗大，在全寿命周期中比基于 SOC 和容量的均衡策略放电量多，导致电池组加速退化，这将在下一节中详细分析。

2. 均衡能耗

基于电压、SOC 及 SOC 和容量的均衡策略全寿命周期均衡能耗对比结果如图 11-7 所示。图 11-7（a）为基于电压的均衡策略均衡能耗。图 11-7（b）为基于 SOC 的均衡策略均衡能耗。图 11-7（c）为基于 SOC 和容量的均衡策略均衡能耗。图 11-7（d）为 3 种均衡策略均衡能耗对比。在本小节中"单体#1～#4 均衡能耗"是每个单体的均衡能耗，"均衡能耗和"是所有单体均衡能耗的和。

从图 11-7（a）和（b）的均衡能耗结果可以看出，基于电压和基于 SOC 的两种均衡策略在全寿命周期中所有单体均在不停进行均衡。然而，从图 11-6（c）的均衡能耗结果可以看出，基于 SOC 和容量的均衡策略在单体#4 达到均衡截止阈值条件后就不再进行均衡。从图 11-7（d）的均衡能耗对比结果可以看出，无论是单体均衡能耗还是均衡能耗和，基于 SOC 的均衡能耗最大，总能耗为 3435.32W·h。基于电压的均衡能耗次之，总能耗为 1055.41W·h。基于 SOC 和容量的均衡能耗最小，总能耗为 381.64W·h。另外，每个单体的均衡能耗与库仑效率相关。通过

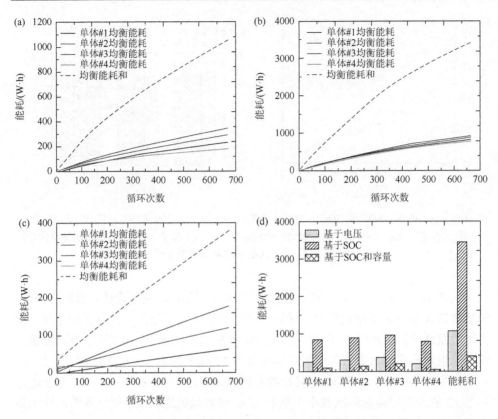

图 11-7　基于电压、SOC 及 SOC 和容量均衡策略的能耗对比:(a)基于电压均衡策略的均衡
能耗;(b)基于 SOC 均衡策略的均衡能耗;(c)基于 SOC 和容量均衡策略的均衡能耗;
(d)3 种方法均衡能耗对比

均衡能耗的对比分析可以看出,基于电压和 SOC 的均衡策略会经常出现过均衡
的问题。然而,基于 SOC 和容量的均衡策略能够有效避免过均衡的问题。

3. 首次均衡时间

基于电压、SOC 及 SOC 和容量的均衡策略首次均衡时间对比结果如图 11-8
所示。图 11-8(a)为基于电压的均衡策略首次均衡时间。图 11-8(b)为基于
SOC 的均衡策略首次均衡时间。图 11-8(c)为基于 SOC 和容量的均衡策略首
次均衡时间。图 11-8(d)为 3 种均衡策略首次均衡时间对比。在本小节中"单
体#1~#4 容量"是由 MCM 生成的真实值单体容量,"电池组理论容量"是被
动均衡下电池组容量理论值,其数值上等于最小单体容量,"电池组真实容量"
是由 3 种均衡策略均衡后得到的真实容量,"时间"为首次均衡时间,"循环
次数"为电池组循环数。

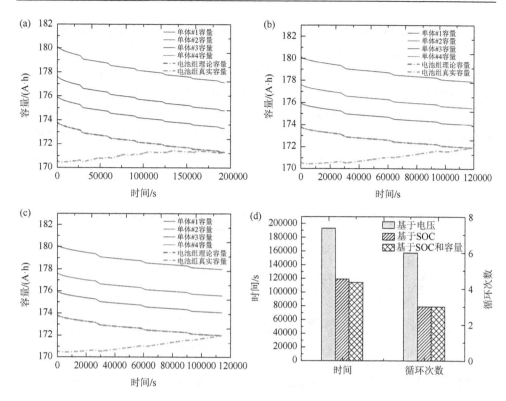

图 11-8　基于电压、SOC 及 SOC 和容量均衡策略的首次均衡时间对比：（a）基于电压均衡策略的首次均衡时间；（b）基于 SOC 均衡策略的首次均衡时间；（c）基于 SOC 和容量均衡策略的首次均衡时间；（d）3 种方法首次均衡时间对比

从图 11-8（a）～（c）的首次均衡时间结果可以看出，基于电压、SOC 及 SOC 和容量的 3 种均衡策略均能够逐步回归到电池组容量理论值。从图 11-8（d）的首次均衡时间对比结果可以看出基于电压的首次均衡时间最长，时间为 192856s，循环次数为 6。基于 SOC 的首次均衡时间次之，时间为 118890s，循环次数为 3。基于 SOC 和容量的首次均衡时间最短，时间为 114022s，循环次数为 3。通过首次均衡时间的对比分析可以看出，基于电压的均衡策略会经常出现均衡间隙，这主要是由于小电流条件下单体压差无法触发均衡阈值。然而，基于 SOC 及 SOC 和容量的均衡策略能够准确表达不一致性，可有效避免均衡间隙的问题。

4. 小结

综上所述，将基于电压、SOC 及 SOC 和容量均衡策略的均衡性能对比整理，如表 11-6 所示。基于电压均衡策略的电池组实际容量接近理论容量，循环次数处于中等水平；单体和总能耗也处于中等水平；首次均衡时间和循环次数处于低水平。基于 SOC 均衡策略的电池组实际容量与理论容量保持一致，循环次数处于低水平；单体和总能耗也处于低水平；首次均衡时间和循环次数处于高水平。基于 SOC 和容量均衡策略的电池组实际容量与理论容量保持一致，循环次数处于高水平；单体和总能耗处于高水平；首次均衡时间和循环次数也处于高水平。可以得出以下结论：传统的基于电压和 SOC 的均衡策略无法同时兼顾电池组容量、均衡能耗和首次均衡时间性能。然而，基于 SOC 和容量的均衡策略则能够兼顾电池组容量最大化、均衡能耗和首次均衡时间最小化性能，实现全寿命周期高效能均衡策略。

表 11-6 基于电压、SOC 及 SOC 和容量均衡策略的均衡性能对比

均衡性能	对比指标	基于电压	基于 SOC	基于 SOC 和容量
电池组容量	电池组实际容量、理论容量、差异、RMSE、循环次数	141.6916A·h、141.6000A·h、0.0646%、0.0966A·h、670	141.6000A·h、141.6000A·h、0%、0.0151A·h、665	141.6000A·h、141.6000A·h、0%、0.0905A·h、673
均衡能耗	单体能耗、总能耗	233.41W·h/287.67W·h/347.04W·h/187.29W·h/1055.41W·h	827.93W·h/883.35W·h/943.15W·h/780.89W·h/3435.32W·h	63.52W·h/120.61W·h/179.29W·h/18.22W·h/381.64W·h
首次均衡时间	电池组实际容量首次达到理论容量的时间、循环次数	192856s、6	118890s、3	114022s、3
综合	电池组容量、均衡能耗、首次均衡时间	中、中、低	低、低、高	高、高、高

基于电压、SOC 及 SOC 和容量 3 种均衡策略对于计算资源的要求依次从低到高，如果针对一些计算资源和成本比较敏感的场景，推荐采用基于电压的均衡策略，能够兼顾成本和部分性能。另外，也可以考虑采用基于电压和 SOC 结合的均衡策略。当电池组一致性较差时，用基于 SOC 的均衡策略使电池组容量快速回归；当电池组一致性较好时，用基于电压的均衡策略降低均衡能耗。以上场景对均衡硬件电路的散热性能要求较高。如果针对计算资源和成本不敏感，注重均衡性能的场景，推荐采用基于 SOC 和容量的均衡策略。该场景对均衡硬件电路的散热性能要求较低。

11.4 本章小结

针对电池组使用过程中参数差异性逐渐增加的问题，本章提出基于多时间尺度的电池组 SOC 和容量估计的被动均衡策略。首先，建立了 MCDM，该模型包

括 CMCM 和 CDM,能够准确描述电池组中最小容量单体和其他单体的动态行为。其次,基于 MCDM 利用双扩展卡尔曼滤波器 DEKF,在多时间尺度上对电池组中单体 SOC 和容量进行估计,基于此提出了基于 SOC 和容量均衡策略。最后,利用高保真的 MCM,在实际电池组退化数据的指导下,对所提出的均衡策略进行全寿命周期的仿真验证。实验结果表明,所提出方法能够在新和老电池组上高效准确地估计单体 SOC 和容量,实现全寿命周期的高准度估计。相比于传统的基于工作电压和 SOC 的均衡策略,所提出的均衡策略能够兼顾电池组容量最大化(三种算法容量分别为 670 次、665 次和 673 次循环)、均衡能耗最小化(三种算法能耗分别为 1055.41W·h、3435.32W·h 和 381.64W·h)和均衡时间最小化指标(三种算法均衡时间分别为 192856s、118890s 和 114022s),实现全寿命周期高效能均衡。

参 考 文 献

[1] Feng F, Hu X, Hu L, et al. Propagation mechanisms and diagnosis of parameter inconsistency within Li-ion battery packs[J]. Renewable & Sustainable Energy Reviews, 2019, 112: 102-113.

[2] Zheng Y, Ouyang M, Lu L, et al. On-line equalization for lithium-ion battery packs based on charging cell voltages: Part 1. Equalization based on remaining charging capacity estimation[J]. Journal of Power Sources, 2014, 247 (2014): 676-686.

[3] Pang K, Zheng Y J, et al. A multi-module equalization system for lithium-ion battery packs[J]. International Journal of Energy Research, 2022, 46 (3): 2771-2782.

[4] Feng F, Lu R, Zhu C. Equalisation strategy for serially connected LiFePO$_4$ battery cells[J]. IET Electrical Systems in Transportation, 2016, 6 (4): 246-252.

[5] Feng F, Song K, Lu R G, et al. Equalization control strategy and SOC estimation for LiFePO$_4$ battery pack[J]. Transactions of China Electrotechnical Society, 2015, 30 (1): 22-29.

[6] Feng F, Hu X, Liu J, et al. A review of equalization strategies for series battery packs: Variables, objectives, and algorithms[J]. Renewable & Sustainable Energy Reviews, 2019, 116: 109464.

[7] Zheng Y, Ouyang M, Languang L U, et al. On-line equalization for lithium-ion battery packs based on charging cell voltages: Part 2. Fuzzy logic equalization[J]. Journal of Power Sources, 2014, 247 (2): 460-466.

[8] Feng F, Hu X, Liu K, et al. A practical and comprehensive evaluation method for series-connected battery pack models[J]. IEEE Transctions on Transportation Electrification, 2020, 6 (2): 391-416.

[9] Hu L, Hu X, Che Y, et al. Reliable state of charge estimation of battery packs using fuzzy adaptive federated filtering[J]. Applied Energy, 2020, 262: 114569.

[10] Plett G L. Extended Kalman filtering for battery management systems of LiPB-based HEV battery packs: Part 3. State and parameter estimation[J]. Journal of Power Sources, 2004, 134 (2004): 277-292.

[11] Plett G L. Extended Kalman filtering for battery management systems of LiPB-based HEV battery packs: Part 1. Background[J]. Journal of Power Sources, 2004, 134 (2004): 252-261.

[12] Plett G L. Extended Kalman filtering for battery management systems of LiPB-based HEV battery packs: Part 2. Modeling and identification[J]. Journal of Power Sources, 2004, 134 (2004): 262-276.

[13] Hua Y, Cordoba-Arenas A, Warner N, et al. A multi time-scale state-of-charge and state-of-health estimation framework using nonlinear predictive filter for lithium-ion battery pack with passive balance control[J]. Journal of

Power Sources，2015，280（2015）：293-312.

[14] Feng F，Teng S，Liu K，et al. Co-estimation of lithium-ion battery state of charge and state of temperature based on a hybrid electrochemical-thermal-neural-network model[J]. Journal of Power Sources，2020，455：227935.

[15] Han X，Lu L，Zheng Y，et al. A review on the key issues of the lithium ion battery degradation among the whole life cycle[J]. eTransportation，2019，1：100005.

[16] Pei L，Zhu C，Wang T，et al. Online peak power prediction based on a parameter and state estimator for lithium-ion batteries in electric vehicles[J]. Energy，2014，66（2014）：766-778.

[17] Xu J，Wang T，Pei L，et al. Parameter identification of electrolyte decomposition state in lithium-ion batteries based on a reduced pseudo two-dimensional model with Padé approximation[J]. Journal of Power Sources，2020，460：228093.

[18] Feng F，Lu R，Wei G，et al. Online estimation of model parameters and state of charge of LiFePO$_4$ batteries using a novel open-circuit voltage at various ambient temperatures[J]. Energies，2015，8（2015）：2950-2976.

[19] Ni Y，Xu J，Zhu C，et al. Accurate residual capacity estimation of retired LiFePO$_4$ batteries based on mechanism and data-driven model[J]. Applied Energy，2022，305：117922.

[20] Wang J，Liu P，Hicks-Garner J，et al. Cycle-life model for graphite-LiFePO$_4$ cells[J]. Journal of Power Sources，2011，196（8）：3942-3948.

[21] Matsushima T. Deterioration estimation of lithium-ion cells in direct current power supply systems and characteristics of 400-Ah lithium-ion cells[J]. Journal of Power Sources，2009，189（1）：847-854.

第 12 章 基于模糊化热力学 SOC 的电池组
主动均衡策略

12.1 引 言

串联电池组在使用过程中，电池箱中温度场分布不均匀，导致电池单体之间的库仑效率、自放电率等存在差异性。在经过数次循环充放电后，各个单体电池中的可释放容量将会不一致，这将导致电池组总容量下降，最终降低车辆的续驶里程。因此，研究高效的均衡策略是实现电池组优化管理的关键技术之一。传统的基于动力学参数（工作电压、SOC 和容量）的均衡策略所受影响因素不仅来源于电池内部反应，同时还来源于外部激励，多种因素的影响将会给电池状态的判断带来干扰。另外，OCV 是热力学 SOC 的外特性表征，由于生产制造工艺的限制，同一批次电池的 OCV 也会存在不一致性。电池组 OCV 的不一致性将会给热力学 SOC 的估计带来误差，进而导致过均衡的问题。

为了解决以上问题，本章首先提出基于热力学 SOC 的均衡策略。给出热力学 SOC 的定义及估计方法，并以此作为均衡依据；并以热力学 SOC 达到一致作为均衡目标，解决了均衡过程中对电池状态准确判断的问题。通过对 OCV 不一致性的分析，建立了 SOC-OCV 均值、标准差映射模型，进而建立 SOC 估计误差模型。利用模糊控制算法实现均衡策略，模糊控制具有不需要精确的数学模型、鲁棒性和容错能力强等优点，解决了 SOC 估计误差的存在导致过均衡的问题。本章最后分别采用充电过程和放电过程均衡验证所提出的均衡策略的有效性。

12.2 基于热力学 SOC 的均衡策略

12.2.1 均衡判据的选择

电池在充放电过程中会打破原有的平衡状态，这主要是由电极极化导致。电极极化程度用过电势来度量，其定义为在一定的电流密度下，电极电势与平衡电势的差值。过电势不仅易受电池内部化学反应、粒子扩散速率因素的影响，还受外部电流激励、环境温度等因素的影响[1, 2]。以上电极过程动力学因素将会导致基于工作电压、容量和 SOC（基于容量定义）的均衡策略难以准确判断电池的状态。相比较而言，热力学 SOC 能够准确定义电池内部化学成分及其反应进行的程度。另外，热力学 SOC 在热力学平衡状态下进行测量，更有益于准确判断电池的状态[1, 3]。

1. 热力学 SOC 的定义

电化学热力学研究的是一个电化学体系中电化学反应在一定条件下进行的方向和达到的程度。因此，热力学 SOC 应该在热力学研究范畴内进行定义，其应该包含关于电池内部的化学成分及其反应进行的程度[4, 5]。

锂离子电池是 Li$^+$ 在正、负极之间反复进行脱出和嵌入的一种高能二次电池。以本章选取的嵌锂石墨为负极、LiFePO$_4$ 为正极、LiPF$_6$ 溶于 EC/DMC 的电解质构成的锂离子电池为研究对象，其电化学表达式为

$$(-)C_n \big| LiPF_6 + EC + DMC \big| LiFeO_4(+) \tag{12-1}$$

典型的锂离子电池的工作原理如下：充电时，Li$^+$ 从正极脱出，经过电解液嵌入到负极，负极处于富锂状态，正极处于贫锂状态，同时电子的补偿电荷从外电路供给到碳负极以确保电荷的平衡。放电时则相反，Li$^+$ 从负极脱出，经过电解液嵌入到正极材料中，正极处于富锂状态。电池在充放电时正负极反应如下：

正极：

$$LiFeO_4 \rightleftharpoons Li_{1-x}FeO_4 + xLi^+ + xe^- \tag{12-2}$$

负极：

$$C_6 + xLi^+ + xe^- \rightleftharpoons Li_xC_6 \tag{12-3}$$

通过正负极反应表达式可以看出，正、负极活性材料中锂离子的嵌入比例随着充放电过程的进行而发生改变，并且电池中活性物质的反应程度与锂离子的嵌入比例有较好的对应关系[6]。

根据以上分析，本章定义热力学 SOC 为正、负极材料中锂离子的嵌入比例。本章中除特殊说明外，所有 SOC 均指热力学 SOC。以嵌锂石墨材料 Li$_x$C$_6$ 为例，SOC $= x \times 100\%$；对于 Li$_{0.5}$C$_6$，$x = 0.5$，则 SOC $= 50\%$。

2. 热力学 SOC 的估计

在实际应用中，正、负极活性材料中锂离子的嵌入比例无法实时测量，因此需要找到其对应的电池外特性表示。当没有外部电流通过电池时，电池处于热力学平衡状态，正、负电极上的氧化还原速率相等，电荷交换和物质交换都处于动态平衡中。每个电极上的平衡电势可以通过能斯特方程得到，正极电势为

$$E_+^{eq} = E_+^0 + \frac{RT}{nF} \ln \frac{C(Li_{1-x}FeO_4)}{C(LiFeO_4)} \tag{12-4}$$

负极电势为

$$E_-^{eq} = E_-^0 + \frac{RT}{nF}\ln\frac{C(Li^+)}{C(Li_xC_6)}\qquad(12\text{-}5)$$

其中，E^0 为标准电极氧化还原电势（V）；R 为摩尔气体常数；T 为热力学温度（K）；n 为电荷转移反应的电子数；F 为法拉第常数；$C(i)$ 为物质的浓度。

对于完整电池的 EMF 可以由正、负极电势相减得到：

$$E_{bat}^{eq} = E_+^0 - E_-^0 + \frac{RT}{nF}\ln\frac{C(Li_{1-x}FeO_4)C(Li_xC_6)}{C(LiFeO_4)C(Li^+)}\qquad(12\text{-}6)$$

通过式（12-2）和式（12-3）可以看出，充放电过程中 Li^+ 在正负极材料中的嵌入脱出，导致正负极材料中嵌锂化合物的浓度变化，进而使得正负极电势的变化[7]。从单方向化学反应分析，电极电势与正负极活性材料中嵌锂比例具有单调性关系。例如，充电过程中 Li^+ 从正极脱出，嵌入到负极材料中，此时正极材料中的 $LiFeO_4$ 浓度减少，而 $Li_{1-x}FeO_4$ 浓度增加，因此正极电势下降；同时负极材料中的 Li_xC_6 浓度增加，电解液中 Li^+ 浓度减少，因此负极电势上升。电池的 EMF 随着 Li^+ 从 $Li_{1-x}FeO_4$ 脱出，嵌入到 Li_xC_6 的过程中单调上升。

根据以上分析，本章将电池的 EMF 作为热力学 SOC 的外特性表示。图 12-1 为正、负极电势和电池 EMF 与 $Li_{1-x}FeO_4$、Li_xC_6 中嵌锂比例（下侧 x 轴），以及热力学 SOC（上侧 x 轴）的对应关系。如 6.5.1 节中介绍，在工程应用中可以利用 OCV 等效 EMF，并通过建立 SOC 与 OCV 的对应关系来估计 SOC。

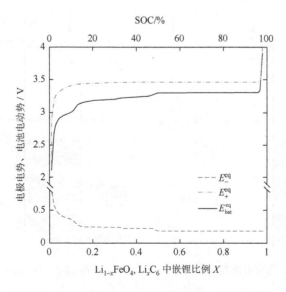

图 12-1　EMF 与嵌锂比例、热力学 SOC 的对应关系

本章设 SOC-OCV 对应函数关系式为 $SOC = g(OCV)$ ，该函数可以通过三次拟合方式得到：

$$g(OCV) = K_0 OCV^3 + K_1 OCV^2 + K_2 OCV^1 + K_3 \qquad (12\text{-}7)$$

其中，K_i 为三次多项式系数，$i = 0, 1, 2, 3$ 。

12.2.2　均衡目标的制定

热力学 SOC 可以准确地表示电池的状态，本章提出的均衡策略的目标是电池的热力学 SOC 达到一致。该均衡目标等价于任意时刻电池的 OCV 相等。

串联电池组在使用的过程中，电池箱中温度场分布不均匀，导致电池单体之间的库仑效率、自放电率等存在差异性。在经过数次循环充放电后，每一个电池中的可释放容量将会不一致，如图 12-2 下半部所示。此时，串联电池组的不均衡状态可以用三个电池 SOC-OCV 对应关系曲线不重合来表示，如图 12-2 上半部分所示。充、放电均衡可以通过 SOC-OCV 对应关系曲线左右平移来描述。图 12-3 上半部分所示为均衡后三个电池 SOC-OCV 对应关系曲线。通过该图可以看出均衡后三个电池 SOC-OCV 对应关系曲线很好地重叠，这表明三个电池在任意时刻 OCV 均相等，热力学 SOC 均达到一致。同时，表明三个电池的可释放容量也相同，如图 12-3 下半部分所示。

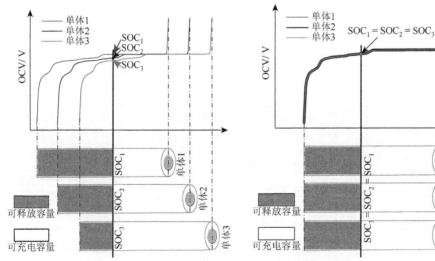

图 12-2　均衡前电池组状态　　　　　　　图 12-3　均衡后电池组状态

12.3　考虑 OCV 不一致性的 SOC 估计误差

由于生产制造工艺的限制，同一批电池中各个单体电池的 SOC-OCV 对应关系均会存在差异性，因此利用某个电池的 SOC-OCV 对应关系来估计其他电池的 SOC 将会产生误差。测量整批电池中每一个电池的 SOC-OCV 对应关系并不现实，这样既耗时又费力。通过对 OCV 不一致性的分析，得出 OCV 的分布形态。基于 SOC-OCV 统计参数对应关系函数，可以有效地减小热力学 SOC 估计的不确定性，并且可以确定 SOC 估计误差的范围。

12.3.1　OCV 不一致性分析

2.3.7 节分析了 8 个 YB-B 电池的 OCV 的不一致性。为了更清晰地展现 OCV 的不一致性，选择 100 个 YB-B 电池。图 12-4（a）为 100 个 YB-B 电池的 SOC-OCV 分布图，其在 $\text{SOC} \in [20\%, 60\%] \cup [80\%, 100\%]$ 两段平台区相对集中，而在 $\text{SOC} \in [0\%, 20\%] \cup [60\%, 80\%]$ 两段斜坡区相对分散；并且相同 SOC 点的 OCV 近似服从正态分布。图 12-4（b）为 SOC-OCV 均值和标准差在 SOC 和 OCV 平面上的投影，图中所示 SOC 和 OCV 并不呈现一一对应的关系。其中，SOC-OCV 均值计算公式如下：

$$g_{\mu} = \frac{1}{n} \sum_{i=1}^{n} g(i) \qquad (12\text{-}8)$$

式中，$g(i)$ 为第 i 个电池的 SOC-OCV 对应关系函数；g_{μ} 为 SOC-OCV 均值对应关系函数；n 为样本电池的个数。

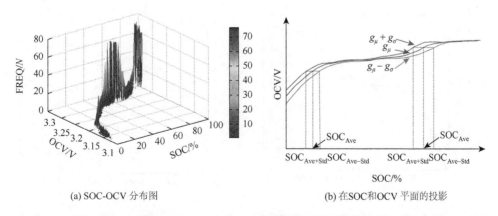

(a) SOC-OCV 分布图　　　　(b) 在 SOC 和 OCV 平面的投影

图 12-4　100 个 YB-B 电池 SOC-OCV 分布图

FREQ 表示频率，N 表示个数

SOC-OCV 标准差计算公式如下：

$$g_\sigma = \sqrt{\frac{1}{n-1}\sum_{i=1}^{n}\left[g(i)-g_\mu\right]^2} \qquad (12\text{-}9)$$

其中，g_σ 为 SOC-OCV 标准差对应关系函数。

12.3.2　SOC-OCV 及 SOC 估计误差模型的建立

如图 12-4（b）所示，即使相同的 OCV 测量值，基于不同的 SOC-OCV 对应关系函数，SOC 估计结果也不相同。基于 $g_\mu + g_\sigma$、g_μ 和 $g_\mu - g_\sigma$ 的 SOC-OCV 对应关系函数，SOC 估计的公式分别如下：

$$SOC_{Ave+Std} = g_\mu + g_\sigma \qquad (12\text{-}10)$$

$$SOC_{Ave} = g_\mu \qquad (12\text{-}11)$$

$$SOC_{Ave-Std} = g_\mu - g_\sigma \qquad (12\text{-}12)$$

由于相同 SOC 点的 OCV 近似服从正态分布，则基于式（12-11）计算的样本电池 SOC 是最大概率事件。如果将 SOC_{Ave} 作为真值，由式（12-10）和式（12-12）计算的 SOC 估计误差如下：

$$SOC_{error\,Ave+Std} = SOC_{Ave+Std} - SOC_{Ave} \qquad (12\text{-}13)$$

$$SOC_{error\,Ave-Std} = SOC_{Ave-Std} - SOC_{Ave} \qquad (12\text{-}14)$$

图 12-5 为 100 个 YB-B 电池中任意选取 12 个建立的 SOC-OCV 均值对应关系函数 g_μ，并且图中给出了 g_μ 的三次多项式系数。图 12-6 为 12 个 YB-B 电池的 SOC 估计误差。如图 12-6 所示，由于 LFP 电池存在 OCV 平台区，即使一个很小的电压误差都将会导致较大的 SOC 估计误差。

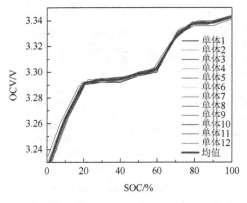

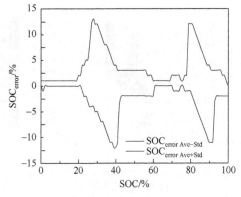

图12-5　12 个 YB-B 电池的 SOC-OCV 均值关系　　图12-6　12 个 YB-B 电池的 SOC 估计误差

12.4　利用模糊控制实现均衡策略

由于 OCV 存在固有的不一致性，SOC 估计误差是不可避免的。为了避免由 SOC 估计误差导致过均衡，12.3 节建立了 SOC 估计误差的模型。然而，SOC 估计误差表现出强非线性。另外，12.3 节只分析给出了基于标准差函数的 SOC 估计误差，而每一个样本电池 SOC 估计误差具有不确定性。因此，需要选择一种合适的方法对 SOC 估计误差进行建模。模糊控制是一种智能控制算法，可以解决复杂系统的控制问题。其适用于被控过程没有数学模型或很难建立数学模型的工业过程，这些过程参数时变，并且呈现极强的非线性特征。模糊控制不需要精确的数学模型，是解决不确定性系统控制的一种有效途径[8, 9]。基于以上分析，本节建立了基于模糊控制的均衡策略。

12.4.1　模糊控制系统的结构

基于模糊控制的均衡策略系统结构如图 12-7 所示。该系统主要包括以下部分：电压采集芯片、SOC 估计单元、模糊控制器、均衡时间计算单元、均衡电路和电池组。该系统的工作原理如下：电池组经过足够长时间的静置，电压采集芯片对电池组中每一个单体电池 OCV 进行采集，利用式（12-11）对每一个单体 SOC 进行计算。然后计算所有电池的平均 SOC，记为 $\overline{\text{SOC}}$，其计算公式为

$$\overline{\text{SOC}} = \frac{1}{n}\sum_{i=1}^{n}\text{SOC}_{\text{Ave}}(i) \qquad (12\text{-}15)$$

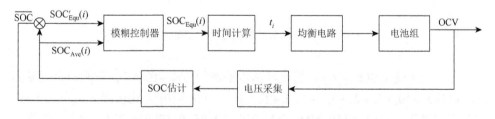

图 12-7　基于模糊控制的均衡策略系统结构图

12.2.2 节阐述了本章的均衡目标为所有单体电池 SOC 达到一致，为了减少各个单体电池之间均衡电量的传递，本节以 $\overline{\text{SOC}}$ 作为均衡策略的目标。每一个电池需要均衡的 SOC 为 $\text{SOC}'_{\text{Equ}}(i) = \overline{\text{SOC}} - \text{SOC}_{\text{Ave}}(i)$。然而，$\text{SOC}_{\text{Ave}}(i)$ 的估计结果存在误差，该误差与 SOC 相关，如图 12-6 所示。为此，模糊控制器选择两输入-单

输出的二维结构形式。输入变量选为每一个单体电池的 $SOC'_{Equ}(i)$ 和 $SOC_{Ave}(i)$，输出变量选为实际均衡的 SOC，记为 $SOC_{Equ}(i)$。然后，利用均衡时间单元计算每一个电池需要均衡的时间。最后，控制均衡电路中对应的通道对电池进行均衡。

12.4.2　模糊控制器的设计

在确定模糊控制器的结构后，还需要进一步确定输入、输出变量的语言值域及其隶属度函数，建立模糊控制规则和模糊查询表来完成模糊控制器的设计。

1. 确定语言值域及其隶属度函数

（1）输入变量 $SOC'_{Equ}(i)$，假设其基本论域为 $[-10\%, +10\%]$；取其语言变量为 S_1，论域 $X = \{-5, -4, -3, -2, -1, 0, +1, +2, +3, +4, +5\}$，比例因子 $k_{S_1} = 1/2$，相应语言值为：$\{NB, NMB, NM, NMS, NS, ZO, PS, PMS, PM, PMB, PB\}$，选择三角函数作为其隶属度函数，如图 12-8 所示。

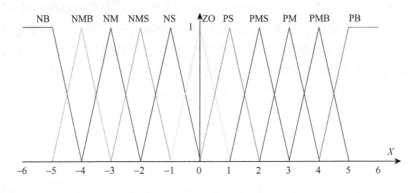

图 12-8　S_1 的隶属度函数分布

（2）输入变量 $SOC_{Ave}(i)$，假设其基本论域为 $[0\%, +100\%]$；取其语言变量为 S_2，论域 $Y = \{0, +1, +2, +3, +4, +5, +6, +7, +8, +9, +10\}$，比例因子 $k_{S_2} = 1/10$，相应语言值为：$(NB, NMB, NM, NMS, NS, ZO, PS, PMS, PM, PMB, PB)$，选择三角函数作为其隶属度函数，如图 12-9 所示。

（3）输出变量 $SOC_{Equ}(i)$，假设其基本论域为 $[-10\%, +10\%]$；取其语言变量为 U，论域 $Z = \{-5, -4, -3, -2, -1, 0, +1, +2, +3, +4, +5\}$，比例因子 $k_U = 1/2$，相应语言值为：$(NB, NMB, NM, NMS, NS, ZO, PS, PMS, PM, PMB, PB)$，选择三角函数作为其隶属度函数，如图 12-10 所示。

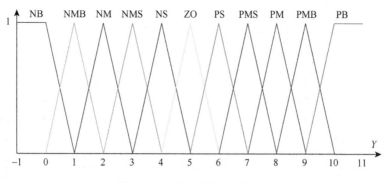

图 12-9　S_2 的隶属度函数分布

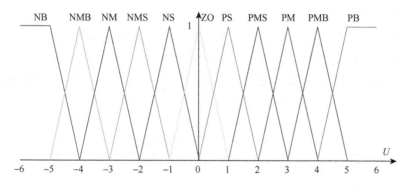

图 12-10　U 的隶属度函数分布

2. 建立模糊控制规则

模糊控制规则是模糊控制器的核心部分，直接影响着控制器的性能。本章采用专家经验法来确定模糊控制规则。根据需要均衡的 SOC 和图 12-6 所示的 SOC 估计误差分析归纳，来制定实际均衡 SOC 的模糊控制规则。根据输入 S_1 和 S_2 的论域，制定了 121 条模糊控制规则，如表 12-1 所示。

表 12-1　模糊规则表

| U | | S_1 | | | | | | | | | |
		NB	NMB	NM	NMS	NS	ZO	PS	PMS	PM	PMB	PB
S_2	NB	N/A	NMB	NM	NMS	NS	ZO	PS	PMS	PM	PMB	PB
	NMB	NB	NMB	NM	NMS	NS	ZO	PS	PMS	PM	PMB	PB
	NM	NB	NMB	NM	NMS	NS	ZO	PS	PMS	PM	PMB	PB
	NMS	NS	NS	NS	ZO	ZO	ZO	ZO	PS	PS	PMS	PMS
	NS	NMS	NMS	NS	NS	ZO	ZO	ZO	ZO	PS	PS	PS
	ZO	NM	NM	NMS	NS	ZO	ZO	ZO	PS	PMS	PM	PM

U		S_1									
		NB	NMB	NM	NMS	NS	ZO	PS	PMS	PM	PMB	PB
	PS	NMB	NM	NMS	NS	ZO	ZO	PS	PMS	PMS	PM	PM
	PMS	NB	NMB	NM	NMS	NS	ZO	PS	PMS	PM	PMB	PB
S_2	PM	NS	NS	NS	ZO	ZO	ZO	PS	PMS	PM	PMB	PB
	PMB	NMS	NMS	NS	NS	ZO	ZO	ZO	ZO	PS	PS	PS
	PB	NB	NMB	NM	NMS	NS	ZO	ZO	PS	PS	PMS	N/A

注：N/A 表示不可用。

3. 建立模糊控制查询表

根据语言变量 S_1 和 S_2 的量化等级，便可以求得输出语言变量 U 的模糊子集，该子集有 $11×11＝121$ 个模糊子集合。应用最大隶属度法对此模糊集合进行模糊判决，并以 S_1 的论域元素为行，S_2 的论域元素为列，两种元素相应的交点为输出量 U 制成查询表，如表 12-2 所示。

表 12-2　模糊控制查询表

U		S_1									
		−5	−4	−3	−2	−1	0	+1	+2	+3	+4	+5
	0	N/A	−4	−3	−2	−1	0	+1	+2	+3	+4	+5
	+1	−5	−4	−3	−2	−1	0	+1	+2	+3	+4	+5
	+2	−5	−4	−3	−2	−1	0	+1	+2	+3	+4	+5
	+3	−1	−1	−1	0	0	0	0	+1	+1	+2	+2
	+4	−2	−2	−1	−1	0	0	0	0	+1	+1	+1
S_2	+5	−3	−3	−2	−1	0	0	0	+1	+2	+3	+3
	+6	−4	−3	−2	−1	0	0	+1	+2	+2	+3	+3
	+7	−5	−4	−3	−2	−1	0	+1	+2	+3	+4	+5
	+8	−1	−1	−1	0	0	0	+1	+2	+3	+4	+5
	+9	−2	−2	−1	−1	0	0	0	0	+1	+1	+1
	+10	−5	−4	−3	−2	−1	0	0	+1	+1	+2	N/A

12.4.3　均衡电路的设计

本章采用一个基于全桥结构的隔离双向电路完成均衡电路。图 12-11 为均衡电路的结构图，该结构广泛应用于很多文献中[10, 11]。均衡电路主要由隔离双向

DC/DC 变换器和开关阵列组成，可以在两种模式下进行工作，即升压模式和降压模式。在升压模式中，电量从一个单体电池传送到整组电池。DC/DC 变换器的输入电流为 $-I_{n\text{Equ}}$，输出电流为 I_{Equ}。被选通单体电池的均衡电流为 $I_{\text{Equ}} - I_{n\text{Equ}}$，电池组中其他单体电池的均衡电流为 I_{Equ}；在降压模式中，电量从整组电池传送到一个单体电池。DC/DC 变换器的输入电流为 $-I_{\text{Equ}}$，输出电流为 $I_{n\text{Equ}}$。被选通单体电池的均衡电流为 $I_{n\text{Equ}} - I_{\text{Equ}}$，电池组中其他单体电池的均衡电流为 $-I_{\text{Equ}}$。

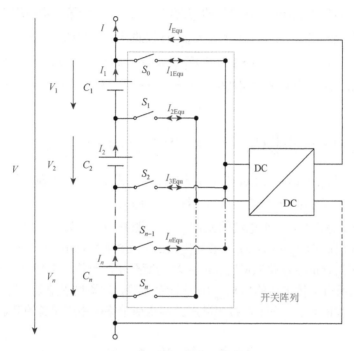

图 12-11　均衡电路结构图[53]

12.4.4　均衡时间的计算

12.4.3 节描述的均衡电路在工作过程中，除了被选通的单体有均衡电流流过外，其他单体电池也同时有均衡电流流过。因此，模糊控制器输出的每一个单体的 $\text{SOC}_{\text{Equ}}(i)$ 在均衡过程中实时变化，如何在最短的时间内完成整组电池的均衡可以被归结为动态规划问题。目前，存在很多智能的优化算法（如粒子群优化算法[12]、遗传算法[13]和蚁群算法[14]等）能够通过不同的方式搜索到最优的结果，但是这些算法存在计算复杂度高和资源消耗大等问题，这给其在嵌入式系统中的应用带来限制。因此，本章采用简单的排序算法来优化均衡时间。

第一步，将 n 个电池的 $\text{SOC}_{\text{Equ}}(i)$ 按照升序排列如下：$\{\text{SOC}_{\text{Equ}}(\text{min}),$

$\mathrm{SOC}_{\mathrm{Equ}}(\min+1), \mathrm{SOC}_{\mathrm{Equ}}(\min+2), \cdots, \mathrm{SOC}_{\mathrm{Equ}}(\max-2), \mathrm{SOC}_{\mathrm{Equ}}(\max-1), \mathrm{SOC}_{\mathrm{Equ}}(\max)\}$。将 $\mathrm{SOC}_{\mathrm{Equ}}(\min)$ 和 $\mathrm{SOC}_{\mathrm{Equ}}(\min+1)$ 均衡至相同数值。在均衡过程中，这两个电池的 $\mathrm{SOC}_{\mathrm{Equ}}(i)$ 计算公式如下：

$$\mathrm{SOC}_{\mathrm{Equ}}(\min) + \frac{1}{C_n}\int_0^{t_1}(I_{n\mathrm{Equ}}-I_{\mathrm{Equ}})\mathrm{d}t = \mathrm{SOC}_{\mathrm{Equ}}(\min+1) + \frac{1}{C_n}\int_0^{t_1}(-I_{\mathrm{Equ}})\mathrm{d}t \quad (12\text{-}16)$$

其中，C_n 为电池的标称容量（A·h）；$I_{n\mathrm{Equ}}-I_{\mathrm{Equ}}$ 为 $\mathrm{SOC}_{\mathrm{Equ}}(\min)$ 单体的均衡电流（A）；$-I_{\mathrm{Equ}}$ 为 $\mathrm{SOC}_{\mathrm{Equ}}(\min+1)$ 单体的均衡电流（A）；t_1 为第一步的均衡时间（s）。

第二步，将均衡后 n 个电池的 $\mathrm{SOC}_{\mathrm{Equ}}(i)$ 按照升序排列如下：$\{\mathrm{SOC}'_{\mathrm{Equ}}(\min+1), \mathrm{SOC}'_{\mathrm{Equ}}(\min+2), \cdots, \mathrm{SOC}'_{\mathrm{Equ}}(\max-2), \mathrm{SOC}'_{\mathrm{Equ}}(\max-1), \mathrm{SOC}'_{\mathrm{Equ}}(\max)\}$。将 $\mathrm{SOC}'_{\mathrm{Equ}}(\max)$ 和 $\mathrm{SOC}'_{\mathrm{Equ}}(\max-1)$ 均衡至相同数值。在均衡过程中，这两个电池的 $\mathrm{SOC}_{\mathrm{Equ}}(i)$ 计算公式如下：

$$\mathrm{SOC}'_{\mathrm{Equ}}(\max) + \frac{1}{C_n}\int_0^{t_2}(I_{\mathrm{Equ}}-I_{n\mathrm{Equ}})\mathrm{d}t = \mathrm{SOC}'_{\mathrm{Equ}}(\max-1) + \frac{1}{C_n}\int_0^{t_2}I_{\mathrm{Equ}}\mathrm{d}t \quad (12\text{-}17)$$

其中，$I_{\mathrm{Equ}}-I_{n\mathrm{Equ}}$ 为 $\mathrm{SOC}'_{\mathrm{Equ}}(\max)$ 单体的均衡电流（A）；I_{Equ} 为 $\mathrm{SOC}'_{\mathrm{Equ}}(\max-1)$ 单体的均衡电流（A）；t_2 为第二步的均衡时间（s）。

第三步，将均衡后 n 个电池的 $\mathrm{SOC}_{\mathrm{Equ}}(i)$ 按照升序排列如下：$\{\mathrm{SOC}''_{\mathrm{Equ}}(\min+1), \mathrm{SOC}''_{\mathrm{Equ}}(\min+1), \mathrm{SOC}''_{\mathrm{Equ}}(\min+2), \cdots, \mathrm{SOC}''_{\mathrm{Equ}}(\max-2), \mathrm{SOC}''_{\mathrm{Equ}}(\max-1), \mathrm{SOC}''_{\mathrm{Equ}}(\max-1)\}$。将两个 $\mathrm{SOC}''_{\mathrm{Equ}}(\min+1)$ 和 $\mathrm{SOC}''_{\mathrm{Equ}}(\min+2)$ 均衡至相同数值。重复第一步中的均衡过程，直到所有单体电池的 $\mathrm{SOC}_{\mathrm{Equ}}(i)$ 均衡至相等，均衡过程结束。记录以上均衡过程中每一步的均衡时间 t_i，按照顺序控制均衡电路中相应通道的开启时间。

12.5 实 验 验 证

为了验证本章所提出的均衡策略，本节首先介绍均衡实验平台的组成及工作原理。然后，分别采用充电过程和放电过程验证均衡策略。

12.5.1 均衡实验平台

图 12-12 为均衡系统样机，该样机最多可以挂接 12 个串联电池组，单体侧均衡电流为 2A 恒定电流，整组侧均衡电流为 0.4A 恒定电流。其主要构成如下：隔离双向 DC/DC 变换器、光电开关阵列、微控制器、电压采集芯片和电流采集芯片。微控制器根据均衡时间 t_i 控制相应光电开关对所选择的单体电池进行均衡。微控制器选择飞思卡尔公司生产的 MC68HC12 系列单片机；电压采集芯片选择凌力尔

特公司生产的 LTC6803 芯片；单体均衡电流由 AllegroMicroSystems 公司生产的
ACS712 芯片进行测量。

图 12-12　均衡系统样机

均衡实验平台如图 12-13 所示。其主要组成如下：①Arbin BT2000 电池测试
系统；②均衡系统样机；③5 个 YB-B 串联电池组。

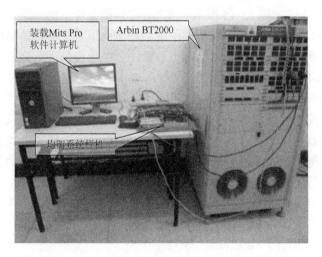

图 12-13　均衡实验平台

5 个 YB-B 电池经过筛选具有相近的内阻。将 5 个串联电池组挂接在均衡系
统样机上，并将 Arbin BT2000 电池测试系统与 5 个串联电池组总正负极相连接。
该均衡实验平台可以实现电池组充放电过程与均衡过程同步进行。

12.5.2 均衡实验验证

1. 充电均衡验证

充电均衡验证过程中，电池组在均衡过程中伴随着 1C 倍率恒流充电。在充电均衡开始前，测量 5 个 YB-B 电池的 OCV。然后，计算出每个电池的 SOC'_{Equ} 和 SOC_{Ave}。最后，通过模糊控制查询表得到 SOC_{Equ}，如表 12-3 所示。

表 12-3　充电均衡参数表

编号	OCV/V	SOC'_{Equ} /%	SOC_{Ave} /%	SOC_{Equ} /%
1	3.225	+7	2	+6
2	3.243	+4	5	+4
3	3.257	+1	8	0
4	3.272	−4	13	−4
5	3.284	−8	17	−8

在充电均衡过程中，各个单体电池的电压、均衡电流和 SOC 曲线如图 12-14 所示。图 12-14（a）为加载在串联电池组两端的充电负载电流。在均衡条件下，串联电池组的充电时间为 3281s。然而，在无均衡条件下，相同的充电负载电流持续时间为 2952s，如图 12-15 所示。因此，在均衡条件下电池组充电总容量提升 11%。图 12-14（b）为在充电均衡过程中串联电池组各个单体的电压曲线。由于各个单体的均衡电流不同，其端电压也不相同。在均衡结束至充电过程结束的过程中，5 个 YB-B 单体电池的电压几乎保持一致。由于这 5 个 YB-B 电池在均衡实验前经过内阻筛选，这表明均衡结束后电池的 OCV 达到一致的目标。这同时证明了采用基于模糊控制的均衡策略有效避免了过均衡。图 12-14（c）为加载在每一个电池上的均衡电流。在均衡开始前，每一个单体电池所需的均衡时间已经计算出来，在均衡过程中不需要根据均衡依据再次判断，这有效避免了动力学均衡策略在均衡过程中进行判断导致误差的风险。

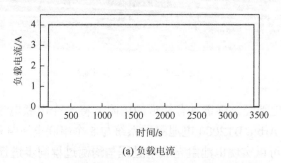

(a) 负载电流

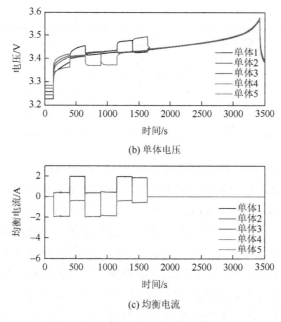

(b) 单体电压

(c) 均衡电流

图 12-14 充电均衡过程

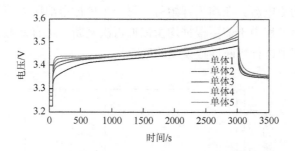

图 12-15 无均衡条件下 5 个 YB-B 电池的充电电压曲线

2. 放电均衡验证

放电均衡验证与充电均衡验证相似。放电均衡验证过程中，电池组在均衡过程中伴随着 1C 倍率恒流放电。在放电均衡开始前，测量 5 个 YB-B 电池的 OCV。然后，计算出每个电池的 SOC'_{Equ} 和 SOC_{Ave}。最后，通过模糊控制查询表得到 SOC_{Equ}，如表 12-4 所示。

表 12-4 放电均衡参数表

编号	OCV/V	SOC'_{Equ} /%	SOC_{Ave} /%	SOC_{Equ} /%
1	3.303	+9	57	+6

续表

编号	OCV/V	SOC'_{Equ} /%	SOC_{Ave} /%	SOC_{Equ} /%
2	3.315	+5	61	+4
3	3.322	0	66	0
4	3.336	-4	70	-4
5	3.340	-9	75	-8

在放电均衡过程中，各个单体电池的电压、均衡电流和 SOC 曲线如图 12-16 所示。图 12-16（a）为加载在串联电池组两端的放电负载电流。在均衡条件下，串联电池组的放电时间为 2165s。然而，在无均衡条件下，相同的放电负载电流持续时间为 1968s，如图 12-17 所示。因此，在均衡条件下电池组放电总容量提升 10%。图 12-16（b）为在放电均衡过程中串联电池组各个单体的电压曲线。由于各个单体的均衡电流不同，其端电压也不相同。在均衡结束至放电过程结束的过程中，5 个 YB-B 单体电池的电压几乎保持一致。由于这 5 个 YB-B 电池在均衡实验前经过内阻筛选，这表明均衡结束后电池的 OCV 达到一致的目标。这同时证明了采用基于模糊控制的均衡策略有效避免了过均衡。图 12-16（c）为加载在每一个电池上的均衡电流。在均衡开始前，每一个单体电池所需的均衡时间已经计算出来，在均衡过程中不需要根据均衡依据再次判断，这有效避免了动力学均衡策略在均衡过程中进行判断导致误差的风险。

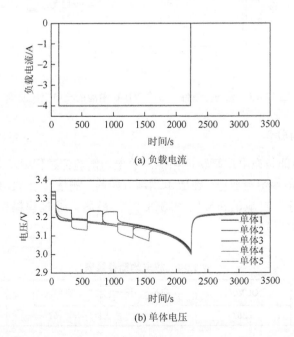

(a) 负载电流

(b) 单体电压

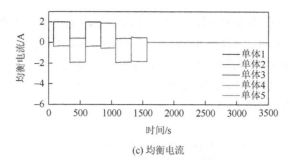

(c) 均衡电流

图 12-16　放电均衡过程

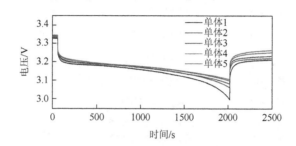

图 12-17　无均衡条件下 5 个 YB-B 电池的放电电压曲线

3. 均衡策略对比分析

在这一部分，将所提出的均衡策略与 3 种传统的均衡策略对比来评价所提出的方法。另外，在综合考虑判据的易获得性和可比性等因素后，选择均衡后的电压一致性作为评判标准对参与比较的方法进行评价。参与比较的方法包括：①基于电压的均衡策略：如 Stuart 和 Zhu[15]及 Cassani 和 Williamson[16]；②基于 SOC 的均衡策略：如 Park 等[17]和 Kim 等[18]；③基于容量的均衡策略：如 Einhorn 等[19]。

Stuart 和 Zhu 采用三组电压一致性不同的电池组来验证所提出的均衡方法。均衡前三组电池的电压偏差范围为 0.060～0.112V。均衡后，三组电池的最大电压偏差为 0.025V，平均电压偏差为 0.019V，如表 12-5 中第一行所示。Cassani 和 Williamson 选择 20 个单体组成的 4 并 5 串电池组（标称容量：2.2A·h；型号：18650）作为均衡验证的对象。在均衡开始前，人为地将某一个单体以 6A 放电 20min，制造大约 SOC = 22.7%的电池组不均衡。在均衡结束后，5 个串联模块的最大电压偏差为 0.032V，平均电压偏差为 0.022V，如表 12-5 中第二行所示。Park 等利用 6 个串联的磷酸铁锂电池组对所提出的基于 SOC 均衡策略进行验证。该电池组初始 ΔSOC 差值为 21.3%，均衡后的最大电压差为 0.039V，平均电压差为 0.025V，如表 12-5 中第三行所示。Kim 等用 4 个 7A·h 的商用锂离子电池组成电池组来验证所提出的方法。在初始状态下，最低电量电池与其他单体间的 SOC 差值为 10%。

均衡结束后，所有单体最大电压差为 0.013V，平均电压差为 0.010V，如表 12-5 中第四行所示。Einhorn 等选择 4 个不同老化程度的电池串联成组来验证所提出的均衡策略，其中容量差异最大的两个电池的标称容量比差值为 0.171。均衡前，所有单体电池被充电至相同 SOC。均衡后，电池组最大电压偏差为 0.100V，平均电压偏差为 0.070V，如表 12-5 中第五行所示。

表 12-5　均衡策略对比结果（粗体结果最好）

方法	方法分类	均衡前偏差	均衡后最大电压偏差/V	均衡后平均电压偏差/V
Stuart 和 Zhu[15]	基于电压	0.060~0.112V	0.025	0.019
Cassani 和 Williamson[16]	基于电压	$\Delta SOC = 22.7\%$	0.032	0.022
Park 等[17]	基于 SOC	$\Delta SOC = 21.3\%$	0.039	0.025
Kim 等[18]	基于 SOC	$\Delta SOC = 10\%$	0.013	0.010
Einhorn 等[19]	基于容量	$\Delta C_n / C_N = 0.171$	0.100	0.070
本章方法	基于热力学 SOC 或 OCV	$\Delta SOC = 15\% \sim 18\%$ 或 $\Delta OCV = 0.037 \sim 0.059V$	**0.008**	**0.003**

为了验证本章所提出的方法，根据表 12-3 和表 12-4 中所示的结果，均衡前电池组 OCV 偏差的范围为 0.037~0.059V，与此相对应的 SOC 偏差为 15%~18%。充电均衡和放电均衡后的最大电压偏差为 0.008V，两组均衡实验后的平均电压偏差仅为 0.003V，如表 12-5 中第六行所示。通过对比表中其他均衡策略，在均衡后最大电压偏差和平均电压偏差两个指标上，本章所提出的均衡策略均优于其他均衡策略。

12.6　本 章 小 结

本章提出了基于模糊化热力学 SOC 的电池组均衡策略，解决了电池组参数不一致条件下均衡策略的精确性问题。采用热力学 SOC 作为均衡策略的依据及目标提高了对电池真实状态判断的准确性。通过分析 OCV 的不一致性，建立了 SOC-OCV 统计量对应关系函数，给出了热力学 SOC 及 SOC 误差的估计方法。并且，利用模糊控制对强非线性和不确定性系统的适用性解决了电池组过均衡问题。选择 5 个单体串联的电池组作为实验对象，采用充电均衡实验和放电均衡实验验证所提出的方法，并且与传统的均衡策略进行对比分析。实验结果表明，对于 5 个串联电池组，在初始最大电压差 0.059V 条件下，经过均衡电池组容量提升 11%，最大电压差减小至 0.008V，与基于电压的均衡策略相比，最大电压差减小了 0.024V。

参 考 文 献

[1] 胡会利, 李宁. 电化学测量[M]. 北京: 国防工业出版社, 2011.

[2] 李荻. 电化学原理[M]. 北京: 北京航空航天大学出版社, 2008.

[3] Dubarry M, Vuillaume N, Liaw B Y. From single cell model to battery pack simulation for Li-ion batteries[J]. Journal of Power Sources, 2009, 186 (2): 500-507.

[4] Dubarry M, Svoboda V, Hwu R, et al. Incremental capacity analysis and close-to-equilibrium OCV measurements to quantify capacity fade in commercial rechargeable lithium batteries[J]. Electrochemical and Solid-State Letters, 2006, 9 (10): A454-A457.

[5] Dubarry M, Svoboda V, Hwu R, et al. Capacity loss in rechargeable lithium cells during cycle life testing: The importance of determining state-of-charge[J]. Journal of Power Sources, 2007, 174 (2): 1121-1125.

[6] 黄可龙, 王兆祥, 刘素琴. 锂离子电池原理与关键技术[M]. 北京: 化学工业出版社, 2011.

[7] Bergveld H J. Battery Management Systems Design by Modelling[M]. Dordrecht: Springer, 2001.

[8] Zadeh L A. Fuzzy-sets and systems[J]. International Journal of General Systems, 1990, 17 (2-3): 129-138.

[9] 诸静. 模糊控制理论与系统原理[M]. 北京: 机械工业出版社, 2005.

[10] Einhorn M, Roessler W, Fleig J. Improved performance of serially connected Li-ion batteries with active cell balancing in electric vehicles[J]. IEEE Transactions on Vehicular Technology, 2011, 60 (6): 2448-2457.

[11] Guo Y, Lu R G, Wu G L, et al. A high efficiency isolated bidirectional equalizer for lithium-ion battery string[C]. IEEE Vehicle Power and Propulsion Conference (VPPC), 2012: 962-966.

[12] Mansour M M, Mekhamer S F, El-Kharbawe N E S. A modified particle swarm optimizer for the coordination of directional overcurrent relays[J]. IEEE Transactions on Power Delivery, 2007, 22 (3): 1400-1410.

[13] Fu Y L, Tippets C A, Donev E U, et al. Structural colors: From natural to artificial systems[J]. Wiley Interdisciplinary Reviews-Nanomedicine and Nanobiotechnology, 2016, 8 (5): 758-775.

[14] Dorigo M, Gambardella L M. Ant colony system: A cooperative learning approach to the traveling salesman problem[J]. IEEE Transactions on Evolutionary Computation, 1997, 1 (1): 53-66.

[15] Stuart T A, Zhu W. Modularized battery management for large lithium ion cells[J]. Journal of Power Sources, 2011, 196 (1): 458-464.

[16] Cassani P A, Williamson S S. Feasibility analysis of a novel cell equalizer topology for plug-in hybrid electric vehicle energy-storage systems[J]. IEEE Transactions on Vehicular Technology, 2009, 58 (8): 3938-3946.

[17] Park S H, Park K B, Kim H S, et al. Single-magnetic cell-to-cell charge equalization converter with reduced number of transformer windings[J]. IEEE Transactions on Power Electronics, 2012, 27 (6): 2900-2911.

[18] Kim C H, Park H S, Kim C E, et al. Individual charge equalization converter with parallel primary winding of transformer for series connected lithium-ion battery strings in an HEV[J]. Journal of Power Electronics, 2009, 9 (3): 472-480.

[19] Einhorn M, Guertlschmid W, Blochberger T, et al. A current equalization method for serially connected battery cells using a single power converter for each cell[J]. IEEE Transactions on Vehicular Technology, 2011, 60 (9): 4227-4237.

彩　图

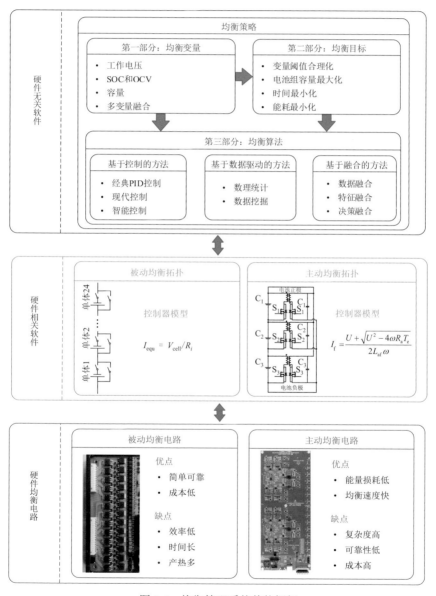

图 1-6　均衡管理系统整体框架

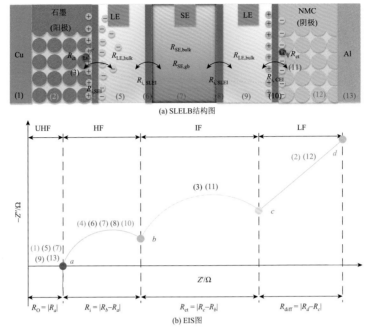

(a) SLELB结构图

(b) EIS图

图 3-1　基于 EIS 的 SLELB 电极过程原理

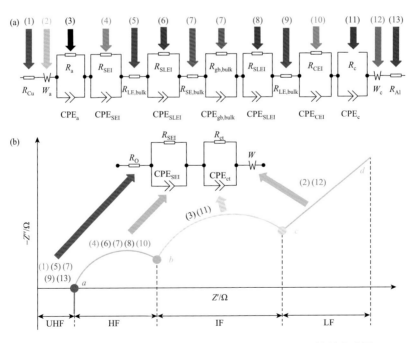

图 4-1　基于 EIS 的 SLELB 电极过程原理：（a）SLELB 等效电路图；
（b）基于 EIS 图的简化 ECM

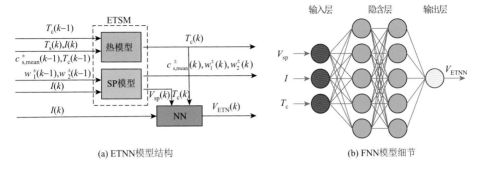

(a) ETNN模型结构　　　　　　　　　　(b) FNN模型细节

图 7-1　模型描述

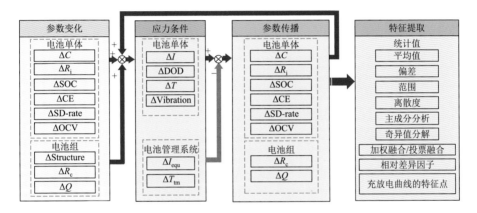

图 8-2　内部和外部参数不一致、相互影响传播和特征提取的总图

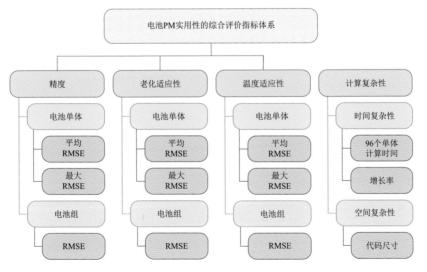

图 9-1　电池 PM 实用性 CEIS

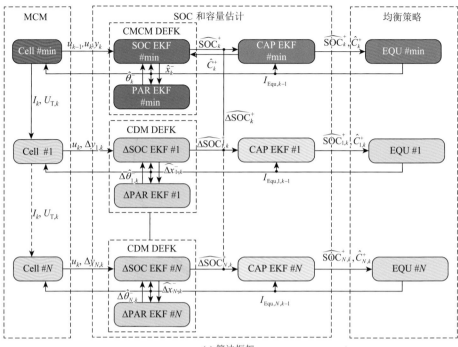

(a) 算法框架

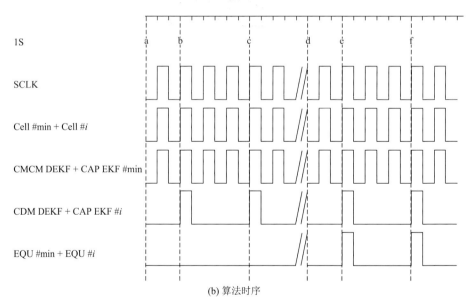

(b) 算法时序

图 11-1　算法框架和时序